自动化专业教材

自动控制原理

黄江平　主编

占自才　杨　静　龚锦红　祝振敏　参编

電子工業出版社
Publishing House of Electronics Industry
北京·BEIJING

内 容 简 介

本书比较全面地阐述了自动控制的基本理论及应用。主要内容有线性系统的数学模型、时域分析法、根轨迹分析法、频域分析法、控制系统校正方法、离散控制系统、非线性控制系统的分析方法，以及 PID 控制器设计，并且每章都有关于 MATLAB 与 Simulink 在控制系统分析与设计中的应用。

本书从实际应用出发，力求突出物理概念，紧密结合具体的自动控制系统介绍经典控制理论的最基本内容。内容叙述深入浅出、通俗易懂。

本书可作为应用型本科院校自动化类专业必修课教材，电子信息类专业及电气工程类专业的教材，也可作为相关专业师生和从事自动化技术工作的人员的参考书。

图书在版编目（CIP）数据

自动控制原理 / 黄江平主编. —北京：电子工业出版社，2014.8
自动化专业规划教材
ISBN 978-7-121-23197-1

Ⅰ. ①自… Ⅱ. ①黄… Ⅲ. ①自动控制理论－高等学校－教材 Ⅳ. ①TP13

中国版本图书馆 CIP 数据核字（2014）第 095766 号

责任编辑：韩同平
印　　刷：北京捷迅佳彩印刷有限公司
装　　订：北京捷迅佳彩印刷有限公司
出版发行：电子工业出版社
　　　　　北京市海淀区万寿路 173 信箱　　邮编：100036
开　　本：787×1092　1/16　印张：16　字数：500 千字
版　　次：2014 年 8 月第 1 版
印　　次：2023 年 1 月第 10 次印刷
定　　价：65.90 元

凡所购买电子工业出版社图书有缺损问题，请向购买书店调换。若书店售缺，请与本社发行部联系，联系及邮购电话：（010）88254888。

质量投诉请发邮件至 zlts@phei.com.cn，盗版侵权举报请发邮件至 dbqq@phei.com.cn。

服务热线：（010）88258888。

前　言

自动控制理论是研究自动控制共同规律的技术科学理论。随着我国经济建设和高技术的快速发展，各个行业对自动化应用型人才的需求量越来越大，为控制工程的持续发展提供了广阔的空间。自动控制原理是高等工科院校自动化类专业、电子信息类专业以及电气工程类专业的一门重要技术基础课程。

本书是作者在进行多年“自动控制原理”课程教学的基础上，突出理论联系实际，学以致用为目的而编写的。本书全面地介绍了经典控制理论，共 8 章。第 1 章介绍自动控制的基本概念；第 2 章介绍线性连续控制系统时域和复数域数学模型及其结构图和信号流图；第 3～5 章分别介绍线性连续控制系统的时域分析法、根轨迹分析法、频率分析法；第 6 章详细阐述线性连续控制系统的频域设计法以及 PID 控制器设计；第 7 章重点介绍离散控制系统的数学模型、稳定性分析及最小拍控制器设计；第 8 章主要介绍一种非线性连续系统分析方法——描述函数法。

本书在编写过程中，根据应用型本科院校的特点，适当降低了理论深度，内容编写力求深入浅出、循序渐进，注重物理概念的阐述，尽量避免烦琐的数学推导，紧密结合具体的自动控制系统介绍经典控制理论的最基本的内容，使抽象的控制理论与系统分析、设计相结合，理论和实际相结合，为学生后续专业课程学习奠定基础。

本书在控制系统的分析与设计中，合理地利用 MATLAB 软件辅助课程教学。在每章最后一节介绍对应知识点的 MATLAB 仿真指令，以加深学生对自动控制理论的理解和掌握，并有助于学生以后的控制系统工程实践。

本书的参考学时为 72～80 学时，各高校可根据专业需要和课时情况，自行组合加以取舍。对于 48 学时的课程，可讲授第 1、2、3、5、7 章，其内容为经典控制理论中系统模型、时域分析法、频率分析法和离散控制系统。对于 56 学时的课程，可讲授第 1、2、3、5、6、7 章，其内容为经典控制理论中系统模型、时域分析法、频率分析法、系统校正和离散控制系统。

本书由华东交通大学黄江平主编，并负责全书的统编定稿。第 1、6、8 章由黄江平编写，第 7 章由占自才编写，第 2、3 章由杨静编写，第 4 章由龚锦红编写，第 5 章由祝振敏编写。本书在编写过程中，参阅了国内外专家、学者的教材、著作，在此一并致谢。

由于编者水平有限，书中难免存在不妥之处和错误，恳请读者批评指正(hjping65@163.com)。

编　者

目 录

第 1 章 自动控制的一般概念 …… (1)
1.1 自动控制与自动控制系统 …… (1)
1.2 自动控制的方式 …… (2)
1.2.1 开环控制与闭环控制 …… (2)
1.2.2 闭环控制系统的组成 …… (4)
1.3 自动控制系统的分类 …… (5)
1.4 对自动控制系统的基本要求 …… (7)
1.5 自动控制系统的分析与设计工具 …… (8)
本章小结 …… (10)
习题 …… (10)
第 2 章 控制系统的数学模型 …… (12)
2.1 引言 …… (12)
2.2 控制系统的时域数学模型 …… (12)
2.2.1 线性元件的微分方程 …… (12)
2.2.2 控制系统的微分方程的建立 …… (14)
2.2.3 线性微分方程的求解 …… (15)
2.2.4 非线性元件微分方程的线性化 …… (16)
2.3 控制系统的复数域数学模型 …… (18)
2.3.1 传递函数的定义和性质 …… (19)
2.3.2 传递函数的几种表示形式 …… (20)
2.3.3 典型环节及其传递函数 …… (21)
2.4 控制系统的方块图及其等效变换 …… (25)
2.4.1 方块图定义 …… (25)
2.4.2 方块图组成及绘制 …… (25)
2.4.3 方块图的等效变换 …… (26)
2.4.4 控制系统的传递函数 …… (28)
2.5 控制系统的信号流图 …… (33)
2.5.1 信号流图及其等效变换 …… (33)
2.5.2 梅森公式及其应用 …… (36)
2.6 数学模型的实验测定法 …… (37)
2.7 MATLAB 在控制系统数学模型中的应用 …… (40)
本章小结 …… (43)
习题 …… (43)
第 3 章 线性系统的时域分析法 …… (47)
3.1 典型输入信号及性能指标 …… (47)
3.1.1 典型输入信号 …… (47)
3.1.2 稳态指标与动态指标 …… (48)

3.2 一阶系统的时域分析 (49)
3.2.1 一阶系统的单位阶跃响应 (50)
3.2.2 一阶系统的单位脉冲响应 (50)
3.2.3 一阶系统的单位斜坡响应 (51)
3.2.4 一阶系统的单位加速度响应 (51)
3.3 二阶系统的时域分析 (52)
3.3.1 二阶系统的阶跃响应 (52)
3.3.2 二阶系统阶跃响应的性能指标 (55)
3.3.3 二阶系统性能指标的改善 (57)
3.4 高阶系统的时域分析 (60)
3.5 线性系统的稳定性分析 (62)
3.5.1 稳定的基本概念和系统稳定的充要条件 (63)
3.5.2 劳斯稳定判据 (64)
3.5.3 劳斯稳定判据的应用 (67)
3.6 线性系统的稳态误差 (68)
3.6.1 稳态误差的定义 (68)
3.6.2 系统类型 (70)
3.6.3 给定作用下的稳态误差 (70)
3.6.4 扰动作用下的稳态误差 (73)
3.6.5 减小或消除稳态误差的措施 (73)
3.7 MATLAB 在时域分析法中的应用 (77)
本章小结 (80)
习题 (81)
第 4 章 线性系统的根轨迹分析法 (84)
4.1 根轨迹的基本概念 (84)
4.1.1 根轨迹 (84)
4.1.2 根轨迹的幅值条件和相角条件 (85)
4.2 根轨迹的绘制法则 (86)
4.2.1 绘制常规根轨迹一般法则 (86)
4.2.2 根轨迹绘制举例 (94)
4.3 广义根轨迹 (96)
4.3.1 参量根轨迹 (96)
4.3.2 零度根轨迹 (98)
4.4 开环零极点变化对根轨迹的影响 (100)
4.4.1 开环零极点位置的相对变化对根轨迹的影响 (100)
4.4.2 增加开环零点对根轨迹的影响 (101)
4.4.3 增加开环极点对根轨迹的影响 (102)
4.5 根轨迹法分析控制系统 (103)
4.5.1 根轨迹确定系统的闭环极点 (103)
4.5.2 系统的稳定性分析及相关参数的确定 (103)
4.5.3 根轨迹分析系统的动态性能 (105)
4.6 MATLAB 在根轨迹分析中的应用 (105)

4.6.1 系统根轨迹绘制……(106)
4.6.2 由根轨迹图分析系统性能……(107)
本章小结……(109)
习题……(109)
第 5 章 线性系统的频域分析法……(112)
5.1 频率特性及其表示法……(112)
5.1.1 频率特性的基本概念……(112)
5.1.2 频率特性的几种表示法……(114)
5.2 频率特性的极坐标图(Nyquist 图)……(116)
5.2.1 典型环节频率特性的极坐标图……(116)
5.2.2 系统开环频率特性的极坐标图……(119)
5.3 频率特性的对数坐标图……(122)
5.3.1 典型环节频率特性的 Bode 图……(122)
5.3.2 系统开环频率特性的 Bode 图……(126)
5.3.3 最小相位系统……(128)
5.3.4 传递函数的频域实验确定……(129)
5.4 频率域的稳定判据……(130)
5.4.1 幅角原理……(130)
5.4.2 奈奎斯特稳定判据……(131)
5.4.3 对数频率稳定判据……(134)
5.5 稳定裕度……(135)
5.5.1 稳定裕度的定义……(135)
5.5.2 稳定裕度的计算……(136)
5.6 利用开环频率特性分析系统的性能……(138)
5.7 利用闭环频率特性分析系统的性能……(140)
5.7.1 闭环频率特性……(140)
5.7.2 闭环频域指标与时域指标的关系……(140)
5.7.3 开环频域指标与时域指标的关系……(142)
5.8 MATLAB 在频率分析法中的应用……(143)
本章小结……(145)
习题……(145)
第 6 章 控制系统的校正……(148)
6.1 引言……(148)
6.2 PID 控制方法的分析……(150)
6.2.1 P 控制器……(150)
6.2.2 PI 控制器……(150)
6.2.3 PD 控制器……(151)
6.2.4 PID 控制器……(151)
6.2.5 PID 控制器参数整定……(154)
6.3 常用校正装置及其特性……(156)
6.3.1 超前校正装置及其特性……(157)
6.3.2 滞后校正装置及其特性……(157)

6.3.3 滞后-超前校正装置及其特性……（158）
6.4 基于频率法的串联校正设计……（159）
6.4.1 串联超前校正……（159）
6.4.2 串联滞后校正……（161）
6.4.3 串联超前-滞后校正……（163）
6.4.4 按期望特性对系统进行串联校正……（165）
6.5 反馈校正……（166）
6.5.1 利用反馈校正改变局部环节的结构与参数……（167）
6.5.2 利用负反馈可以消除系统不可变部分中的不希望有的特性……（168）
6.5.3 利用反馈校正抑制一些严重扰动……（168）
6.6 MATLAB 在控制系统校正中的应用……（169）
6.6.1 MATLAB 指令在系统校正中的应用……（170）
6.6.2 Simulink 在系统校正中的应用……（171）
本章小结……（172）
习题……（173）
第 7 章 线性离散控制系统……（175）
7.1 引言……（175）
7.2 采样与保持……（176）
7.2.1 采样过程……（177）
7.2.2 理想采样过程……（178）
7.2.3 保持器……（179）
7.3 *z* 变换……（181）
7.3.1 时间函数的 *z* 变换……（181）
7.3.2 *z* 变换的性质……（184）
7.3.3 *z* 反变换……（186）
7.4 脉冲传递函数……（188）
7.4.1 脉冲传递函数的推导与计算……（188）
7.4.2 开环脉冲传递函数……（189）
7.4.3 闭环系统脉冲传递函数……（192）
7.5 离散控制系统的稳定性分析……（196）
7.5.1 *s* 平面与 *z* 平面之间的映射……（196）
7.5.2 *z* 平面上的稳定性分析方法……（197）
7.5.3 双线变换性……（198）
7.5.4 *w* 平面上的稳定性分析方法……（199）
7.6 离散控制系统的时间响应……（199）
7.6.1 闭环极点与冲激响应的关系……（199）
7.6.2 离散系统的动态响应指标……（202）
7.6.3 离散系统的稳态误差……（203）
7.7 离散控制系统的校正……（205）
7.7.1 数字控制器的脉冲传递函数……（205）
7.7.2 最少拍系统设计……（206）
7.7.3 数字校正装置的实现……（209）

7.8 利用 MATLAB 进行离散控制系统分析……（209）
7.8.1 数学模型的处理……（210）
7.8.2 离散系统的输出响应……（211）
7.8.3 用 Simulink 对离散系统进行仿真……（212）
本章小结……（212）
习题……（213）
第 8 章 非线性系统分析……（216）
8.1 非线性系统的概述……（216）
8.1.1 典型的非线性特性……（216）
8.1.2 非线性系统的特点……（218）
8.2 描述函数分析法……（219）
8.2.1 描述函数的基本概念……（219）
8.2.2 典型非线性环节的描述函数……（221）
8.2.3 非线性系统的简化……（224）
8.2.4 基于描述函数法的非线性系统的分析……（226）
8.3 基于 MATLAB/Simulink 的非线性系统分析……（230）
本章小结……（231）
习题……（231）
附录 A 习题参考答案……（233）
参考文献……（244）

第 1 章　自动控制的一般概念

自动化技术几乎渗透到国民经济的各个领域及社会的各个方面，是当代发展最迅速、应用最广泛的技术，是推动新的技术革命和产业革命的关键技术。从某种程度上来说，自动化是现代化的代名词。自动控制原理是研究分析、设计自动控制系统的基本方法。本章主要介绍自动控制的一般概念、自动控制系统的组成和分类、对控制系统的要求及系统分析与设计工具。

1.1　自动控制与自动控制系统

所谓自动控制，是指在没有人直接参与的情况下，利用外加的设备和装置，使机器设备或生产过程的某个工作状态或参数自动地按照预定的规律运行。将完成自动控制所需的物理部件构成的有机整体称为自动控制系统。

在自动控制系统中，外加的设备或装置称为控制器或控制装置，机器设备或生产过程统称为控制对象，被控制的工作状态或参数称为被控量或输出量。输出的期望值为给定量，即输入量。妨碍控制量对被控量进行正常控制的所有因素称为扰动量。给定量和扰动量都是控制系统的输入量。自动控制的任务就是使系统按照给定量所设定的规律运行。

自动控制系统的种类较多，被控制的物理量也是各种各样，如温度、压力、流量、电压、转速和位移等。组成这些控制系统的元、部件虽然有较大的差异，但是系统的基本结构却相类同，且一般都是通过机械、电气和液压等方法来代替人工控制。为了解自动控制系统的结构，下面分析图 1.1-1 所示的水池液位控制系统。

图 1.1-1 中 F_1 为出水阀，F_2 为进水阀，控制要求希望液位等于 h_0。当人参与控制时，就要不断地将实际液位与希望液位做比较，根据比较的结果，决定进水阀 F_2 开度是增大还是减小，以达到维持液位不变的目的。

图 1.1-2 为人参与该系统控制的方框图。由图 1.1-2 可见，人在参与控制中起以下 3 方面的作用。

（1）测量实际液位 h_1——用眼睛。

（2）将测得实际液位 h_1 与希望液位 h_0 相比较——用脑。

（3）根据比较的结果，即按照偏差的正负去决定控制的动作——用手。

显然，如果用自动控制去代替上述的人工控制，那么在自动控制系统中必须具有上述 3 种职能机构，即测量机构、比较机构和执行机构。如果将图 1.1-1 改为图 1.1-3 所示的液位自动

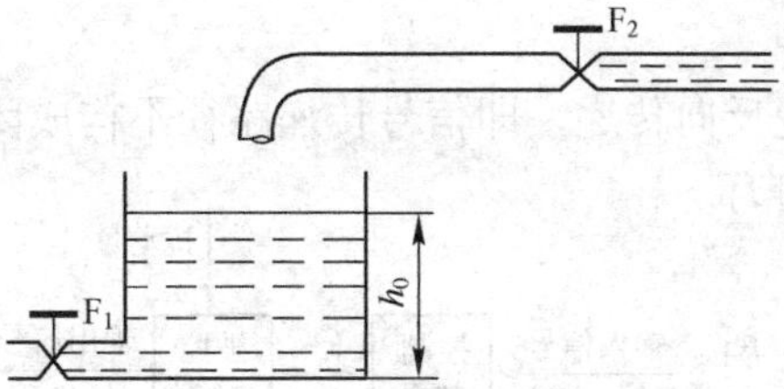

图 1.1-1　水池液位控制系统

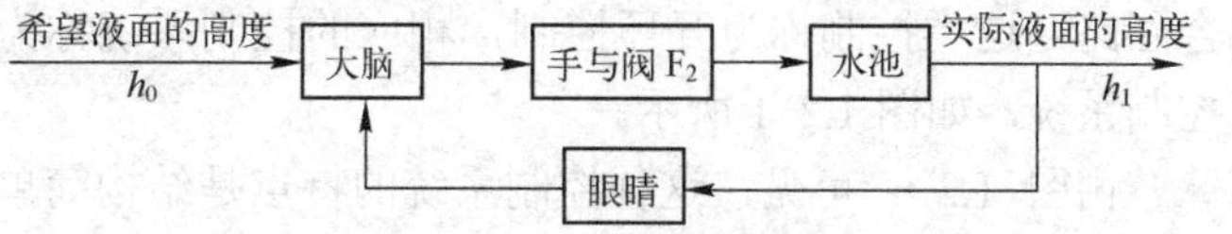

图 1.1-2　液位人工控制系统的方框图

控制系统，就可以实现不论经出水阀 F_1 流出的流量如何变化，系统总能自动地维持其液位高度在允许的偏差范围之内。

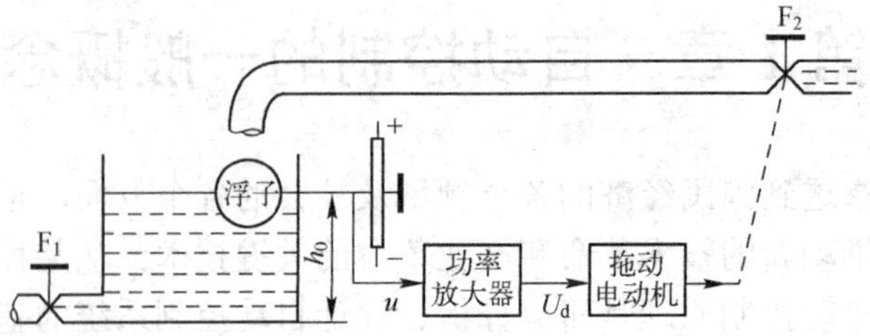

图 1.1-3　液位自动控制系统

假设水池液位因 F_1 阀开度的增大而降低，则系统立即产生一个与降落液位成比例的误差电压 u，该电压经放大器放大后供电给进水阀的拖动电动机，使阀 F_2 的开度也相应地增大，从而使水池的液位恢复到所希望的高度。

图 1.1-3 所示的液位控制系统由以下 5 个部分组成：

（1）被控对象——水池。

（2）测量元件——浮子。

（3）比较机构——浮子的希望位置与实际位置之差。

（4）放大机构——提高系统的控制精度。

（5）执行元件——驱动被控对象，以改变被控制的量。

以上 5 个部分也是一般自动控制系统的基本组成单元。此外，为了改善控制系统的动、静态性能，通常还需在系统中引入某种形式的校正装置。

为了使控制系统的表示既简单又明了，在控制工程中可用方框图的形式直观地表示系统的输入量与输出量之间的关系。图 1.1-4 是水池液位自动控制系统的方框图，图中箭头方向表示信号传递方向。

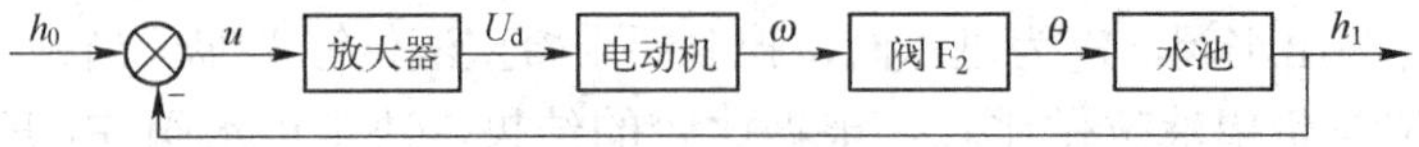

图 1.1-4　水池液位自动控制系统的方框图

1.2　自动控制的方式

1.2.1　开环控制与闭环控制

控制系统按其结构可分为开环控制系统、闭环控制系统和复合控制系统。

1．开环控制

若系统中的信号只从控制装置向被控对象传递，而无反向传递，即信号传递路径不构成闭合回路，这类控制称为开环控制，相应的控制系统称为开环控制系统，如图 1.2-1 所示。

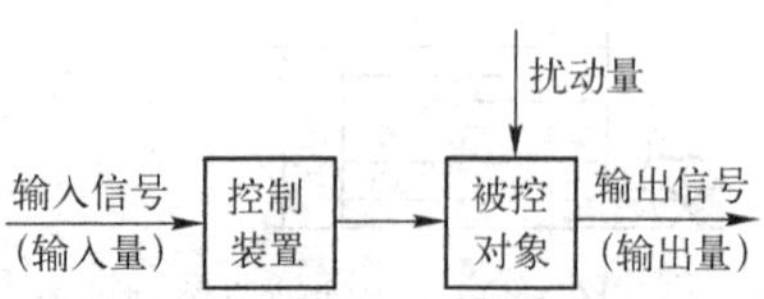

图 1.2-1　开环控制系统方框图

由图 1.2-1 可见，这种控制系统的特点是结构简单，所用的元件少，成本低，系统容易稳定。然而，由于开环控制系统既不要对它的被控量进行检测，又没有将被控量反馈到系统的输入端和参考输入相比较，所以当系统受到干扰作用后，被控制量一旦偏离了原有的平衡状态，系统就没有消除或减小误差的功能，这是开环控制系统的一个“致命”缺点。

图 1.2-2(a)为一个开环直流调速系统，对应的系统方框图如图 1.2-2(b)所示。图中U_g为给定的参考输入，它经触发器和晶闸管整流装置转变为相应的直流电压U_d，并给直流电动机供电，使之产生一个U_g所期望的转速n。但是，当电动机的负载、交流电网的电压以及电动机的励磁稍有变化时，电动机的转速就会随之变化，不能再维持U_g所期望的转速。

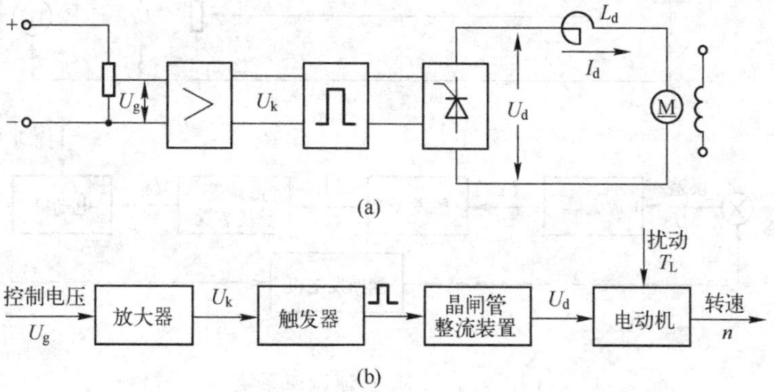

图 1.2-2　开环直流调速系统

2．闭环控制

在控制系统中，通过测量装置检测输出量，并与输入信号进行比较，进而使控制装置按照二者的偏差来调节输出量，此类控制方式称为闭环控制。此时系统中存在信号的反向传递，通过测量装置使信号流构成闭合回路。闭环控制又称为反馈控制或偏差控制，相应的控制系统称为闭环控制系统，如图 1.2-3 所示。

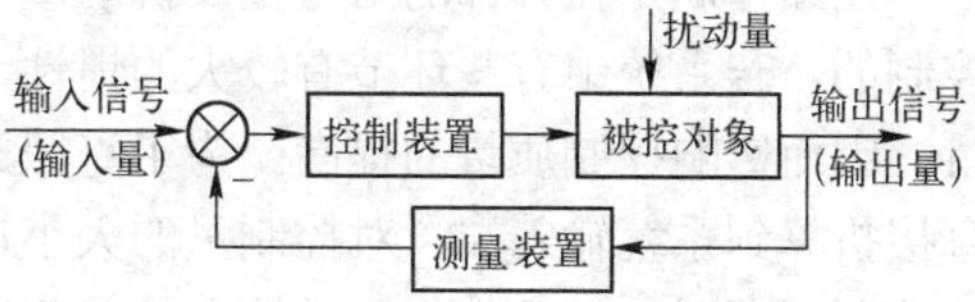

图 1.2-3　闭环控制系统的方框图

图 1.2-4(a)为一个闭环直流调速系统，对应的系统方框图如图 1.2-4(b)所示。本系统中用测速发电机 TG 检测输出量——电动机 M 转速n，并将其转换成反馈电压U_{fn}，然后反馈到输入端，与给定电压U_g相比较。其偏差经过运算放大器放大后，用来控制晶闸管整流装置输出电压U_d和电动机的转速n。当电位器滑动端在某一位置时，电动机就以指定的转速运转。

如果由于外部或内部扰动(例如由于负载突然增加)使电动机转速降低，那么这一速度变化将由测速发电机检测出来。此时反馈电压相应降低，与给定电压比较后，偏差电压增大，再经过运算放大器放大后，将使晶闸管整流装置输出电压U_d升高，从而减小或消除电动机的转速偏差。调节过程如下：

$$\left.\begin{array}{l}T_L\uparrow\\ u_\sim\downarrow\end{array}\right\}\rightarrow n\downarrow\rightarrow U_{fn}\downarrow\rightarrow\Delta U=(U_g-U_{fn})\uparrow\rightarrow U_k\uparrow\rightarrow U_d\uparrow\rightarrow n\uparrow$$

闭环控制系统具有如下特点：

(1) 由于系统的控制作用是通过给定量与反馈量的偏差进行的，所以这种控制称为偏差控制或反馈控制。

(2) 这类控制系统具有两种传输信号的通道。由给定量至被控量的通道称为前向通道，由被控量至系统输入端的通道称为反馈通道。

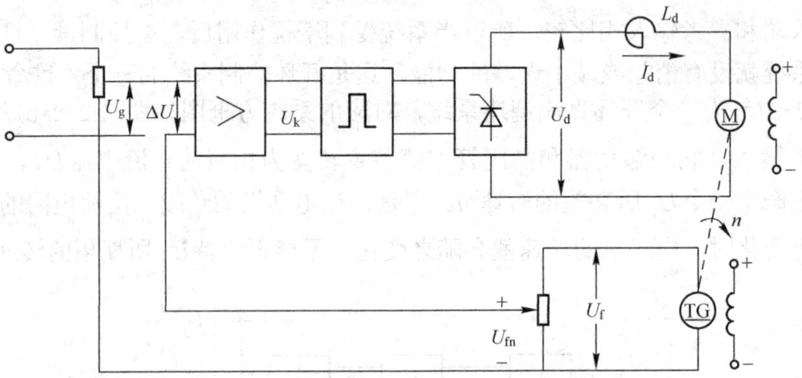

(a)

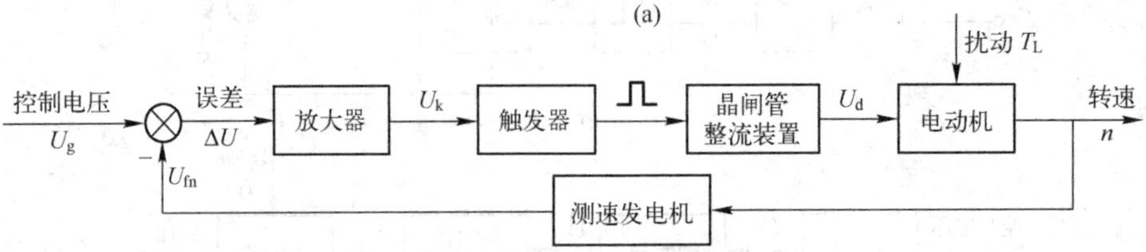

(b)

图 1.2-4　闭环直流调速系统

(3) 不论取什么物理量进行反馈，作用在反馈环内前向通道上扰动所引起的被控量的偏差值，经系统调节和控制，都会得到减小或消除，使得系统的被控量基本不受该扰动的影响。正是由于这种特性，使得闭环控制系统在控制工程中得到了广泛的应用。

3．复合控制

反馈控制是在外部的给定量及扰动量作用下，系统的被控量发生变化后才做出相应调节和控制的，若系统中有些环节有较大的惯性，或有纯滞后特性，其控制作用则难以及时影响被控量，因而影响控制质量的提高。为了克服此缺点，出现了前馈补偿控制，它将给定量或扰动量直接折算到系统输入端，对控制量的大小进行修正，即在偏差产生之前就进行了防止偏差产生的控制。在图 1.2-5(a)中通过输入补偿装置来实现对输入信号的补偿控制，在图 1.2-5(b)中，在扰动信号可测时，通过扰动补偿装置来实现对扰动信号的补偿控制。在前馈补偿控制方式中，由于被控量对控制过程不产生任何影响，故它属于开环控制。前馈补偿控制与反馈控制相结合，就构成了复合控制。复合控制有两种基本形式：按输入前馈补偿的复合控制和按扰动前馈补偿的复合控制，如图 1.2-5 所示。

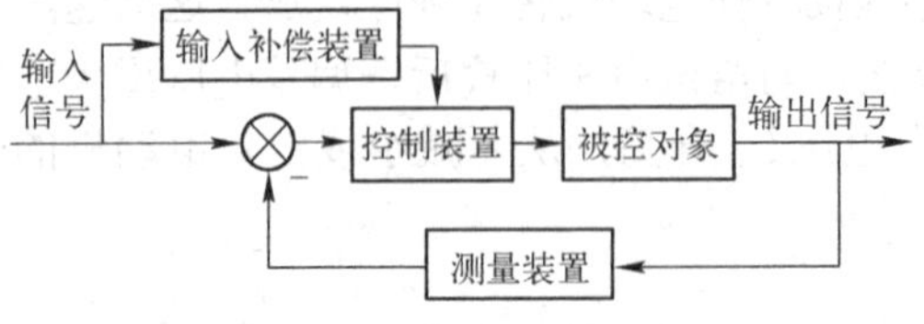

(a) 按输入补偿的前馈复合控制

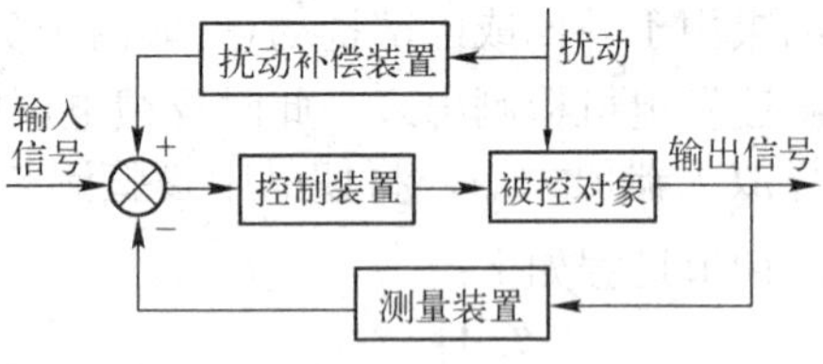

(b) 按扰动补偿的前馈复合控制

图 1.2-5　复合控制示意图

1.2.2　闭环控制系统的组成

闭环控制是自动控制系统中应用广泛的一种控制方式。一般闭环控制系统的组成如图 1.2-6 所示。

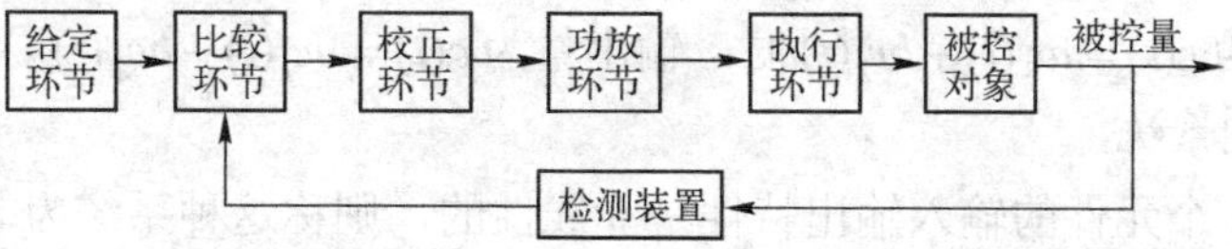

图 1.2-6 闭环控制系统组成方框图

- 给定环节是设定给定值的装置，为控制系统设定一定输入信号以决定系统的期望输出，如电位器可以给出恒值输入信号。数字给定装置可以给出较精确的恒值信号或序列值信号。
- 比较环节将给定环节输出的给定值与检测装置测量的输出值(反馈值)进行比较，从而产生期望值与实际值的偏差，通常用给定值减去反馈值，以使闭环系统构成负反馈。常用的比较环节的元件有差分放大器、机械差动装置、电桥电路等。
- 校正环节按某种规律对偏差信号进行运算，用运算的结果控制执行机构以改善被控制系统的性能。
- 功放环节的作用是提升控制信号的功率，以驱动执行机构。
- 执行环节的作用是控制被控对象的行为以改变其输出值。用来作为执行机构的元件有：阀、电动机、液压马达等。
- 检测装置用来检测被控量，如热电偶、测速发电机等，并将其转换为与给定量相同的物理量。因为检测装置的误差无法通过闭环控制得到修正，故实际系统对检测装置要求较高。
- 被控对象受控制器输出量的控制，其输出就是系统的被控量。

在控制系统中，常把比较环节、校正环节合在一起称为控制器。

1.3 自动控制系统的分类

自动控制系统按不同分类方法可分为多种类型。常见的分类方法有以下几种。

1．按元件特性分类

自动控制系统按其主要元件的特征方程的输入输出特性，可以分为线性控制系统和非线性控制系统。

（1）线性控制系统

若组成系统的元件的输入输出特性都具有线性特性，则称这种系统为线性控制系统。这种系统输入与输出之间的关系，一般用微分方程、传递函数或状态方程来描述。用线性微分方程描述，其一般形式为

$$a_n\frac{\mathrm{d}^n c(t)}{\mathrm{d}t^n}+a_{n-1}\frac{\mathrm{d}^{n-1}c(t)}{\mathrm{d}t^{n-1}}+\cdots+a_1\frac{\mathrm{d}c(t)}{\mathrm{d}t}+a_0c(t)$$
$$=b_m\frac{\mathrm{d}^m r(t)}{\mathrm{d}t^m}+b_{m-1}\frac{\mathrm{d}^{m-1}r(t)}{\mathrm{d}t^{m-1}}+\cdots+b_1\frac{\mathrm{d}r(t)}{\mathrm{d}t}+b_0r(t)$$

式中，$c(t)$ 是系统输出量；$r(t)$ 是系统输入量。a_0、a_1、…、a_n，b_0、b_1、…、b_m 是常数时，称为定常系统；如果是随时间变化的，则称为时变系统。

线性系统的特点是满足叠加性和齐次性。叠加性指当多个输入信号同时作用于系统时，其总输出等于各个输入信号单独作用时所产生输出的总和。齐次性指系统输入增大或缩小 n 倍，则系统输出也同时增大或缩小 n 倍。例如，当输入为 $r_1(t)$ 和 $r_2(t)$ 时，如果输出量分别为 $c_1(t)$ 和

$c_2(t)$，则当输入量为$r(t)=ar_1(t)+br_2(t)$时，输出量为$c(t)=ac_1(t)+bc_2(t)$。

（2）非线性控制系统

系统中只要有一个元件的输入输出特性是非线性的，则称这种系统为非线性控制系统。这种系统输入与输出之间的关系，要用非线性微分方程描述。非线性微分方程的特点是系数与变量有关，或者方程中含有变量及其导数的高次幂或乘积项，例如

$$\ddot{c}(t)+c(t)\dot{c}(t)+c^2(t)=r(t)$$

严格地讲，线性控制系统实际上是不存在的，因为构成系统的实际元件都不同程度地存在非线性特性。例如，系统中应用的放大器，当超过一定应用范围时，就会出现饱和特性；弹簧有非线性特性；甚至有时为了改善系统的性能和节约费用，有意采用非线性元件等。但是，在工程上有时为了简化分析和设计工作，对一些非线性元件，在一定的条件下进行简化和近似处理后，当作线性元件对待，使系统成为工程意义上的线性控制系统。

2．按系统内信号形式分类

按照自动控制系统中信号的传递方式，可将自动控制系统分为连续控制系统和离散控制系统。

（1）连续控制系统

若系统各部分的信号都是时间 t 的连续函数，则这类系统称为连续控制系统。这类系统通常用微分方程来描述。

（2）离散控制系统

在信号传递过程中，只要有一处的信号是脉冲序列或数字编码时，这类系统就称为离散控制系统。离散控制系统的特点是：信号在特定离散时刻($t=kT$)中，是时间的函数，而在上述离散时刻之间，信号不传递。离散控制系统采用差分方程描述。

随着计算机应用技术的发展，为数众多的自动控制系统都采用计算机作为控制手段。在计算机引入控制系统之后，控制系统就由连续系统变成离散控制系统。

3．按系统给定信号形式分类

按照给定信号的特征可将系统分为以下三种类型。

（1）定值(恒值)控制系统

定值控制系统中的给定值是恒定不变的，希望输出维持在某一特定值上。系统主要任务就是当被控量受到某种干扰而偏离期望值时，通过自动调节作用，使它尽可能地恢复到期望值。工业生产过程中广泛应用的温度、压力、流量等参数控制，多半是采用定值控制系统来实现的。

（2）随动(伺服)系统

随动系统的输入信号是预先不知道的随时间任意变化的函数，要求输出量跟随给定量变化。例如火炮自动瞄准系统、导弹的制导系统。

（3）程序控制系统

这类系统的输入信号不是常数，而是按照预先知道的时间函数变化，并要求被控量随之变化。如热处理炉温度控制系统中的升温、保温、降温等过程，都是按照预先设定的规律(程序)进行控制的。又如数控机床、全自动洗衣机等。

4．按系统输入和输出信号的数目分类

按照控制系统的输入信号和输出信号的数目，可分为单输入单输出(SISO)系统和多输入多输出(MIMO)系统。

单输入单输出（SISO）系统通常称为单变量系统，这种系统只有一个输入（不包括扰动输入）和一个输出信号。

多输入多输出（MIMO）系统通常称为多变量系统，这种系统有多个输入和多个输出信号。

5．按系统的参数是否随时间变化分类

按控制系统的参数是否随时间变化，可分为定常系统和时变系统。

定常系统中的参数不随时间变化。实践中遇到的系统，大多数是属于这类系统，或可以合理地近似成这类系统。

如果系统中的参数是时间 t 的函数，则这类系统称为时变系统。

1.4　对自动控制系统的基本要求

1．对自动控制系统性能的基本要求

可以归结为稳定性、快速性和准确性。

（1）稳定性

对恒值系统要求当系统受到扰动后，经过一定时间的调整能够回到原来的期望值。

对随动系统，被控制量始终跟踪参考量的变化。

稳定性是对系统的基本要求，不稳定的系统不能实现预定任务。稳定性通常由系统的结构和参数决定，与外界因素无关。

（2）快速性

对过渡过程的形式和快慢提出要求，一般称为动态性能。稳定高射炮射角随动系统，虽然炮身最终能跟踪目标，但如果目标变动迅速，而炮身行动迟缓，仍然抓不住目标。

（3）准确性

用稳态误差来表示。如果在参考输入信号作用下，当系统达到稳态后，其稳态输出与参考输入所要求的期望输出之差叫做给定稳态误差。显然，这种误差越小，表示系统的输出跟随参考输入的精度越高。

由于被控对象具体情况的不同，各种系统对上述三方面性能要求的侧重点也有所不同。例如随动系统对快速性和稳态精度的要求较高，而恒值系统一般侧重于稳定性能和抗扰动的能力。在同一个系统中，上述三方面的性能要求通常是相互制约的。例如为了提高系统的动态响应的快速性和稳态精度，就需要增大系统的放大能力，而放大能力的增强，必然促使系统动态性能变差，甚至会使系统变为不稳定。反之，若强调系统动态过程平稳性的要求，系统的放大倍数就应较小，从而导致系统稳态精度的降低和动态过程的缓慢。由此可见，系统动态响应的快速性、高精度与动态稳定性之间是一对矛盾。

2．本课程的任务

本课程所要研究的两大课题：

（1）对于一个具体的控制系统，如何从理论上对它的动态性能和稳态精度进行定性的分析和定量的计算。

（2）根据对系统性能的要求，如何合理地设计校正装置，使系统的性能能全面地满足技术上的要求。

1.5 自动控制系统的分析与设计工具

MATLAB 是一种数值计算型科技应用软件，其全称是 Matrix Laboratory(矩阵实验室)。与 Basic, Fortran, Pascal, C 等编程语言相比，MATLAB 具有编程简单、直观，用户界面友善，开放性能强等优点，因此自面世以来，很快就得到了广泛应用。

现今的 MATLAB 拥有了更丰富的数据类型、更友善的用户界面、更加快速精美的可视图形、更广泛的数学和数据分析资源，以及更多的应用开发工具。

这里主要介绍 MATLAB 在控制器设计、仿真和分析方面的功能，即 MATLAB 的控制工具箱。在 MATLAB 工具箱中，常用的有如下 6 个控制类工具箱。

(1) 系统辨识工具箱(system identification toolbox)

该工具箱提供了进行系统模型辨识的工具，其主要功能包括：

① 参数化模型辨识。有 AR、ARX、状态空间和输出误差等模型类辨识工具。

② 非参数化模型辨识。

③ 模型验证。对辨识模型进行仿真并将真实输出数据与模型预测数据进行比较，计算响应的残差。

④ 递推参数估计。针对各种参数模型，利用递推估计方法获得模型参数。

⑤ 各类模型的建立和转换。

⑥ 集成多种功能的图形用户。以图形交互方式实现各类模型的选择和建立，输入输出数据的加载和预处理，以及模型估计。

(2) 控制系统工具箱(control system toolbox)

该工具箱主要处理以传递函数为主要特征的经典控制和以状态空间为主要特征的现代控制中的主要问题。为控制系统，尤其是 LTI 线性定常系统的建模、分析和设计提供了一个完整的解决方案。其主要功能如下：

① 系统建模。建立连续或离散系统的状态空间，传递函数，零极点增益模型，并实现任意两者之间的转换；通过串联、并联、反馈连接及一般的框图连接，建立复杂的系统模型；通过多种方式实现连续时间系统的离散化，离散时间系统的连续化及重采样。

② 系统分析。既支持连续和离散系统，也适用于 SISO 和 MIMO 系统。在时域分析方面对系统的单位脉冲响应、单位阶跃响应、零输入响应及更一般的任意输入响应进行仿真；在频域分析方面，对系统的伯德图(Bode)、奈奎斯特图(Nyquist)进行计算和绘制。

该工具箱还提供了一个框图式操作界面工具——LTI 观测器，可支持 10 种不同类型的系统响应分析，大大简化系统分析和图形绘制的过程。

③ 系统设计。计算系统的各种特性，如可控和可观测 Gramain 矩阵、系统零极点、李雅普诺夫方程、稳定裕度、阻尼系数，以及根轨迹的增益选择等；支持系统的可控和可观测标准型实现、最小实现、降阶实现，以及输入延时的 Pade 设计；对系统进行极点配置、观测器设计以及 LQ 和 LQG 最优控制等。

另一个框图式操作界面工具——SISO 系统设计工具，可用于单输入单输出反馈控制系统的补偿器校正设计。

(3) 鲁棒控制工具箱(robust control toolbox)

该工具箱提供鲁棒分析和设计的工具有：

① 模型建立和转换工具。建立增广状态方程和传递函数模型，进行多变量系统双线性变换等。

② 鲁棒分析工具。进行特征根轨迹、奇异值、结构奇异值分析等。

③ 鲁棒综合工具。进行频率加权 LQG 综合，LQG/LTR，H_∞综合等。

④ 鲁棒模型降价工具。实现均衡降价，最优 Hankel 范数近似降价(具有加性误差界)，Schur 均衡截断降价(具有加性误差界)，Schur 均衡随机截断降价(具有加性误差界)等。

(4)模型预测控制工具箱(model predictive control toolbox)

该工具箱提供了一系列函数，用于模型预测控制的分析、设计和仿真。这些函数的主要类型如下：

① 系统模型辨识。通过多变量线性回归方法计算 MISO 脉冲响应模型，由 MISO 脉冲响应模型生成 MIMO 阶跃响应模型，对测量数据尺度化等。

② 模型建立和转换。建立模型预测工具箱使用的 mod 模型，以及状态空间模型与 mod 模型、阶跃响应模型、脉冲响应模型之间的转换。

③ 模型预测控制器设计和仿真。有面向阶跃响应模型的预测控制器设计和仿真，以及面向 MPC-mod 模型的设计和仿真。

④ 系统分析。有计算模型预测控制系统频率响应、极点和奇异值功能。

(5)模糊逻辑工具箱(fuzzy logic toolbox)

模糊逻辑工具箱具有如下 5 个方面的功能：

① 易于使用的图形化设计。模糊逻辑工具箱提供了建立和测试模糊逻辑系统的一整套功能函数，包括可视化定义语言变量及其隶属度函数、模糊推理方式选择函数、模糊推理规则编辑函数、对整个模糊推理逻辑系统管理以及交互式观察模糊推理过程和输出结果函数。

② 支持模糊逻辑中的高级技术。自适应神经——模糊推理(adaptive neural-fuzzy inference system, ANFIS)，以及用于模式识别的模糊聚类技术。

③ 集成的仿真和代码生成。实现与 Simulink 的无缝连接，通过 Real-Time Workshop2.1 生成 ANSIC 源代码，实现模糊系统的实时应用。

④ 独立允许的模糊推理机。完成模糊逻辑系统的设计后，将设计结果以 ASCII 码文件保存；利用模糊推理机，实现模糊系统的独立运行，或者作为其他应用的一部分运行。

(6)非线性控制设计模块(nonlinear control design blocket)

该工具箱以 Simulink 模块的形式，在交互式模型输入环境下，集成了基于图形界面的非线性系统建模、控制器优化设计和仿真功能。其主要功能和特点如下：

① 控制器参数优化计算。自动将系统的性能指标转化为一个约束优化问题，并调用 MATLAB 优化工具箱的有关函数进行优化计算。

② 图形化交互式用户界面。控制器的优化参数和性能指标约束选择通过图形交互界面输入，控制器的优化过程和结果通过实时性能曲线显示。

③ 任意选择优化参数和指标。设计和仿真控制设计模块提供了优化参数选择的对话窗口，用户可以选择其他 Simulink 模块的任意变量作为控制器优化参数；系统性能指标的选择可通过系统时域性能曲线以可视化的方式实现。

④ 支持不确定性系统的鲁棒设计。通过设计和仿真控制设计模块，用户可以指定系统模块中变量的不确定性边界，实现满足鲁棒性能指标的非线性控制系统设计。

⑤ 与 Simulink 集成，进行控制系统优化设计和仿真。每个 Simulink 设计框图都可看作一个特殊的 Simulink 模块，可添加到非线性系统的 Simulink 仿真框图中对其连接的信号进行约束。

本章小结

本章介绍了控制系统的组成和工作原理，以及控制系统中有关的名词、术语的含义，如被控对象、被控量、控制器、系统输入量、输出量、偏差、反馈等。

控制系统按其是否存在反馈可分为开环控制系统和闭环控制系统。闭环控制系统又称为反馈控制系统，其主要特点是系统输出量经测量后反送到系统输入端构成闭环，并且由偏差产生控制作用，控制的结果是使被控量朝着减小偏差或消除偏差的方向运动。

在分析系统的工作原理时，应注意系统的各组成部分具有的职能以及在系统中如何完成它的作用，并能用方框图进行分析。方框图是分析控制系统的基础。

按不同的分类方法，对应地可把自动控制系统划分为多种类型。常见的分类有：定值(恒值)控制系统、随动(伺服)系统与程序控制系统；线性控制系统与非线性控制系统；连续控制系统与离散控制系统；定常系统与时变系统；单输入单输出(SISO)系统与多输入多输出(MIMO)系统。

对自动控制系统的基本要求是：稳定性、快速性和准确性。稳定性是前提，不稳定则其他指标无从谈起。快速性反映系统动态过程的快慢。准确性反映系统的静态性能。

最后介绍 MATLAB 在控制器设计、仿真和分析方面的功能，即 MATLAB 的控制工具箱。在 MATLAB 工具箱中，常用的有如下 6 个控制类工具箱：系统辨识工具箱(system identification toolbox)、控制系统工具箱(control system toolbox)、鲁棒控制工具箱(robust control toolbox)、模型预测控制工具箱(model predictive control toolbox)、模糊逻辑工具箱(fuzzy logic toolbox)和非线性控制设计模块(nonlinear control design blocket)。

习题

1-1 何谓自动控制？典型自动控制系统由哪些环节组成？各环节在自动控制系统中起什么作用？

1-2 负反馈控制系统的特点是什么？指出反馈在自动控制系统中的作用。

1-3 试比较开环控制系统与闭环控制系统的优缺点。

1-4 图 T1-1 所示为仓库大门自动控制系统的示意图，试说明该控制系统的工作原理，并画出其方框图。

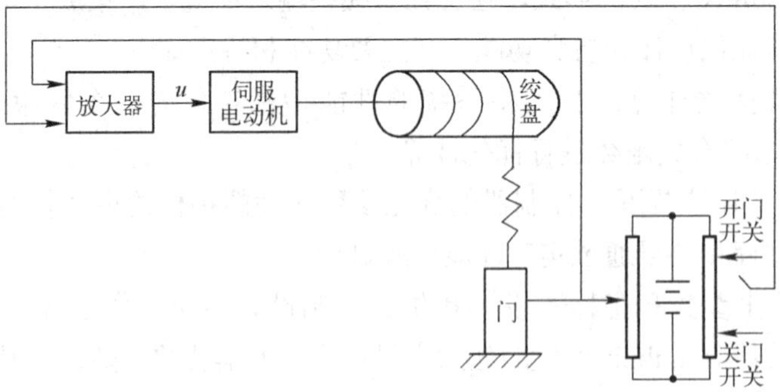

图 T1-1 习题 1-4 图

1-5 图 T1-2 所示为电炉温度控制系统示意图，试分析系统保持电炉温度恒定的工作过程，指出系统的被控对象、被控量以及各元件的作用，最后画出系统方框。

1-6 图 T1-3 所示为一个角位置随动系统。系统的任务是控制工作机械角位置 θ_c 随时跟踪手柄转角 θ_r。试分析其工作原理，并画出系统方框图。

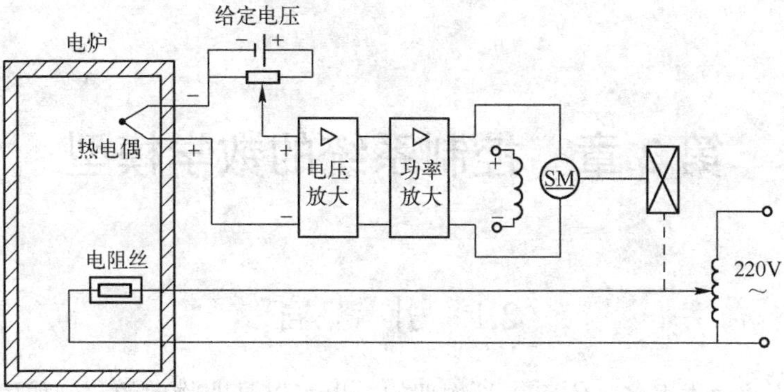

图 T1-2　习题 1-5 图

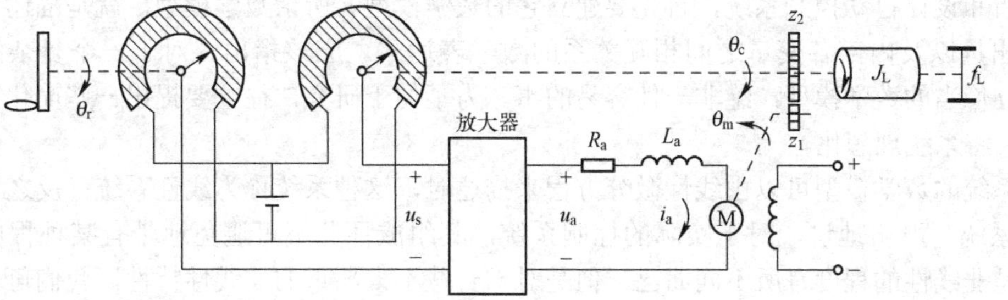

图 T1-3　习题 1-6 图

1-7　下列各式是描述系统的微分方程，其中 $c(t)$ 为输出量，$r(t)$ 为输入量，试判断哪些是线性定常或时变系统，哪些是非线性系统。

（1）$\frac{d^3c(t)}{dt^3}+3\frac{d^2c(t)}{dt^2}+6\frac{dc(t)}{dt}+10c(t)=\frac{dr(t)}{dt}+2r(t)$

（2）$t\frac{dc(t)}{dt}+c(t)=r(t)+5\frac{dr(t)}{dt}$

（3）$c(t)=5+r^2(t)+t\frac{d^2r(t)}{dt^2}$

（4）$c(t)=r(t)\cos\omega t+6$

（5）$c(t)=r^2(t)$

（6）$c(t)=3r(t)+6\frac{dr(t)}{dt}+5\int_{-\infty}^{t}r(\tau)d\tau$

（7）$c(t)=\begin{cases}0, & t<8\\ r(t), & t\geqslant 8\end{cases}$

第 2 章　控制系统的数学模型

2.1　引　　言

自动控制系统的种类很多，它可以是物理的，也可以是非物理的，例如生物医学系统、社会经济系统等。本章研究的是物理系统。

分析和设计自动控制系统，首先要建立它的数学模型。所谓数学模型，就是描述系统输入量、输出量以及内部各变量之间相互关系的数学表达式。应该指出，对于一个复杂的物理系统，建立恰当的数学模型，绝非一件容易的事。为了便于研究，往往要提出一些简化系统的合理假设，将系统理想化。

当系统的数学模型可以由线性微分方程来描述时，这种系统称为线性系统；反之，则称为非线性系统。严格地讲，对于实际的控制系统，其组成环节不可避免地带有某种程度的非线性，只是非线性的程度有所不同而已。但是对于一些不太严重的非线性特性，我们可以在一定条件下提出一些简化系统的合理假设，将系统理想化，近似地视作线性系统。线性系统具有叠加性和齐次性，可简化控制系统的分析和设计。当然如果系统中存在本质非线性环节，则无法用线性理论来分析。

建立自动控制系统的数学模型的方法有机理分析法和实验测定法两种。机理分析法通过理论推导得出：首先对系统的各个部件运动的机理进行分析，根据这些物理规律或化学规律（如力学、运动学、电磁学、热学等）列写描述系统相应的运动方程；实验（辨识/测定）法是通过实验数据整理编写出来的：在系统上人为地施加上某种测试信号，记录其输出响应，然后选择适当的数学模型，使之能近似地表示这种运动。实验测定法亦称为系统辨识，主要用于系统的运动机理很复杂因而不便分析或无法分析的情况。系统辨识现已发展成为一门独立的学科分支。

在自动控制系统中，用来描述系统的数学模型的形式有很多，常用的有微分方程、传递函数、方块图、信号流图、状态方程和传递矩阵等。在以单输入单输出系统为研究目标的经典控制理论中，主要采用微分方程和差分方程描述系统的时域数学模型；采用传递函数、脉冲传递函数、方块图和信号流图描述系统的复数域数学模型；采用频率特性描述系统的复频域数学模型。而在最优控制或多变量系统中，主要采用传递矩阵、状态方程作为描述系统相对应的数学模型。

本章只研究微分方程、传递函数、方块图和信号流图等数学模型的建立和应用。

2.2　控制系统的时域数学模型

本节只讨论根据运动机理建立其数学模型的方法，所举的实例只限于线性、定常、集总参数的对象。

2.2.1　线性元件的微分方程

控制系统是由具有不同功能的元件以一定方式连接而成的，因此首先要建立反映各个元件输入量与输出量之间关系的运动方程，即微分方程。其中讨论的对象主要是时间t的函数，所以这类描述通常称为时间域的数学模型。

一般情况下，建立元件微分方程的步骤是：（1）分析元件的工作原理，确定输入量和输出量；（2）提出一些合乎实际简化系统的假设，根据描述元件运动特性的物理或化学定律（如基尔霍夫定律、牛顿定律、能量守恒定律等），列出微分方程，需注意负载效应；（3）消除中间变量，得到只描述输出量和输入量(包括扰动量)关系的微分方程；（4）将微分方程整理成标准形式，将与输出量有关的各项放在方程的左边，与输入量有关的各项放在方程的右边，方程两边的导数项均按降幂排列。

【例 2-1】 图 2.2-1 所示为由电阻 R 、电感 L 、电容 C 串联组成的无源网络，其中$U_r(t)$为输入电压，求以电容两端电压$U_c(t)$为输出量的微分方程。

解：根据电路系统的基尔霍夫定律，有

$$\begin{cases} U_r(t)=Ri(t)+L\dfrac{di(t)}{dt}+U_c(t) \\ i(t)=i_c(t)=C\dfrac{dU_c(t)}{dt} \end{cases}$$

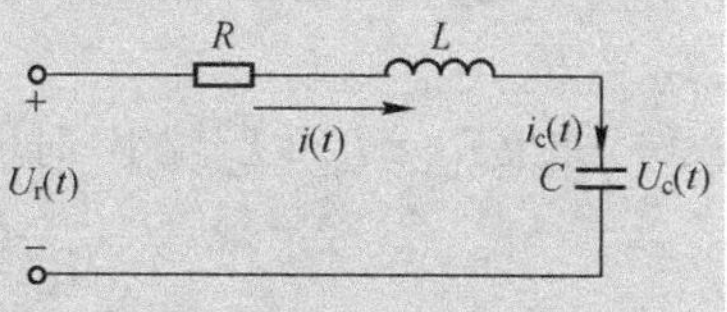

图 2.2-1　RLC 无源网络

消去中间变量$i_c(t)$，可得输入、输出关系的微分方程为

$$LC\frac{d^2U_c(t)}{dt^2}+RC\frac{dU_c(t)}{dt}+U_c(t)=U_r(t) \tag{2.2-1}$$

显然，这是一个二阶线性常系数微分方程。

【例 2-2】 图 2.2-2 是由质量—弹簧—空气阻尼器构成的运动系统。列写以外力$F(t)$为输入量和以位移$y(t)$为输出量的微分方程。

解：忽略摩擦，根据牛顿定律有

$$ma=\sum F=F(t)-ky(t)-fv(t)$$

经整理，即得描述此对象运动的微分方程

$$m\frac{d^2y(t)}{dt^2}+f\frac{dy(t)}{dt}+ky(t)=F(t) \tag{2.2-2}$$

式中，$d^2y(t)/dt^2$为运动加速度a；$ky(t)$为弹簧的弹性阻力，它是弹性系数k与位移$y(t)$的乘积；$f\,dy(t)/dt$为阻尼器的粘性摩擦阻力，它是粘滞摩擦系数f与活塞运动速度$v(t)=dy(t)/dt$的乘积。

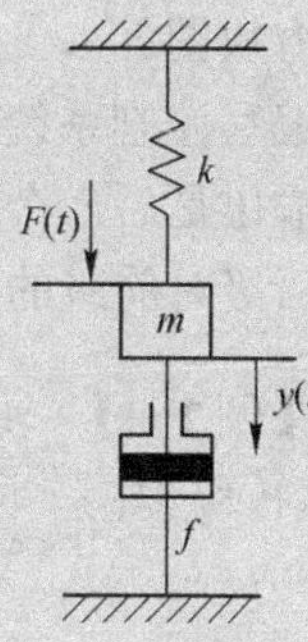

图 2.2-2　弹簧阻尼系统

【例 2-3】 图 2.2-3 所示的直流他励电动机既有电磁作用，又有机械转动，是一个机电对象。其中电动机绕组的总电感为L_a，总电阻为R_a，电动机转子的转动惯量为J，电动机轴上的反向力矩(包括负载、摩擦等)为M_L。列写以电枢电压U为输入量，以电动机轴的角速度ω为输出量的微分方程。

解：在电枢回路中，根据基尔霍夫定律可得电势平衡方程为

$$L_a\frac{dI_a}{dt}+R_aI_a+E=U \tag{2.2-3}$$

电动机的机械运动方程为

$$M - M_L = J\frac{d\omega}{dt} \tag{2.2-4}$$

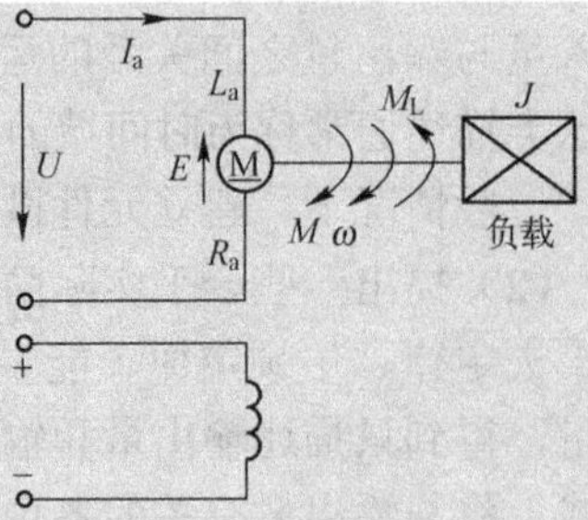

图 2.2-3 电动机传动系统

考虑电动机的性能

$$E = C_e\omega, M = C_M I_a \tag{2.2-5}$$

其中E为电枢反电动势，M为电动机的电磁转矩，C_e为电动机的电势常数，C_M为电动机的转矩系数。消去中间变量E、I_a和M，得到描述输出量ω和输入量U、扰动量M_L之间的二阶微分方程为

$$T_L T_M \frac{d^2\omega}{dt^2} + T_M\frac{d\omega}{dt} + \omega = \frac{1}{C_e}U - \frac{T_M}{J}\left(T_L\frac{dM_L}{dt} + M_L\right) \tag{2.2-6}$$

式中，电动机电枢电路的电磁时间常数为$T_L = L_a/R_a$(s)，电动机的机电时间常数为$T_M = JR_a/(C_e C_M)$(s)。

如果$T_L \ll T_M$（L_a较小）时，则可以省略T_L，式(2.2-6)可简化为一阶微分方程

$$T_M\frac{d\omega}{dt} + \omega = \frac{1}{C_e}U - \frac{T_M}{J}M_L \tag{2.2-7}$$

2.2.2 控制系统的微分方程的建立

控制系统通常由多个具有不同功能的元件组成。编写控制系统的微分方程时，应当首先按照信号流通方向依次列写各元件的微分方程，其次根据元件在系统中的连接情况将方程合并，消去中间变量，最后得到描述系统的输出量(即被控量)和输入量(包括给定输入量和扰动输入量)之间的微分方程。列写过程中，为使信号传送关系更为明确，通常还需绘制出相应的方块图。

编写控制系统的微分方程时，应注意以下两个方面：（1）信号传送的单向性，即前一个元件的输出是后一个元件的输入，一级一级地单向传送；（2）负载效应，即前后相连的两个元件中，后级对前级的负载效应。

【例 2-4】 转速单闭环调速系统如图 2.2-4 所示。系统的输出为角速度ω，扰动输入为负载转矩M_L。求输出量ω与输入电压U_r之间的微分方程和输出量ω与负载转矩M_L之间的微分方程。

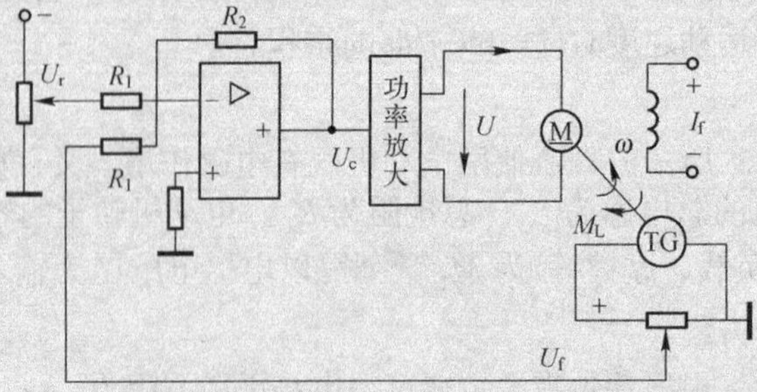

图 2.2-4 转速单闭环调速系统原理图

解： 系统由输入电位器、比例运算放大器、功率放大器、直流电动机 M 和测速发电机 TG 等部分组成。系统中直流电动机是控制对象，被控量为系统的输出量ω，给定输入信号为电压U_r，扰动作用为负载转矩M_L。该系统的方块图如图 2.2-5 所示。

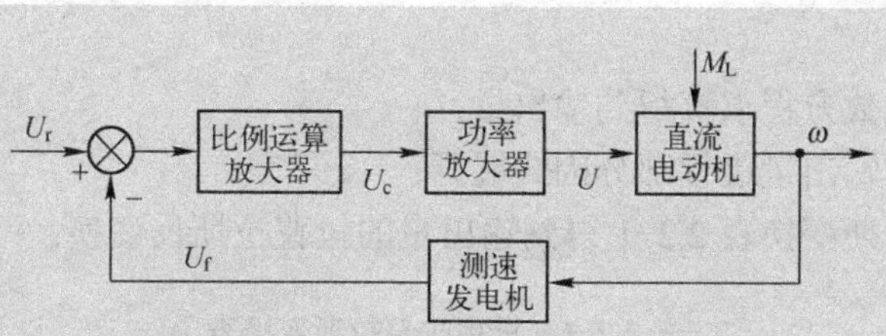

图 2.2-5　转速单闭环调速系统方块图

系统各组成元件的微分方程如下：

（1）比例运算放大器

$$U_c = \frac{R_2}{R_1}(U_r - U_f) = K_p(U_r - U_f) \tag{2.2-8}$$

（2）功率放大器通常是由可控晶闸管或 PWM 变换器等构成的电力电子变换器，在忽略其时间滞后的情况下，可以看作比例环节，即

$$U = K_s U_c \tag{2.2-9}$$

（3）直流电动机的微分方程如式(2.2-6)所示。

（4）测速发电机连同分压器，忽略负载效应等也可以将其看作比例环节，即

$$U_f = K_f \omega \tag{2.2-10}$$

合并式(2.2.8)～式(2.2-10)及式(2.2-6)，消去中间变量，经整理后可得

$$T_L T_M \frac{d^2\omega}{dt^2} + T_M \frac{d\omega}{dt} + \omega = \frac{1}{C_e} K_s K_p (U_r - K_f \omega) - \frac{T_M}{J}\left(T_L \frac{dM_L}{dt} + M_L\right) \tag{2.2-11}$$

对于线性系统，可以应用叠加原理分别讨论两种输入作用下所引起的转速变换，然后进行叠加。因此，当 $M_L = 0$ 时，ω 与 U_r 之间的微分方程为

$$T_L T_M \frac{d^2\omega}{dt^2} + T_M \frac{d\omega}{dt} + (1 + \frac{1}{C_e} K_s K_p K_f)\omega = \frac{1}{C_e} K_s K_p U_r \tag{2.2-12}$$

当 $U_r = 0$ 时，　ω 与 M_L 之间的微分方程为

$$T_L T_M \frac{d^2\omega}{dt^2} + T_M \frac{d\omega}{dt} + \left(1 + \frac{1}{C_e} K_s K_p K_f\right)\omega = -\frac{T_M}{J}\left(T_L \frac{dM_L}{dt} + M_L\right) \tag{2.2-13}$$

2.2.3　线性微分方程的求解

列出控制对象的微分方程后，就可解出微分方程。线性常系数微分方程在给定初值下可以利用特征多项式，或称古典解法。众所周知，一个 n 阶线性常微分方程的解由两部分组成：其一是它对应的齐次微分方程的通解。其二是满足该微分方程右端函数的任一特解。其解的结构形式为齐次方程的通解和非齐次方程的任一特解之和。

在分析电网络时，考虑到电路外部输入信号的特点，为避免上述非齐次方程特解的烦琐求解过程，往往将较直观的电路稳态响应作为非齐次方程的任一特解，则响应的结构形式为动态响应和稳态响应之和。动态响应(或动态分量)就是描述网络运动的常微分方程的齐次方程的通解，稳态响应(或稳态分量)则是网络在相应输入作用下网络的动态响应都衰减到零之后的响应。

另外，为了求解高阶常微分方程，还可利用拉普拉斯变换方法。求解步骤如下：

（1）利用拉普拉斯变换定理在方程两端求拉普拉斯变换，将时域的微分方程转化为复数域

中的代数方程；

（2）对变换后的代数方程求解得到输出量；

（3）对代数方程的输出量进行部分因式展开；

（4）从常用拉普拉斯变换表 2.2-1 得到输出量的拉普拉斯反变换。

表 2.2-1　常用拉普拉斯变换表

（a，T，ω，ζ 均为实常数，$0<\zeta<1$，n 为自然数）

$f(t)$	$F(s)$
$\delta(t)$	1
$1(t)$	$\dfrac{1}{s}$
$\dfrac{t^{n-1}}{(n-1)!}$	$\dfrac{1}{s^n}$
e^{-at}	$\dfrac{1}{s+a}$
$\dfrac{t^{n-1}e^{-at}}{(n-1)!}$	$\dfrac{1}{(s+a)^n}$
$\sin\omega t$	$\dfrac{\omega}{s^2+\omega^2}$
$\cos\omega t$	$\dfrac{s}{s^2+\omega^2}$
$e^{-at}\sin\omega t$	$\dfrac{\omega}{(s+a)^2+\omega^2}$
$e^{-at}\cos\omega t$	$\dfrac{s+a}{(s+a)^2+\omega^2}$
$e^{-\zeta\omega_n t}\left(\dfrac{1-a\zeta}{\sqrt{1-\zeta^2}}\omega_n\sin\omega_n\sqrt{1-\zeta^2}t+\dfrac{a}{T}\cos\omega_n\sqrt{1-\zeta^2}t\right)$	$\dfrac{a\omega_n s+\omega_n^2}{s^2+2\zeta\omega_n s+\omega_n^2}$

【例 2-5】 设微分方程为 $\dfrac{d^2c(t)}{dt^2}+3\dfrac{dc(t)}{dt}+2c(t)=5$，初值为 $c(0)=-1$、$\dot{c}(0)=2$，求解微分方程。

解：将微分方程两端取拉普拉斯变换，得

$$[s^2C(s)-sc(0)-\dot{c}(0)]+3[sC(s)-c(0)]+2C(s)=5/s$$

将初始条件代入上式，整理可得输出量为

$$C(s)=\frac{5}{(s^2+3s+2)s}+\frac{sc(0)+3c(0)+\dot{c}(0)}{(s^2+3s+2)s}=\frac{5}{(s^2+3s+2)s}+\frac{-s-1}{s(s^2+3s+2)}$$

部分因式展开，得
$$C(s)=\frac{5}{2s}-\frac{5}{s+1}+\frac{3/2}{s+2}$$

将上式进行拉普拉斯反变换，得到微分方程的解为

$$c(t)=\frac{5}{2}-5e^{-t}+\frac{3}{2}e^{-2t},\quad t\geqslant 0$$

式中，第一项为稳态分量，或者称为特解；后两项为动态分量或者是齐次解。与微分方程的古典解法不同，拉普拉斯变换法只需要一次运算就可以求得微分方程的全解。

2.2.4　非线性元件微分方程的线性化

严格说来，在构成控制系统的各类元件的输入量与输出量间都存在不同程度的非线性特性。因此，在研究控制系统的运动过程时会遇到求解非线性微分方程问题。然而，对于高阶非

线性微分方程来说，在数学上尚不可能求得一般解。但是，如果对非线性微分方程做某些近似或缩小研究问题的范围，则对构成控制系统的大多数元件来说，其输入输出变量间的关系可近似认为是线性的，其特性可用线性微分方程描述。在工程上，将非线性微分方程在一定的条件下转化为线性微分方程的处理方法，称为非线性微分方程的线性化。采用线性化的方法，可以在一定条件下将线性系统的理论和方法用于非线性系统，从而使问题简化。在建立系统数学模型的过程中，小偏差线性化方法是一种常见的、比较有效的方法。

控制系统中，有关非线性因素的问题可以分两大类：一类是系统存在非本质上的非线性问题。此类系统函数为光滑函数(图 2.2-6(a))，即当输入量连续变化时，函数值及其各阶导数值的变化都是连续的。一般这类问题可以通过小偏差线性化的方法进行线性化处理；另一类是元件本身存在本质上的非线性，如饱和特性、继电器特性，此类系统函数为不光滑函数(图 2.2-6(b)和(c))，具有这样元件的系统只能采用非线性系统的分析方法进行分析和设计。

控制系统都有一个稳定的工作状态以及与之相对应的工作点，称为预期工作点。非线性微分方程能进行线性化的一个基本假设是变量偏离其预期工作点的偏差很小。由数学的级数理论可知，只要变量在预期工作点处的各阶导数或偏导数存在，则在预期工作点的微小邻域内可将非线性函数通过变量的偏差展开成泰勒级数，如将级数中偏差的高阶项加以忽略，可获得以变量的偏差为自变量的线性函数。这种线性化方法称为小偏差线性化。

发电机的励磁特性如图 2.2-7 所示，预期(额定)工作点 A 的励磁电流和对应的发电机电压分别用 I_{f0} 和 U_{f0} 表示。当励磁电流变化时，发电机电压将沿着励磁曲线变化，变化的增量 ΔU_f 和 ΔI_f 在曲线各部分不是常数，这就是说，在 u_f 和 i_f 之间存在着非线性关系，函数为 $u_f = F(i_f)$。该函数可在额定工作点 A 的邻域展开成泰勒级数为

$$u_f = F(i_{f0}) + \left(\frac{dF}{di_f}\right)_{i_{f0}}(i_f - i_{f0}) + \frac{1}{2!}\left(\frac{d^2F}{d{i_f}^2}\right)_{i_{f0}}(i_f - i_{f0})^2 + \cdots$$

式中，$u_{f0} = F(i_{f0})$，$\Delta I_f = i_f - i_{f0}$。如果 i_f 在额定工作点附近只有微小的变化，即偏差 ΔI_f 为微量时，在上式所示级数中可忽略 ΔI_f 的二阶及二阶以上的高阶导数项，从而得

$$u_f - F(i_{f0}) = \left(dF/di_f\right)_{i_{f0}} \Delta i_f，\text{即}\ \Delta U_f = \Delta I_f \tan\alpha_0 \tag{2.2-14}$$

$\tan\alpha_0$ 为励磁曲线在 A 点的斜率。因此，在一个小范围内，完全可以近似地认为 u_f 沿着曲线上 A 点的切线变化，即励磁特性用切线这一直线来代替。这样就把非线性问题线性化了，这种方法称为“小偏差”线性化。

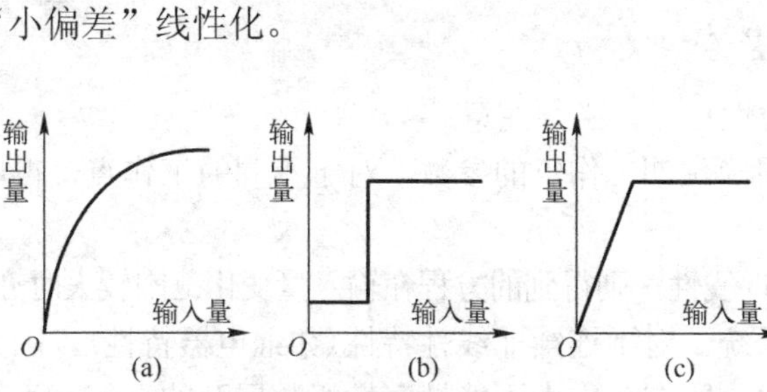

图 2.2-6　光滑函数、不光滑函数

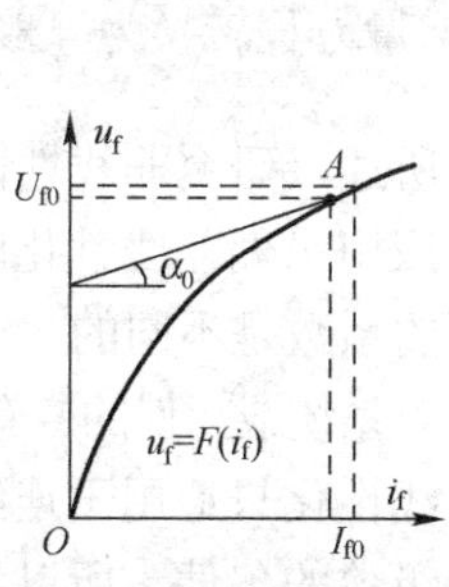

图 2.2-7　发电机励磁特性

式(2.2-14)对应的是只有一个变量 i_f 的非线性励磁特性函数 $u_f = F(i_f)$。因此，对于连续变化的具有一个变量的非线性函数 $y = F(x)$，在预期工作点 (x_0, y_0) 的邻域，利用小偏差线性化的方法，可将其化简为线性微分方程

$$y - y_0 = K(x - x_0)$$

即

$$\Delta y = K\Delta x，K = \left(dy/dx\right)_{x=x_0} \tag{2.2-15}$$

对于连续变化的具有两个变量的非线性函数 $y=F(x_1,x_2)$，亦可在预期工作点 $(x_{10}, x_{20}, y_0=F(x_{10},x_{20}))$ 的邻域展开泰勒级数为

$$y=F(x_1,x_2)=F(x_{10},x_{20})+\left[\frac{\partial F}{\partial x_1}\right]_{x_{10},x_{20}}\Delta x_1+\left[\frac{\partial F}{\partial x_2}\right]_{x_{10},x_{20}}\Delta x_2+\frac{1}{2!}\left[\frac{\partial^2 F}{\partial x_1^2}\right]_{x_{10},x_{20}}(\Delta x_1)^2+$$

$$\frac{1}{2!}\left(\left[\frac{\partial^2 F}{\partial x_1 \partial x_2}\right]_{x_{10},x_{20}}\Delta x_1\Delta x_2+\left[\frac{\partial^2 F}{\partial x_2^2}\right]_{x_{10},x_{20}}(\Delta x_2)^2\right)+\cdots$$

式中，$\Delta x_1=x_1-x_{10}$ 及 $\Delta x_2=x_2-x_{20}$ 为变量 (x_1,x_2) 偏离预期工作点的偏差。如果变量 (x_1,x_2) 偏离预期工作点甚小，即偏差 Δx_1 和 Δx_2 为微量时，在上式所示级数中可忽略 Δx_1 与 Δx_2 的二阶及二阶以上的高阶导数项，从而得

$$F(x_1,x_2)-F(x_{10},x_{20})=\left[\frac{\partial F}{\partial x_1}\right]_{x_{10},x_{20}}\Delta x_1+\left[\frac{\partial F}{\partial x_2}\right]_{x_{10},x_{20}}\Delta x_2$$

即

$$\Delta y=K_1\Delta x_1+K_2\Delta x_2 \tag{2.2-16}$$

式中，$K_1=[\partial F/\partial x_1]_{x_{10},x_{20}}$，$K_2=[\partial F/\partial x_2]_{x_{10},x_{20}}$。

【例 2-6】 已知三相桥式晶闸管整流电路的输出电压 $U_{\rm d}=2.34U_2\cos\alpha$，其中 U_2 为整流变压器二次侧额定相电压的有效值，α 为触发延迟角，整流特性曲线如图 2.2-8 所示，求该晶闸管整流电路的线性化数学模型。

解：从整流特性曲线可知，输出量 $U_{\rm d}$ 与输入量 α 呈非线性关系，如果预期工作点为 A，这时 $\alpha=\alpha_0$，$U_{\rm d0}=2.34U_2\cos\alpha_0$，那么当触发角 α 在微小范围内变化时，可以作为线性环节处理，根据式(2.2-15)，可得

$$U_{\rm d}-2.34U_2\cos\alpha_0=K_{\rm s}(\alpha-\alpha_0) \tag{2.2-17}$$

式中 $K_{\rm s}=({\rm d}U_{\rm d}/{\rm d}\alpha)_{\alpha=\alpha_0}=-2.34U_2\sin\alpha_0$

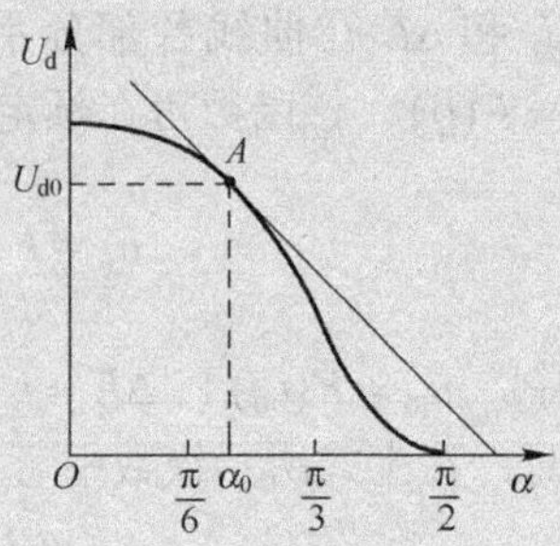

图 2.2-8 晶闸管整流特性

例如，$\alpha_0=30°$，则 $K_{\rm s}=-2.34U_2\sin 30°=-1.17U_2$。这里负号表示随 α 的增大，$U_{\rm d}$ 是下降的趋势。将式(2.2-17)写成增量方程，得 $\Delta U_{\rm d}=K_{\rm s}\Delta\alpha$。在一般情况下，为了简化，在写晶闸管整流电路的特性方程时，把增量方程转换为一般形式 $U_{\rm d}=K_{\rm s}\alpha$。

综上所述，研究非线性微分方程线性化时，必须注意：

（1）应用小偏差线性化时，必须明确预期工作点的参数，对于不同的工作点，得出的线性微分方程的系数是不同的。

（2）若系统或元件的原有特性很接近线性，则得到的方程在输入量变化范围较大时亦适用。

（3）线性化只适用于连续非线性系统。对不连续非线性特性（如继电器特性），因为不满足展开泰勒级数的条件，所以不能线性化。即在工作点不能做泰勒级数展开的系统，不可能做线性化处理。

2.3 控制系统的复数域数学模型

微分方程是在时域内描述系统动态过程的数学模型。但是，人工求解微分方程，特别是高阶微分方程，常常感到无能为力，需借助于计算机求解，不便于系统的分析和设计。由 2.2.3

节中的分析可知，拉普拉斯变换(简称拉氏变换)是求解线性常微分方程的有力数学工具，它能把时域(t)中的微分方程变换为复数域(s)中的代数方程，使求解过程大为简化。另外，基于拉氏变换法分析线性控制系统时，可以同时得出响应过程的动态分量和稳态分量，这将给分析线性控制系统的性能带来很大的方便。

传递函数是在运用拉氏变换求解微分方程的过程中引申出来的一种复数域数学模型，可用于研究系统结构或参数变化对系统性能的影响，并由此发展出用传递函数的零点和极点分布、频率特性等间接分析和设计系统的工程方法。因此，传递函数是经典控制理论中最重要的概念，也是最常用的数学模型。

2.3.1 传递函数的定义和性质

设线性定常系统或元件的微分方程一般形式为

$$\begin{aligned} & a_0\frac{\mathrm{d}^n c(t)}{\mathrm{d}t^n}+a_1\frac{\mathrm{d}^{n-1}c(t)}{\mathrm{d}t^{n-1}}+\cdots+a_{n-1}\frac{\mathrm{d}c(t)}{\mathrm{d}t}+a_n c(t) \\ & =b_0\frac{\mathrm{d}^m r(t)}{\mathrm{d}t^m}+b_1\frac{\mathrm{d}^{m-1}r(t)}{\mathrm{d}t^{m-1}}+\cdots+b_{m-1}\frac{\mathrm{d}r(t)}{\mathrm{d}t}+b_m r(t) \end{aligned} \tag{2.3-1}$$

式中，$c(t)$是输出信号，$r(t)$是输入信号，$a_0,a_1,\cdots,a_n,b_0,b_1,\cdots,b_m$为由系统结构和参数决定的常数，在实际对象中$n\geqslant m$。假设系统或元件处于零初始条件下，即输入在$t=0$以后才作用于系统，系统在输入信号作用之前是“相对静止”的，这表明系统输入量和输出量及它们的各阶导数在$t\leqslant 0$时的值都为零，即

$$c(0)=\dot{c}(0)=\ddot{c}(0)=\cdots=c^{(n-1)}(0)=0\;;\quad r(0)=\dot{r}(0)=\ddot{r}(0)=\cdots=r^{(m-1)}(0)=0$$

对式(2.3-1)两边取拉氏变换得

$$(a_0s^n+a_1s^{n-1}+\cdots+a_{n-1}s+a_n)C(s)=(b_0s^m+b_1s^{m-1}+\cdots+b_{m-1}s+b_m)R(s)$$

经整理可得

$$G(s)=\frac{C(s)}{R(s)}=\frac{b_0s^m+b_1s^{m-1}+\cdots+b_{m-1}s+b_m}{a_0s^n+a_1s^{n-1}+\cdots+a_{n-1}s+a_n} \tag{2.3-2}$$

传递函数定义：线性定常系统或元件的传递函数$G(s)$是在零初始条件下，输出信号的拉氏变换$C(s)$与输入信号的拉氏变换$R(s)$之比，记为$G(s)=C(s)/R(s)$。因此，传递函数也是数学模型的一种形式，只不过是在复数域中的描述。

【例 2-7】 求取例 2-1 所示 RLC 无源网络的传递函数$G(s)=U_{\mathrm{c}}(s)/U_{\mathrm{r}}(s)$。

解： RLC 无源网络的微分方程为

$$LC\frac{\mathrm{d}^2U_{\mathrm{c}}(t)}{\mathrm{d}t^2}+RC\frac{\mathrm{d}U_{\mathrm{c}}(t)}{\mathrm{d}t}+U_{\mathrm{c}}(t)=U_{\mathrm{r}}(t)$$

在零初始条件下，对上面等式两边求拉氏变换

$$(LCs^2+RCs+1)U_{\mathrm{c}}(s)=U_{\mathrm{r}}(s)$$

根据传递函数定义，求得该 RLC 无源网络的传递函数为

$$G(s)=\frac{U_{\mathrm{c}}(s)}{U_{\mathrm{r}}(s)}=\frac{1}{(LCs^2+RCs+1)}$$

【例 2-8】 求取例 2-3 所示直流他励电动机的传递函数$\Omega(s)/U(s)$和$\Omega(s)/M_{\mathrm{L}}(s)$。

解： 在例 2-3 中已求得直流他励电动机的微分方程为

$$T_L T_M \frac{d^2\omega}{dt^2} + T_M \frac{d\omega}{dt} + \omega = \frac{1}{C_e} U - \frac{T_M}{J}\left(T_L \frac{dM_L}{dt} + M_L\right)$$

在零初始条件下，对上面等式两边求拉氏变换

$$(T_L T_M s^2 + T_M s + 1)\Omega(s) = \frac{1}{C_e} U(s) - \frac{T_M}{J}(T_L s + 1) M_L(s)$$

设扰动输入信号 $M_L(s) = 0$，求得传递函数

$$\frac{\Omega(s)}{U(s)} = \frac{1/C_e}{T_L T_M s^2 + T_M s + 1}$$

设给定输入信号 $U(s) = 0$，求得传递函数

$$\frac{\Omega(s)}{M_L(s)} = -\frac{T_M(T_L s + 1)}{J(T_L T_M s^2 + T_M s + 1)}$$

从上面的讨论和举例不难看出，传递函数具有下列性质：

（1）传递函数是微分方程经拉氏变换导出的，而拉氏变换是一种线性积分运算，因此传递函数的概念只适用于线性定常系统。

（2）传递函数与微分方程存在一一对应关系。对于一个确定的系统，微分方程是唯一的，其传递函数也是唯一的。

（3）传递函数反映了元件或系统的固有属性，它只与元件或系统的结构、参数有关，与输入信号的大小和形式无关。因此，传递函数可作为系统的动态数学模型，及系统在复数域的数学模型。

（4）传递函数是一种数学抽象，因此不能反映系统的物理结构。不同性质的物理结构，可以有完全相同的传递函数。具有相同形式传递函数的不同类型的元件或系统可称为相似系统。在相同条件下，相似系统具有相同的运动特性。

（5）传递函数是在零初始条件下定义的，即在零时刻之前，系统处于相对静止状态。因此，传递函数原则上不能反映系统在非零初始条件下的运动规律，即用它求输出响应只包含零初始条件解(零状态响应)这一部分。当初始条件不为零时，系统的全解必须考虑零输入解(零输入响应)。

（6）一个传递函数只能表示单输入单输出的关系，不能反映系统内部中间变量的传递关系。对于多输入多输出系统，则要用传递函数矩阵表示。

（7）传递函数 $G(s)$ 的拉氏反变换是脉冲响应。脉冲响应函数是指系统对单位脉冲输入 $\delta(t)$ 作用时的输出响应，即当 $r(t) = \delta(t)$，$R(s) = 1$ 时，系统的单位脉冲响应为

$$c(t) = \mathcal{L}^{-1}[C(s)] = \mathcal{L}^{-1}[G(s)R(s)] = \int_0^t r(t) g(t-\tau) d\tau$$

2.3.2 传递函数的几种表示形式

利用传递函数分析系统时，还应该注意它的几种表示形式。

1．传递函数的有理分式形式(多项式形式)

传递函数的有理分式形式一般表示为

$$G(s) = \frac{C(s)}{R(s)} = \frac{b_0 s^m + b_1 s^{m-1} + \cdots + b_{m-1} s + b_m}{a_0 s^n + a_1 s^{n-1} + \cdots + a_{n-1} s + a_n} = \frac{M(s)}{D(s)} \tag{2.3-3}$$

它是复变量 s 的有理分式函数。对于实际的物理系统，多项式的所有系数为实数，而且其分母

多项式s的最高阶次n总是大于或等于其分子多项式s的最高阶次m，即$n \geqslant m$。相应系统称为n阶系统。

传递函数的分母多项式

$$D(s)=a_0 s^n + a_1 s^{n-1} + \cdots + a_{n-1}s + a_n = 0$$

称为系统的特征方程，$D(s)=0$的根称为系统的特征根或极点。

2．传递函数的零极点形式

将式(2.3−3)改写成式(2.3−4)，得到传递函数零、极点表示的形式。

$$G(s)=\frac{M(s)}{D(s)}=\frac{b_0(s-z_1)(s-z_2)\cdots(s-z_m)}{a_0(s-p_1)(s-p_2)\cdots(s-p_n)}=K_{\mathrm{g}}\frac{\prod_{i=1}^{m}(s-z_i)}{\prod_{j=1}^{n}(s-p_j)} \tag{2.3−4}$$

式中，$z_1, z_2, \cdots, z_m$为分子多项式$M(s)$的根，称为传递函数的零点；$p_1, p_2, \cdots, p_n$为分母多项式的根，称为传递函数的极点；$K_{\mathrm{g}}=b_0/a_0$为系统的根轨迹增益。传递函数的零、极点可以是实数，也可以是共轭复数。系统零、极点的分布决定了系统的特征，因此，将零、极点标在复平面上，可以得到传递函数的零、极点分布图，进而分析系统的特性。其中零点用“○”表示，极点用“×”表示。例如，$G(s)=\dfrac{s+2}{(s+3)(s^2+2s+2)}$的零、极点分布图如图 2.3−1 所示。

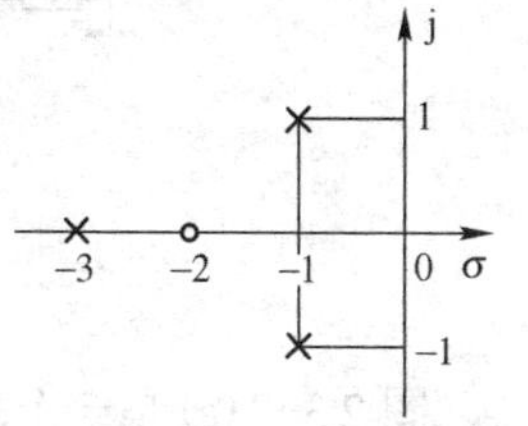

图 2.3−1　零、极点分布图

3．传递函数的时间常数形式

将式(2.3−3)改写成式(2.3−5)，得到传递函数时间常数表示的形式。

$$G(s)=\frac{K}{s^{\nu}}\frac{\prod_{i=1}^{m_1}(\tau_i s+1)\prod_{k=1}^{m_2}(\tau_k^2 s^2+2\zeta_k\tau_k s+1)}{\prod_{j=1}^{n_1}(T_j s+1)\prod_{l=1}^{n_2}(T_l^2 s^2+2\zeta_l T_l s+1)} \tag{2.3−5}$$

式中，$m_1+2m_2=m$，$\nu+n_1+2n_2=n\geqslant m$，$K=b_m/a_n=K_{\mathrm{g}}\prod_{i=1}^{m}(-z_i)\Big/\prod_{j=1}^{n}(-p_j)$（非零、极点），$\tau_i$及$\tau_k$为分子各因子的时间常数，$T_j$及$T_l$为分母各因子的时间常数，$\nu$为含积分环节的个数，$K$为系统的放大系数或增益。例如，$G(s)=\dfrac{s+2}{(s+3)(s^2+2s+4)}$的时间常数形式为$\dfrac{0.5s+1}{6(1/3s+1)(0.5^2s^2+0.5s+1)}$。

2.3.3　典型环节及其传递函数

一个实际的控制系统都是由许多独立元件组合而成的，它们可能是机械的、电子的、光学的、液压气动的或其他类型的装置。虽然这些元件的具体结构和作用原理是多种多样的，但抛开具体结构和物理特点，从动态性能或数学模型来看，就可以划分为几种较为简单的低阶模型，称之为典型环节。不同的物理系统可属于同一典型环节，同一物理系统也可能成为不同的典型环节。

线性定常系统的典型环节有以下几种。

1．比例环节

凡输出信号与输入信号成正比，不失真也不延时的环节称为比例环节，亦称为放大环节。比例环节的时域方程为$c(t)=Kr(t)$，$t\geqslant 0$，对应的传递函数为$G(s)=K$。式中，K为比例系数或放大系数。

常见的无弹性变形的杠杆、分压器、理想放大器、传动齿轮之速比、测速发电机的电压与转速的关系，都可以认为是比例环节。但是也应指出，完全理想的比例环节在实际上是不存在的。

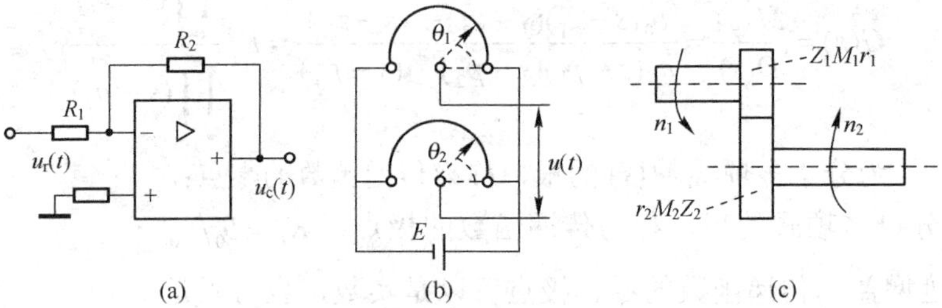

图 2.3-2　比例环节

图 2.3-2(a)是一个理想运算放大器，其传递函数$G(s)=\dfrac{U_c(s)}{U_r(s)}=-\dfrac{R_2}{R_1}$。

图 2.3-2(b)是一对相同角电位器组成的误差检测器(忽略负载效应)，其传递函数$G(s)=\dfrac{U(s)}{\theta_1(s)-\theta_2(s)}=\dfrac{U(s)}{\Delta\theta(s)}=K_1$，$K_1=\dfrac{E}{\theta_{max}}$。式中，$K_1$为单个角电位器的传递系数；$\Delta\theta$为两个角电位器角位移之差(误差角)；$E$为加在角电位器的电压值；$\theta_{max}$为角电位器的最大角位移。

图 2.3-2(c)是一个传动齿轮系，其传递函数$G(s)=\dfrac{N_2(s)}{N_1(s)}=\dfrac{Z_1}{Z_2}=K$，式中，$Z_1$、$Z_2$分别为减速齿轮的齿数；$N_1(s)$为输入轴转速；$N_2(s)$为输出轴转速。在齿轮传动中，两个啮合齿轮的线速度相同，传送的功率亦相同，且齿数与半径成正比，即$M_1\omega_1=M_2\omega_1$，$\omega_1r_1=\omega_2r_2$，$r_1/r_2=Z_1/Z_2$。

2．积分环节

理想积分环节的输出信号正比于输入信号对时间的积分，即$c(t)=\dfrac{1}{\tau}\int r(t)\mathrm{d}t$，$t\geqslant 0$，其中$\tau$为积分时间常数。积分环节的传递函数为$G(s)=1/\tau s$。当单位阶跃输入作用下，其输出响应如图 2.3-3(c)所示，$c(t)$随时间t直线上升。

图 2.3-3(a)为理想运算放大器组成的积分调节器，传递函数$G(s)=\dfrac{U_c(s)}{U_r(s)}=-\dfrac{1}{R_1Cs}$。

图 2.3-3(b)为直流电动机，在忽略其惯性(机电时间常数T_m，即R_a,L_a)的情况下，输出的角速度与电枢电压成正比$U=C_e\omega$，从而使输出转角和电枢电压之间呈现积分关系$U=C_e\dfrac{\mathrm{d}\theta}{\mathrm{d}t}$，传递函数为$G(s)=\dfrac{\theta(s)}{U(s)}=\dfrac{1}{C_es}$。

3．惯性环节

凡传递函数具有$G(s)=\dfrac{K}{Ts+1}$的形式的环节称为惯性环节，K为惯性环节的增益，T为惯性环节的时间常数。当$K=1$、输入为单位阶跃函数时，其输出的响应如图 2.3-4(c)所示，惯性环节的输出将按指数曲线上升。在实际中惯性环节是比较常见的，图 2.3-4(a)和(b)所示的两个电网络都是惯性环节。此外，如炉子、测温用的热电偶、发电机等均属惯性环节。

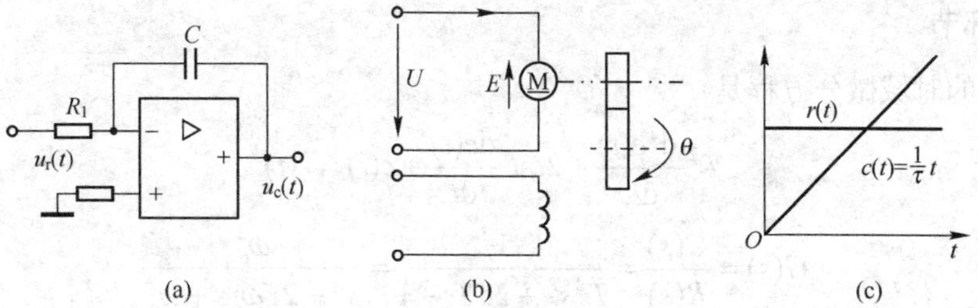

图 2.3-3　积分环节

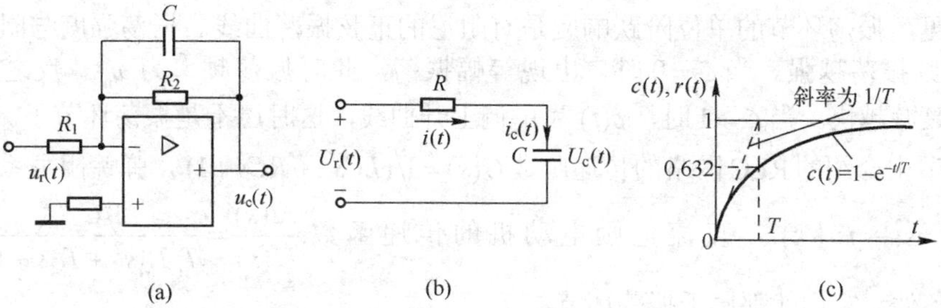

图 2.3-4　惯性环节

图 2.3-4(a)的传递函数为　$$G(s)=\frac{U_c(s)}{U_r(s)}=-\frac{R_2}{R_1}\frac{1}{R_2Cs+1}$$

图 2.3-4(b)的传递函数为　$$G(s)=\frac{U_c(s)}{U_r(s)}=\frac{1}{RCs+1}$$

4．微分环节

理想微分环节的输出正比于输入对时间的导数，即$c(t)=\tau\,\mathrm{d}r(t)/\mathrm{d}t$，其传递函数$G(s)=\tau s$，式中$\tau$为时间常数。当单位阶跃输入作用下，其输出响应$c(t)$是一个脉冲函数：面积为$\tau$的脉冲、脉冲宽度为零、幅值为无穷大，如图 2.3-5(c)所示。

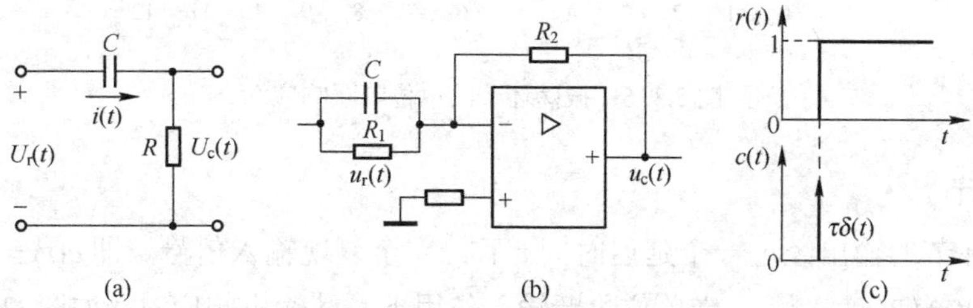

图 2.3-5　微分环节

图 2.3-5(a)所示的 RC 电路，其传递函数为

$$G(s)=\frac{U_c(s)}{U_r(s)}=\frac{R}{R+1/Cs}=\frac{RCs}{RCs+1}=\frac{\tau s}{\tau s+1}$$

此电路相当于一个微分环节和一个惯性环节的串联组合。

图 2.3-5(b)是由理想运算放大器构成的比例微分环节(或一阶微分环节)，其传递函数为

$$G(s)=\frac{U_{\mathrm{c}}(s)}{U_{\mathrm{r}}(s)}=-R_2\left[\frac{R_1/Cs}{R_1+1/Cs}\right]^{-1}=-\frac{R_2}{R_1}(R_1Cs+1)$$

5．振荡环节

振荡环节的时域微分方程是

$$T^2\frac{\mathrm{d}^2c(t)}{\mathrm{d}t^2}+2\zeta T\frac{\mathrm{d}c(t)}{\mathrm{d}t}+c(t)=r(t)$$

其传递函数为 $$G(s)=\frac{C(s)}{R(s)}=\frac{1}{T^2s^2+2\zeta Ts+1}=\frac{\omega_{\mathrm{n}}^2}{s^2+2\zeta\omega_{\mathrm{n}}s+\omega_{\mathrm{n}}^2}$$

式中，$T=1/\omega_{\mathrm{n}}$ 为时间常数；ω_{n} 为无阻尼自然振荡频率，又称为固有振荡频率；ζ 为阻尼系数(阻尼比)。对于振荡环节恒有 $0\leqslant\zeta<1$。当单位阶跃输入作用下，其输出响应如图 2.3-6 所示。由图可见，振荡环节的单位阶跃响应是有阻尼的正弦振荡曲线。振荡强度与阻尼比有关，ζ 值越小，则振荡越强。当 $\zeta=0$ 时，出现等幅振荡，此时振荡频率为 ω_{n}。反之，阻尼比越大，则振荡衰减越快。当 $\zeta\geqslant 1$ 时，$c(t)$ 为单调上升曲线，这时已不是振荡环节了。

在 2.2 节中介绍的 RLC 网络的传递函数 $G(s)=1/(LCs^2+RCs+1)$，弹簧阻尼系统的传递函数 $G(s)=1/(ms^2+fs+k)$，直流他励电动机的传递函数 $\dfrac{\Omega(s)}{U(s)}=\dfrac{1/C_{\mathrm{e}}}{T_{\mathrm{L}}T_{\mathrm{M}}s^2+T_{\mathrm{M}}s+1}$，若满足 $0\leqslant\zeta<1$ 的条件，它们就都属于振荡环节。

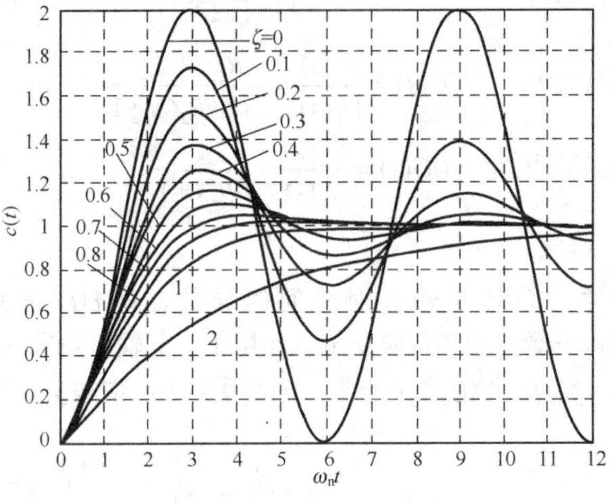

图 2.3-6 振荡环节的单位阶跃响应

6．延迟环节

理想延迟环节的输出经过一个延迟时间 τ 后，完全复现输入信号，即 $c(t)=r(t-\tau)$，其传递函数 $G(s)=C(s)/R(s)=\mathrm{e}^{-\tau s}$。当单位阶跃输入作用下，其输出响应 $c(t)$ 如图 2.3-7(a)所示。在实际系统中，有很多场合存在延迟，如测量系统、皮带或管道输送过程、管道反应和管道混合过程等。

图 2.3-7(b)所示的轧制钢板的厚度测量装置，钢板在 A 点轧出时产生厚度偏差 Δh_{a}，这一厚度偏差到达 B 点才被测厚仪所检测，B 点检测到的厚度偏差与 A 的厚度偏差存在 $\Delta h_{\mathrm{b}}=\Delta h_{\mathrm{a}}(t-\tau)$，$\tau=l/v$，式中 l 为测厚仪 AB 两点的距离，v 为钢板运动速度。

以上所举的例子只是一些典型的基本环节，而许多复杂的元件或系统可以是上述某些基本

环节的组合。应当注意：典型环节的概念只适用于线性定常控制系统中，且是在一系列理想条件下建立的；系统划分为若干典型环节组合时，需注意环节和环节之间的“负载效应”；对于同一元件或系统，根据所研究问题的不同，可以取不同的物理量作为输入及输出信号，所得到的传递函数是不同的；对于复杂的控制系统，在建立数学模型时，将其与典型环节的数学模型对比后，即可知其由哪些典型环节构成，由于典型环节的动态性能和响应是已知的，这给分析研究复杂系统性能提供了很多的方便。

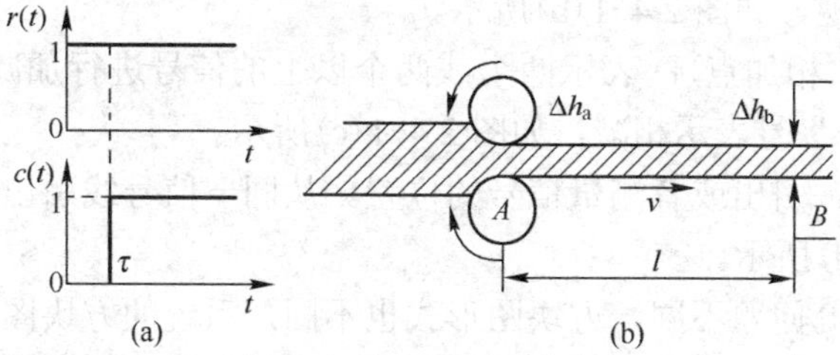

图 2.3-7　延迟环节

2.4　控制系统的方块图及其等效变换

前面的分析表明，微分方程和传递函数都是用数学表达式来描述系统的输入输出特性的，不能直观地显示出系统中其他变量之间的关系以及信号在系统中的传递过程。而系统原理图虽然反映了系统的物理结构，但又缺少系统中各变量间的定量关系。把复杂的物理系统划分成若干典型环节，利用传递函数和方块图(或信号流图)来进行研究，已成为研究控制系统的一种重要的方法。

2.4.1　方块图定义

实际系统都是由若干环节按一定的关系组成的，在考虑了负载效应的情况下，环节的传递函数可以独立确定。如果将这些环节以一个或几个单向性的方框表示，并在方框中标明元件的传递函数，如图 2.4-1(a)所示，输入信号的箭头指向方框，离开方框的箭头表示输出信号，利用带箭头短线按信号传递方向把各方框依次连接起来，就形成了整个系统的方块图。

应用函数方框将控制系统的全部变量联系起来以描述信号在系统中流通过程的图示，称为控制系统的方块图，又称结构图(或称方框图)。在系统方块图中，不仅能反映系统的组成和信号流向，还能表示信号传递过程中的数学关系，是一种图形化的数学模型，也是复数域的数学模型。

2.4.2　方块图组成及绘制

一般地，控制系统的方块图由许多对信号进行单向运算的方框和信号流向线组成，它包括以下四种基本单元。

函数方框(或环节)：表示输入信号与输出信号之间的信号传递关系。它表示对一个信号进行的数学变换。对于线性定常系统或元件，通常在方框中写入传递函数或频率特性，如图 2.4-1(a)所示。

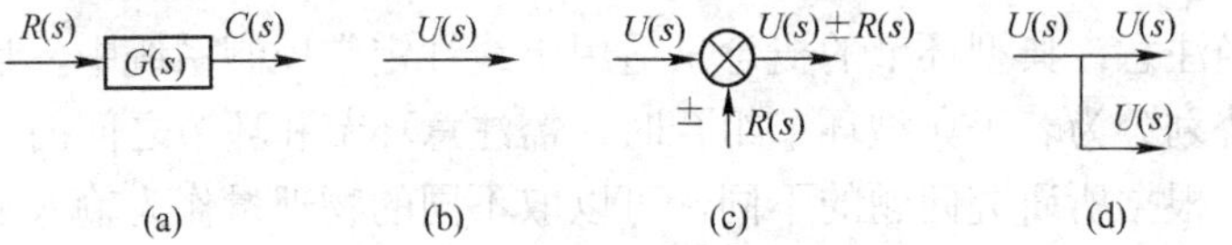

图 2.4-1　方块图基本单元

信号线：带有箭头的直线，箭头表示信号的传递方向，线上标记信号的像函数。信号沿箭头方向单向传递，不可逆，如图 2.4-1(b)所示。

综合点(或比较点、相加点)：表示两个或两个以上的信号进行加减运算。“＋”号表示相加，可以省略不写，“－”号表示相减，如图 2.4-1(c)所示。

分支点(或引出点)：引出或者测量信号的位置。从同一信号线引出的信号在数值和性质上完全相同，如图 2.4-1(d)所示。

对于同一系统，研究问题不同，方块图形式也不同，系统的方块图不是唯一的。方块图也可以表示非线性系统或离散系统。对于非线性系统，方框表示非线性环节，方框的内容可以是非线性特性的数学表达式、输入输出关系图或者是后面要介绍的描述函数。对于离散系统，方框中写入脉冲传递函数，并且方块图中还包含采样开关、保持器等环节。

系统方块图的绘制步骤如下：

(1) 建立控制系统各环节或元件的运动方程(组)。在建立运动方程(组)时，应该分清输入信号、输出信号，同时应考虑相邻环节或元件之间的负载效应。

(2) 由运动方程(组)求取各个环节的传递函数，并用函数方框表示。

(3) 将系统的输入信号放在最左边，输出信号放在最右边，按照系统中各变量的传递顺序，依次将各环节或元件的函数方框连接起来，得到系统的方块图。

【例 2-9】 RC 网络如图 2.4-2 所示，其中 U_1 和 U_2 分别为网络的输入量和输出量，画出网络相应的方块图。

解： 根据图 2.4-2 所示列方程

$$U_1 = R_1 I_1 + (I_1 + I_2)/C_2 s\text{，}\quad U_2 = R_2 I_2 + (I_1 + I_2)/C_2 s\text{，}\quad R_1 I_1 = \left(R_2 + (1/C_1 s)\right) I_2$$

经整理，可得 $(U_1 - U_{c2})/R_1 = I_1$，$(U_1 - U_{c2})\Bigg/\left(R_2 + \dfrac{1}{C_1 s}\right) = I_2$，$I_1 + I_2 = I$

$$U_{c2} = I/(C_2 s)\text{，}\quad U_2 = R_2 I_2 + U_{c2}$$

由上述方程组可画出系统方块图（如图 2.4-3 所示）。

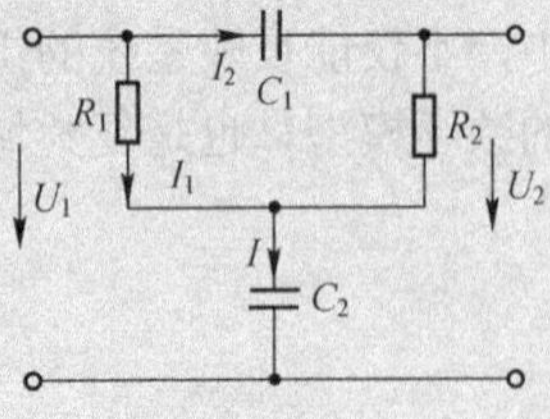

图 2.4-2　RC 网络

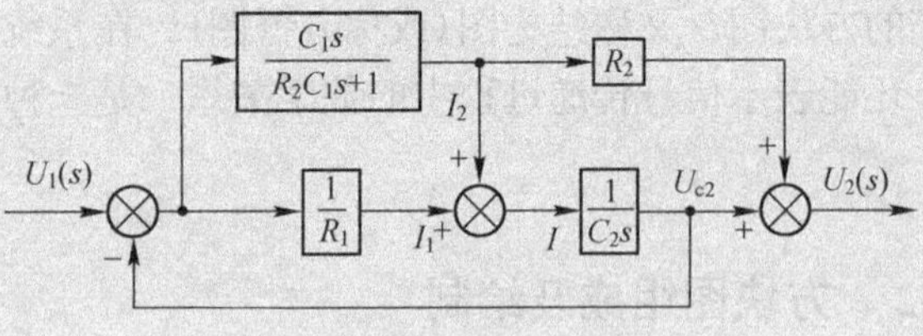

图 2.4-3　RC 电路的系统方块图

2.4.3　方块图的等效变换

控制系统的方块图可用来方便地确定系统的传递函数。如果系统的方块图已经得到，则系统中各变量间的数学关系便一目了然。但是，对于一个含有多个反馈回路的复杂控制系统，其方块图比较复杂。对于这类系统，为便于分析和计算，需将其方块图中的一些函数方框基于等效原则进行适当变换，使复杂的方块图得到简化。下面介绍用以简化方块图的基本规则。

1．串联方块图的等效规则

环节的串联是很常见的一种结构形式。几个环节按照信号传递的方向串联在一起，如图 2.4-4 所示，前一个环节的输出信号是后一个环节的输入信号，并且各环节之间没有负载效应时，这几个环节可以等效成一个环节，即

$$C(s)=G_3(s)X_2(s)=G_3(s)G_2(s)X_1(s)=G_3(s)G_2(s)G_1(s)R(s)$$

总的传递函数为 $$G(s)=C(s)/R(s)=G_3(s)G_2(s)G_1(s)$$

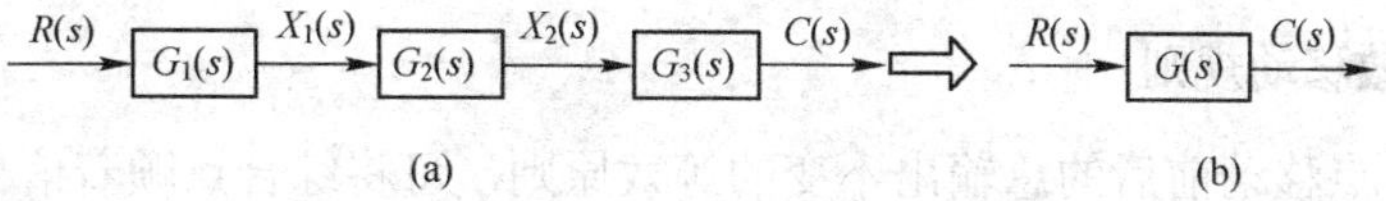

图 2.4-4　环节的串联

若有 n 个环节相串联，则等效传递函数为各环节传递函数的乘积，即有

$$G(s)=\prod_{i=1}^{n}G_i(s)$$

2．并联方块图的等效规则

图 2.4-5(a)为环节的并联连接图，其特点是各环节的输入信号为同一个 $R(s)$，输出信号 $C(s)$ 为各环节输出信号的综合，即

$$\begin{aligned}C(s)&=C_1(s)+C_2(s)+C_3(s)=G_1(s)R(s)+G_2(s)R(s)+G_3(s)R(s)\\&=\{G_1(s)+G_2(s)+G_3(s)\}R(s)\end{aligned}$$

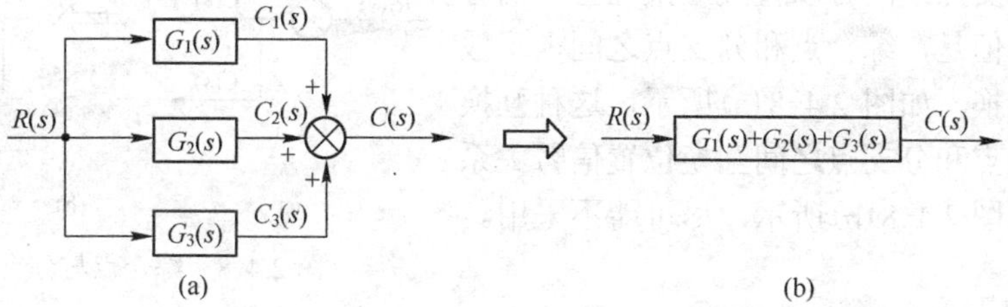

图 2.4-5　环节的并联

总的传递函数为 $$G(s)=C(s)/R(s)=G_1(s)+G_2(s)+G_3(s)$$

若有 n 个环节相并联，输出信号相加时，则等效传递函数为各环节传递函数之和，即有

$$G(s)=\sum_{i=1}^{n}G_i(s)$$

3．分支点等效移动规则

根据分支点移动前后所得的分支信号保持不变的等效原则，可将分支点顺着信号流向或逆着信号流向移动。如图 2.4-6 所示。

从图 2.4-6(a)看到，基于等效原则 $C(s)=R(s)G(s)$，欲将分支点从方框的输出侧前移至其输入侧时，必须在分支支路中串入具有相同传递函数的方框。

从图 2.4-6(b)可知，$R(s)=C(s)/G(s)$，欲将分支点从方框的输入侧后移至其输出侧时，必须在分支支路中串入具有相同传递函数倒数的方框。

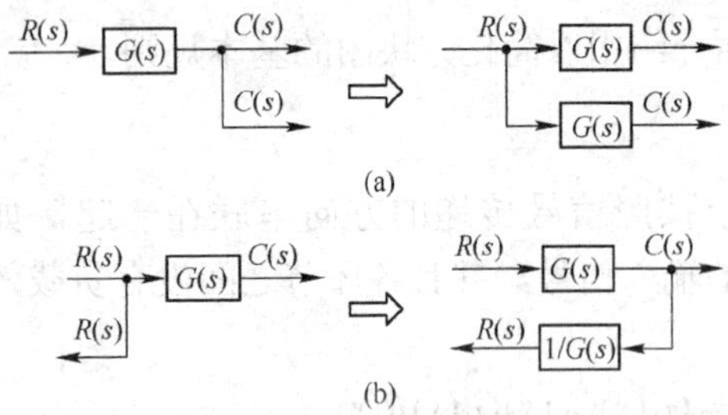

图 2.4-6　分支点的前后移

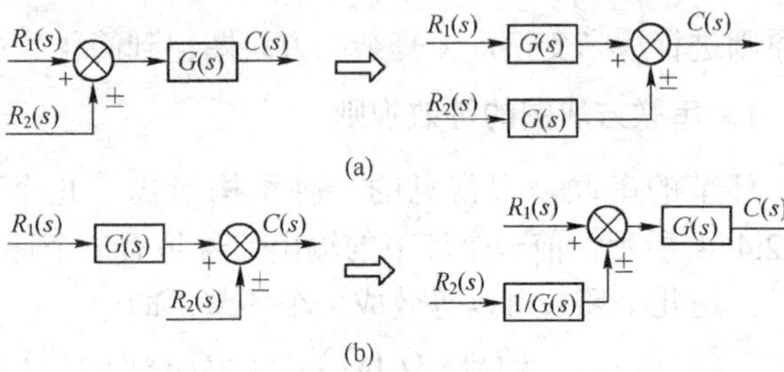

图 2.4-7　综合点的前后移

4. 综合点等效移动规则

根据保持综合点移动前后的总输出不变的等效原则，可将综合点顺着信号流向或逆着信号流向移动。如图 2.4-7 所示。

从图 2.4-7(a) 可知，$C(s)=\{R_1(s)+R_2(s)\}G(s)=R_1(s)G(s)+R_2(s)G(s)$，欲将综合点从方框的输入侧后移至其输出侧时，必须在移动分支支路中串入具有相同传递函数的方框。

从图 2.4-7(b) 可知　　$C(s)=R_1(s)G(s)+R_2(s)=G(s)\{R_1(s)+R_2(s)/G(s)\}$

欲将综合点从方框的输出侧后移至其输入侧时，必须在移动分支支路中串入具有相同传递函数倒数的方框。

应该特别注意的是，有时为了便于方框的串联、并联和反馈连接的运算，还需要进行综合点或分支点互换位置或合并的运算。综合点与综合点之间、分支点与分支点之间可以直接互换位置，信号传递关系不变。但是，综合点和分支点之间，一般不能直接相互互换，如图 2.4-8(a) 所示，这种互换是错误的。综合点和分支点之间互换位置信号关系发生了变化，如图 2.4-8(b) 所示，尽可能不采用。

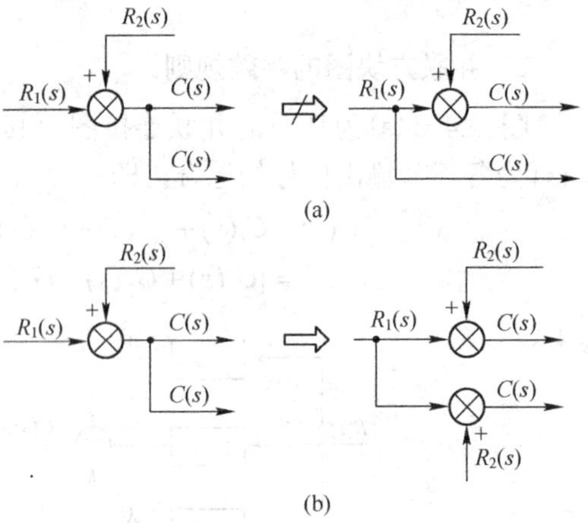

图 2.4-8　综合点与分支点的互换

2.4.4　控制系统的传递函数

控制系统的方块图的一般形式如图 2.4-9 所示。图中 $R(s)$ 为系统的给定输入信号，$D(s)$ 为系统的扰动输入信号，$C(s)$ 为系统的输出信号，$E(s)$ 为偏差信号或误差信号。$G_1(s)$ 和 $G_2(s)$ 为前向通道的传递函数，$H(s)$ 为反馈通道的传递函数。

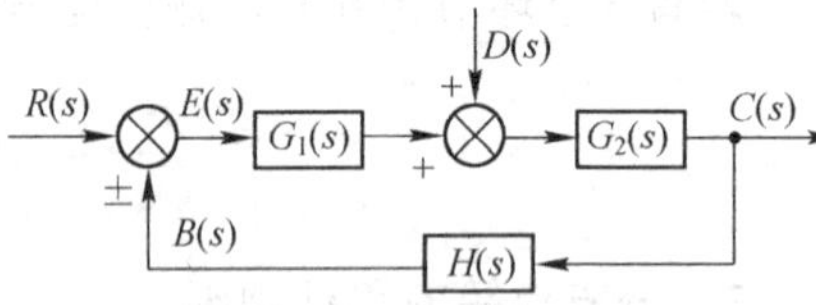

图 2.4-9　控制系统的方块图

当只有给定输入信号 $R(s)$ 作用时，$D(s)=0$，由图 2.4-9 可知

$$C(s)=G_1(s)G_2(s)E(s),\qquad E(s)=R(s)\pm B(s),$$
$$B(s)=H(s)C(s)$$

消去中间变量，则　　$C(s)=G_1(s)G_2(s)\{R(s)\pm H(s)C(s)\}$

由此可得闭环传递函数为

$$\Phi(s)=\frac{C(s)}{R(s)}=\frac{G_1(s)G_2(s)}{1\mp G_1(s)G_2(s)H(s)}\tag{2.4-1}$$

上式中，负号对应正反馈连接，正号对应负反馈连接。在反馈控制系统中，前向通道的传递函数与反馈通道的传递函数之积为开环传递函数，通常记为 $G(s)$。因此，图 2.4-9 所示反馈控制系统的开环传递函数为

$$G(s)=G_1(s)G_2(s)H(s)$$

则式(2.4-1)可改写为
$$\Phi(s)=\frac{C(s)}{R(s)}=\frac{G_1(s)G_2(s)}{1\mp G(s)}=\frac{\text{前向通道传递函数}}{1\mp\text{开环传递函数}} \tag{2.4-2}$$

负反馈控制系统的闭环误差传递函数为

$$\Phi_e(s)=\frac{E(s)}{R(s)}=\frac{1}{1+G_1(s)G_2(s)H(s)} \tag{2.4-3}$$

对于单位负反馈控制系统，由于$H(s)=1$，所以开环传递函数等于前向通道的传递函数之积，$G(s)=G_1(s)G_2(s)$。此时，系统的闭环传递函数为

$$\Phi(s)=\frac{C(s)}{R(s)}=\frac{G_1(s)G_2(s)}{1+G_1(s)G_2(s)}=\frac{G(s)}{1+G(s)} \tag{2.4-4}$$

在图 2.4-9 所示系统中，取负反馈（“-”）。如果只有扰动信号$D(s)$而给定输入信号$R(s)=0$，则

$$C(s)=G_2(s)\left[D(s)+G_1(s)E(s)\right],\quad E(s)=0-B(s),\quad B(s)=H(s)C(s)$$

系统对于扰动信号$D(s)$的闭环传递函数为

$$\Phi_d(s)=\frac{C(s)}{D(s)}=\frac{G_2(s)}{1+G_1(s)G_2(s)H(s)}=\frac{G_2(s)}{1+G(s)} \tag{2.4-5}$$

误差信号$E(s)$与扰动信号$D(s)$之比为

$$\Phi_{ed}(s)=\frac{E(s)}{D(s)}=\frac{-G_2(s)H(s)}{1+G_1(s)G_2(s)H(s)}=\frac{-G_2(s)H(s)}{1+G(s)} \tag{2.4-6}$$

对于单位负反馈控制系统，根据式(2.4-3)及式(2.4-4)，可求得

$$\Phi_e(s)=1-\Phi(s)$$

需要注意的是，从式(2.4-1)、式(2.4-3)和式(2.4-5)看出，负反馈控制系统的闭环传递函数$\Phi(s)$、$\Phi_e(s)$及$\Phi_d(s)$具有相同的分母$1+G(s)$，从而具有完全相同的闭环极点。这说明，反馈控制系统的闭环极点与输入信号的形式及其在系统中的作用位置无关，也与输出信号的形式及其在系统中的取出位置无关，只由方程$1+G(s)=0$的根所决定。方程$1+G(s)=0$称为负反馈控制系统的特征方程式。

【例 2-10】 求取例 2-9 的传递函数$U_2(s)/U_1(s)$。

解：简化步骤如下。

（1）合并图 2.4-3 所示网络的方块图的并联环节，如图 2.4-10 所示。

$$\Phi_1(s)=\frac{1}{R_1}+\frac{C_1s}{R_2C_1s+1}=\frac{R_1C_1s+R_2C_1s+1}{R_1(R_2C_1s+1)}$$

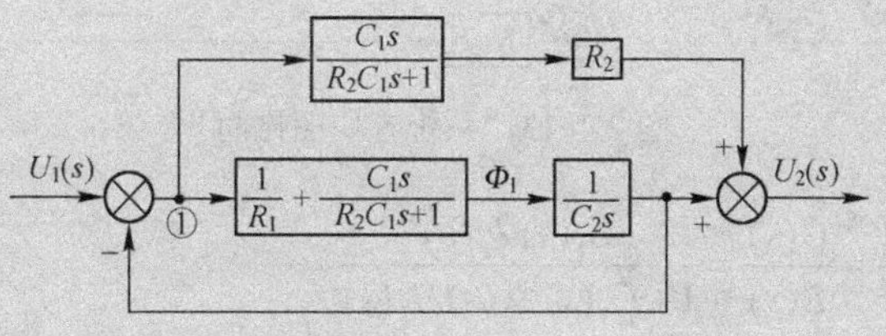

图 2.4-10　例 2.4-2 的系统方块图

（2）将分支点①后移，合并并联环节②，如图 2.4-11 所示。

$$\Phi_3(s)=1+\frac{C_2s}{\Phi_1}\frac{C_1s}{R_2C_1s+1}R_2=\frac{R_1R_2C_1C_2s^2+R_1C_1s+R_2C_1s+1}{R_1C_1s+R_2C_1s+1}$$

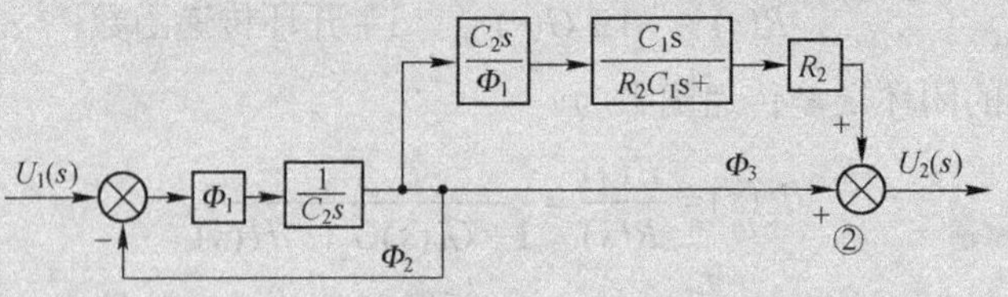

图 2.4-11　例 2.4-2 的系统方块图化简

（3）消除图 2.4-11 中的反馈回路

$$\Phi_2(s)=\frac{\Phi_1/C_2s}{1+\Phi_1/C_2s}=\frac{R_1C_1s+R_2C_1s+1}{R_1C_2s(R_2C_1s+1)+R_1C_1s+R_2C_1s+1}$$

（4）系统的传递函数为

$$\frac{U_2(s)}{U_1(s)}=\Phi_2(s)\Phi_3(s)=\frac{R_1R_2C_1C_2s^2+R_1C_1s+R_2C_1s+1}{R_1R_2C_1C_2s^2+R_1C_2s+R_1C_1s+R_2C_1s+1}$$

【例 2-11】 系统方块图如图 2.4-12 所示，求传递函数 $C(s)/R(s)$。

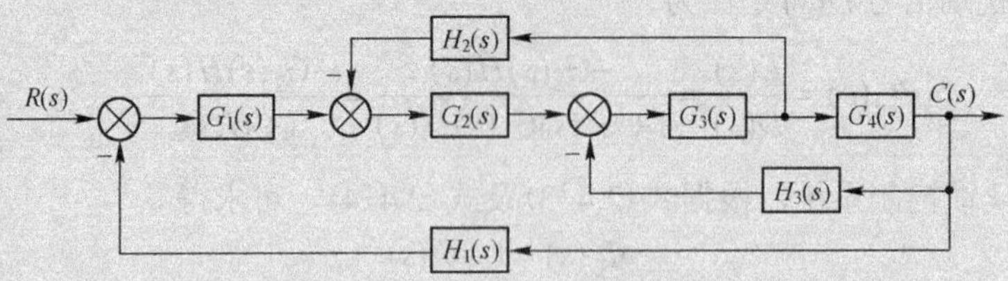

图 2.4-12　系统方块图

解： 将 $G_3(s)$ 右侧的分支点后移至分支点①处，如图 2.4-13 所示。

消除内反馈，得
$$\Phi_1(s)=\frac{G_3(s)G_4(s)}{1+G_3(s)G_4(s)H_3(s)}$$

$$\Phi_2(s)=\frac{G_2(s)\Phi_1(s)}{1+G_2(s)\Phi_1(s)\left(H_2(s)/G_4(s)\right)}=\frac{G_2(s)G_3(s)G_4(s)}{1+G_3(s)G_4(s)H_3(s)+G_2(s)G_3(s)H_2(s)}$$

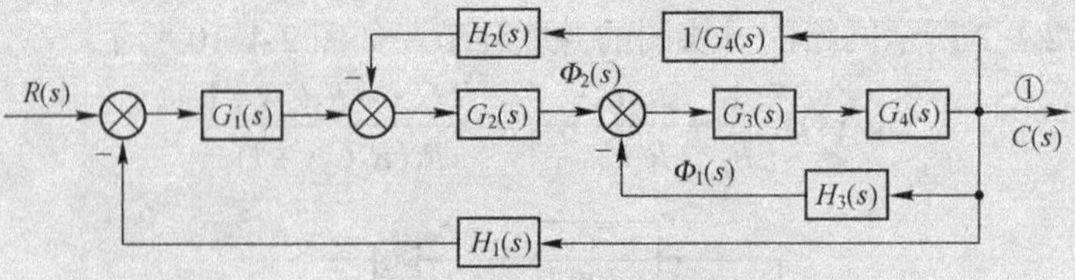

图 2.4-13　系统方块图化简

系统的传递函数为
$$\Phi(s)=\frac{C(s)}{R(s)}=\frac{G_1(s)\Phi_2(s)}{1+G_1(s)\Phi_2(s)H_1(s)}$$

$$=\frac{G_1(s)G_2(s)G_3(s)G_4(s)}{1+G_3(s)G_4(s)H_3(s)+G_2(s)G_3(s)H_2(s)+G_1(s)G_2(s)G_3(s)G_4(s)H_1(s)}$$

【例 2-12】 系统方块图如图 2.4-14 所示，求传递函数 $C(s)/R(s)$ 。

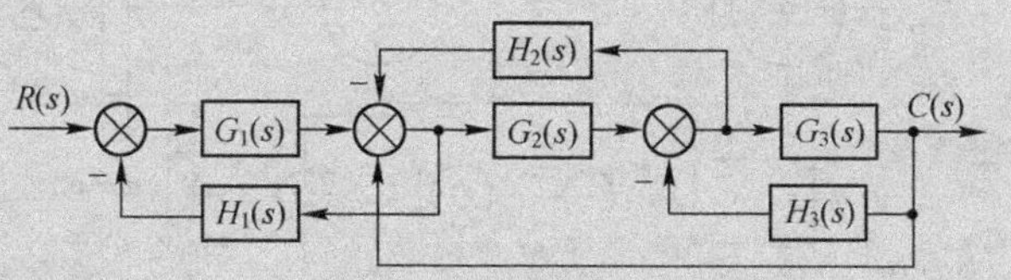

图 2.4-14　系统方块图

解：将 $G_3(s)$ 左侧分支点后移至分支点①处，将 $G_1(s)$ 右侧的综合点前移至综合点②处，如图 2.4-15 所示。

消除系统的内反馈，得　$\varPhi_1(s)=\dfrac{G_1(s)}{1+G_1(s)H_1(s)}$，　$\varPhi_2(s)=\dfrac{G_3(s)}{1+G_3(s)H_3(s)}$

两条反馈通道可以作为并联环节合并，得

$$H(s)=\frac{1}{G_1(s)}+\frac{H_2(s)}{G_1(s)G_3(s)}$$

如图 2.4-16 所示。

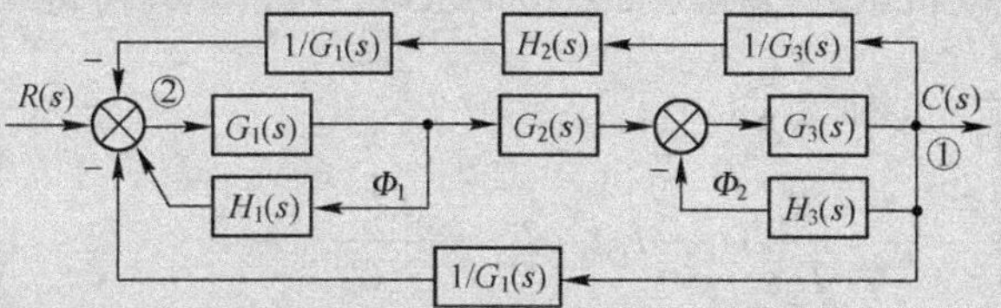

图 2.4-15　系统方块图化简 1

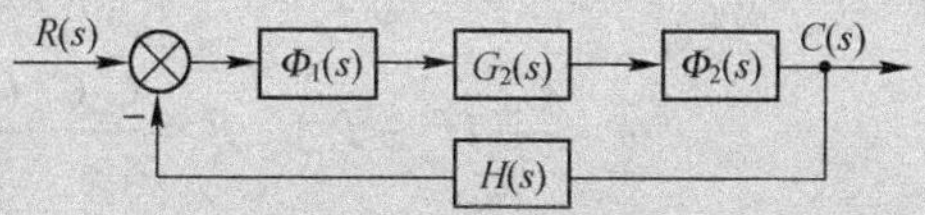

图 2.4-16　系统方块图化简 2

系统的传递函数为

$$\begin{aligned}\frac{C(s)}{R(s)}&=\frac{\varPhi_1(s)G_2(s)\varPhi_2(s)}{1+\varPhi_1(s)G_2(s)\varPhi_2(s)H(s)}\\&=\frac{G_1(s)G_2(s)G_3(s)}{1+G_1(s)H_1(s)+G_3(s)H_3(s)+G_2(s)H_2(s)+G_2(s)G_3(s)+G_1(s)G_3(s)H_1(s)H_3(s)}\end{aligned}$$

【例 2-13】 图 2.4-17 为一个小功率随动系统的示意图。两个相同的角电位器 1、2 由同一直流电源供电，以 θ_r 和 θ_c 分别表示两电位器滑臂的位置。若 $\theta_r\neq\theta_c$ ，就形成偏差电压 ΔU ，经放大器 4 放大后，在直流发电机 5 的励磁绕组 6 中产生励磁电流 I_f 。发电机的电势使直流电动机 8 经传动机构 9 驱动负载 10 旋转，同时带动电位器 2 的滑臂，直到 $\theta_r=\theta_c$ ，整个系统才有可能静止下来，实现负载对于电位器 1 手柄 3 的无静差随动。求取该系统的传递函数 $\theta_c(s)/\theta_r(s)$ 。

解：首先对组成系统的各环节列写传递函数。

（1）角电位器组：为比例放大环节， K_p 为电位器的比例系数

$$\Delta U=K_p(\theta_r-\theta_c)=K_p\Delta\theta \tag{2.4-7}$$

（2）放大器 4：为比例放大环节， K_a 为电压比例系数

$$U_c=K_a\Delta U \tag{2.4-8}$$

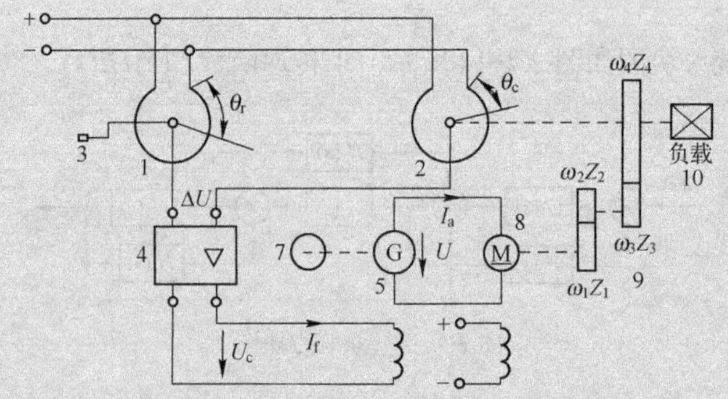

图 2.4-17　小功率随动系统的原理示意图

（3）发电机：它的输入量为U_c，加在发电机的励磁绕组 6（励磁回路总电阻R_f，总电感L_f）上，产生励磁电流I_f，得

$$U_c = R_f I_f + L_f s I_f，\quad I_f = \frac{U_c}{R_f(T_f s+1)}，\quad T_f = \frac{L_f}{R_f} \tag{2.4-9}$$

假设发电机的磁路未饱和，发电机的感应电动势U正比于励磁电流，U为输出量，得

$$U = K_g I_f \tag{2.4-10}$$

（4）直流电动机：根据 2.2.1 节直流电动机微分方程式（2.2-6）的求取过程，整理可得

$$I_a = \frac{U-E}{R_a(T_L s+1)}，\quad T_L = \frac{L_a}{R_a} \tag{2.4-11}$$

$$\omega = \frac{C_m}{Js}(I_a - I_L)，\quad E = \frac{C_e C_m (I_a - I_L)}{Js} = \frac{R_a}{T_m s}(I_a - I_L)，\quad T_m = \frac{JR_a}{C_m C_e} \tag{2.4-12}$$

$$E = C_e \omega \tag{2.4-13}$$

（5）传动机构：它的输入量是电动机的角速度ω，输出量是电位器 2 的转角θ_c。传动齿轮系为比例环节，两个啮合齿轮的速度之比$\omega_1/\omega_2 = Z_2/Z_1$，得

$$\omega = \omega_1，\quad \omega_4 = \frac{d\theta_c}{dt}，\quad \frac{\omega_4}{\omega} = K_t，\quad \theta_c = \frac{K_t \omega}{s} \tag{2.4-14}$$

式中K_t为传动机构的传动比（从动轴的转速与驱动轴的转速之比）。

联立式（2.4-7）～式（2.4-14），绘制出小功率随动系统的方块图如图 2.4-18 所示。

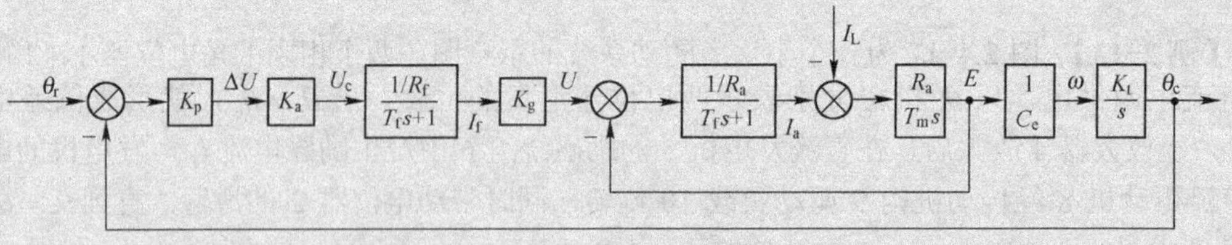

图 2.4-18　小功率随动系统的方块图

图 2.4-18 中，$I_L = M_L/C_m$为负载电流。当空载$I_L = 0$时，首先合并图 2.4-18 中的串联环节，即

$$G_1(s) = \frac{K_p K_a K_g}{R_f(T_f s+1)}，\quad G_2(s) = \frac{1}{T_m s(T_L s+1)}，\quad G_3(s) = \frac{K_t}{C_e s}$$

消除内反馈，得

$$\Phi_1(s) = \frac{G_2(s)}{1+G_2(s)} = \frac{1}{T_m T_L s^2 + T_m s + 1}$$

系统的传递函数为

$$\Phi(s)=\frac{\theta_{\rm c}(s)}{\theta_{\rm r}(s)}=\frac{G_1(s)\Phi_1(s)G_3(s)}{1+G_1(s)\Phi_1(s)G_3(s)}$$

$$=\frac{K_{\rm p}K_{\rm a}K_{\rm g}K_{\rm t}/R_{\rm f}C_{\rm e}}{T_{\rm m}T_{\rm L}T_{\rm f}s^4+(T_{\rm m}T_{\rm L}+T_{\rm f}T_{\rm m})s^3+(T_{\rm m}+T_{\rm f})s^2+s+K_{\rm p}K_{\rm a}K_{\rm g}K_{\rm t}/R_{\rm f}C_{\rm e}}$$

2.5 控制系统的信号流图

系统的方块图是应用最广泛的图解描述反馈系统的方法，但是当系统的回环增多时，对方块图的简化和推导它的传递函数就很麻烦。1953 年，美国学者梅森(Mason)在线性系统分析中首次引进了信号流图，从而用图形表示线性代数组。信号流图和方块图一样，是可以用来表示系统的结构和各变量间相互关系的另一种图示方法。将信号流图用于控制理论中，可不必求解方程或进行预先的等效变换就可得到各变量间的关系。因此，当系统方块图比较复杂时，可以将它转化为信号流图，并根据梅森公式直接求解系统的传递函数。信号流图也是控制系统的一种数学模型，它只适合线性系统。

2.5.1 信号流图及其等效变换

1．信号流图

信号流图是一种将线性代数方程用图形表示的方法。设有线性代数方程组

$$\begin{cases}X_2=aX_1\\X_3=bX_2+eX_4+fX_5\\X_4=cX_3+dX_2+gX_4\\X_5=X_4\\X_6=hX_5\end{cases}$$

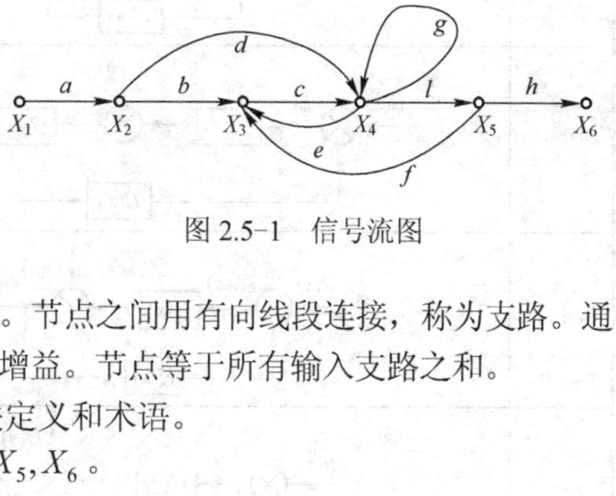

图 2.5-1 信号流图

该方程组可用图 2.5-1 所示的信号流图表示。在信号流图中，用符号“○”表示变量或信号，称为节点。节点之间用有向线段连接，称为支路。通常在支路上标明前后两变量之间的关系，称为传输或增益。节点等于所有输入支路之和。

下面结合图 2.5-1 所示系统给出信号流图中相关定义和术语。

节点：表示变量或信号的点，如 X_1,X_2,X_3,X_4,X_5,X_6。

传输：两节点间的增益或传递函数，如 l,a,b,c,d,e,f,g,h 。

支路：连接两个节点并标有信号流向的有向线段。支路的增益即是传输，如支路 $X_2\to X_3$ 的传输为 b；支路 $X_4\to X_3$ 的传输为 e 。

源点：只有输出支路无输入支路的节点，它与控制系统的输入信号相对应，如 X_1 。

阱点：只有输入支路无输出支路的节点，它与控制系统的输出信号相对应，如 X_6 。

混合节点：既有输入支路又有输出支路的节点，如 X_2,X_3,X_4,X_5。

通路：从一个节点出发，沿着支路的箭头方向相继经过多个节点的支路。

开通路：通路从某个节点开始，终止于另一个节点，而且通道中每个节点只经过一次。

前向通路：从源点开始到阱点终止的开通路。如图 2.5-1 所示系统有两条前向通路，分别为 $X_1\to X_2\to X_3\to X_4\to X_5\to X_6$ 和 $X_1\to X_2\to X_4\to X_5\to X_6$。前向通路中各支路传输的乘积，称为前向通路增益，如 $abch$ 和 adh 。

回路：通路的起点即终点，并且与通路中的其他节点相交次数不超过 1 次。亦称闭通路、回环、反馈环等。如图 2.5-1 所示有 3 个回路，分别为 $X_2 \to X_3 \to X_3$、$X_4 \to X_4$ 和 $X_3 \to X_4 \to X_5 \to X_3$。

回路增益：回路中各支路传输或增益的乘积，如 ce、cf 和 g。

不接触回路：回路之间没有公共节点时，就称它们为不接触回路。

综上所述，可归纳出信号流图的基本特点：（1）信号只能沿着支路的箭头方向传递；（2）支路相当于乘法器，信号流经支路时，被乘以支路增益而变换为另一信号；（3）节点将所有输入支路的信号叠加，并把结果传递给所有相连的输出支路；（4）增加一个具有单位传输的支路，可将混合节点变为输出支路；（5）对于同一个系统，其信号流图不是唯一的。

信号流图可以由系统的微分方程绘制，也可以由系统的方块图绘制。在表 2.5-1 中，给出了一些简单控制系统的方块图和信号流图。从中可以看出，控制系统的方块图与信号流图是一一对应的，同时也是可以相互转化的。在方块图中，由于传递的信号标记在信号线上，方块图则是对变量进行变换或运算的算子，因此，从系统方块图绘制信号流图时，只需注意：（1）在方块图的信号线上用小圆圈“○”标志出传递的信号，便得到节点；（2）用标有传递函数的线段代替方块图中的方框，便得到支路。于是方块图也就变换成为相应的信号流图了。

表 2.5-1　系统方块图与信号流图对照表

	方 块 图	信 号 流 图
（1）	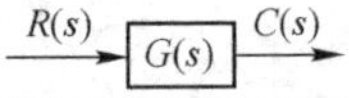	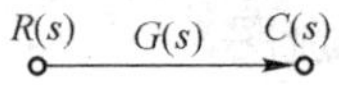
（2）	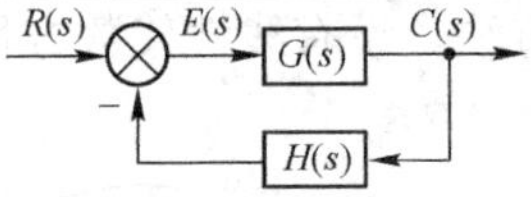	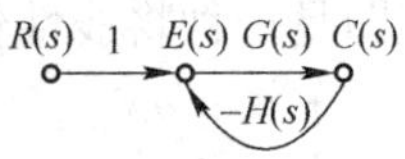
（3）	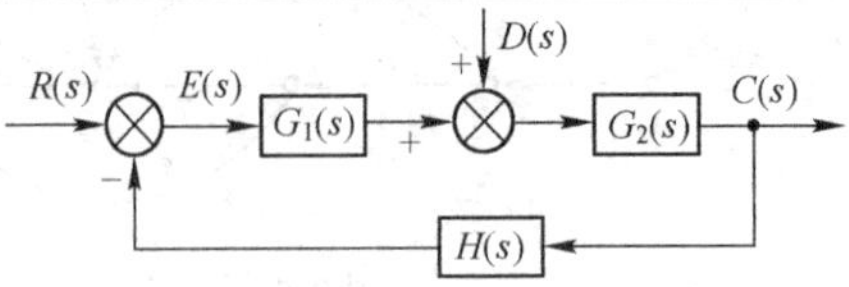	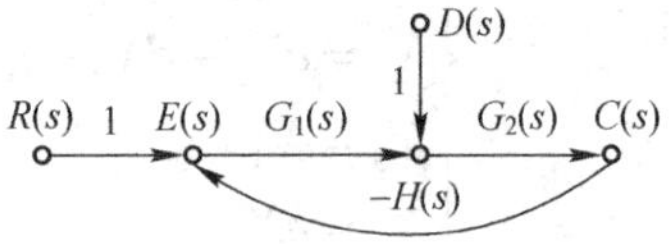
（4）	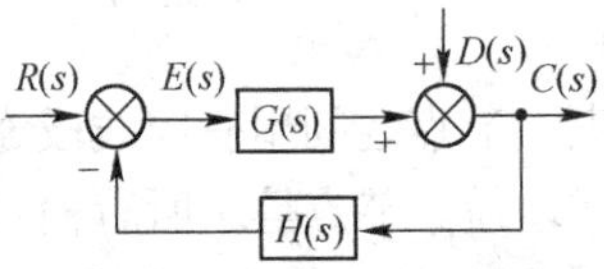	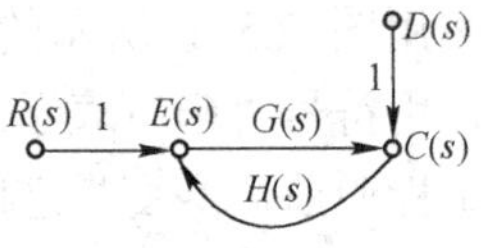
（5）	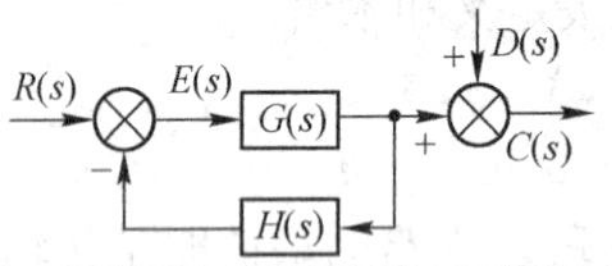	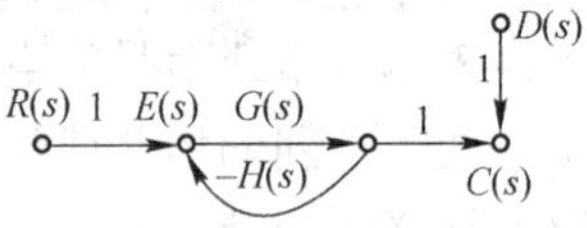

表 2.5-1 的(1)绘制出了单元方块图与单元信号流图间的对应关系，方块图中的输入信号和输出信号分别由节点代替，用标有传递函数的有向线段代替方块图中的方框便得到支路，连接两个节点，于是方块图也就变换为相应的信号流图。两图均具有对应关系 $C(s)=G(s)R(s)$。需要指出的是，在方块图上，如果在信号比较的综合点之前有信号引出的分支点，那么在绘制信号流图时，对于分支点和综合点都要设置相应的节点，节点之间为单位增益。这一点已在表 2.5-1 的(5)中表示清楚了。如果在综合点之前没有分支点(包括综合点之后有分支点)，则只要根据综合点设置一个节点就可以了，如表 2.5-1 的(3)、(4)所示。原则上在信号(或变量)的大小相等的情况下，相关节点可以合并为一个节点。

2．信号流图的等效变换

信号流图也可以像方块图那样进行等效变换，对应的简化规则可扼要归纳如下：（1）串联支路的总增益等于各支路增益的乘积；（2）并联支路的总增益等于各支路增益之和；（3）混合节点可以通过移动支路的方法消去；（4）回路可以根据反馈连接的规则式(2.4-1)转换为等效支路。以上四种情况的化简图如图 2.5-2 所示。

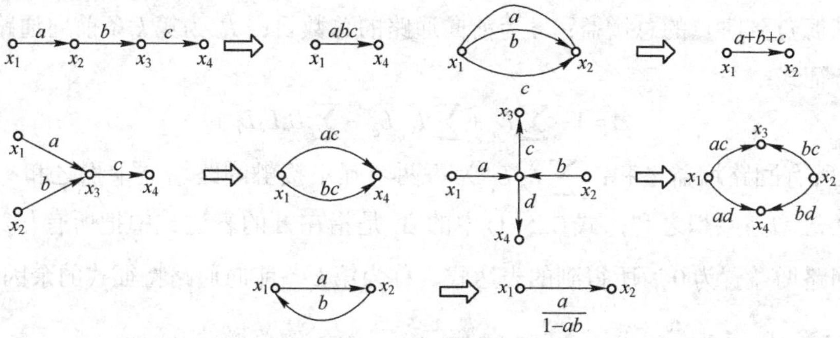

图 2.5-2　信号流图的化简规则

【**例 2-14**】 根据图 2.5-3 所示的系统方块图绘制信号流图并化简之；求系统闭环传递函数 $C(s)/R(s)$。

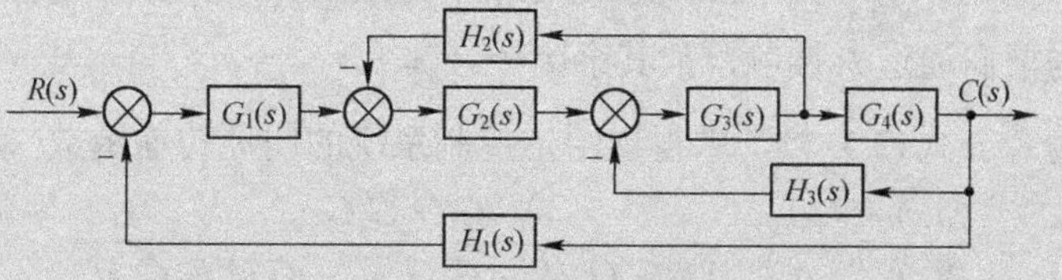

图 2.5-3　系统方块图

解：图 2.5-3 所示的方块图可以化为图 2.5-4(a)所示的信号流图，这里应注意的是，综合点处的正负符号在信号流图中反映在支路增益的符号上。信号流图的化简步骤如图 2.5-4(b)、(c)、(d)所示。

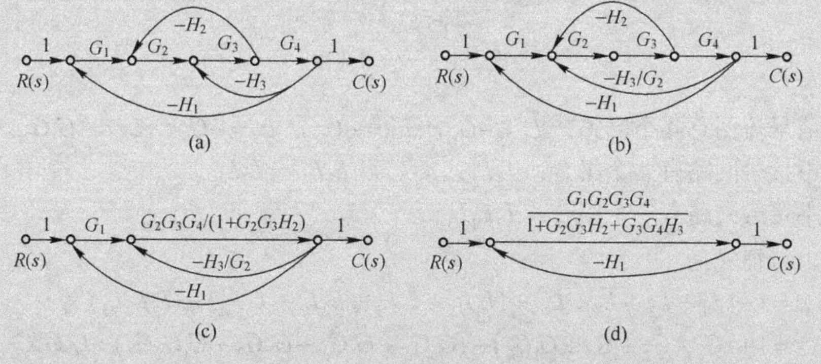

图 2.5-4　系统的信号流图化简

系统的闭环传递函数为

$$\frac{C(s)}{R(s)}=\frac{G_1G_2G_3G_4}{1+G_2G_3H_2+G_3G_4H_3+G_1G_2G_3G_4H_1}$$

2.5.2 梅森公式及其应用

应用梅森公式不需要等效简化处理，而只需要直接根据控制系统的信号流图便可得到系统的传递函数。计算信号流图源点(输入信号)与阱点(输出信号)间总增益的梅森公式为

$$T=\frac{1}{\Delta}\sum_{k=1}^{n}P_k\Delta_k \tag{2.5-1}$$

式中，T 为从源点到阱点的总增益；n 为前向通路的总数目；P_k 为第 k 条前向通路增益；Δ 为信号流图的特征式：

$$\Delta=1-\sum L_n+\sum L_m L_q-\sum L_r L_s L_t+\cdots \tag{2.5-2}$$

其中 $\sum L_n$ 为所有回路增益之和；$\sum L_m L_q$ 为每两个互不接触回路增益乘积之和；$\sum L_r L_s L_t$ 为每三个互不接触增益乘积之和；式(2.5-1)中的 Δ_k 是指在 Δ 的表达式中把所有与第 k 条前向通路相接触的回路增益置为 0 后所得到的表达式，称为第 k 条前向通路特征式的余因子。

【例 2-15】 用梅森公式求图 2.5-4(a)所示信号流图的总增益。

解： 由图 2.5-4(a)可见，该信号流图有 1 条前向通路，其通路增益为 $P_1=G_1G_2G_3G_4$；有 3 个回路，各回路增益分别为 $L_1=-G_2G_3H_2$，$L_2=-G_3G_4H_3$，$L_3=-G_1G_2G_3G_4H_1$。

该信号流图中不存在不接触回路，于是特征式为

$$\Delta=1-(L_1+L_2+L_3)=1+G_2G_3H_2+G_3G_4H_3+G_1G_2G_3G_4H_1$$

由于 3 个回路均与前向通道 P_1 接触，故其余因子 $\Delta_1=1$。

最后，根据梅森公式(2.5-1)，求得该给定控制系统的闭环传递函数

$$\frac{C(s)}{R(s)}=\frac{P_1\Delta_1}{\Delta}=\frac{G_1G_2G_3G_4}{1+G_2G_3H_2+G_3G_4H_3+G_1G_2G_3G_4H_1}$$

【例 2-16】 求图 2.5-5 所示信号流图的总增益。

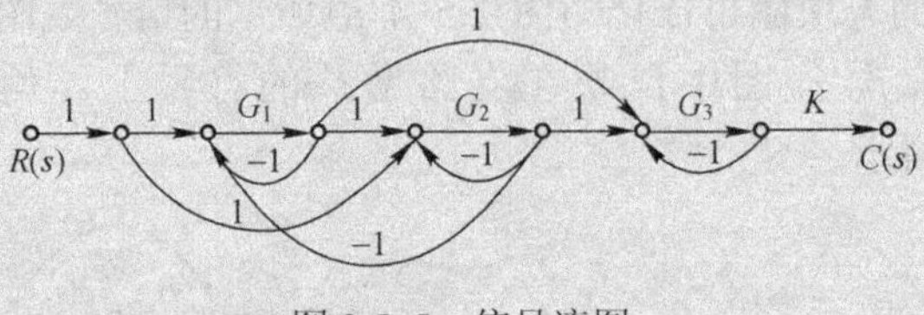

图 2.5-5 信号流图

解： 此信号流图有 4 个回路：$L_1=-G_1$，$L_2=-G_2$，$L_3=-G_3$，$L_4=-G_1G_2$

两个互不接触回路有 4 个组合：L_1L_2，L_1L_3，L_2L_3，L_3L_4

三个互不接触回路有 1 个组合：$L_1L_2L_3$

由此可求特征式：

$$\begin{aligned}\Delta&=1-(L_1+L_2+L_3+L_4)+(L_1L_2+L_1L_3+L_2L_3+L_3L_4)-(L_1L_2L_3)\\&=1+(G_1+G_2+G_3+G_1G_2)+(G_1G_2+G_1G_3+G_2G_3+G_1G_2G_3)+G_1G_2G_3\\&=1+G_1+G_2+G_3+2G_1G_2+G_1G_3+G_2G_3+2G_1G_2G_3\end{aligned}$$

此信号流图有 4 条前向通路，即

$P_1=G_1G_2G_3K$，它与所有回路均有接触，因此 $\Delta_1=1$；

$P_2=G_2G_3K$，它不与回路 L_1 接触，因此 $\Delta_2=1-L_1=1+G_1$；

$P_3=G_1G_3K$，它不与回路 L_2 接触，因此 $\Delta_3=1-L_2=1+G_2$；

$P_4 = -G_2G_1G_3K$，它与所有回路均有接触，因此 $\Delta_4 = 1$。

总增益 $T = \dfrac{P_1\Delta_1 + P_2\Delta_2 + P_3\Delta_3 + P_4\Delta_4}{\Delta}$

$$= \frac{G_1G_2G_3K + G_2G_3K(1+G_1) + G_1G_3K(1+G_2) - G_2G_1G_3K}{1+G_1+G_2+G_3+2G_1G_2+G_1G_3+G_2G_3+2G_1G_2G_3}$$

【例 2-17】 已知系统方块图如图 2.5-6 所示，试求闭环传递函数 $C(s)/R(s)$。(应用信号流图及梅森公式)

解：绘制系统的信号流图如图 2.5-7 所示。

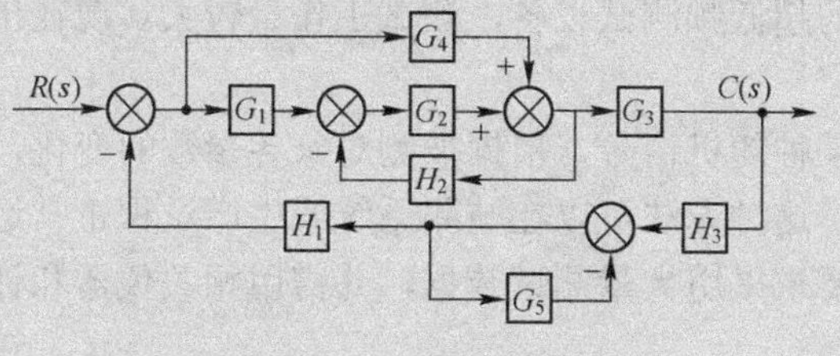

图 2.5-6　系统方块图

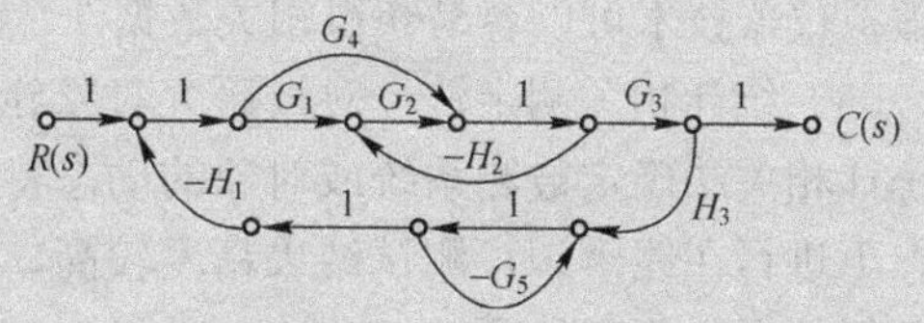

图 2.5-7　系统的信号流图

此信号流图有 4 个回路：$L_1 = -G_1G_2G_3H_3H_1$，$L_2 = -G_2H_2$，$L_3 = -G_5$，$L_4 = -G_4G_3H_3H_1$

两个互不接触回路有 1 个组合：L_2L_3

由此可求特征式

$$\Delta = 1-(L_1+L_2+L_3+L_4)+(L_2L_3)$$
$$= 1+(G_1G_2G_3H_3H_1+G_2H_2+G_5+G_4G_3H_3H_1)+(G_5G_2H_2)$$

此信号流图有 2 条前向通路，即

$P_1 = G_1G_2G_3$，它不与回路 L_3 接触，因此 $\Delta_1 = 1-L_3 = 1+G_5$；

$P_2 = G_4G_3$，它不与回路 L_3 接触，因此 $\Delta_2 = 1-L_3 = 1+G_5$。

闭环传递函数为 $\dfrac{C(s)}{R(s)} = \dfrac{P_1\Delta_1 + P_2\Delta_2}{\Delta}$

$$= \frac{G_1G_2G_3(1+G_5)+G_4G_3(1+G_5)}{1+G_1G_2G_3H_3H_1+G_2H_2+G_5+G_4G_3H_3H_1+G_5G_2H_2}$$

2.6　数学模型的实验测定法

许多工业对象结构及内部工艺过程复杂，使得按对象内部发生的物理、化学过程确定对象及系统的微分方程十分困难。此外，应用分析法确定被控对象及控制系统数学模型时，常采用一些假设或近似，对于复杂的被控对象，其错综复杂的相互作用可能会对近似确定的数学模型产生估计不到的影响。因此，即使在已用分析法得到数学模型的情况下，仍希望通过实验测定法加以验证。对于正常运行中的控制系统或对象，用实验法测定其动态特性时，对正常生产会有些影响，所得结果颇为粗略，但仍不失为了解对象或系统的简易途径，在工程实践中应用较广。

1. 数学模型实验测定的主要方法

实验测定法一般只用于建立被测对象或系统的输入输出模型。这种模型是根据对输入和输出的实测数据进行某种数学处理后得到的，其特点是完全从外特性上测试和描述被研究对象或系统的动态性质，可以不究其内部复杂的机理。被测系统或对象的动态特性，只有当它们处于变动状态下才会表现出来，在稳定状态下是无法体现的。因此，为了获得动态特性，必须使被研究的过程处于被激励的状态。根据加入的激励信号和结果的分析方法不同，测试动态特性的实验方法也不相同，主要有以下几种：

（1）时域测定法：对被测系统或对象在输入端施加阶跃扰动输入信号，而在输出端测绘其输出量随时间变化的响应曲线；或者施加脉冲输入，测绘输出的脉冲响应曲线，再对响应曲线的结果进行分析，确定被研究对象的传递函数。时域测定法所采用的测试设备简单，测试工作量小，因而应用广泛，但其测试精度不高。

（2）频域测定法：对被研究对象施加不同频率的正弦波，测出输入信号与输出信号之间的幅值比和相位差，从而获得被测系统或对象的频率特性。这种方法在原理和数据处理方面都比较简单，测试精度比时域法高，但需采用专门的超低频测试设备，测试工作量较大。现在出现了虚拟仪器技术可以容易获得相关数据。

（3）统计相关测定法：对被研究对象施加某种随机信号，根据被测对象各参数的变化，采用统计相关法确定被测系统或对象的动态特性。这种方法可以在被测系统或生产过程正常运行状态下进行在线辨识，测试结果精度较高，但要求采用大量测试数据，并需用相关仪器和计算机进行数据计算和处理。

2．输入测试信号的选择

采用时域法确定被测系统或对象的数学模型时，需要在被测对象上人为地施加非周期输入测试信号，然后测定被测对象的输出响应曲线，从而求出其传递函数。时域测试原理框图，如图 2.6-1 所示。

由于被测对象的阶跃响应曲线比较直观地反映了其动态特性，实验也比较简单，且易从响应曲线直接求出其对应的传递函数，因此阶跃输入信号是时域测定法首选的输入测试信号。但是，有时受现场运行条件的限制，正常运行不容许被控对象的参数发生较大幅度的变化，或运行时间小于阶跃响应时间，则可改用矩形脉冲作为输入测试信号后再转换为阶跃响应。

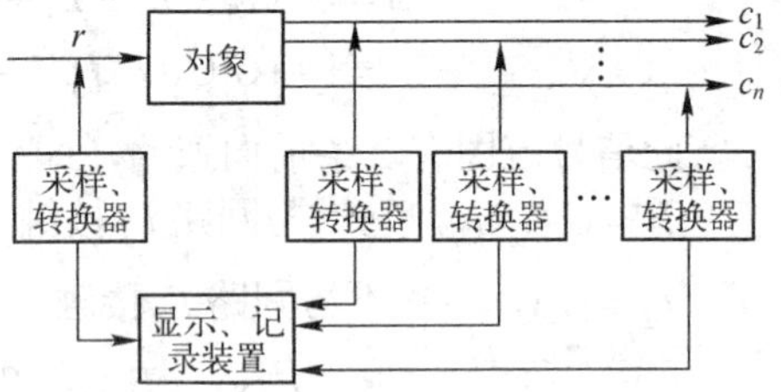

图 2.6-1　时域测试原理框图

3．测定实验注意事项

在现场进行动态特性测试，存在许多实际困难，使实验结果不易准确。例如，运行中随机扰动因素较多，在分析实验数据时，难于分辨其他扰动因素对被控参数的影响；又如，对于非电量的输入测试信号，很难产生理想的阶跃扰动或理想的矩形脉冲扰动。因此，为了使实验结果尽量准确，实验时应注意以下问题：

（1）施加扰动前，应将被测对象调整到所需工况，并保持相当长时间的稳定运行，使被控参数和负荷稳定在所选择的数值上。

（2）扰动测试信号的幅值应足够大，以减少随机扰动对测量误差的相对影响；但扰动量又不能过大，否则被控对象的非线性影响因素增大，有时还会影响被测对象正常运行。通常，扰动量取为额定值的8%～10%。

（3）实验应进行到被控参数接近其稳态值，或至少进行到被控参数的变化速度达到最大值之后。

（4）测试应在主要工况（如额定负荷、平均负荷）下重复进行几次，以消除偶然性因素的影响。

（5）应进行正反向的实验，以检验被测对象的非线性特性。

（6）实验时，应特别注意起始状态的测量精度和阶跃测试信号的计时起点，这与计算被测对象的延迟大小和确定传递函数的准确性有关。

4．实验结果的数据处理

在响应曲线测定后，为了分析和设计控制系统，需要将响应曲线转化为传递函数。在转化过程中，首要问题是选定模型的结构。对工业过程而言，典型传递函数有如下几种常见形式：

有延迟的一阶惯性环节 $$G(s)=\frac{Ke^{-\tau s}}{Ts+1}$$

有延迟的二阶惯性环节 $$G(s)=\frac{Ke^{-\tau s}}{(T_1s+1)(T_2s+1)}$$

有延迟的n阶惯性环节 $$G(s)=\frac{Ke^{-\tau s}}{(Ts+1)^n}$$

一般来说，可将测试得到的阶跃响应曲线与标准的一阶或二阶阶跃响应曲线相比较，以决定相近的传递函数形式，然后对实验数据进行处理，求得相应传递函数的参数。显然，对同一条响应曲线，采用低阶传递函数拟合，其数据处理简单，但准确度较低；若采用高阶传递函数拟合，则数据处理复杂，但拟合精度较高。对于采用PID控制的闭环控制系统，并不要求非常准确的被控对象模型。因此在满足精度要求的情况下，常采用低阶传递函数来拟合被控对象。下面仅以有延迟的一阶惯性环节来说明常用的数据处理。

（1）近似法

工业过程中一般均用S形的飞升曲线（阶跃响应）方法。设阶跃输入幅值为Δr，则增益K可按下式求取：

$$K=\frac{c(\infty)-c(0)}{\Delta r} \tag{2.6-1}$$

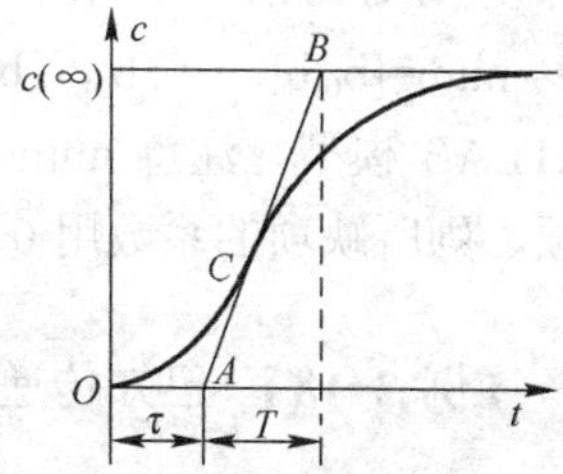

图 2.6-2　有延迟的一阶近似法

时间常数T及延迟时间τ可用作图法确定，如图 2.6-2 所示。图中对响应曲线的拐点C作切线，切线与时间轴交于A点，而与响应曲线稳态值的渐近线交于B点，则OA对应延迟时间τ，AB对应时间常数T。

这种近似方法拟合精度较差，但方法简便，而且实践表明它可以成功地应用于PID调节器的参数整定，故应用较为广泛。

（2）两点法

S形飞升曲线法由于切线的取法有较大的随意性，故T和τ的取值精度受到影响。而一阶拟合的两点法可以克服一阶近似法的不足。在一阶拟合两点法中，增益K的值仍按式（2.6-1）计算。T和τ的值则利用阶跃响应曲线上的两点数据来确定。首先将阶跃响应$c(t)$转换为无量纲形式$c^*(t)$，即$c^*(t)=c(t)/c(\infty)$，其中$c(\infty)$为$c(t)$的稳态值。此时有

$$c^*(t)=\begin{cases}0, & t<\tau\\ 1-\exp\left(-\dfrac{t-\tau}{T}\right), & t\geqslant\tau\end{cases}$$

为了确定T和τ，选择两个时刻t_1和t_2下$c^*(t)$的坐标值，其中$t_2>t_1\geqslant\tau$，得到

$$\begin{cases}c^*(t_1)=1-\exp\left(-\dfrac{t_1-\tau}{T}\right)\\ c^*(t_2)=1-\exp\left(-\dfrac{t_2-\tau}{T}\right)\end{cases}$$

对上式的两端取自然对数，并联立求解，可得

$$\begin{cases} T=\dfrac{t_2-t_1}{\ln[1-c^*(t_1)]-\ln[1-c^*(t_2)]} \\ \tau=\dfrac{t_2\ln[1-c^*(t_1)]-t_1\ln[1-c^*(t_2)]}{\ln[1-c^*(t_1)]-\ln[1-c^*(t_2)]} \end{cases} \tag{2.6-2}$$

例如，若选择$c^*(t_1)=0.39$，$c^*(t_2)=0.63$，则可得

$$T=2(t_2-t_1),\quad \tau=2t_1-t_2 \tag{2.6-3}$$

如果有延迟的一阶惯性环节拟合精度低，也可采用高阶延迟系统。

2.7 MATLAB 在控制系统数学模型中的应用

1. MATLAB 中数学模型的表示

（1）系统的传递函数模型

控制系统的传递函数可以描述为

$$G(s)=\frac{C(s)}{R(s)}=\frac{b_0s^m+b_1s^{m-1}+\cdots+b_{m-1}s+b_m}{a_0s^n+a_1s^{n-1}+\cdots+a_{n-1}s+a_n}$$

在 MATLAB 中，由上式分子和分母系数构成两个向量，这两个向量分别用 num 和 den 表示：num=[b0,b1, …, bm-1, bm]，den=[a0,a1, …, an-1, an]，然后用 tf(num,den) 来表示系统的 MATLAB 模型。注意 num 和 den 都是按 s 的降幂进行排列的，如果给定的分子或分母多项式缺项，则所缺项的系数用 0 补充。

【例 2-18】 已知传递函数为$G(s)=\dfrac{12s^3+24s^2+20}{2s^4+4s^3+6s^2+2s+2}$，试用 MATLAB 程序表示该传递函数。

解： MATLAB 程序为

```
num=[12,24,0,20];den=[2,4,6,2,2];tf(num,den)
```

运行结果为

```
Transfer function:
        12 s^3 + 24 s^2 + 20
------------------------------
2 s^4 + 4 s^3 + 6 s^2 + 2 s + 2
```

当控制系统的传递函数存在多项式乘积时，可用 conv()函数处理。调用格式为 C=conv(A,B)，其中 A 和 B 分别表示一个多项式各项系数(按 s 的降幂排列)。conv()函数允许多级嵌套。

【例 2-19】 已知传递函数为$G(s)=\dfrac{4(s+2)(s^2+6s+6)^2}{s(s+1)^3(s^3+3s^2+2s+5)}$，试用 MATLAB 程序表示该传递函数。

解： MATLAB 程序为

```
num=4*conv([1,2],conv([1,6,6],[1,6,6]));
den=conv([1,0],conv([1,1],conv([1,1],conv([1,1],[1,3,2,5]))));
```

```
tf(num,den)
```

运行结果为

```
Transfer function:
 4 s^5 + 56 s^4 + 288 s^3 + 672 s^2 + 720 s + 288
---------------------------------------------------
s^7 + 6 s^6 + 14 s^5 + 21 s^4 + 24 s^3 + 17 s^2 + 5 s
```

（2）系统的零极点模型

零极点模型实际上是传递函数的另一种表示形式

$$G(s)=K\frac{(s-z_1)(s-z_2)\cdots(s-z_m)}{(s-p_1)(s-p_2)\cdots(s-p_n)}$$

MATLAB 中先用向量的形式输入系统的零点、极点和系统增益，然后调用 zpk()函数即可：z=[z_1,z_2,…,z_m]，p=[p_1,p_2,...,p_n]，K=[k]，zpk(z,p,k)。

（3）系统的模型转换

MATLAB 提供了非常简单的模型转换方式，函数 tf()和 zpk()不仅可用于系统模型的建立，还可用于模型转换。函数[z,p,k]=tf2zp(num,den)和[num,den]=zp2tf(z,p,k)也可以用于零、极点形式与有理多项式形式之间的转换，其中：z、p 和 k 分别为零点列向量、极点列向量和增益；num 和 den 分别为有理多项式的分子和分母的系数行向量(降幂排列)。

（4）传递函数的特征根与零极点分布图

MATLAB 提供了多项式求根函数 roots(p)，式中，p 为多项式系数行向量，按 s 的降幂排列。传递函数在复平面上的零极点分布图可用 pzmap()函数来实现，调用格式为[p,z]=pzmap (num,den)。

【例 2-20】 已知传递函数为 $G(s)=\dfrac{4(s+0.75)(s+3)}{(s+1)(s+5)(s+7)}$，试用 MATLAB 程序表示该传递函数，并将它转换为有理多项式形式，同时画出该传递函数的零极点分布图。

解： MATLAB 程序为

```
z=[-0.75; -3];p=[-1; -5; -7];k=4;G1=zpk(z,p,k)
G2=tf(G1)                      %转换为有理多项式
[num,den]=zp2tf(z,p,k)         %转换为有理多项式的分子 num 与分母 den
pzmap(num,den)                 %绘制零极点分布图，如图 2.7-1 所示。
```

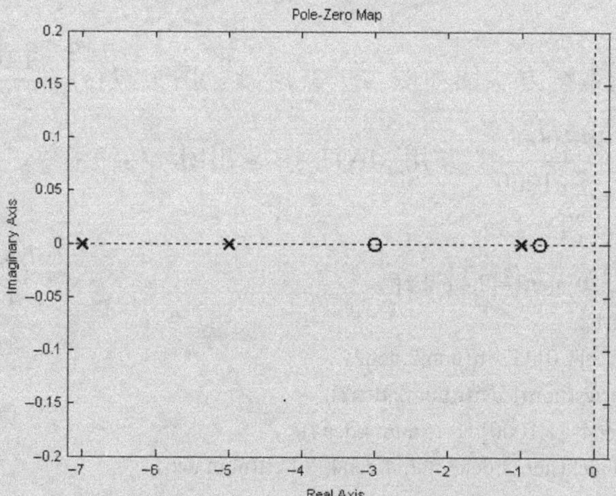

图 2.7-1 例 2-20 零极点分布图

运行结果为

```
Zero/pole/gain:
4 (s+0.75) (s+3)
-----------------
(s+1) (s+5) (s+7)
Transfer function:
     4 s^2 + 15 s + 9
-----------------------
s^3 + 13 s^2 + 47 s + 35
```

2．MATLAB 在系统方块图简化中的应用

系统方块图的连接方式主要有串联、并联、反馈等。MATLAB 中有一些方便的命令，用来求解串联、并联和反馈传递函数。

（1）串联连接

如图 2.7-2(a)所示，$G_1(s)$和$G_2(s)$相串联，在 MATLAB 中可用串联函数 series()来实现，调用格式为[num,den]=series(num1,den1,num2,den2)。式中，$G_1(s)=\text{num1}/\text{den1}$，$G_2(s)=\text{num2}/\text{den2}$。

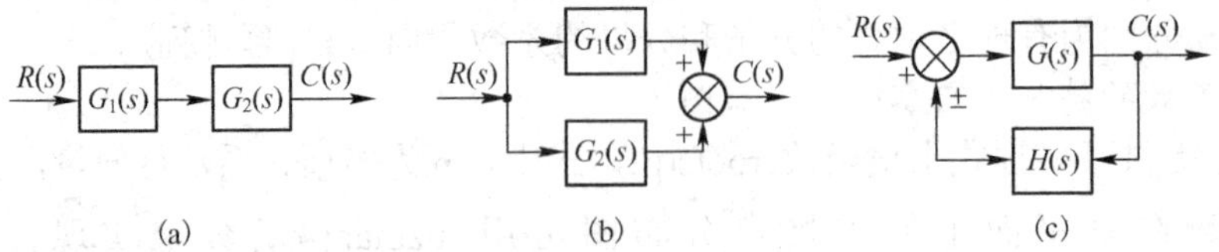

图 2.7-2　系统方块图连接方式

（2）并联连接

如图 2.7-2(b)所示，$G_1(s)$和$G_2(s)$相并联，在 MATLAB 中可用并联函数 parallel()来实现，调用格式为[num,den]=parallel(num1,den1,num2,den2)。式中，$G_1(s)=\text{num1}/\text{den1}$，$G_2(s)=\text{num2}/\text{den2}$。

（3）反馈连接

反馈连接如图 2.7-2(c)所示，在 MATLAB 中可用函数 feedback()来实现，调用格式为[num,den]=feedback(num1,den1,num2,den2,sign)。sign 缺省，默认为负反馈，即 sign=−1。当为正反馈时，sign=1。式中，$G(s)=\text{num1}/\text{den1}$，$H(s)=\text{num2}/\text{den2}$。

【例 2-21】 已知系统方块图如图 2.7-3 所示，图中 $G_1(s)=\dfrac{12s^3+24s^2+12s+20}{2s^4+4s^3+6s^2+2s+2}$，$G_2(s)=\dfrac{5s+3}{s}$，$H(s)=\dfrac{1000}{s+1000}$，试用 MATLAB 求出闭环传递函数。

解： MATLAB 程序为

```
num1=[12,24,12,20];den1=[2,4,6,2,2];
G1=tf(num1,den1);
num2=[5,3];den2=[1,0];G2=tf(num2,den2);
[num3,den3]=series(num1,den1,num2,den2);
num4=[1000];den4=[1,1000];H=tf(num4,den4);
[num,den]=feedback(num3,den3,num4,den4, -1);tf(num,den)
```

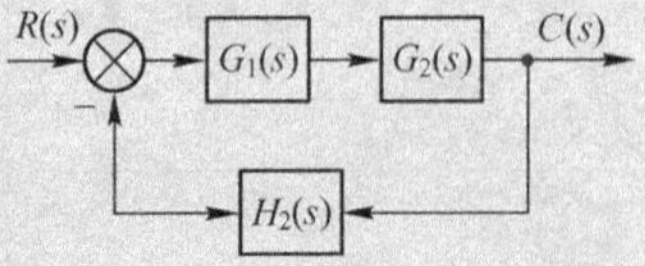

图 2.7-3　系统方块图

运行结果为

```
Transfer function:
        60 s^5 + 60156 s^4 + 156132 s^3 + 132136 s^2 + 136060 s + 60000
  ----------------------------------------------------------------------
  2 s^6 + 2004 s^5 + 64006 s^4 + 162002 s^3 + 134002 s^2 + 138000 s + 60000
```

或者采用另一段 MATLAB 程序为

```
s=tf('s');G1=(12*s^3+24*s^2+12*s+20)/(2*s^4+4*s^3+6*s^2+2*s+2);
G2=(5*s+3)/s;H=1000/(s+1000);GG=feedback(G1*G2,H)
```

本 章 小 结

本章讨论了控制系统的四种数学模型、计算传递函数的三种方法，以及反馈控制系统传递函数。此外，还介绍了数学模型的实验测定方法。

（1）分析和设计自动控制系统，首先要建立它的数学模型。所谓数学模型，就是描述系统输入量、输出量以及内部各变量之间相互关系的数学表达式，是对控制系统进行理论分析研究的主要依据。首先要分析系统中各元部件的工作原理，然后利用有关定理，舍去次要因素并对可以线性化的非线性特性进行适当的线性化处理，最后获得既简单又能反映系统动态特性的数学模型。

（2）微分方程是在时域内描述系统动态过程的数学模型。对于一个系统微分方程的建立，一般是从输入端开始，依次列出各环节的微分方程，然后消去中间变量，并将微分方程整理成标准形式。

（3）传递函数是在运用拉氏变换求解微分方程的过程中引申出来的一种复数域数学模型，定义为在零初始条件下，输出信号的拉氏变换与输入信号的拉氏变换之比。传递函数反映了元件或系统的固有属性，只与元件或系统的结构参数有关，它是经典控制理论中最重要的概念，也是最常用的数学模型。

（4）系统方块图是一种图形化的数学模型，它不仅能反映系统的组成和信号流向，还能表示信号传递过程中的数学关系。为便于分析和计算，需将系统方块图中的一些函数方框基于等效原则进行适当变换，使复杂的方块图得到简化。等效变换时，要保持变换部分的输入量和输出量的数学关系不变。

（5）信号流图和方块图一样，是表示系统的结构和各变量间相互关系的另一种图示方法。根据梅森公式可以直接求解系统的传递函数。信号流图也是控制系统的一种数学模型，它只适合线性系统。

习题

2-1　线性定常系统的微分方程如下，式中 $r(t)$ 和 $c(t)$ 分别表示系统的输入和输出，求系统的传递函数 $C(s)/R(s)$，初始条件为零。

（1）$\dfrac{\mathrm{d}^3c(t)}{\mathrm{d}t^3}+5\dfrac{\mathrm{d}^2c(t)}{\mathrm{d}t^2}+4\dfrac{\mathrm{d}c(t)}{\mathrm{d}t}+c(t)=2\dfrac{\mathrm{d}r(t)}{\mathrm{d}t}+3r(t)$

（2）$\dfrac{\mathrm{d}^2c(t)}{\mathrm{d}t^2}+2\dfrac{\mathrm{d}c(t)}{\mathrm{d}t}+c(t)+\int_0^t c(\tau)\mathrm{d}\tau=r(t)$

（3）$\dfrac{\mathrm{d}^2c(t)}{\mathrm{d}t^2}+10\dfrac{\mathrm{d}c(t)}{\mathrm{d}t}+5c(t)=r(t-1)$

2-2　某系统，当阶跃输入作用 $r(t)=1(t)$ 时，在零初始条件下的输出响应为 $c(t)=1-\mathrm{e}^{-2t}+\mathrm{e}^{-t}$，试求系统

的传递函数和单位脉冲响应。

2-3　利用传递函数方法求解微分方程 $\dfrac{\mathrm{d}^2c(t)}{\mathrm{d}t^2}+4\dfrac{\mathrm{d}c(t)}{\mathrm{d}t}+3c(t)=2r(t)$，初始条件为：$c(0)=1$；$\left.\dfrac{\mathrm{d}c(t)}{\mathrm{d}t}\right|_{t=0}=0$；$r(t)=1,\ t\geqslant 0$。

2-4　试求图 T2-1 所示各无源网络的传递函数，其中 $u_{\mathrm{r}}(t)$ 为输入电压，$u_{\mathrm{c}}(t)$ 为输出电压。

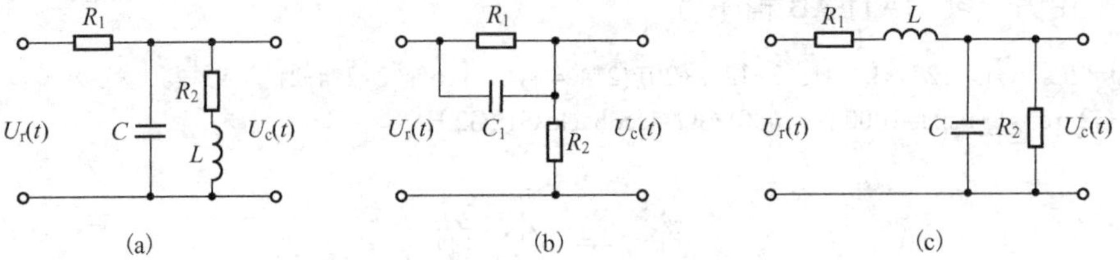

图 T2-1　习题 2-4 图

2-5　试求图 T2-2 所示各有源网路的传递函数，其中 $u_{\mathrm{r}}(t)$ 为输入电压，$u_{\mathrm{c}}(t)$ 为输出电压。

2-6　电网络如图 T2-3(a)所示，机械位移系统如图 T2-3(b)所示，证明两个系统是相似系统。

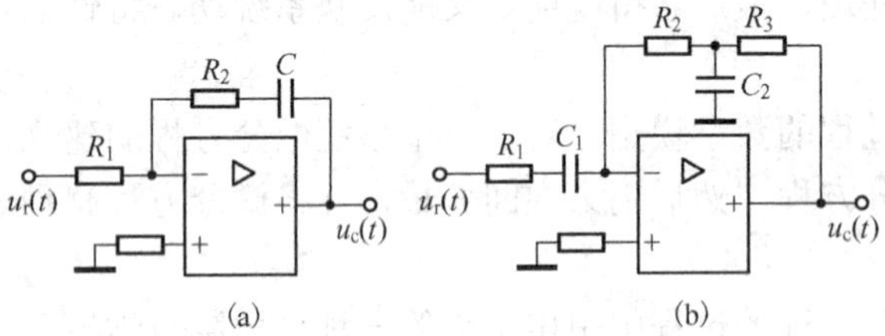

图 T2-2　习题 2-5 图

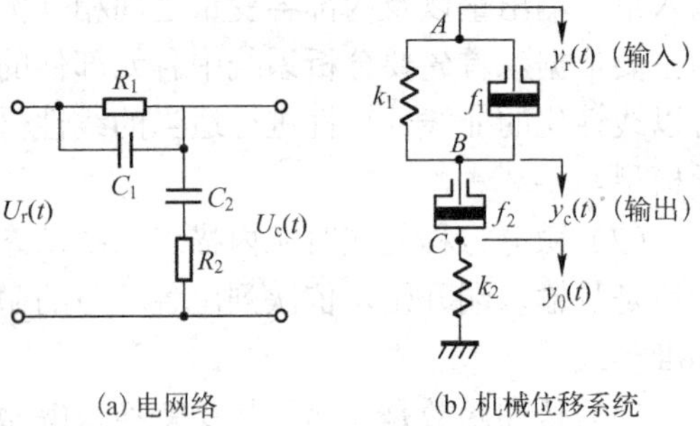

图 T2-3　习题 2-6 图

2-7　设弹簧特性为 $F=12.65y^{1.1}$，其中，F 是弹簧力，y 是变形位移；若弹簧在变形位移 0.25 附近做微小变化，试推导 ΔF 的线性化方程。

2-8　铁芯线圈等效电路如图 T2-4(a)所示，其磁通 $\varPsi$ 与线圈中电流 i 之间的关系如图 T2-4(b)所示，试列写以电压 u_{r} 为输入量、电流 i 为输出量的铁芯线圈微分方程。

2-9　图 T2-5 所示电路中，二极管是一个非线性元件，其电流 i_{d} 与 u_{d} 之间的关系为 $i_{\mathrm{d}}=10^{-6}\times(\mathrm{e}^{\frac{u_{\mathrm{d}}}{0.026}}-1)$。假设电路中 $R=10^3\Omega$，预期工作点 $u_0=2.39\mathrm{V}$，$i_0=0.00219\mathrm{A}$。试求在工作点(u_0,i_0)附近的 $i_{\mathrm{d}}=f(u_{\mathrm{d}})$ 线性化方程。

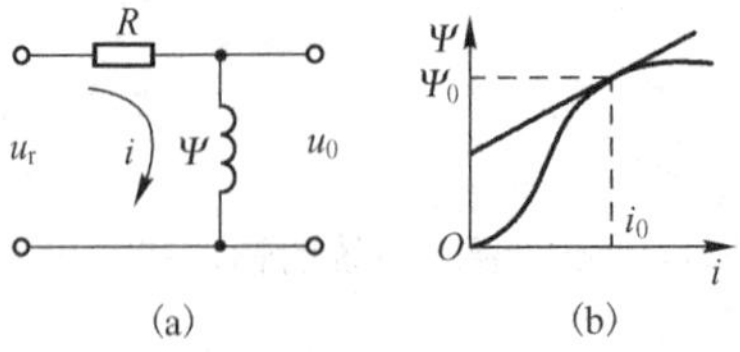

图 T2-4　习题 2-8 图

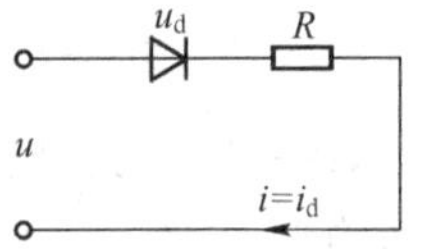

图 T2-5　习题 2-9 图

2-10　设直流电动机转速电流双闭环调速系统的原理电路如图 T2-6 所示。

（1）分别求速度调节器和电流调节器的传递函数。

（2）画出系统的方块图(设可控硅电路为一惯性环节 $K_{\mathrm{s}}/(T_{\mathrm{s}}s+1)$，有功率放大作用；电流互感器和测速发电机的传递系数分别为 β 和 α。

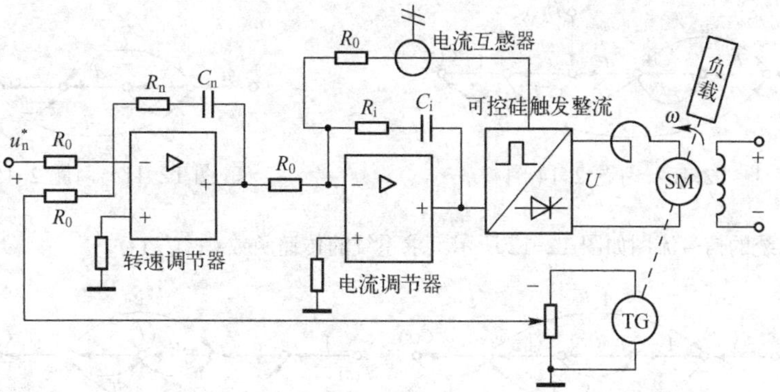

图 T2-6 习题 2-10 图

(3) 简化系统方块图，求系统传递函数 $\Omega(s)/U_n(s)$。

2-11 试化简图 T2-7 所示的系统方块图，并求系统的传递函数 $C(s)/R(s)$。

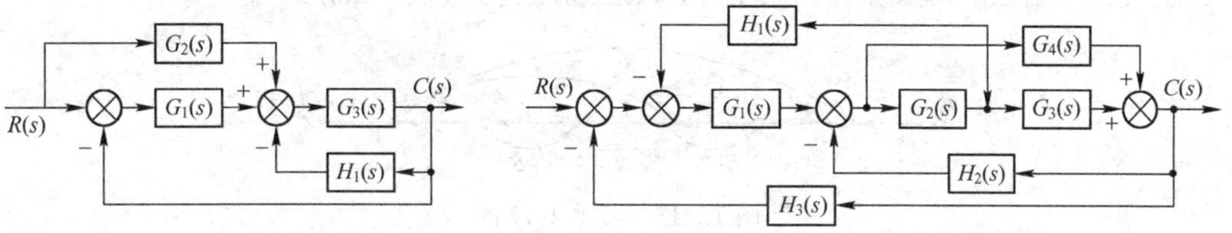

(a) (b)

图 T2-7 习题 2-11 图

2-12 多输入单输出控制系统的方块图如图 T2-8 所示，试求 $C(s)/R(s)$、$C(s)/D(s)$、$C(s)/D_1(s)$ 及 $C(s)/D_2(s)$。

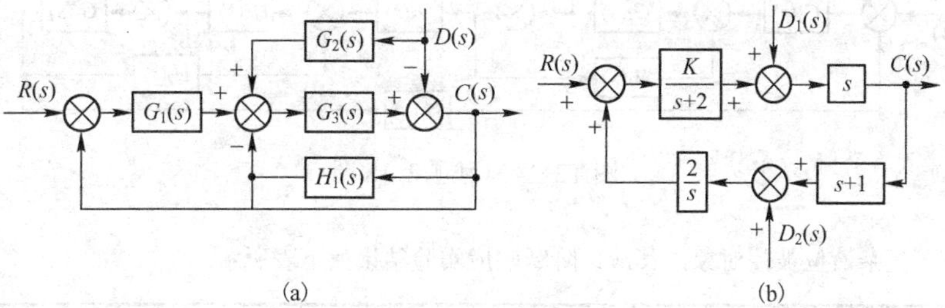

(a) (b)

图 T2-8 习题 2-12 图

2-13 试化简图 T2-9 所示的系统方块图，求系统的传递函数 $C(s)/R(s)$。

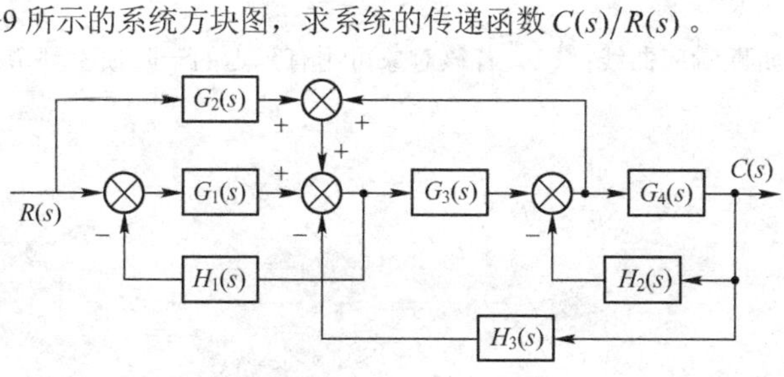

图 T2-9 习题 2-13 图

2-14 已知系统的信号流图如图 T2-10 所示，求系统的传递函数 $C(s)/R(s)$ 和 $C(s)/D(s)$。

2-15 已知系统的信号流图如图 T2-11 所示，试求 y_2/y_1 和 y_3/y_1。

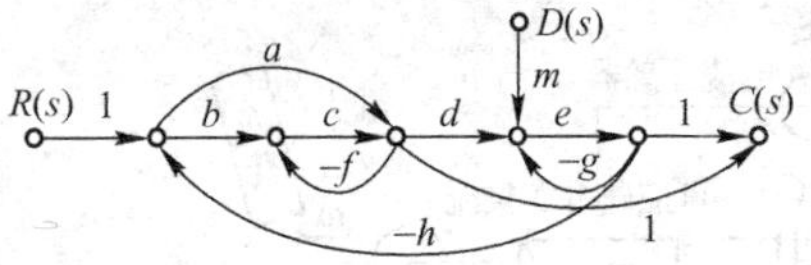

图 T2-10　习题 2-14 图

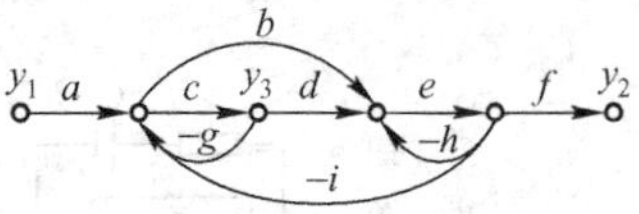

图 T2-11　习题 2-15 图

2-16　已知系统的信号流图如图 T2-12 所示，求系统的传递函数 $C(s)/R(s)$ 。

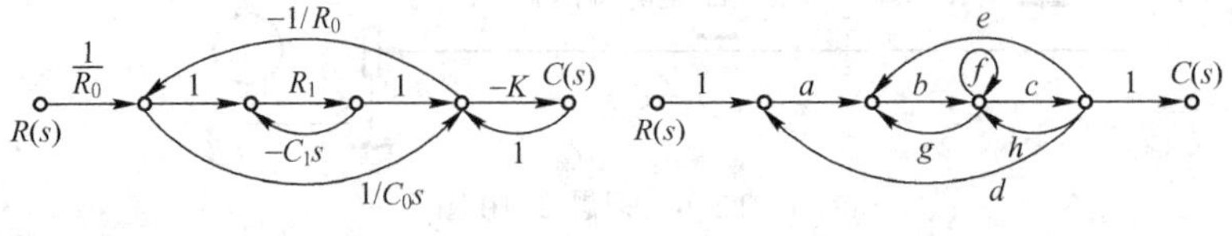

图 T2-12　习题 2-16 图

2-17　已知系统的信号流图如图 T2-13 所示，求系统的传递函数 $C(s)/R(s)$ 。

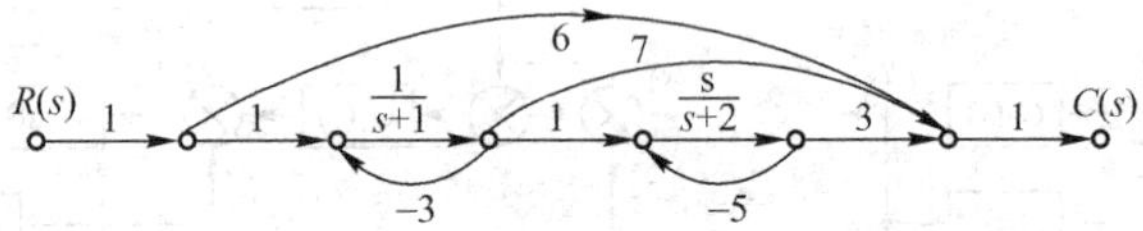

图 T2-13　习题 2-17 图

2-18　已知系统的方块图如图 T2-14 所示，利用信号流图和梅森公式求 $C(s)/R(s)$ 。

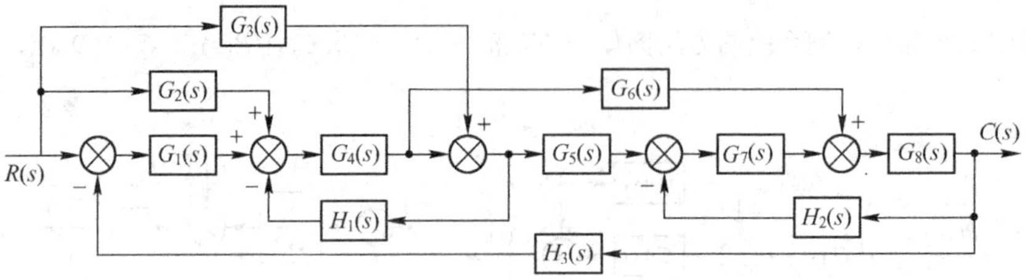

图 T2-14　习题 2-18 图

2-19　设有一复杂液位被控对象，其液位阶跃响应实验结果如下表所示。

t(s)	0	10	20	40	60	80	100	140	180	250	300	400	500	600
h(cm)	0	0	0.2	0.8	2.0	3.6	5.4	8.8	11.8	14.4	16.6	18.4	19.2	19.6

（1）画出液位对象的阶跃响应曲线；（2）若该对象可用有延迟的一阶惯性环节近似，试用近似法确定延迟时间 τ 和时间常数 T 。

第 3 章　线性系统的时域分析法

时域分析法是在建立控制系统的数学模型后，对系统外施一给定输入信号，通过研究系统的时间响应来评价系统的性能。本章主要围绕时域中线性控制系统的动态性能、稳态性能与稳定性展开，分别研究了线性控制系统时间响应的性能指标，一阶、二阶及高阶系统的时域分析，线性控制系统的稳定性及其代数判据，稳态误差的计算及减小或消除稳态误差的方法。

3.1　典型输入信号及性能指标

3.1.1　典型输入信号

控制系统对于输入信号的响应过程不仅取决于系统本身的结构参数，也与输入信号有关。为了评价和比较动态性能和稳态性能，需要规定一些典型输入信号。原则上应当选用与系统正常运行情况下的实际输入信号相近的信号作为典型输入信号。例如系统正常运行时的输入信号是突变式的，则宜选用阶跃函数作为典型输入信号。常见的典型输入信号有阶跃信号、斜坡信号(等速度信号)、抛物线信号(等加速度信号)、脉冲信号和正弦信号等。

1．阶跃信号

阶跃信号如图 3.1-1 所示，其函数形式为

$$r(t)=\begin{cases}0, & t<0\\ R_0, & t\geqslant 0\end{cases}$$

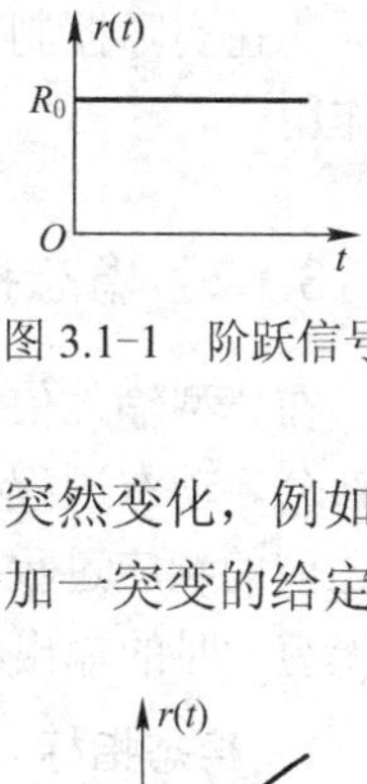

图 3.1-1　阶跃信号

式中 R_0 为常数。$R_0=1$ 时的阶跃信号称为单位阶跃信号，常记为 $1(t)$。

单位阶跃信号的拉普拉斯变换为 $R(s)=1/s$。

阶跃函数形式的输入信号在实际控制系统中较为常见，它相当于一个不变的信号突然加到系统上。对于恒值系统，相当于给定值或者扰动量的突然变化，例如速度控制系统中负载的突变；对于随动系统(如火炮方位角控制系统)，相当于加一突变的给定位置信号。

2．斜坡信号

斜坡信号又称为等速度信号，如图 3.1-2 所示，其函数形式为

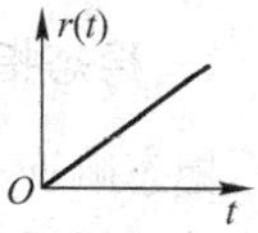

图 3.1-2　斜坡信号

$$r(t)=\begin{cases}0, & t<0\\ v_0 t, & t\geqslant 0\end{cases}$$

式中 v_0 为常数。$v_0=1$ 时的斜坡信号称为单位斜坡信号，其拉普拉斯变换为 $R(s)=1/s^2$。

斜坡信号是一个对时间做均匀变化的信号，可模拟以恒定速度变化的物理量，例如机械手的等速移动、数控机床加工斜面时的进给指令、通信卫星跟踪系统的跟踪直线飞行目标等。

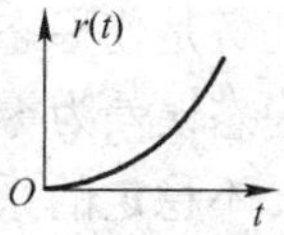

图 3.1-3　抛物线信号

3．抛物线信号

抛物线信号又称为等加速度信号，如图 3.1-3 所示，其函数形式为

$$r(t)=\begin{cases}0, & t<0\\ \frac{1}{2}a_0t^2, & t\geqslant 0\end{cases}$$

式中 a_0 为常数。当 $a_0=1$ 时，可称为单位抛物线信号，其拉普拉斯变换为 $R(s)=1/s^3$ 。航天飞行器控制系统的输入信号，一般可近似为等加速度信号。

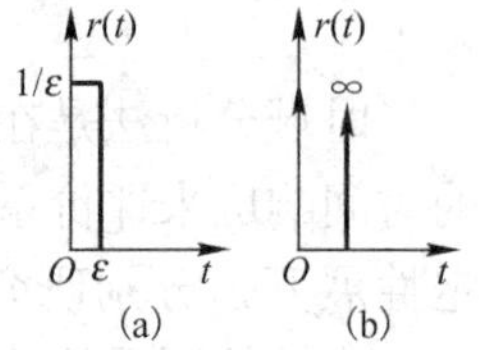

图 3.1-4　脉冲信号

4．脉冲信号

如图 3.1-4 所示，脉冲信号的函数形式为

$$r(t)=\begin{cases}0, & t<0\text{及}t>\varepsilon\\ A/\varepsilon, & 0\leqslant t\leqslant \varepsilon\end{cases}$$

当 $A=1$ 时，记为 $\delta_\varepsilon(t)$，如图 3.1-4(a)所示。当 $\varepsilon\to 0$ 且 $A=1$ 时，则称为单位脉冲信号 $\delta(t)$，如图 3.1-4(b)所示，其面积等于 1，即 $\int_{-\infty}^{\infty}\delta(t)\mathrm{d}t=1$，拉普拉斯变换为 $R(s)=1$。

在自动控制系统中，单位脉冲信号相当于一个瞬时的扰动信号，只有输入信号的强度足够大，并且其持续时间很短，才可近似为脉冲信号，如冲击力、阵风或者大气湍流等。

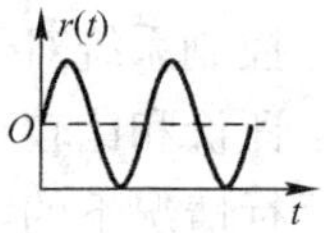

图 3.1-5　正弦信号

5．正弦信号

如图 3.1-5 所示，正弦信号的函数形式为

$$r(t)=\begin{cases}0, & t<0\\ A\sin\omega t, & t\geqslant 0\end{cases}$$

式中，A 为振幅，$\omega=2\pi/T$ 为角频率。正弦信号的拉普拉斯变换为 $R(s)=\dfrac{A\omega}{s^2+\omega^2}$。

正弦信号主要用于求取系统对不同频率的正弦函数输入的稳态响应，这种响应被称为频率响应。在实际控制系统中，电源及振动的噪声、海浪对船舶的扰动力等，均可近似看作正弦信号作用。

3.1.2　稳态指标与动态指标

在典型输入信号作用下，任何一个控制系统的时域响应都可以划分为动态过程和稳态过程两部分。动态过程又称为过渡过程，是指系统从加入输入信号的瞬时起，系统输出量到达稳态值之前的响应过程，它表征系统的稳定性和对输入信号响应的快速性。稳态过程是指时间 t 趋于无穷大时的输出状态，它表征系统输出量最终复现输入量的准确性。

1．稳态指标

稳态响应是时间 $t\to\infty$ 时系统的输出状态。控制系统在稳态下的精度怎样，是它的一项重要的技术指标，该稳态指标通常用稳态下系统输出响应的期望值与实际值之间的差来衡量，称为稳态误差。

实际的控制系统由于本身结构和输入信号的不同，其稳态输出量不可能完全与输入量一致，也不可能在任何的扰动作用下都能准确地恢复到原有的平衡点。另外，系统中还存在着摩擦、间隙、死区和零位输出等非线性因素。因此，控制系统的稳态误差总是不可避免的。设计的任务是使稳态误差尽可能地小。当稳态误差足够小以至可以忽略不计时，我们近似认为系统的稳态误差为零，这种系统为无差系统。而稳态误差不为零的系统则称为有差系统。

不稳定的系统不能实现稳态，因此也就谈不上稳态误差。讨论稳态误差时所指的都是稳定的系统。

2．动态指标

动态响应是系统从初始状态到接近稳态的响应过程。控制系统除了要满足稳态精度的要求外，对典型输入信号的响应过渡过程也要满足一定要求。响应过程的主要特征常称为系统的动态性能。

稳定的控制系统在零初值和单位阶跃输入信号作用下的响应过程曲线通常有衰减振荡和单调变化两种，如图 3.1-6 和图 3.1-7 所示。系统的动态性能指标是以系统对单位阶跃输入信号的响应形式的特征来衡量的，可以用以下参数来描述。

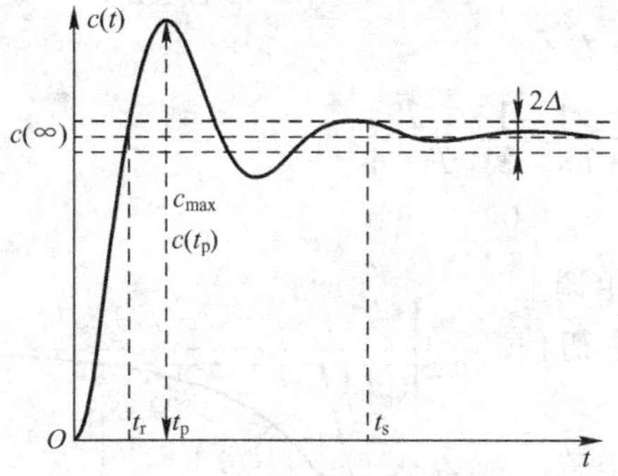

图 3.1-6　具有衰减振荡的单位阶跃响应

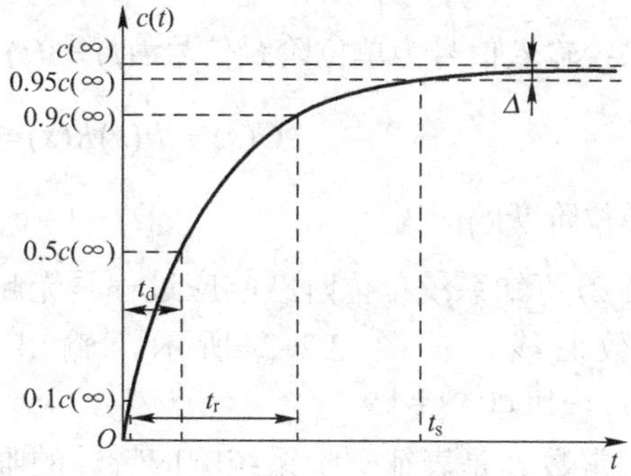

图 3.1-7　单调变化的单位阶跃响应

（1）上升时间 t_r：输出响应从零上升，第一次达到稳态值 $c(\infty)$ 所需要的时间，它反映了系统的快速性。对于如图 3.1-7 所示输出响应为单调上升无超调的系统，定义上升时间为从输出稳态值 $c(\infty)$ 的10%过渡到其90%所用的时间。

（2）峰值时间 t_p：输出响应从零上升至第一个峰值的时间。

（3）延迟时间 t_d：输出响应第一次达到其稳态值 $c(\infty)$ 的50%所需的时间。

（4）超调量 $M_p\%$：输出响应超过稳态值 $c(\infty)$ 的最大偏离量与稳态值之比，它可用来度量系统的相对稳定性。即

$$M_p\% = \frac{c(t_p) - c(\infty)}{c(\infty)} \times 100\% \tag{3.1-1}$$

（5）调整时间 t_s：输出响应到达并停留在误差带内所需的最小时间，它反映了系统过渡过程的快慢程度。输出的误差带范围 Δ 一般规定为其稳态值 $c(\infty)$ 的5%或2%，即

$$\left| c(t) - c(\infty) \right| \leqslant \Delta \tag{3.1-2}$$

（6）振荡次数 N：在调整时间间隔内系统输出响应 $c(t)$ 穿越稳态值 $c(\infty)$ 的次数之半。

应该指出，上述各动态指标之间互有联系，因此分析和设计控制系统时没有必要考虑所有动态指标。目前习惯采用 $M_p\%$、t_s 和 t_r 作为动态性能的主要指标。

3.2　一阶系统的时域分析

图 3.2-1(a)所示 RC 电路的运动方程是一阶微分方程 $RC\frac{\mathrm{d}U_c(t)}{\mathrm{d}t} + U_c(t) = U_r(t)$，我们称之为一阶系统。一阶系统在控制系统中应用广泛，如恒温箱、空气加热器、液位调节系统及发电机等。

一阶系统的方块图如图 3.2-1(b)所示，系统的传递函数为

$$\Phi(s)=\frac{C(s)}{R(s)}=\frac{1}{Ts+1} \tag{3.2-1}$$

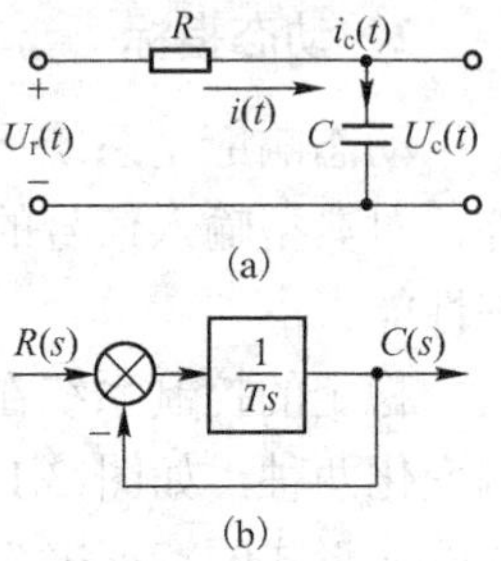

图 3.2–1　一阶系统

式中，T 为系统时间常数，是表征系统惯性的一个主要参数。所以一阶系统也称为惯性环节。

下面分析一阶系统在典型输入信号作用下的响应，设系统的初始条件为零。

3.2.1　一阶系统的单位阶跃响应

当系统输入信号为单位阶跃信号 $r(t)=1(t)$ 时，有

$$C(s)=\Phi(s)R(s)=\frac{1}{Ts+1}\frac{1}{s}=\frac{1}{s}-\frac{T}{Ts+1}$$

系统的单位阶跃响应为
$$c(t)=1-\mathrm{e}^{-t/T},\quad t\geqslant 0 \tag{3.2-2}$$

由式(3.2–2)可知系统单位阶跃响应过程是无超调单调上升的指数曲线，如图 3.2–2 所示，输出量的初值 $c(0)=0$，终值 $c(\infty)=1$。

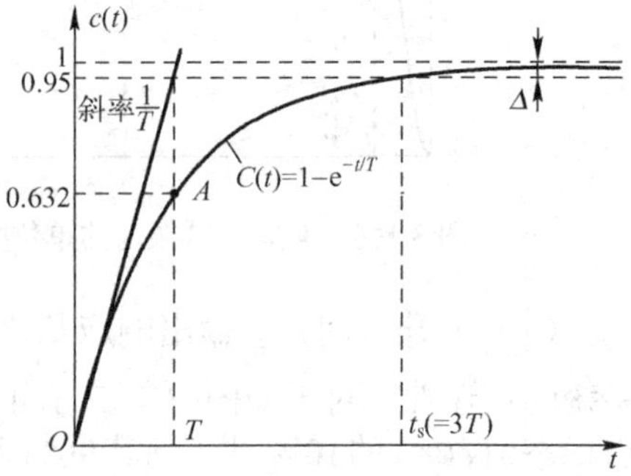

图 3.2–2　一阶系统单位阶跃响应曲线

时间常数 T 是表征一阶系统响应特性的唯一参数。当 $t=T$ 时，系统输出 $c(T)=0.632$，对应图 3.2–2 上的 A 点，即达到输出稳态值的 63.2%。根据这一特性，可以通过实验方法测定一阶系统的时间常数 T。

将式(3.2–2)对时间 t 求导，可得响应曲线随时间的变化率

$$\frac{\mathrm{d}c(t)}{\mathrm{d}t}=\frac{1}{T}\mathrm{e}^{-t/T}$$

当 $t=0$ 时，$\left.\frac{\mathrm{d}c(t)}{\mathrm{d}t}\right|_{t=0}=\frac{1}{T}$，表明一阶系统如果能保持初始速度等速上升至稳态值 1，所需的时间恰好为 T，这一特性也可以用于实验方法测定 T。但从图 3.2–2 看出，一阶系统单位阶跃响应的实际响应速度并不能保持 $1/T$ 而不变，却随着时间的推移而下降，如 $\left.\frac{\mathrm{d}c(t)}{\mathrm{d}t}\right|_{t=T}=0368\frac{1}{T}$，$\left.\frac{\mathrm{d}c(t)}{\mathrm{d}t}\right|_{t=\infty}=0$，系统单位阶跃响应达到稳态值 1 所需的时间为无限长。

从式(3.2–2)可知，$c(3T)=0.95$，$c(4T)=0.98$，即此时输出 $c(t)$ 与稳态值之差为 0.05 或 0.02，在允许的误差范围 Δ 内。在工程实践中，常常认为此刻过渡过程已结束。

综上所述，一阶系统的动态性能指标主要就是调整时间 t_s，即 $t_s=3T(\Delta=0.05)$ 或 $t_s=4T(\Delta=0.02)$；一阶系统的稳态性能指标为稳态误差 $e_{ss}(\infty)=\lim\limits_{t\to\infty}[r(t)-c(t)]=0$。

3.2.2　一阶系统的单位脉冲响应

当系统输入信号为单位脉冲信号 $r(t)=\delta(t)$ 时，有

$$C(s)=\Phi(s)R(s)=\frac{1}{Ts+1}=\frac{1}{T}\frac{1}{s+1/T}$$

系统的单位脉冲响应为
$$c(t)=\frac{1}{T}\mathrm{e}^{-t/T},\quad t\geqslant 0 \tag{3.2-3}$$

单位脉冲响应曲线如图 3.2-3 所示。

从式(3.2-3)可计算出，系统输出量为 $c(0)=1/T$，$c(T)=0.368/T$，$c(\infty)=0$，$c(3T)=0.05/T$，$c(4T)=0.02/T$；系统输出量的变化率为 $\left.\frac{\mathrm{d}c(t)}{\mathrm{d}t}\right|_{t=0}=-\frac{1}{T^2}$。

综上所述，不难看出一阶系统的单位脉冲响应是一条无超调单调衰减的指数曲线，系统的调整时间 t_s 为 $3T(\Delta=0.05)$ 或 $4T(\Delta=0.02)$。

因此，系统惯性越小，响应过程的持续时间越短，从而系统响应输入信号的快速性越好。

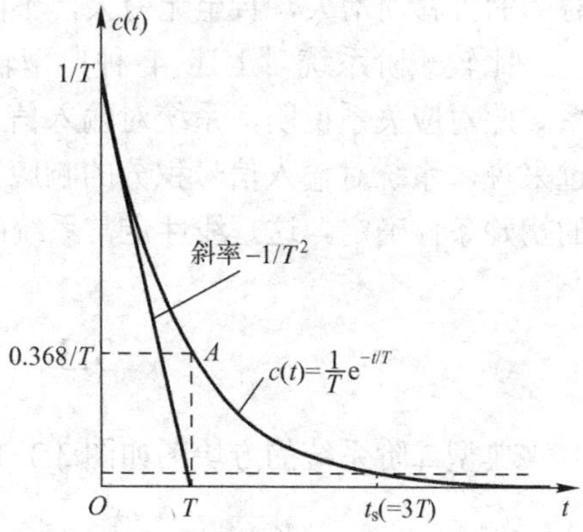

图 3.2-3　一阶系统单位脉冲响应曲线

3.2.3　一阶系统的单位斜坡响应

当系统输入信号为单位斜坡信号 $r(t)=t$ 时，有

$$C(s)=\Phi(s)R(s)=\frac{1}{Ts+1}\frac{1}{s^2}=\frac{1}{s^2}-\frac{T}{s}+\frac{T^2}{Ts+1}$$

系统的单位斜坡响应为

$$c(t)=t-T(1-\mathrm{e}^{-t/T})=(t-T)+T\mathrm{e}^{-t/T},\qquad t\geqslant 0 \tag{3.2-4}$$

单位斜坡响应曲线如图 3.2-4 所示。

一阶系统的单位斜坡响应 $c(t)$ 可以分为动态分量 $T\mathrm{e}^{-t/T}$ 和稳态分量 $t-T$，如图 3.2-4 所示，即曲线①是图中虚线②和③的合成。

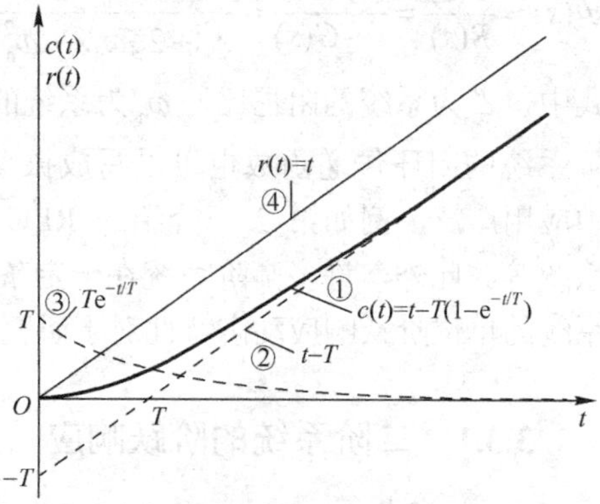

图 3.2-4　一阶系统的单位斜坡响应曲线

根据式(3.2-4)可得一阶系统响应单位斜坡信号的误差为

$$e(t)=r(t)-c(t)=T-T\mathrm{e}^{-t/T}$$

当 $t=0$ 时，误差 $e(0)=0$；当 $t\to\infty$ 时，稳态误差 $e_{ss}(\infty)=T$。由此可知，一阶系统在单位斜坡信号作用下，其误差从零开始，随时间的推移而增大，直至趋于恒值 T。系统在跟踪单位斜坡输入时存在跟踪误差。系统的惯性越小，跟踪的准确度越高。

3.2.4　一阶系统的单位加速度响应

当系统输入信号为单位加速度信号 $r(t)=t^2$ 时，有

$$C(s)=\Phi(s)R(s)=\frac{1}{Ts+1}\frac{1}{s^3}=\frac{1}{s^3}-\frac{T}{s^2}+\frac{T^2}{s}-\frac{T^3}{Ts+1}$$

系统的单位加速度响应为

$$c(t)=\frac{1}{2}t^2-Tt+T^2(1-\mathrm{e}^{-t/T}),\qquad t\geqslant 0 \tag{3.2-5}$$

单位加速度响应曲线如图 3.2-5 所示。

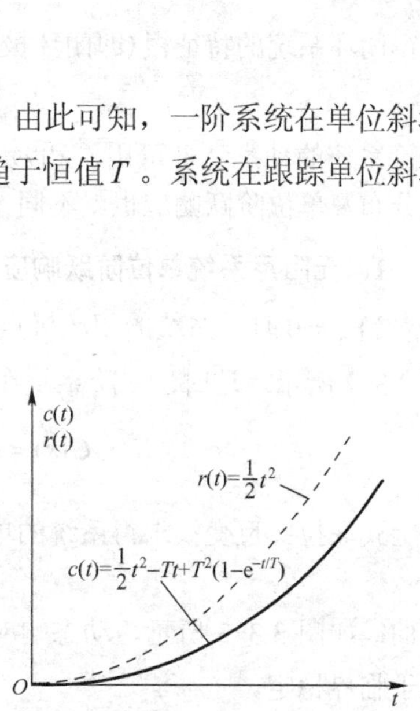

图 3.2-5　一阶系统的单位加速度响应曲线

相应地，系统给定误差为

$$e(t)=r(t)-c(t)=Tt-T^2(1-\mathrm{e}^{-t/T})$$

由此可知，一阶系统在单位加速度信号作用下，其误差随

时间的推移而增大，直至无穷大，不能实现对加速度信号的跟踪。

比较一阶系统对上述 4 种典型输入信号的响应，可以发现它们之间存在导数或积分的关系。此对应关系说明，系统对输入信号导数的响应等于系统对该输入信号响应的导数。或者反过来说，系统对输入信号积分的响应等于系统对输入信号响应的积分，其积分常数由零输入时的初始条件确定。这是线性定常系统的重要特性。

3.3 二阶系统的时域分析

典型二阶系统的方块图如图 3.3-1 所示，系统的开环传递函数标准式为

$$G(s)=\frac{\omega_n^2}{s(s+2\zeta\omega_n)} \tag{3.3-1}$$

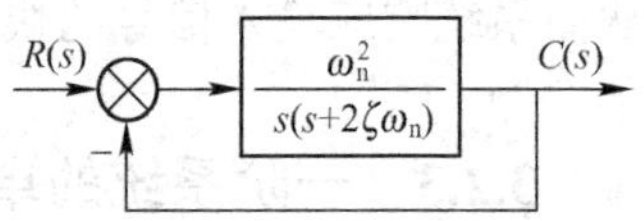

图 3.3-1 二阶系统的方块图

系统的闭环传递函数标准式为

$$\Phi(s)=\frac{C(s)}{R(s)}=\frac{G(s)}{1+G(s)}=\frac{\omega_n^2}{s^2+2\zeta\omega_n s+\omega_n^2}=\frac{1}{T^2s^2+2\zeta Ts+1} \tag{3.3-2}$$

式中，ζ 为系统的阻尼比，ω_n 为系统的无阻尼自然振荡角频率，$T=1/\omega_n$ 为系统振荡周期。二阶系统的闭环传递函数也可以写成振荡环节的形式，如式(3.3-2)所示。二阶系统在控制工程中应用广泛，例如第 2 章介绍的 RLC 电路、弹簧阻尼系统及电枢电压控制的直流电动机转速系统等。此外，许多高阶系统在一定条件下常常可近似降为二阶系统来处理。因此，分析二阶系统的单位阶跃响应动态特性对于研究自动控制系统的动态特性具有重要意义。

3.3.1 二阶系统的阶跃响应

由式(3.3-2)得到系统的特征方程为

$$D(s)=s^2+2\zeta\omega_n s+\omega_n^2$$

求得闭环系统的特征根(即闭环极点)为

$$s_{1,2}=-\zeta\omega_n\pm\omega_n\sqrt{\zeta^2-1} \tag{3.3-3}$$

二阶系统的动态特性可用 ζ 和 ω_n 两个特征参数描述。不同的 ζ 和 ω_n，二阶系统在 s 平面的极点分布及单位阶跃响应也就不同，下面讨论 ζ 对系统过渡过程的影响。

1．无阻尼系统单位阶跃响应

当 $\zeta=0$ 时，系统的闭环极点为一对共轭纯虚根，即 $s_{1,2}=\pm\omega_n\text{j}$，它们在 s 平面上的分布如图 3.3-2 所示。这时，二阶系统在单位阶跃信号作用下输出信号的拉氏变换为

$$C(s)=\Phi(s)R(s)=\frac{\omega_n^2}{s^2+\omega_n^2}\frac{1}{s}=\frac{1}{s}-\frac{s}{s^2+\omega_n^2}$$

对上式取拉氏反变换求得系统的单位阶跃响应

$$c(t)=1-\cos\omega_n t \tag{3.3-4}$$

其曲线如图 3.3-3 所示，动态响应是等幅振荡的，振荡频率为无阻尼自然振荡角频率 ω_n，系统处于临界稳定。

2．欠阻尼系统单位阶跃响应

欠阻尼二阶系统在实际中应用最广。当 $0<\zeta<1$ 时，系统的闭环极点为一对实部为负的共轭复数根，即

$$s_{1,2} = \sigma \pm \mathrm{j}\omega_\mathrm{d} = -\zeta\omega_\mathrm{n} \pm \omega_\mathrm{n}\sqrt{1-\zeta^2}\mathrm{j} \tag{3.3-5}$$

它们在 s 平面上的分布如图 3.3-4 所示。式中 $\omega_\mathrm{d} = \omega_n\sqrt{1-\zeta^2}$ 为有阻尼自然振荡角频率。图 3.3-4 中闭环极点与负实轴的夹角为阻尼角，它只与 ζ 有关，即 $\beta = \arccos\zeta = \arctan\sqrt{1-\zeta^2}/\zeta$。这时，二阶系统在单位阶跃信号作用下输出信号的拉氏变换为

$$C(s) = \Phi(s)R(s) = \frac{\omega_\mathrm{n}^2}{s^2+2\zeta\omega_\mathrm{n}s+\omega_\mathrm{n}^2}\frac{1}{s} = \frac{1}{s} - \frac{s+2\zeta\omega_\mathrm{n}}{s^2+2\zeta\omega_\mathrm{n}s+\omega_\mathrm{n}^2}$$

$$= \frac{1}{s} - \frac{s+\zeta\omega_\mathrm{n}+\zeta\omega_\mathrm{n}}{(s+\zeta\omega_\mathrm{n})^2+\omega_\mathrm{n}^2-\zeta^2\omega_\mathrm{n}^2} = \frac{1}{s} - \frac{s+\zeta\omega_\mathrm{n}+\omega_\mathrm{d}(\zeta\omega_\mathrm{n}/\omega_\mathrm{d})}{(s+\zeta\omega_\mathrm{n})^2+\omega_\mathrm{d}^2}$$

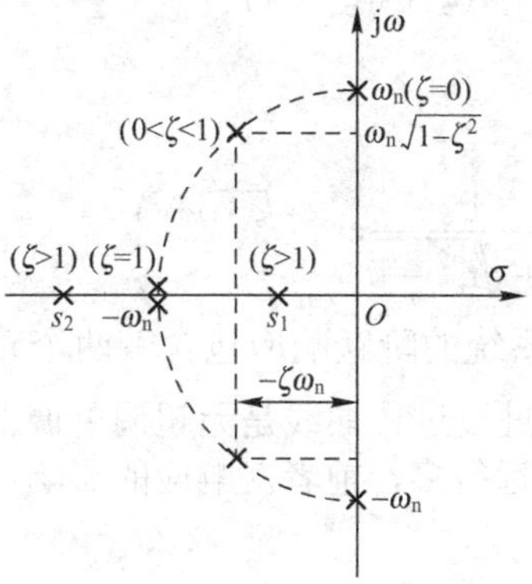

图 3.3-2　闭环极点分布

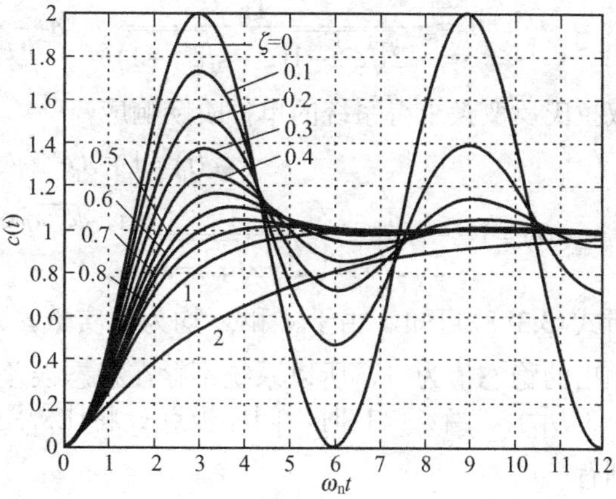

图 3.3-3　不同阻尼的单位阶跃响应曲线

对上式取拉氏反变换求得系统的单位阶跃响应为

$$c(t) = 1 - \mathrm{e}^{-\zeta\omega_\mathrm{n}t}\cos\omega_\mathrm{d}t - \frac{\zeta\omega_\mathrm{n}}{\omega_\mathrm{d}}\mathrm{e}^{-\zeta\omega_\mathrm{n}t}\sin\omega_\mathrm{d}t$$

$$= 1 - \left(\cos\omega_\mathrm{d}t + \frac{\zeta}{\sqrt{1-\zeta^2}}\sin\omega_\mathrm{d}t\right)\mathrm{e}^{-\zeta\omega_\mathrm{n}t}$$

即

$$c(t) = 1 - \frac{1}{\sqrt{1-\zeta^2}}\mathrm{e}^{-\zeta\omega_\mathrm{n}t}\sin(\omega_\mathrm{d}t+\beta) \tag{3.3-6}$$

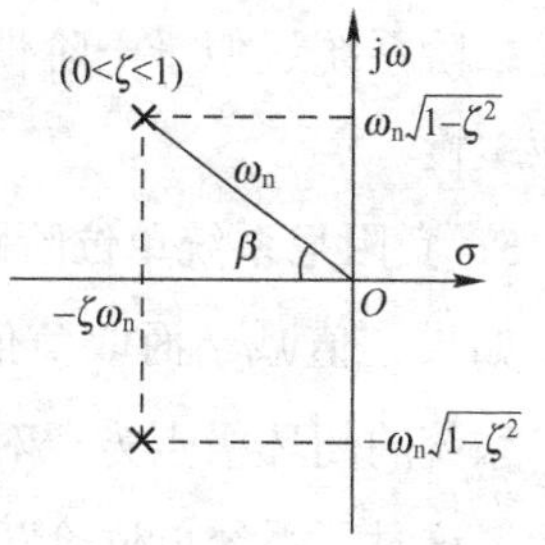

图 3.3-4　欠阻尼下闭环极点分布

由上式可见，欠阻尼二阶系统的单位阶跃响应是振幅随时间按指数函数规律衰减的周期振荡函数，最终趋于稳态值 $c(\infty)=1$，其振荡频率为 ω_d，系统稳定。图 3.3-3 画出了 ζ 取不同值时的响应曲线。响应曲线振荡衰减的速度取决于 $\sigma = \zeta\omega_\mathrm{n}$ 的大小。闭环极点离虚轴越远，即 σ 越大，衰减越快；闭环极点离实轴越远，即 ω_d 越大，振荡越强。

3．临界阻尼系统单位阶跃响应

当 $\zeta=1$ 时，系统的闭环极点为一对相重的负实根，即 $s_{1,2}=-\omega_n$，它们在 s 平面上的分布如图 3.3-2 所示。这时，二阶系统在单位阶跃信号作用下输出信号的拉氏变换为

$$C(s) = \frac{\omega_\mathrm{n}^2}{s^2+2\omega_\mathrm{n}s+\omega_\mathrm{n}^2}\frac{1}{s} = \frac{1}{s} - \frac{s+2\omega_\mathrm{n}}{s^2+2\omega_\mathrm{n}s+\omega_\mathrm{n}^2} = \frac{1}{s} - \frac{s+\omega_\mathrm{n}+\omega_\mathrm{n}}{(s+\omega_\mathrm{n})^2}$$

对上式取拉氏反变换求得系统的单位阶跃响应为

$$c(t) = 1 - \mathrm{e}^{-\omega_\mathrm{n}t} - \omega_\mathrm{n}t\mathrm{e}^{-\omega_\mathrm{n}t} = 1-(1+\omega_\mathrm{n}t)\mathrm{e}^{-\omega_\mathrm{n}t} \tag{3.3-7}$$

其曲线如图 3.3-3 所示，动态响应是无超调单调上升曲线，最终趋于稳态值 1，不可能出现振荡，系统稳定。

4．过阻尼系统单位阶跃响应

当 $\zeta>1$ 时，系统的闭环极点为一对不相等的负实根，即 $s_1=-\zeta\omega_n+\omega_n\sqrt{\zeta^2-1}$，$s_2=-\zeta\omega_n-\omega_n\sqrt{\zeta^2-1}$。它们在 s 平面上的分布如图 3.3-2 所示。这时，二阶系统在单位阶跃信号作用下输出信号的拉氏变换为

$$C(s)=\frac{\omega_n^2}{s^2+2\omega_n s+\omega_n^2}\frac{1}{s}=\frac{\omega_n^2}{s(s-s_1)(s-s_2)}=\frac{1}{s}+\frac{A_1}{s-s_1}+\frac{A_2}{s-s_2}$$

式中
$$A_1=-\frac{1}{2\sqrt{\zeta^2-1}(\zeta-\sqrt{\zeta^2-1})},\quad A_2=\frac{1}{2\sqrt{\zeta^2-1}(\zeta+\sqrt{\zeta^2-1})}$$

对上式取拉氏反变换求得系统的单位阶跃响应

$$c(t)=1+A_1e^{s_1t}+A_2e^{s_2t}$$

即
$$c(t)=1-\frac{1}{2\sqrt{\zeta^2-1}}\left(\frac{1}{\zeta-\sqrt{\zeta^2-1}}e^{-(\zeta-\sqrt{\zeta^2-1})\omega_n t}-\frac{1}{\zeta+\sqrt{\zeta^2-1}}e^{-(\zeta+\sqrt{\zeta^2-1})\omega_n t}\right) \tag{3.3-8}$$

分析式(3.3-8)可知，由于 s_1 和 s_2 均为负实数，这时系统的阶跃响应包含着两个衰减的指数项，输出的稳态值为 1，所以系统不存在稳态误差，其过渡过程曲线是无超调单调上升的，如图 3.3-3 所示。当 $\zeta\geqslant1$ 时，闭环极点 s_2 将比 s_1 距虚轴远得多，前者对响应的影响可以忽略不计，则有

$$c(t)=1-\frac{1}{2\sqrt{\zeta^2-1}(\zeta-\sqrt{\zeta^2-1})}e^{-(\zeta-\sqrt{\zeta^2-1})\omega_n t}$$

于是二阶系统近似于一阶惯性系统。由于靠近 s 平面虚轴的那个极点 s_1 的时间常数较大，系统响应缓慢。

5．负阻尼系统单位阶跃响应

如果 ζ 值减小而取负值，则系统闭环极点将从 s 平面的左半面移到右半面。当 $-1<\zeta<0$ 时，系统的闭环极点为一对实部为正的共轭复数根，即 $s_{1,2}=-\zeta\omega_n\pm\omega_n\sqrt{1-\zeta^2}\mathrm{j}$，如图 3.3-5(a)所示。这时，系统单位阶跃响应为

$$c(t)=1-\frac{1}{\sqrt{1-\zeta^2}}e^{-\zeta\omega_n t}\sin(\omega_d t+\beta)$$

式中，$\omega_d=\omega_n\sqrt{1-\zeta^2}$，$\beta=\arccos\zeta$。

从形式上看，该式与式(3.3-6)相同，但由于阻尼比 ζ 为负，因此指数因子 $e^{-\zeta\omega_n t}$ 具有正的幂指数，从而决定了该单位阶跃响应具有发散正弦振荡的形式，如图 3.3-5(b)所示。

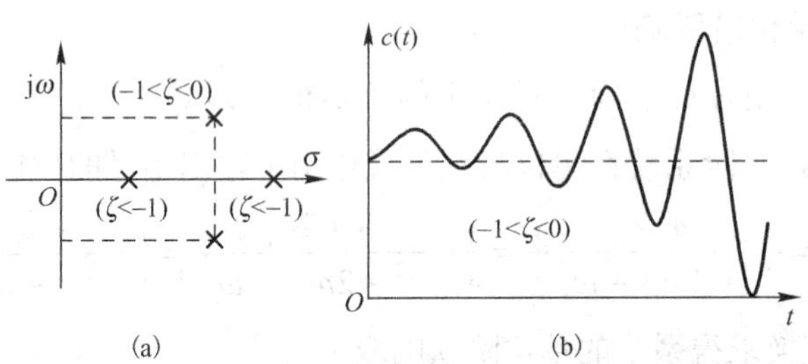

图 3.3-5　负阻尼下的闭环极点分布和单位阶跃响应曲线

综上所述，参数ζ对于阶跃响应曲线的形状影响极大。从图 3.3-3 看出，ζ越大，阶跃响应过程就越滞缓；ζ越小，阶跃响应过程就越剧烈。在零初始条件下，$\zeta \geqslant 1$的系统的阶跃响应没有振荡。就响应过程的调整时间t_s来说，在无振荡单调上升的特性中，以$\zeta = 1$时的t_s为最短。而$\zeta < 1$的系统的阶跃响应必有减幅振荡，随着阻尼比ζ的减小，单位阶跃响应的振荡特性将加强。因此，ζ是描述系统动态性能的一个重要参数，一般希望二阶系统工作在$\zeta = 0.4 \sim 0.8$的欠阻尼状态，因为在这种状态下将获得一个振荡特性适度、过渡过程时间较短的响应过程。对于两个相同的ζ和不同的ω_n的二阶系统，它们的单位阶跃响应具有相同的振荡特性和不同的响应速度，ω_n大者响应速度快。因此，ω_n也是描述系统动态性能的另一个重要参数。

3.3.2 二阶系统阶跃响应的性能指标

通常，控制系统的性能指标是通过相应单位阶跃信号的性能指标来定义的。同时在控制工程上，除了那些不容许产生振荡响应的系统外，都希望控制系统具有适度的阻尼、较快的响应速度和较短的调整时间。因此，本节主要针对欠阻尼的二阶系统给出动态性能指标的解析表达式。

1．上升时间 t_r

根据定义，$c(t_r) = c(\infty) = 1$，由式(3.3-6)得

$$c(t_r) = 1 - \frac{1}{\sqrt{1-\zeta^2}} e^{-\zeta\omega_n t_r} \sin(\omega_d t_r + \beta) = 1$$

因为$e^{-\zeta\omega_n t_r} \neq 0$，所以$\sin(\omega_d t_r + \beta) = 0$，则$\omega_d t_r + \beta = k\pi(k = 0,1,2,\cdots,k)$。上升时间是输出第一次达到稳态值的时间，故取$k = 1$，即

$$t_r = \frac{\pi - \beta}{\omega_d} = \frac{\pi - \arctan\dfrac{\sqrt{1-\zeta^2}}{\zeta}}{\omega_n\sqrt{1-\zeta^2}} = \frac{\pi - \arccos\zeta}{\omega_n\sqrt{1-\zeta^2}} \tag{3.3-9}$$

由上式可以看出，当ω_n一定时，阻尼比ζ越大，则上升时间t_r越长；当ζ一定时，ω_n越大，则t_r越短。

2．峰值时间 t_p

出现第一个峰值时，单位阶跃响应随时间的变化率为零。在式(3.3-6)中令$t = t_p$时$dc(t_p)/dt = 0$，便得

$$-\zeta\omega_n e^{-\zeta\omega_n t_p} \sin(\omega_d t_p + \beta) + \omega_d e^{-\zeta\omega_n t_p} \cos(\omega_d t_p + \beta) = 0$$

$$\tan(\omega_d t_p + \beta) = \frac{\omega_d}{\zeta\omega_n} = \frac{\sqrt{1-\zeta^2}}{\zeta} = \tan\beta$$

由此可知$\omega_d t_p = k\pi(k = 0,1,2,\cdots,k)$，到达第一个峰值应有$k = 1$，则

$$t_p = \frac{\pi}{\omega_d} = \frac{\pi}{\omega_n\sqrt{1-\zeta^2}} \tag{3.3-10}$$

由上式可以看出，峰值时间与闭环极点的虚部的值成反比。当阻尼比一定时，闭环极点离负实轴的距离越远，系统的峰值时间越短。

3．超调量 $M_p\%$

最大超调量发生在 $t=t_p$，因此根据式(3.3-6)求出 $c_{max}=c(t_p)$，再代入超调量的定义式(3.1-1)中，取 $c(\infty)=1$，$\omega_d t_p=\pi$，则

$$M_p\%=\frac{c(t_p)-c(\infty)}{c(\infty)}\times 100\%=\frac{1-\frac{1}{\sqrt{1-\zeta^2}}e^{-\zeta\omega_n t_p}\sin(\omega_d t_p+\beta)-1}{1}\times 100\%$$
$$=-\frac{1}{\sqrt{1-\zeta^2}}e^{-\zeta\omega_n t_p}\sin(\pi+\beta)\times 100\%=e^{-\zeta\omega_n t_p}\times 100\%$$

即
$$M_p\%=e^{-\frac{\zeta\pi}{\sqrt{1-\zeta^2}}}\times 100\% \tag{3.3-11}$$

由式(3.3-11)可知，二阶系统的最大超调量只与 ζ 有关，阻尼比 ζ 越小，超调量越大。M_p 与 ζ 的关系曲线如图 3.3-6 所示。

4．调整时间 t_s

根据调整时间的定义，当 $t\geqslant t_s$ 时，由式(3.3-6)可得

$$|c(t)-c(\infty)|=\left|\frac{1}{\sqrt{1-\zeta^2}}e^{-\zeta\omega_n t}\sin(\omega_d t+\beta)\right|\leqslant \Delta$$

式中 $\Delta=5\%c(\infty)(或2\%c(\infty))$。从上式很难确定调整时间。但是，对于 $0<\zeta<1$ 的情况，系统单位阶跃响应的幅值随时间增加而衰减，其过渡过程曲线是包含在一对包络线之间的振荡曲线，如图 3.3-7 所示。根据包络线方程近似求解调整时间，有

$$1+\frac{1}{\sqrt{1-\zeta^2}}e^{-\zeta\omega_n t_s}\leqslant 1+\Delta \quad 和 \quad 1-\frac{1}{\sqrt{1-\zeta^2}}e^{-\zeta\omega_n t_s}\geqslant 1-\Delta$$

即 $\left|\frac{1}{\sqrt{1-\zeta^2}}e^{-\zeta\omega_n t_s}\right|\leqslant\Delta$，求取调整时间为

$$t_s=\frac{1}{\zeta\omega_n}\ln\frac{1}{\Delta\sqrt{1-\zeta^2}} \tag{3.3-12}$$

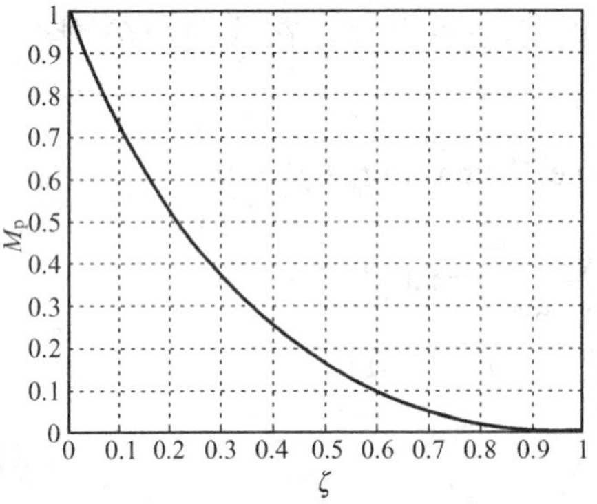

图 3.3-6　M_p 与 ζ 的关系曲线

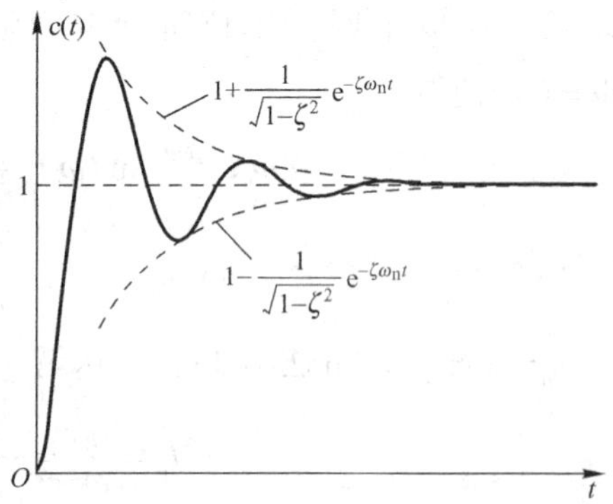

图 3.3-7　二阶系统单位阶跃响应包络线

在忽略 $\ln(1/\sqrt{1-\zeta^2})(0<\zeta<0.8)$ 的前提下，则得调整时间

$$t_s = \frac{3}{\zeta\omega_n}, \qquad \Delta = 5\%c(\infty) = 0.05$$
$$t_s = \frac{4}{\zeta\omega_n}, \qquad \Delta = 2\%c(\infty) = 0.02 \tag{3.3-13}$$

由式(3.3-13)可知，调整时间t_s与闭环极点的实部的值$\zeta\omega_n$成反比。闭环极点距离虚轴越远，系统的调整时间越短。若能保证阻尼比ζ不变，即在不改变超调量的情况下，增大ω_n则缩短调整时间。从上述各项动态性能指标的表达式看出，欲使二阶系统具有满意的性能指标，必须选取合适的阻尼比ζ和无阻尼自然振荡频率ω_n。提高ω_n，可以提高系统的响应速度；增大ζ，可以降低最大超调量，减少振荡次数。

3.3.3　二阶系统性能指标的改善

实际上，在设计系统过程中，ω_n的提高一般都是通过加大系统的开环增益K来实现的，而ζ的增大则往往希望通过减小系统的开环增益K来达到。因此，一般来说，在系统的响应速度和阻尼程度之间存在着一定的矛盾，通常采取合理的折中措施方能实现。

【例 3-1】 如图 3.3-8 所示的单位负反馈随动系统，$K=16s^{-1}$，$T=0.25s$。试求：（1）特征参数ζ和ω_n；（2）动态性能指标$M_p\%$和t_s；（3）若要求$M_p\%=16\%$，当T不变时，K应取何值？

解：（1）已知系统开环传递函数$G(s)=\dfrac{K}{s(Ts+1)}$，其中K为系统开环增益，则系统闭环传递函数

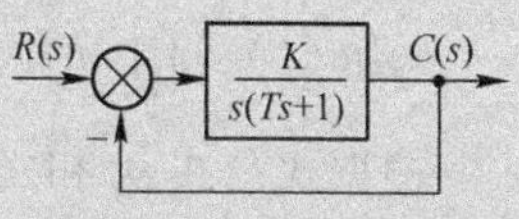

图 3.3-8　系统方块图

$$\Phi(s) = \frac{K}{Ts^2+s+K} = \frac{K/T}{s^2+s/T+K/T}$$

对照二阶系统标准式(3.3-2)，有

$$\begin{cases}\omega_n^2 = K/T \\ 2\zeta\omega_n = 1/T\end{cases} \Rightarrow \begin{cases}\omega_n = \sqrt{K/T} = 8(\mathrm{s}^{-1}) \\ \zeta = \dfrac{1}{2\sqrt{KT}} = 0.25\end{cases} \tag{3.3-14}$$

（2）
$$M_p\% = \mathrm{e}^{-\frac{0.25\times\pi}{\sqrt{1-0.25^2}}}\times 100\% = 44\%$$

$$t_s = \frac{3}{\zeta\omega_n} = \frac{3}{0.25\times 8} = 1.5\mathrm{s}(\Delta=0.05) \quad 或 \quad t_s = \frac{4}{0.25\times 8} = 2\mathrm{s}(\Delta=0.02)$$

（3）若要求$M_p\%=16\%$，则计算可得$\zeta=0.5$，阻尼比增加。

当T不变时，可得
$$K = \frac{1}{4\zeta^2 T} = \frac{1}{4\times 0.5^2\times 0.25} = 4(\mathrm{s}^{-1})$$

由式(3.3-14)可知，当K不变时，增大T值则ζ下降，超调量增大，同时ω_n也减小，从而使t_s上升，系统动态性能指标变差。通常时间常数T在实际中是一个不可调的确定参数。当T不变时，K值减小则ζ上升，使得系统的阻尼程度增大，超调量下降，系统振荡越平稳，但同时也降低了ω_n，系统的响应速度变缓。

在 3.6 节中分析可得K的减小将增大系统的稳态误差，即在系统的动态性能指标和稳态性能指标之间也存在着一定的矛盾。在高精度控制系统中，需要采用高增益使死区、间隙和摩擦等非线性因素的影响减到最低程度，因此不能任意降低开环增益以换取较小的超调量。需采取

合理措施提高响应速度、增加系统阻尼程度以及减小系统稳态误差。

在改善二阶系统性能指标的方法中，测速反馈控制和比例-微分控制是常用的方法。

1．测速负反馈控制

【例 3-2】 在例 3-1 的系统中增加局部内反馈——速度负反馈，如图 3.3-9 所示。试求：（1）系统的特征参数 ζ 和 ω_n；（2）当 $T=0.25$，$K=16$ 时，若要求系统的 $M_p\%=16\%$，确定参数 τ，并计算调整时间和上升时间；（3）当 $T=1$ 时，若要求系统的 $M_p\%=20\%$ 和 $t_p=1s$，确定系统参数 K 和 τ。

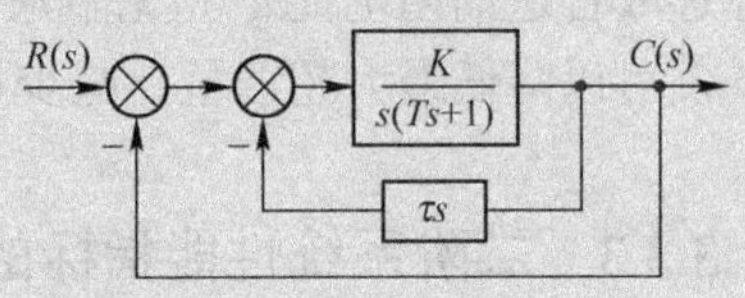

图 3.3-9　采用速度负反馈的二阶系统

解：（1）系统闭环传递函数为

$$\Phi(s)=\frac{K}{Ts^2+(1+K\tau)s+K}$$

对照二阶系统标准式(3.3-2)，有

$$\omega_n^2=K/T，则 \omega_n=\sqrt{K/T}$$

$$2\zeta\omega_n=\frac{1+K\tau}{T}，则 \zeta=\frac{1+K\tau}{2\sqrt{KT}}$$

相对于例 3-1 的式(3.3-14)，加入速度负反馈，ω_n 值不变，但 ζ 增大，从而可减小超调量。

（2）已知 $M_p\%=16\%$，由式(3.3-11)可得 $\zeta=0.5$。

由（1）问中可得 $\omega_n=8(s^{-1})$，$\tau=\frac{2\zeta\omega_n T-1}{K}=0.0625(s)$

根据式(3.3-9)和式(3.3-13)，得

$$t_r=\frac{\pi-\arccos\zeta}{\omega_n\sqrt{1-\zeta^2}}=0.31(s)，t_s=\frac{3}{\zeta\omega_n}=0.75(s)(\varDelta=0.05)，t_s=\frac{4}{\zeta\omega_n}=1(s)(\varDelta=0.02)$$

（3）已知 $M_p\%=20\%$，由式(3.3-11)得 $\zeta=0.456$

$$t_p=\frac{\pi}{\omega_n\sqrt{1-\zeta^2}}=1(s)，则 \omega_n=\frac{\pi}{t_p\sqrt{1-\zeta^2}}=3.53(rad/s)$$

由（1）、（2）问中可得 $K=\omega_n^2=12.46$，$\tau=0.178(s)$

由例 3-1 和例 3-2 可知，加入速度负反馈后，系统的阻尼比 ζ 从 0.25 增加至 0.5，超调量从 44%下降至 16%，调整时间从 1.5 s 下降至 0.75 s，增加了系统阻尼程度，提高了响应速度，改善了系统的动态性能指标。

2．比例-微分控制

设二阶系统方块图如图 3.3-10 所示，前向通道串联一个比例-微分(PD)环节，则系统闭环函数为

$$\frac{C(s)}{R(s)}=\frac{(\tau_d s+1)\omega_n^2}{s^2+2\left(\zeta+\frac{\tau_d\omega_n}{2}\right)\omega_n s+\omega_n^2}=\frac{(s+z)\omega_n^2}{z(s^2+2\zeta_d\omega_n s+\omega_n^2)} \tag{3.3-15}$$

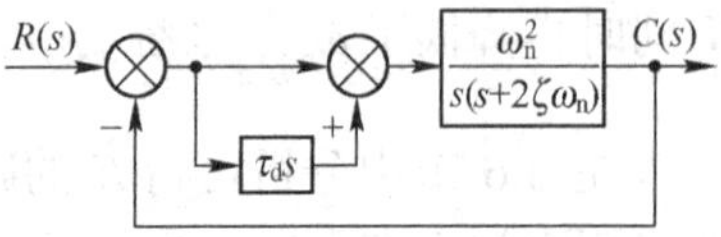

图 3.3-10　前向通道加 PD 环节的二阶系统

式中，$s=-z=-1/\tau_d$ 为二阶系统的闭环零点，z 为正实数；$\zeta_d=\zeta+\frac{\tau_d\omega_n}{2}=\zeta+\frac{\omega_n}{2z}$ 为系统的阻尼比。

由此可见，系统增加了比例-微分环节，相当于附加了闭环负实零点，系统特征参数阻尼比增大，无阻尼自然频率不

变。在 $0<\zeta_d<1$ 的欠阻尼情况下，二阶系统的闭环极点为 $s_{1,2}=-\zeta_d\omega_n\pm j\omega_n\sqrt{1-\zeta_d^2}$。此时，当输入信号 $r(t)=1(t)$ 时，式(3.3-15)所示的附加闭环负实零点的二阶系统单位阶跃响应的拉氏变换为

$$C(s)=\frac{(s+z)\omega_n^2}{z(s^2+2\zeta_d\omega_n s+\omega_n^2)}\frac{1}{s}=\frac{\omega_n^2}{s^2+2\zeta_d\omega_n s+\omega_n^2}\frac{1}{s}+\frac{1}{z}\frac{\omega_n^2}{s^2+2\zeta_d\omega_n s+\omega_n^2} \tag{3.3-16}$$

对上式进行拉氏反变换，可得系统单位阶跃响应为

$$c(t)=1-\frac{1}{\sqrt{1-\zeta_d^2}}e^{-\zeta_d\omega_n t}\sin(\omega_d t+\beta)+\frac{1}{z}\frac{\omega_n}{\sqrt{1-\zeta_d^2}}e^{-\zeta_d\omega_n t}\sin(\omega_d t) \tag{3.3-17}$$

对式(3.3-17)进一步整理，可得

$$c(t)=1-\frac{\sqrt{(z-\zeta_d\omega_n)^2+\left(\omega_n\sqrt{1-\zeta_d^2}\right)^2}}{z\sqrt{1-\zeta_d^2}}\sin\left(\omega_n\sqrt{1-\zeta_d^2}t+\varphi+\beta\right) \tag{3.3-18}$$

式中
$$\varphi=\arctan\frac{\omega_n\sqrt{1-\zeta_d^2}}{z-\zeta_d\omega_n},\quad \beta=\arctan\frac{\sqrt{1-\zeta_d^2}}{\zeta_d} \tag{3.3-19}$$

实际上，由式(3.3-17)可见，系统单位阶跃响应 $c(t)=c_1(t)+\frac{1}{z}c_2(t)$，其中 $c_1(t)$ 为欠阻尼单位阶跃响应，$c_2(t)$ 为欠阻尼单位脉冲响应。因此，附加闭环负实零点的二阶系统单位阶跃响应等效为一个典型二阶系统的单位阶跃响应与系数为 $1/z$ 的单位脉冲响应之和，如图 3.3-11 所示。

由图 3.3-11 可见，在阻尼比保持不变的情况下，增加闭环负实零点后的二阶系统的单位阶跃响应曲线响应速度快，但是系统的超调量略有增大。上述现象特别在响应过程的初始阶段尤为显著。

根据系统动态性能指标的定义，由式(3.3-18)分别求得附加闭环负实零点二阶系统的单位阶跃响应的各项性能指标

$$t_r=\frac{\pi-\varphi-\beta}{\omega_n\sqrt{1-\zeta_d^2}} \tag{3.3-20}$$

$$t_p=\frac{\pi-\varphi}{\omega_n\sqrt{1-\zeta_d^2}} \tag{3.3-21}$$

$$M_p\%=\frac{1}{\zeta_d}\sqrt{\zeta_d^2-2\alpha\zeta_d^2+\alpha^2}e^{-\frac{\zeta_d(\pi-\varphi)}{\sqrt{1-\zeta_d^2}}}\times 100\%,\quad \alpha=\frac{\zeta_d\omega_n}{z} \tag{3.3-22}$$

$$t_s\approx\frac{3+\ln\frac{l}{z}}{\zeta_d\omega_n},\quad \varDelta=0.05,\quad l=\sqrt{(z-\zeta_d\omega_n)^2+(\omega_n\sqrt{1-\zeta_d^2})^2} \tag{3.3-23}$$

$$t_s\approx\frac{4+\ln\frac{l}{z}}{\zeta_d\omega_n},\quad \varDelta=0.02 \tag{3.3-24}$$

图 3.3-12 为前向通道加 PD 校正环节的二阶系统的单位阶跃响应曲线，与校正前系统的性能指标相比，校正后系统的超调量下降，上升时间和调整时间减少。由此可见，引入比例-微分控制，使系统的等效阻尼比加大了，从而抑制了振荡，使超调量减小，可以改善系统的平稳性，同时增加的闭环负实零点对二阶系统阶跃响应起到了加速作用。这是因为它产生了一种早期控制(或称超前控制)，能在实际超调量出来之前产生一个修正作用。上述现象随着闭环负实

零点向虚轴的靠近（$\tau_d = 1/z$ 变大）而变得越明显。但须注意，当 $z < \zeta_d\omega_n$ 时，由于超调量增加得过快过大而不宜采用；当 $z > 10\zeta_d\omega_n$ 时，闭环负实零点的作用已几乎不复存在。因此，闭环负实零点的合理取值范围为 $z = (2 \sim 5)\zeta_d\omega_n$。

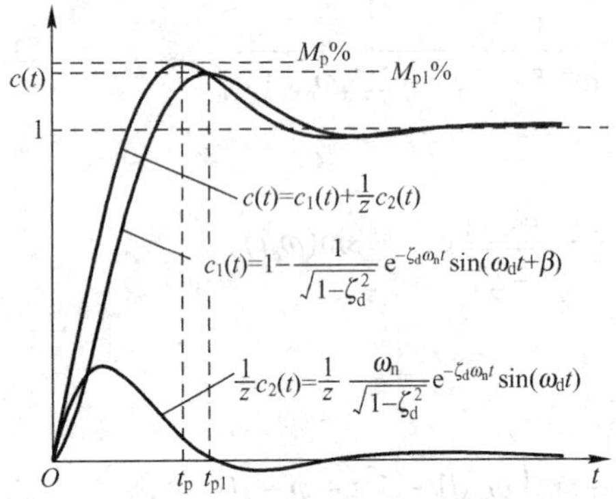

图 3.3-11　附加闭环零点二阶系统单位阶跃响应曲线

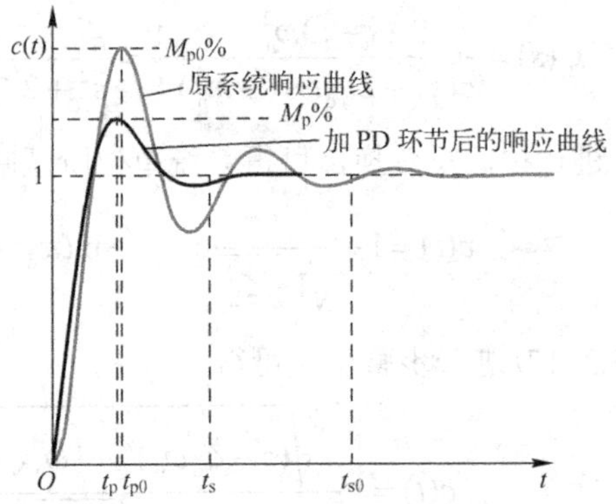

图 3.3-12　前向通道加 PD 环节前后二阶系统单位阶跃响应曲线

【例 3-3】 例 3-1 的典型二阶系统中，$K = 16s^{-1}$，$T = 0.25s$。现采用 PD 校正，如图 3.3-10 所示。为使阻尼比增加至 $\zeta_d = 0.5$，试确定 τ_d 值，并讨论比例-微分对系统的超调量和调整时间的影响。

解：根据例 3-1，系统的特征参数为 $\zeta = 0.25$，$\omega_n = 8/s$。

根据式(3.3-15)，前向通道上加比例-微分校正环节后，自然频率 ω_n 不变，阻尼比增加为

$$\zeta_d = \zeta + \frac{\tau_d\omega_n}{2} = \zeta + \frac{\omega_n}{2z}$$

求得
$$\tau_d = \frac{1}{z} = \frac{2(\zeta_d - \zeta)}{\omega_n} = 0.0625(s)$$

系统增加的闭环负实零点为 $-z = -1/\tau_d = -16(s^{-1})$，故 $\alpha = \zeta_d\omega_n/z = 0.25$。

系统的超调量下降至
$$M_p\% = \frac{1}{\zeta_d}\sqrt{\zeta_d^2 - 2\alpha\zeta_d^2 + \alpha^2}\,e^{-\frac{\zeta_d(\pi-\varphi)}{\sqrt{1-\zeta_d^2}}} \times 100\% = 27.8\%$$

根据式(3.3-23)和式(3.3-24)计算调整时间：

$$t_s \approx \frac{3 + \ln\frac{l}{z}}{\zeta_d\omega_n} = 0.72s，\Delta = 0.05；或\ t_s \approx \frac{4 + \ln\frac{l}{z}}{\zeta_d\omega_n} = 0.96s，\Delta = 0.02$$

其中
$$l = \sqrt{(z - \zeta_d\omega_n)^2 + (\omega_n\sqrt{1-\zeta_d^2})^2} = \sqrt{(16 - 0.5\times 8)^2 + (8\sqrt{1-0.5^2})^2} = 13.8$$

在二阶系统的前向通道加入比例微分环节后，改善系统性能的效果较明显。但实际使用中，也存在难以克服的缺点：（1）在实际中不能构造出理想的比例微分环节；（2）微分环节对于频率较高噪声的放大作用远大于缓慢变化输入信号的放大作用，应该避免。如果对于系统的快速性不过分重视，可以采用测速负反馈如图 3.3-9 所示，增大系统阻尼比，抑制超调量，在响应速度上却没有串联比例微分环节的二阶系统那样快，但噪声的影响也相对小得多。

3.4　高阶系统的时域分析

严格地说，在控制工程中，几乎所有的控制系统都是高阶系统。但是，高阶系统传递函数

形式多样，其动态分析和性能指标的确定一般比较复杂。因此，通常希望将分析二阶系统的方法应用于高阶系统的分析中去。对于不能用一、二阶系统近似的高阶系统来说，工程上常采用闭环主导极点这一重要概念来对高阶系统的时域分析进行近似。

高阶系统的传递函数一般可以写成如下形式

$$\varPhi(s)=\frac{C(s)}{R(s)}=\frac{b_0s^m+b_1s^{m-1}+\cdots+b_{m-1}s+b_m}{a_0s^n+a_1s^{n-1}+\cdots+a_{n-1}s+a_n}$$

将上式写成零、极点形式，得到

$$\varPhi(s)=\frac{M(s)}{D(s)}=K_{\mathrm{g}}\frac{\prod_{i=1}^{m}(s-z_i)}{\prod_{j=1}^{n}(s-p_j)}=K_{\mathrm{g}}\frac{\prod_{i=1}^{m}(s-z_i)}{\prod_{j=1}^{q}(s-p_j)\prod_{k=1}^{r}(s^2+2\zeta_k\omega_{\mathrm{n}k}s+\omega_{\mathrm{n}k}^2)} \tag{3.4-1}$$

式中，$K_{\mathrm{g}}=b_0/a_0$。由于$M(s)$和$D(s)$均为实系数多项式，故z_i和p_j只可能是实数或共轭复数。$z_i(i=1,2,\cdots,m)$为系统的闭环零点，是$M(s)=0$的根；$p_j(j=1,2,\cdots,n)$为系统的闭环极点，是$D(s)=0$的根。

在单位阶跃输入下，输出响应的拉氏变换为

$$C(s)=\varPhi(s)R(s)=K_{\mathrm{g}}\frac{\prod_{i=1}^{m}(s-z_i)}{\prod_{j=1}^{q}(s-p_j)\prod_{k=1}^{r}(s^2+2\zeta_k\omega_{\mathrm{n}k}s+\omega_{\mathrm{n}k}^2)}\frac{1}{s}$$

$$=\frac{A_0}{s}+\sum_{j=1}^{q}\frac{A_j}{s-p_j}+\sum_{k=1}^{r}\frac{B_k(s+\zeta_k\omega_{\mathrm{n}k})+C_k\omega_{\mathrm{n}k}\sqrt{1-\zeta_{\mathrm{n}k}^2}}{s^2+2\zeta_k\omega_{\mathrm{n}k}s+\omega_{\mathrm{n}k}^2} \tag{3.4-2}$$

式中，$q+2r=n>m$；A_0为$C(s)$在原点的留数；A_j为$C(s)$在闭环实数极点p_j处的留数；B_k和C_k为与$C(s)$在闭环复数极点$(p_k=-\zeta_k\omega_{\mathrm{n}k}\pm \mathrm{j}\omega_{\mathrm{n}k}\sqrt{1-\zeta_{\mathrm{n}k}^2},\ k=1,2,\cdots,r)$留数有关的常数。假设闭环极点各异并都在$s$平面的左半部，且$0<\zeta_k<1$，对式(3.4-2)取拉氏反变换，可得系统的单位阶跃响应为

$$c(t)=A_0+\sum_{j=1}^{q}A_j\mathrm{e}^{p_jt}+\sum_{k=1}^{r}\mathrm{e}^{-\zeta_k\omega_{\mathrm{n}k}t}[B_k\cos(\omega_{\mathrm{n}k}\sqrt{1-\zeta_{\mathrm{n}k}^2})t+C_k\sin(\omega_{\mathrm{n}k}\sqrt{1-\zeta_{\mathrm{n}k}^2})t] \tag{3.4-3}$$

可见，高阶系统的单位阶跃响应是一阶和二阶系统单位阶跃响应分量的合成，一般含有指数函数分量和衰减正弦余弦函数分量。单位阶跃响应的性质可以根据其闭环极、零点在s平面内的分布情况进行分析。

（1）高阶系统单位阶跃响应各分量衰减的快慢取决于指数衰减常数p_j、$\zeta_k\omega_{\mathrm{n}k}$。系统闭环实数极点或复数极点的实部离虚轴越远，即$p_j$、$\zeta_k\omega_{\mathrm{n}k}$越大，则相应的分量衰减越快。反之，系统闭环极点离虚轴越近，则相应的分量衰减越慢。

（2）高阶系统单位阶跃响应各分量的系数A_j、B_k、C_k不仅和闭环极点在s平面中的位置有关，并且与闭环零点的位置有关。

如果一闭环极点的位置离虚轴很远，那么对应的响应分量的系数很小，幅值小，衰减快，对系统单位阶跃响应的影响很小。

如果一闭环极点靠近一闭环零点且离虚轴很远，则对应的响应分量的系数很小，该动态分

量的影响也就越小。一对非常靠近的闭环零、极点在系统动态响应中的作用近似相互抵消，这对零、极点称为偶极子。

如果一闭环极点远离闭环零点且离虚轴很近，则对应的响应分量的系数比较大，而且衰减慢，对系统单位阶跃响应的影响很大。

（3）上述结论既适合于实数极点，也适合于共轭复数极点。因而，如果忽略某些系数甚小的分量，对系统动态响应的影响将不是很显著。这样，一个高阶系统就有可能用一个低阶的系统来近似。低阶的近似系统也无非是由少数惯性子系统和振荡子系统所组成的。

（4）在系统中，如果距虚轴最近的闭环极点其实部的绝对值为其他闭环极点实部绝对值的1/5甚至更小，并且在其附近又无闭环零点存在，则系统的动态响应将由它来左右。这种支配系统动态响应的极点叫做系统的闭环主导极点，而所有其他极点则统称为闭环非主导极点。

考虑到控制工程通常要求系统既具有较高的响应速度，又必须具有一定的阻尼程度，往往将系统设计成具有衰减振荡的动态特性。因此，闭环主导极点多以距虚轴最近，而附近又无闭环零点存在的共轭复数极点形式出现。这时可以用二阶系统的动态性能指标来估算高阶系统的动态性能。但是，事实上高阶系统毕竟不是二阶系统，因而在用二阶系统性能进行估算时，还需要考虑其他闭环零、极点对系统动态性能的影响。

应用闭环主导极点的概念，可以导出高阶系统单位阶跃响应的近似表达式。设高阶系统具有一对共轭复数闭环主导极点 $s_{1,2}=-\zeta\omega_{\mathrm{n}}\pm \mathrm{j}\omega_{\mathrm{n}}\sqrt{1-\zeta^2}$ ，$0<\zeta<1$，则在单位阶跃输入作用下，系统输出量拉氏变换的近似表达式为

$$C(s)=\frac{M(s)}{D(s)}\frac{1}{s}=\frac{1}{s}+\left[\frac{M(s)}{\dot{D}(s)}\frac{1}{s}\right]_{s=s_1}\frac{1}{s-s_1}+\left[\frac{M(s)}{\dot{D}(s)}\frac{1}{s}\right]_{s=s_2}\frac{1}{s-s_2}$$

式中，$\dot{D}(s)=\mathrm{d}D(s)/\mathrm{d}s$ 。对上式取拉氏反变换，得高阶系统单位阶跃响应的近似表达式

$$c(t)=1+2\left|\frac{M(s_1)}{s_1\dot{D}(s)}\right|\mathrm{e}^{-\zeta\omega_{\mathrm{n}}t}\cos\left(\omega_{\mathrm{n}}\sqrt{1-\zeta^2}t+\angle\frac{M(s_1)}{s_1\dot{D}(s)}\right) \tag{3.4-4}$$

上式中虽未记入闭环非主导极点决定的响应分量，但闭环非主导极点对由主导闭环极点决定的响应分量已在式(3.4-4)的振幅 $\left|M(s_1)/s_1\dot{D}(s)\right|$ 与相角 $\angle(M(s_1)/s_1\dot{D}(s))$ 中考虑进去了。基于共轭复数主导闭环极点的高阶系统单位阶跃响应的近似表达式[式(3.4-4)]与标准二阶系统的欠阻尼单位阶跃响应[式(3.3-6)]是不相同的。

闭环零点对高阶系统单位阶跃响应的影响，表现为峰值时间减小，阻尼程度减小，但增大了系统的超调量和调整时间，这种作用将随闭环零点接近虚轴而加剧。闭环非主导极点对高阶系统单位阶跃响应的影响，表现为峰值时间增大，阻尼程度增大，但可减小系统的超调量和调整时间。

3.5 线性系统的稳定性分析

稳定是控制系统的重要性能，也是系统能够正常运行的首要条件。控制系统在实际运行过程中，总会受到外界和内部一些因素的扰动，例如负载的波动、系统参数的变化、环境条件的改变等。如果系统不稳定，就会在任何微小的扰动作用下偏离原来的平衡状态，并随时间的推移而发散。因而，如何分析系统的稳定性并提出保证系统稳定的措施，是自动控制理论的基本任务之一。

3.5.1 稳定的基本概念和系统稳定的充要条件

1．稳定的基本概念

稳定性概念由俄国学者李雅普诺夫于 1892 年首先提出，并沿用至今。在分析线性系统的稳定性时，我们所关心的是系统的运动稳定性，即系统方程在不受任何外界输入作用下，系统方程的解在时间 t 趋于无穷时的渐近行为，而“解”通常称为系统方程的一个“运动”。按照李雅普诺夫稳定性理论，线性控制系统的稳定性定义为：线性控制系统在初始扰动影响下，其动态过程随时间推移逐渐衰减并趋于零(或原平衡工作点)，则称系统渐近稳定，简称稳定；若在初始扰动影响下，其动态过程随时间推移而发散，则称系统不稳定；若在初始扰动影响下，其动态过程随时间的推移虽不能回到原平衡工作点，但可以保持在原平衡工作点附近的某一有限区域内运动，则称系统临界稳定。

应注意到，稳定性讨论的是系统没有输入作用(包括给定输入或扰动)或输入作用消失以后的自由运动状态。所以，通常通过分析系统的零输入响应或脉冲响应来分析系统的稳定性。

因此，设线性系统在零初始条件下，选用只在瞬间出现的单位理想脉冲信号 $\delta(t)$ 让系统离开其平衡位置，若经足够长的时间 $t\to\infty$，系统能回到原来的平衡状态，即

$$\lim_{t\to\infty} c(t)=0 \tag{3.5-1}$$

则系统是稳定的。

2．系统稳定的充要条件

因为 $\mathcal{L}\left[\delta(t)\right]=1$，所以系统的单位脉冲响应就是闭环系统传递函数的拉氏反变换。高阶系统的传递函数写成式(3.4-1)的零极点形式，则系统的单位脉冲响应的拉氏变换为

$$C(s)=\varPhi(s)=K_{\mathrm{g}}\frac{\prod\limits_{i=1}^{m}(s-z_i)}{\prod\limits_{j=1}^{q}(s-p_j)\prod\limits_{k=1}^{r}(s^2+2\zeta_k\omega_{\mathrm{n}k}s+\omega_{\mathrm{n}k}^2)} \tag{3.5-2}$$

将上式用部分分式展开，得

$$C(s)=\sum_{j=1}^{q}\frac{A_j}{s-p_j}+\sum_{k=1}^{r}\frac{B_k(s+\zeta_k\omega_{\mathrm{n}k})+C_k\omega_{\mathrm{n}k}\sqrt{1-\zeta_{\mathrm{n}k}^2}}{s^2+2\zeta_k\omega_{\mathrm{n}k}s+\omega_{\mathrm{n}k}^2}$$

式中，$q+2r=n>m$；A_j、B_k 和 C_k 为与 $C(s)$ 在闭环极点留数有关的常数。取拉氏反变换，系统的单位脉冲响应为

$$c(t)=\sum_{j=1}^{q}A_j\mathrm{e}^{p_jt}+\sum_{k=1}^{r}\mathrm{e}^{-\zeta_k\omega_{\mathrm{n}k}t}[B_k\cos(\omega_{\mathrm{n}k}\sqrt{1-\zeta_{\mathrm{n}k}^2})t+C_k\sin(\omega_{\mathrm{n}k}\sqrt{1-\zeta_{\mathrm{n}k}^2})t] \tag{3.5-3}$$

由式(3.5-3)可知，若线性系统的特征根全部分布在 s 平面的左半部而具有负实部，即 $p_j<0(j=1,2,\cdots,q)$ 和 $-\zeta_k\omega_{\mathrm{n}k}<0(k=1,2,\cdots,r)$，则式(3.5-1)成立，系统稳定；若线性系统的特征根中有一个分布在 s 平面的右半部而具有正实部，即 $p_j>0$ 或 $-\zeta_k\omega_{\mathrm{n}k}>0$，则系统单位脉冲响应将随时间的推移而发散，$\lim\limits_{t\to\infty}c(t)=\infty$，系统不稳定；若线性系统的特征根中有一个或一个以上分布在 s 平面的虚轴而具有零实部，其余的特征根为负实部根，则系统单位脉冲响应将随时间的推移而趋于常数或等幅正弦振荡，系统临界稳定。

综上分析，得出线性系统稳定的充要条件是：系统特征方程的根(特征根/闭环极点)全部为负实数或具有负实部的共轭复数，也就是闭环极点必须全部分布在 s 平面的左半部。

基于线性系统的稳定条件，不难得出下列推论：

（1）线性系统的稳定性仅与其闭环极点在 s 平面上的分布模式有关，而这种分布模式仅仅取决于系统的结构与参数，所以线性系统的稳定性是其自身的固有特性，与外界输入信号无关。

（2）稳定系统的脉冲响应必将随时间推移而趋于零，反之，不稳定系统的脉冲响应必将随时间推移而发散。

（3）稳定系统对幅值有界的输入信号的响应必为幅值有界，这是因为响应过程的动态分量随时间推移最终衰减到零。

（4）在控制系统的闭环极点中，有部分极点位于 s 平面的虚轴，而其余极点分布在 s 平面的左半部时，出现所谓临界稳定。临界稳定虽从李雅普诺夫意义上看是稳定的，但从工程实践角度看，一般认为这种临界稳定属于实际上的不稳定。

3.5.2 劳斯稳定判据

在线性定常系统中，应用上一节中判定系统稳定的条件需要求解特征方程 $D(s)=0$ 的根(特征根或闭环极点)。特征方程虽然是代数方程，但对于高阶系统来说，求根也是很不容易的。因此，通过直接求解特征方程，并按求得的特征根分析系统稳定性的方法很不方便。劳斯(Routh)稳定判据则可以避免直接求特征方程的根，只要对特征方程的各项系数进行分析和计算就能判别系统的稳定性。

对于线性定常连续系统，其特征方程一般可以写成如下标准形式

$$D(s)=a_0s^n+a_1s^{n-1}+a_2s^{n-2}+\cdots+a_{n-1}s+a_n=0,\qquad a_0>0 \tag{3.5-4}$$

对于式(3.5-4)，系统稳定的必要条件是特征方程的各项系数均大于 0，即

$$a_i>0\qquad (i=0,1,2,\cdots,n)$$

满足必要条件的一、二阶系统一定稳定，满足必要条件的高阶系统未必稳定，因此高阶系统的稳定性还需要劳斯判据来判断。

利用特征方程式(3.5-4)的各项系数组成如下排列的劳斯表:

$$\begin{array}{cccccc}
s^n & a_0 & a_2 & a_4 & a_6 & \cdots \\
s^{n-1} & a_1 & a_3 & a_5 & a_7 & \cdots \\
s^{n-2} & b_1 & b_2 & b_3 & b_4 & \cdots \\
s^{n-3} & c_1 & c_2 & c_3 & c_4 & \cdots \\
\vdots & \vdots & \vdots & \vdots & \vdots & \\
s^2 & e_1 & e_2 & & & \\
s^1 & f_1 & & & & \\
s^0 & g_1 & & & &
\end{array}$$

当特征方程为 n 阶时，劳斯表应该为 $(n+1)$ 行，即第一行与 s^n 相对应，最后一行与 s^0 相对应。在劳斯表中，头两行元素由特征方程的各项系数组成，以后各行的元素以上一行第一项系数为基础，由相邻前两行的元素按照一定的规则计算而得。表中相关系数为

$$b_1=\frac{a_1a_2-a_0a_3}{a_1},\quad b_2=\frac{a_1a_4-a_0a_5}{a_1},\quad b_3=\frac{a_1a_6-a_0a_7}{a_1}$$

$$c_1=\frac{b_1a_3-a_1b_2}{b_1},\quad c_2=\frac{b_1a_5-a_1b_3}{b_1},\quad c_3=\frac{b_1a_7-a_1b_4}{b_1}$$

为了简化数值运算，可以用一个正整数去除或乘某一行的各项，这时并不改变稳定性的结论。

劳斯判据指出：系统稳定的充要条件是劳斯表中第一列的所有系数均为正。若劳斯表中第一列的系数均大于零，则系统稳定；若劳斯表中第一列的系数出现小于零的值，则系统不稳定，且劳斯表第一列的系数符号改变次数代表特征根即闭环极点的实部为正的特征根的数目。

列出劳斯表以后，可能出现以下几种情况。

（1）第一列所有系数均不为零的情况

【例 3-4】 已知控制系统的特征方程如下，判断系统的稳定性，以及闭环极点的分布情况。

① $D(s)=s^5+2s^4+s^3+3s^2+4s+5=0$

② $D(s)=s^3+20s^2+4s+50=0$

解： ① 特征方程的系数全部大于零，满足稳定的必要条件，列劳斯表如下

s^5	1	1	4				
s^4	2	3	5				
s^3	−1	3	0	s^3	−1/2	3/2	此行系数全部乘2
s^2	9	5					
s^1	32			s^1	32/9		此行系数全部乘9
s^0	5						

劳斯表第一列系数有正、负交替，系统不稳定，而且第一列系数的符号改变两次，即 $2\to-1\to9$，表明有两个闭环极点位于 s 平面的右半平面。

② 特征方程的系数全部大于零，满足稳定的必要条件，列劳斯表如下

s^3	1	4
s^2	20	50
s^1	1.5	
s^0	50	

劳斯表第一列系数全部大于零，系统是稳定的。所有三个闭环极点均位于 s 平面的左半平面。

（2）某行第一列的系数等于零，而其余各项系数不全等于零的情况

在这种情况下，将会出现相关系数等于无穷大的结果，使劳斯表无法继续列出。为了克服上述困难，可以用一个很小的正数 ε 来代替第一列出现零的系数，然后按照通常方法继续计算劳斯表中其余各项系数。

【例 3-5】 已知控制系统的特征方程为 $D(s)=s^4+2s^3+3s^2+6s+2=0$，判断系统的稳定性。

解： 特征方程的系数全部大于零，满足稳定的必要条件，列劳斯表如下

s^4	1	3	2
s^3	2	6	0
s^2	$0(\varepsilon)$	2	
s^1	$(6\varepsilon-4)/\varepsilon$		
s^0	2		

现在考察第一列中各项系数。$\varepsilon>0$，$\lim\limits_{\varepsilon\to0_+}(6\varepsilon-4)/\varepsilon<0$，$2>0$，因此可以认为第一列系数的符号正、负交替改变了两次。系统不稳定，有两个极点具有正实部。

（3）劳斯表出现某一行所有系数均为零的情况

这种情况下表示在 s 平面内存在着对称于原点的特征根(或为大小相等、符号相反的实根；或为共轭虚根；或为对称于实轴的两对共轭复根；或者上述情况同时存在)，系统不稳定。在这种情况下为了继续列出劳斯表下面各行，可利用系数全为零的行上方相邻的行的各项系数构成一个辅助方程 $F(s)$，式中 s 均为偶次。将此辅助方程对 s 求导数（$\mathrm{d}F(s)/\mathrm{d}s$），用求导得到的各项系数来代替出现全为零的行，然后按照计算规则继续列出劳斯表的其余各行。上述对称于原点的特征根可由辅助方程求得。

【例 3-6】 已知控制系统的特征方程为

$$D(s)=s^6+3s^5+9s^4+18s^3+22s^2+12s+12=0$$

判断系统的稳定性。

解：特征方程的系数全部大于零，满足稳定的必要条件，列劳斯表如下

$$\begin{array}{lllll} s^6 & 1 & 9 & 22 & 12 \\ s^5 & 3 & 18 & 12 & 0 \\ s^4 & 3 & 18 & 12 & \\ s^3 & 0 & 0 & 0 & \\ & \downarrow & \downarrow & & \\ & 12 & 36 & & \\ s^2 & 9 & 12 & & \\ s^1 & 20 & & & \\ s^0 & 12 & & & \end{array}$$

可见，s^3 出现全零行，故用 s^4 行系数构造辅助方程 $F(s)=3s^4+18s^2+12=0$。将此辅助方程对 s 求导，得到 $\mathrm{d}F(s)/\mathrm{d}s=12s^3+36s$，用此导数方程的系数取代全零行相应的系数。劳斯表的第一列系数全大于零，但是计算过程中出现过全零行，特征方程存在与 s 平面原点对称的根，系统不稳定。解辅助方程，出现两对纯虚根 $s_{1,2}=\pm\sqrt{3+\sqrt{5}}\,\mathrm{j}$，$s_{3,4}=\pm\sqrt{3-\sqrt{5}}\,\mathrm{j}$，另外两个特征根为 $s_{5,6}=-\dfrac{3}{2}\pm\dfrac{\sqrt{3}}{2}\mathrm{j}$。

【例 3-7】 已知控制系统的特征方程为 $D(s)=s^5+2s^4-s-2=0$，判断系统的稳定性，以及闭环极点的分布情况。

解：特征方程的系数出现零和小于零的情况，系统不稳定，列劳斯表如下

$$\begin{array}{llll} s^5 & 1 & 0 & -1 \\ s^4 & 2 & 0 & -2 \\ s^3 & 0 & 0 & \quad\text{出现全为零，构造辅助方程} F(s)=2s^4-2=0 \\ & \downarrow & \downarrow & \\ & 8 & 0 & \quad \mathrm{d}F(s)/\mathrm{d}s=8s^3\text{，其系数替代全零行} \\ s^2 & 0(\varepsilon) & -2 & \quad\text{很小的正数}\varepsilon\text{替代0项} \\ s^1 & 16/\varepsilon & & \\ s^0 & -2 & & \end{array}$$

可见，劳斯表第一列系数的符号出现正负交替一次，$\varepsilon > 0$，$\lim\limits_{\varepsilon \to 0_+}(16/\varepsilon) > 0$，$-2 < 0$，系统不稳定，有一个闭环极点位于 s 平面的右半平面。同时劳斯表出现全零行，特征方程存在与 s 平面原点对称的根。求解辅助方程 $F(s) = 2s^4 - 2 = 0$，得到闭环极点为 $s_{1,2} = \pm 1$，$s_{3,4} = \pm \mathrm{j}$，其他闭环极点为 $s_5 = -2$。

3.5.3 劳斯稳定判据的应用

在线性控制系统中，劳斯稳定判据可以判断系统是否稳定，以及特征根中具有正实部的根的个数，即判断系统的绝对稳定性，见例 3-4～例 3-7。如果一个具有负实部的特征根非常靠近虚轴，则尽管系统满足稳定条件，但动态过程将具有过大的超调量或过于缓慢的响应，甚至系统内部参数变化，会使特征根转移到 s 平面的右半平面上，导致系统不稳定。为此，需研究系统满足稳定要求的参数变化范围，同时还需研究系统的相对稳定性，即稳定系统的特征根距离虚轴的远近程度(稳定裕度)。

【例 3-8】 设反馈控制系统方块图如图 3.5-1 所示，求满足系统稳定要求时 K 的取值范围。

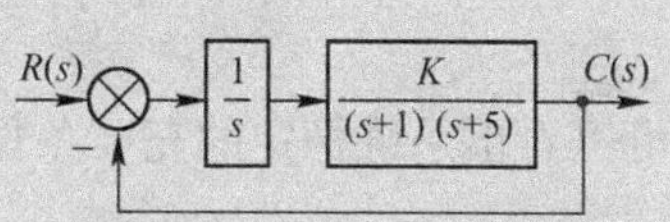

图 3.5-1 例 3-8 的方块图

解：系统的闭环传递函数为

$$\Phi(s) = \frac{K}{s(s+1)(s+5)+K} = \frac{K}{s^3 + 6s^2 + 5s + K}$$

系统的特征方程为 $D(s) = s^3 + 6s^2 + 5s + K = 0$

列出劳斯表

$$\begin{array}{lll} s^3 & 1 & 5 \\ s^2 & 6 & K \\ s^1 & (30-K)/6 & \\ s^0 & K & \end{array}$$

由劳斯判据可知，若系统稳定则劳斯表第一列系数均为正值，有 $K > 0$，$30 - K > 0$，则满足稳定要求时 K 的取值范围为 $30 > K > 0$

注意到，当 $K = 30$ 时，系统处于临界稳定状态，存在一对虚根。增大 K 值，会降低系统的稳态误差；K 越接近于临界值 30，系统的稳定性越差。因此，稳定系统希望 s 平面左半部上的根距离虚轴有一定的距离。

通常，将 s 平面的虚轴左移一个距离 σ，即将 $s = z - \sigma$ 代入原特征方程 $D(s) = 0$ 中，得到以 z 为变量的新特征方程 $D(z) = 0$，再利用劳斯判据判断新特征方程的稳定性，若稳定，则说明原系统不但稳定，而且所有特征根均位于 $-\sigma$ 垂线之左，σ 称为系统的稳定裕度。

【例 3-9】 系统特征方程为 $D(s) = s^3 + 5s^2 + 8s + 6 = 0$，试判断系统是否具有 $\sigma = 1$ 稳定裕度。

解：列出劳斯表为

$$\begin{array}{lll} s^3 & 1 & 8 \\ s^2 & 5 & 6 \\ s^1 & 34/5 & \\ s^0 & 6 & \end{array}$$

可以看出，劳斯表第一列系数均大于 0，系统稳定。

将 $s = z - 1$ 代入原特征方程，得 $(z-1)^3 + 5(z-1)^2 + 8(z-1) + 6 = 0$，新特征方程为

$$D(z) = z^3 + 2z^2 + z + 2$$

劳斯表为

$$\begin{array}{lll} z^3 & 1 & 1 \\ z^2 & 2 & 2 \\ z^1 & 0(\varepsilon) & \\ z^0 & 1 & \end{array}$$

可以看出系统临界稳定，这说明原系统刚好有$\sigma=1$的稳定裕度。

【例 3-10】 已知单位负反馈系统的开环传递函数为$G(s)=\dfrac{K}{(T_1s+1)(T_2s+1)(T_3s+1)}$，试分析系统稳定的临界增益$K_c$及其与时间常数$T_1$、$T_2$、$T_3$的关系(参数均大于 0)。

解：系统的特征方程 $D(s)=(T_1s+1)(T_2s+1)(T_3s+1)+K=0$

整理可得 $D(s)=T_1T_2T_3s^3+(T_1T_2+T_1T_3+T_2T_3)s^2+(T_1+T_2+T_3)s+1+K=0$

列出劳斯表

$$\begin{array}{lll} s^3 & T_1T_2T_3 & T_1+T_2+T_3 \\ s^2 & T_1T_2+T_1T_3+T_2T_3 & 1+K \\ s^1 & \dfrac{(T_1T_2+T_1T_3+T_2T_3)(T_1+T_2+T_3)-T_1T_2T_3(1+K)}{T_1T_2+T_1T_3+T_2T_3} & \\ s^0 & 1+K & \end{array}$$

可以看出系统稳定的充要条件为

$$(T_1T_2+T_1T_3+T_2T_3)(T_1+T_2+T_3)-T_1T_2T_3(1+K)>0 \quad 或 \quad K<(T_1+T_2+T_3)\left(\frac{1}{T_1}+\frac{1}{T_2}+\frac{1}{T_3}\right)-1$$

系统稳定的临界增益为 $K_c=(T_1+T_2+T_3)\left(\dfrac{1}{T_1}+\dfrac{1}{T_2}+\dfrac{1}{T_3}\right)-1=2+\dfrac{T_2}{T_1}+\dfrac{T_1}{T_2}+\dfrac{T_2}{T_3}+\dfrac{T_3}{T_1}+\dfrac{T_3}{T_2}+\dfrac{T_1}{T_3}$

对上式求偏导并令其为零，可求得当$T_1=T_2=T_3$，即惯性环节的时间常数都相等时，系统的临界增益最低，即$K_{c\min}=8$。若取$T_1=10T_2$、$T_2=T_3$，惯性环节时间常数的值错开很多，则可求得$K_c=24.2$。

3.6 线性系统的稳态误差

如果一个系统是稳定的，那么经过一段时间它的过渡过程结束，就进入稳定状态，即稳态。控制系统在稳态下的精度怎样，是它的一项重要的技术指标，通常用稳态误差来衡量。实际的控制系统由于本身结构和输入信号的不同，其稳态输出量不可能完全与输入量一致，也不可能在任何的扰动作用下都能准确地恢复到原有的平衡点。另外，系统中还存在着摩擦、间隙、死区和零位输出等非线性因素。因此，控制系统的稳态误差总是不可避免的。设计的任务是要使稳态误差尽可能小。当稳态误差足够小以至可以忽略不计时，我们近似认为系统的稳态误差为零，这种系统称为无差系统。而稳态误差不为零的系统则称为有差系统。

不稳定的系统不能实现稳态，因此也就谈不上稳态误差。讨论稳态误差时所指的都是稳定的系统。

稳态误差分为两种，一种是当系统仅仅受到给定输入信号的作用而没有任何扰动时的稳态误差，称为给定稳态误差；另一种是给定输入信号为 0 而有扰动信号作用于系统时的稳态误差，称为扰动稳态误差。系统总的稳态误差是上述两项稳态误差的代数和。

3.6.1 稳态误差的定义

设控制系统的方块图如图 3.6-1 所示，图中$R(s)$为给定输入信号；$C(s)$为输出信号，也是被控量。另外，设 $C_s(s)$ 为输出量的期望值的拉氏变换。定义输出量的期望值与实际值之差为控制系统的误差，其拉氏变换为 $\varepsilon(s)$，即

$$\varepsilon(s)=C_s(s)-C(s) \tag{3.6-1}$$

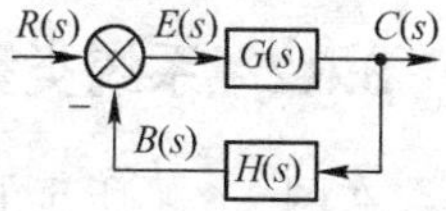

图 3.6-1　反馈控制系统

对于图 3.6-1 所示的控制系统，常用的误差定义有两种。

（1）输入端定义

从输入端来看，定义给定输入信号 $R(s)$ 与主反馈信号 $B(s)$（通常是被控量的测量值）之差为误差，该误差也常常称为偏差，记为 $E(s)$。

$$E(s)=R(s)-B(s)=R(s)-H(s)C(s) \tag{3.6-2}$$

此误差不一定反映输出量的期望值与实际值之间的误差，但是这个误差是可以实测的，因此它在工程上更有意义。

（2）输出端定义

从输出端来看，定义输出量的期望值 $C_s(s)$ 与实际值 $C(s)$ 之差为控制系统的误差，如式(3.6-1)所示。反馈控制系统的规律是以偏差作为控制手段，减小或消除偏差，使被控制量接近于期望值，即 $E(s)=R(s)-H(s)C_s(s)=0$，则输出量的期望值 $C_s(s)=R(s)/H(s)$。因此误差为

$$\varepsilon(s)=C_s(s)-C(s)=\frac{R(s)}{H(s)}-C(s) \tag{3.6-3}$$

此定义容易理解，在性能指标中经常使用，但是在实际系统中是无法实测的。例如设某加热炉的温度要求为600℃，它在某一时刻的实际炉温为 602℃，则此时的误差为–2℃。如果采用测量元件热电偶的反馈比例系数 $H(s)=1\text{mV}/℃$，则也可以定义此时的偏差为–2mV，易于量测。

根据式(3.6-2)定义，求得输入端定义的误差(偏差)为

$$E(s)=R(s)-H(s)\frac{G(s)R(s)}{1+G(s)H(s)}=\frac{1}{1+G(s)H(s)}R(s) \tag{3.6-4}$$

根据式(3.6-3)定义，求得输出端定义的误差为

$$\varepsilon(s)=\frac{R(s)}{H(s)}-\frac{G(s)}{1+G(s)H(s)}R(s)=\frac{1}{H(s)}\frac{R(s)}{1+G(s)H(s)} \tag{3.6-5}$$

由此可见，$\varepsilon(s)=\dfrac{1}{H(s)}E(s)$，输出端定义的误差是输入端定义的误差的 $1/H(s)$ 倍。对于单位负反馈控制系统，$H(s)=1$，上面两种定义的误差大小相等，即 $E(s)=\varepsilon(s)$，得到

$$E(s)=\frac{1}{1+G(s)}R(s)=\varPhi_e(s)R(s) \tag{3.6-6}$$

根据上式，系统开环传递函数为 $G(s)H(s)$，则闭环误差传递函数为

$$\varPhi_e(s)=\frac{E(s)}{R(s)}=\frac{1}{1+G(s)H(s)} \quad 或 \quad \varPhi_e(s)=\frac{1}{1+G(s)} \tag{3.6-7}$$

系统的误差响应 $e(t)$ 包括动态分量和稳态分量，那么当时间 t 趋于无穷时，我们只关心稳定系统控制平稳下来以后的误差，即系统误差响应的动态分量消失后的稳态误差，记为 $e_{ss}(\infty)$。对于单位负反馈系统，根据拉普拉斯变换的终值定理有

$$e_{ss}(\infty)=\lim_{t\to\infty}e(t)=\lim_{s\to 0}sE(s)=\lim_{s\to 0}s\varPhi_e(s)R(s)=\lim_{s\to 0}s\frac{R(s)}{1+G(s)} \tag{3.6-8}$$

用式(3.6-8)计算稳态误差是有条件的，要求 $sE(s)$ 的极点均位于 s 平面的左半部(但可以包括坐标原点处的唯一极点)。

以上分析都是针对给定输入信号的分析，扰动信号引起的稳态误差在 3.6.4 节中具体分

析。综上所述，稳态误差取决于输入信号的形式和系统的结构类型及参数。

3.6.2 系统类型

在图 3.6-1 所示的系统中，开环传递函数可以写成典型环节的形式

$$G(s)H(s)=\frac{K}{s^{\nu}}\frac{\prod_{i=1}^{m_1}(\tau_i s+1)\prod_{k=1}^{m_2}(\tau_k^2 s^2+2\zeta_k\tau_k s+1)}{\prod_{j=1}^{n_1}(T_j s+1)\prod_{l=1}^{n_2}(T_l^2 s^2+2\zeta_l T_l s+1)} \tag{3.6-9}$$

式中，$m_1+2m_2=m$，$\nu+n_1+2n_2=n>m$，K 为开环增益，ν 为系统开环传递函数所含积分环节的个数。工程上，系统按开环传递函数所含积分环节的个数确定系统的类型，即系统的型别。若 $\nu=0$，称该系统为 0 型系统；若 $\nu=1$，称该系统为 I 型系统；若 $\nu=2$，称该系统为 II 型系统；依次类推。因为 ν 可以确定闭环系统的无差程度，有时也称 ν 为系统的无差度。ν 越高，系统的稳态精度越高，但系统的稳定性越差。一般采用的是 0 型、I 型和 II 型系统。

为便于讨论，令

$$G_0(s)H_0(s)=\frac{\prod_{i=1}^{m_1}(\tau_i s+1)\prod_{k=1}^{m_2}(\tau_k^2 s^2+2\zeta_k\tau_k s+1)}{\prod_{j=1}^{n_1}(T_j s+1)\prod_{l=1}^{n_2}(T_l^2 s^2+2\zeta_l T_l s+1)} \tag{3.6-10}$$

当 $s\to 0$ 时，$\lim\limits_{s\to 0}G_0(s)H_0(s)=1$，则式(3.6-9)可改写为

$$G(s)H(s)=\frac{K}{s^{\nu}}G_0(s)H_0(s) \tag{3.6-11}$$

3.6.3 给定作用下的稳态误差

根据式(3.6-8)、式(3.6-10)和式(3.6-11)，在给定输入信号 $R(s)$ 作用下(扰动信号为零)，单位负反馈系统的给定稳态误差为

$$e_{\mathrm{ssr}}(\infty)=\lim_{s\to 0}sE(s)=\lim_{s\to 0}\frac{sR(s)}{1+\dfrac{K}{s^{\nu}}G_0(s)H_0(s)} \tag{3.6-12}$$

式(3.6-12)表明，影响系统稳态误差的因素有系统类型 ν、开环增益 K 和输入信号 $R(s)$ 的形式和大小。此时，输入信号通常设为阶跃函数、斜坡函数和加速度函数三种典型信号之一或它们的组合。

1. 阶跃输入作用

根据式(3.6-12)，阶跃输入 $r(t)=R_0 1(t)$ 作用下，$R(s)=R_0/s$，给定稳态误差为

$$\begin{aligned}e_{\mathrm{ssr}}(\infty)&=\lim_{s\to 0}\frac{s}{1+\dfrac{K}{s^{\nu}}G_0(s)H_0(s)}\frac{R_0}{s}=\frac{R_0}{1+\lim\limits_{s\to 0}\dfrac{K}{s^{\nu}}G_0(s)H_0(s)}\\&=\frac{R_0}{1+\lim\limits_{s\to 0}G(s)H(s)}=\frac{R_0}{1+K_{\mathrm{p}}}\end{aligned} \tag{3.6-13}$$

式中定义 K_{p} 为系统静态位置误差系数

$$K_{\mathrm{p}}=\lim_{s\to 0}G(s)H(s)=\lim_{s\to 0}\frac{K}{s^{\nu}}G_0(s)H_0(s) \tag{3.6-14}$$

由式(3.6-14)，则有

0 型系统：$K_{\mathrm{p}}=K$，$e_{\mathrm{ssr}}(\infty)=\dfrac{R_0}{1+K_{\mathrm{p}}}$；Ⅰ型系统：$K_{\mathrm{p}}=\infty$，$e_{\mathrm{ssr}}(\infty)=0$；Ⅱ型系统：$K_{\mathrm{p}}=\infty$，$e_{\mathrm{ssr}}(\infty)=0$

在阶跃输入时，0 型系统的稳态误差为一常数，大小与开环增益 K 有关，K 越大 $e_{\mathrm{ssr}}(\infty)$ 越小，而Ⅰ型或Ⅰ型以上系统的稳态误差为零。

2．斜坡输入作用

根据式(3.6-12)，斜坡输入 $r(t)=v_0t$ 作用下，$R(s)=v_0/s^2$，给定稳态误差为

$$e_{\mathrm{ssr}}(\infty)=\lim_{s\to 0}\frac{s}{1+\dfrac{K}{s^{\nu}}G_0(s)H_0(s)}\frac{v_0}{s^2}=\frac{v_0}{\lim\limits_{s\to 0}s\dfrac{K}{s^{\nu}}G_0(s)H_0(s)}$$

$$=\frac{v_0}{\lim\limits_{s\to 0}sG(s)H(s)}=\frac{v_0}{K_{\mathrm{v}}} \tag{3.6-15}$$

式中定义 K_{v} 为系统静态速度误差系数

$$K_{\mathrm{v}}=\lim_{s\to 0}sG(s)H(s)=\lim_{s\to 0}s\frac{K}{s^{\nu}}G_0(s)H_0(s) \tag{3.6-16}$$

由式(3.6-16)，则有

0 型系统：$K_{\mathrm{v}}=0$，$e_{\mathrm{ssr}}(\infty)=\infty$；Ⅰ型系统：$K_{\mathrm{v}}=K$，$e_{\mathrm{ssr}}(\infty)=v_0/K$；Ⅱ型系统：$K_{\mathrm{v}}=\infty$，$e_{\mathrm{ssr}}(\infty)=0$；

在斜坡输入时，Ⅰ型系统的稳态误差为一常数，大小与开环增益 K 有关，K 越大 $e_{\mathrm{ssr}}(\infty)$ 越小，而Ⅱ型或Ⅱ型以上系统的稳态误差为零。0 型系统在稳态时无法跟踪斜坡信号。

3．加速度输入作用

由式(3.6-12)，加速度输入 $r(t)=\frac{1}{2}a_0t^2$ 作用下，$R(s)=a_0/s^3$，给定稳态误差为

$$e_{\mathrm{ssr}}(\infty)=\lim_{s\to 0}\frac{s}{1+\dfrac{K}{s^{\nu}}G_0(s)H_0(s)}\frac{a_0}{s^3}=\frac{a_0}{\lim\limits_{s\to 0}s^2\dfrac{K}{s^{\nu}}G_0(s)H_0(s)}$$

$$=\frac{a_0}{\lim\limits_{s\to 0}s^2G(s)H(s)}=\frac{a_0}{K_{\mathrm{a}}} \tag{3.6-17}$$

式中定义 K_{a} 为系统静态加速度误差系数

$$K_{\mathrm{a}}=\lim_{s\to 0}s^2G(s)H(s)=\lim_{s\to 0}s^2\frac{K}{s^{\nu}}G_0(s)H_0(s) \tag{3.6-18}$$

由式(3.6-18)，则有

0 型系统：$K_{\mathrm{a}}=0$，$e_{\mathrm{ssr}}(\infty)=\infty$；Ⅰ型系统：$K_{\mathrm{a}}=0$，$e_{\mathrm{ssr}}(\infty)=\infty$；Ⅱ型系统：$K_{\mathrm{a}}=K$，$e_{\mathrm{ssr}}(\infty)=a_0/K$

在加速度输入时，Ⅱ型系统的稳态误差为一常数，大小与开环增益 K 有关，K 越大 $e_{\mathrm{ssr}}(\infty)$ 越小，而Ⅲ型或Ⅲ型以上系统的稳态误差为零。0 型、Ⅰ型系统在稳态时无法跟踪加速度信号。

表 3.6-1 所示为各型系统在各种给定输入作用下的稳态误差和静态误差系数。表中可见，增加系统的开环增益，将减小系统的稳态误差；在前向通道中增加积分环节个数，也可以使有差系统变为无差系统。但是这些措施都将与系统的稳定性或动态品质发生矛盾。

表 3.6-1　各型系统的静态误差系数和稳态误差

典型输入信号	$r(t)=R_0 1(t)$		$r(t)=v_0 t$		$r(t)=a_0/2t^2$	
	K_p	$e_{ssr}(\infty)$	K_v	$e_{ssr}(\infty)$	K_a	$e_{ssr}(\infty)$
0 型系统	K	$R_0/(1+K)$	0	∞	0	∞
Ⅰ型系统	∞	0	K	v_0/K	0	∞
Ⅱ型系统	∞	0	∞	0	K	a_0/K

【例 3-11】 如图 3.6-2 所示仪表伺服系统结构图，试计算：（1）单位阶跃输入信号作用下的稳态误差；（2）当 $r(t)=4+6t+3t^2$ 时的稳态误差。

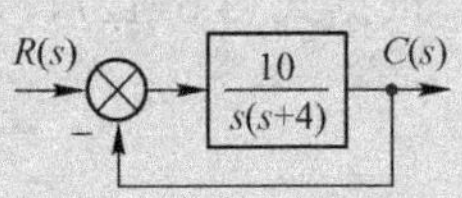

图 3.6-2　仪表伺服系统

解：（1）单位负反馈控制系统的开环传递函数为

$$G(s)=\frac{10}{s(s+4)}$$

根据式(3.6-6)，系统的误差函数为

$$E(s)=\frac{1}{1+G(s)}R(s)=\frac{1}{1+\dfrac{10}{s(s+4)}}\frac{1}{s}=\frac{s(s+4)}{s(s+4)+10}\frac{1}{s}$$

仪表伺服系统是一个二阶系统，参数均大于 0，系统稳定。由式(3.6-8)可得系统稳态误差 $e_{ss}(\infty)=\lim\limits_{s\to 0}sE(s)=\lim\limits_{s\to 0}s\dfrac{s(s+4)}{s(s+4)+10}\dfrac{1}{s}=0$。

（2）系统为Ⅰ型系统，相关静态误差系数为

$$K_p=\lim_{s\to 0}G(s)H(s)=\lim_{s\to 0}\frac{10}{s(s+4)}=\infty$$

$$K_v=\lim_{s\to 0}sG(s)H(s)=\lim_{s\to 0}s\frac{10}{s(s+4)}=2.5$$

$$K_a=\lim_{s\to 0}s^2G(s)H(s)=\lim_{s\to 0}s^2\frac{10}{s(s+4)}=0$$

线性系统具有叠加性，$r(t)=4+6t+3t^2$，故 $R_0=4$，$v_0=6$，$a_0=6$，由表 3.6-1 可得系统稳态误差 $e_{ss}(\infty)=\dfrac{R_0}{1+K_p}+\dfrac{v_0}{K_v}+\dfrac{a_0}{K_a}=\dfrac{4}{1+\infty}+\dfrac{6}{2.5}+\dfrac{6}{0}=\infty$。

【例 3-12】 单位负反馈控制系统的开环传递函数为 $G(s)=K/s$，求正弦输入 $r(t)=\sin\omega t$ 时系统的稳态误差（$K>0$）。

解： $r(t)=\sin\omega t$，$R(s)=\dfrac{\omega}{s^2+\omega^2}$，由式(3.6-6)可得系统的误差函数为

$$E(s)=\frac{1}{1+G(s)}R(s)=\frac{1}{1+K/s}\frac{\omega}{s^2+\omega^2}=\frac{s}{s+K}\frac{\omega}{s^2+\omega^2}$$

$$=\frac{-K\omega}{K^2+\omega^2}\frac{1}{s+K}+\frac{K\omega}{K^2+\omega^2}\frac{s}{s^2+\omega^2}+\frac{\omega^2}{K^2+\omega^2}\frac{\omega}{s^2+\omega^2}$$

系统的误差响应　$e(t)=\dfrac{-K\omega}{K^2+\omega^2}\mathrm{e}^{-Kt}+\dfrac{K\omega}{K^2+\omega^2}\cos\omega t+\dfrac{\omega^2}{K^2+\omega^2}\sin\omega t$

当 $t\to\infty$ 时，误差的动态分量 $e_{ss}(t)=\dfrac{K\omega}{K^2+\omega^2}\cos\omega t+\dfrac{\omega^2}{K^2+\omega^2}\sin\omega t$，它既不等于常数，也不趋于 ∞。

由式(3.6-8)得稳态误差为

$$e_{ss}(\infty)=\lim_{s\to 0}sE(s)=\lim_{s\to 0}s\frac{1}{1+K/s}\frac{\omega}{s^2+\omega^2}=\lim_{s\to 0}\frac{s^2\omega}{(s+K)(s^2+\omega^2)}=0$$

此结果是错误的，这就是由于 $sE(s)$ 在 s 平面虚轴上有极点 $\pm \mathrm{j}\omega$，不能采用拉普拉斯变换的终值定理的原因。

3.6.4 扰动作用下的稳态误差

当给定输入信号 $R(s)=0$，在扰动信号 $D(s)$ 单独作用下的控制系统如图 3.6-3 所示，图中 $D(s)$ 为扰动输入信号，$G_1(s)$ 为放大元件、校正元件的传递函数，$G_2(s)$ 为功率放大元件、执行元件以及控制对象的传递函数。系统产生的扰动误差也有两种定义。

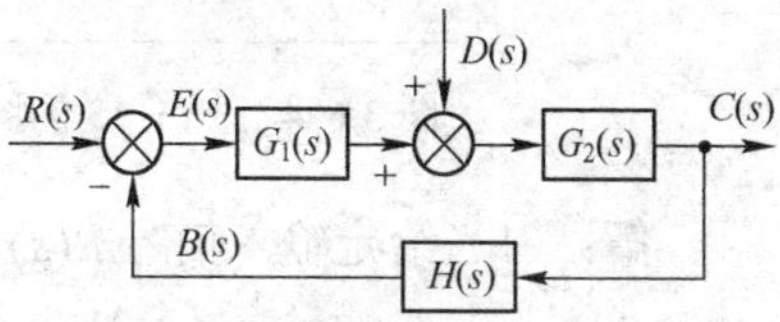

图 3.6-3 关于扰动的稳态误差

根据式(3.6-2)，求得输入端定义的扰动误差为

$$E_d(s)=R(s)-B(s)=-H(s)\frac{G_2(s)D(s)}{1+G_1(s)G_2(s)H(s)} \tag{3.6-19}$$

根据式(3.6-3)，求得输出端定义的扰动误差为

$$\varepsilon_d(s)=C_s(s)-C(s)=-\frac{G_2(s)D(s)}{1+G_1(s)G_2(s)H(s)} \tag{3.6-20}$$

反馈控制系统的规律之一是不受外界干扰作用的影响，因此，在扰动信号作用下系统的期望输出 $C_s(s)=0$。由此可见，$\varepsilon_d(s)=\frac{1}{H(s)}E_d(s)$，输出端定义的误差是输入端定义的误差的 $1/H(s)$ 倍。对于单位负反馈控制系统，$H(s)=1$，上面两种定义的误差大小相等，即 $\varepsilon_d(s)=E_d(s)$，得到

$$E_d(s)=-\frac{G_2(s)D(s)}{1+G_1(s)G_2(s)}=\Phi_{ed}(s)D(s) \tag{3.6-21}$$

扰动信号 $D(s)$ 作用下(给定输入信号为零)，单位负反馈系统的扰动稳态误差为

$$e_{ssd}(\infty)=\lim_{s\to 0}sE_d(s)=\lim_{s\to 0}s\frac{-G_2(s)D(s)}{1+G_1(s)G_2(s)} \tag{3.6-22}$$

式(3.6-22)表明，扰动稳态误差除了与扰动信号 $D(s)$ 的形式有关，还与控制系统传递函数的结构及参数有关。

3.6.5 减小或消除稳态误差的措施

线性系统具有叠加性，系统在给定输入信号 $R(s)$ 和扰动信号 $D(s)$ 同时作用下的稳态误差为两者分别作用下的稳态误差的叠加，即 $e_{ss}(\infty)=e_{ssr}(\infty)+e_{ssd}(\infty)$。通过 3.6.2、3.6.3 和 3.6.4 节的分析，可以归纳出减小或消除系统稳态误差的措施如下：

（1）增大系统开环增益 K 或扰动作用点之前系统的前向通道增益。

（2）在系统的前向通道或扰动作用点之前在系统的前向通道中增加串联的积分环节个数 ν。

一般情况，系统的积分环节不能超过两个，增益也不能随意放大，否则将导致系统动态性能变差，甚至使系统不稳定。

【例 3-13】 设单位负反馈比例控制系统如图 3.6-4 所示。$R(s)=R_0/s$ 为阶跃输入信号；$M(s)$ 为比例控制器输出转矩，用以改变被控对象的位置；$D(s)=n_0/s$ 为阶跃扰动转矩。试求：（1）系统的稳态误差；（2）系统前向通道加入 PI 控制，如图 3.6-5 所示，分析系统稳态误差的变化情况。

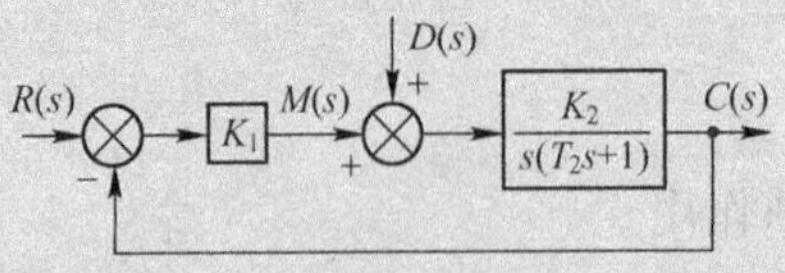

图 3.6-4 例 3-13 的图

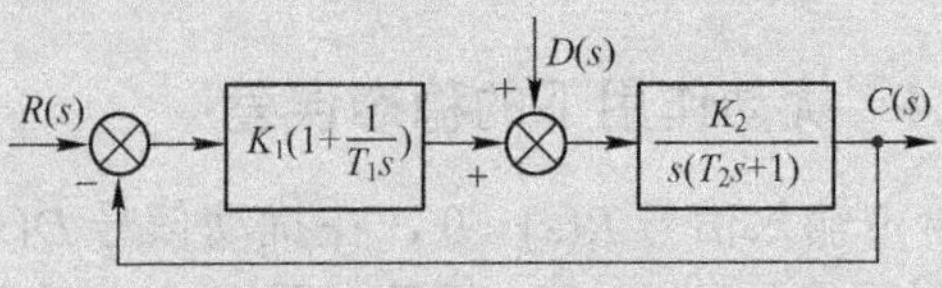

图 3.6-5 加 PI 环节的控制系统

解：（1）给定输入信号 $R(s)=R_0/s$ 作用下，系统的给定稳态误差为

$$e_{\rm ssr}(\infty)=\frac{R_0}{1+K_{\rm p}}=0\,,\quad K_{\rm p}=\lim_{s\to 0}G(s)H(s)=\lim_{s\to 0}K_1\frac{K_2}{s(T_2s+1)}=\infty$$

扰动信号 $D(s)=n_0/s$ 作用下，系统的扰动误差为

$$E_{\rm d}(s)=\frac{-G_2(s)D(s)}{1+G_1(s)G_2(s)}=-\frac{\dfrac{K_2}{s(T_2s+1)}}{1+K_1\dfrac{K_2}{s(T_2s+1)}}\frac{n_0}{s}=-\frac{K_2}{s(T_2s+1)+K_1K_2}\frac{n_0}{s}$$

系统的扰动稳态误差为 $$e_{\rm ssd}(\infty)=\lim_{s\to 0}sE_{\rm d}(s)=\lim_{s\to 0}s\frac{-K_2}{s(T_2s+1)+K_1K_2}\frac{n_0}{s}=-\frac{n_0}{K_1}$$

要减小扰动稳态误差，需增大 K_1 值，即扰动作用点之前系统的前向通道增益。系统总的稳态误差为

$$e_{\rm ss}(\infty)=e_{\rm ssr}(\infty)+e_{\rm ssd}(\infty)=0-n_0/K_1=-n_0/K_1$$

（2）系统前向通道加入 PI 控制，系统的开环传递函数为

$$G(s)=K_1\left(1+\frac{1}{T_1s}\right)\frac{K_2}{s(T_2s+1)}=\frac{K_1K_2(T_1s+1)}{T_1s^2(T_2s+1)}$$

阶跃输入信号作用下，系统的静态位置误差系数为 $K_{\rm p}=\lim\limits_{s\to 0}\dfrac{K_1K_2(T_1s+1)}{T_1s^2(T_2s+1)}=\infty$，系统的给定稳态误差为 $e_{\rm ssr}(\infty)=\dfrac{R_0}{1+K_{\rm p}}=0$。扰动信号 $D(s)=n_0/s$ 作用下，系统的扰动误差为

$$E_{\rm d}(s)=\frac{-G_2(s)D(s)}{1+G_1(s)G_2(s)}=-\frac{\dfrac{K_2}{s(T_2s+1)}}{1+\dfrac{K_1(T_1s+1)}{T_1s}\dfrac{K_2}{s(T_2s+1)}}\frac{n_0}{s}$$

$$=-\frac{K_2T_1s}{T_1s^2(T_2s+1)+K_1K_2(T_1s+1)}\frac{n_0}{s}\qquad(3.6\text{-}23)$$

系统的扰动稳态误差为

$$e_{\rm ssd}(\infty)=\lim_{s\to 0}sE_{\rm d}(s)=\lim_{s\to 0}s\frac{-K_2T_1s}{T_1s^2(T_2s+1)+K_1K_2(T_1s+1)}\frac{n_0}{s}=0$$

系统总的稳态误差为 $e_{\rm ss}(\infty)=e_{\rm ssr}(\infty)+e_{\rm ssd}(\infty)=0$。

（3）为了进一步减少给定和扰动稳态误差，可以采用补偿的方法。所谓补偿是指作用于控制对象的控制信号中，除了偏差信号外，还引入与扰动或给定输入信号有关的补偿信号，这种控制称为复合控制或前馈控制(或顺馈控制)，如图 3.6-6 及图 3.6-7 所示。只要系统参数选择合适，不但可以保持系统稳定，同时也可以提高系统的控制精度，减小稳态误差。

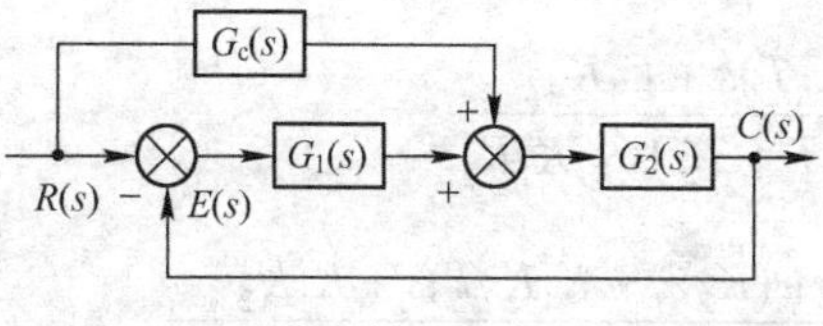

图 3.6-6 给定补偿的复合控制系统

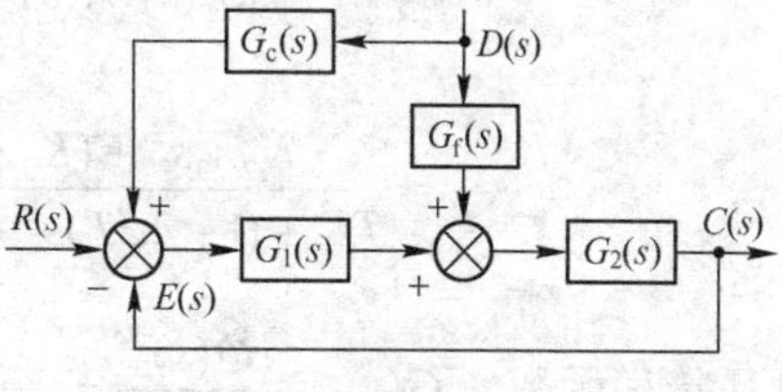

图 3.6-7 扰动补偿的复合控制系统

① 在图 3.6-6 中引入给定输入信号的微分(一般为一阶、二阶微分)作为系统的附加输入，这种情况下，复合控制系统的等效闭环传递函数为

$$\Phi(s)=\frac{C(s)}{R(s)}=\left[1+\frac{G_c(s)}{G_1(s)}\right]\frac{G_1(s)G_2(s)}{1+G_1(s)G_2(s)}=\frac{G_2(s)[G_1(s)+G_c(s)]}{1+G_1(s)G_2(s)} \tag{3.6-24}$$

等效闭环误差传递函数为

$$\Phi_{er}(s)=\frac{E(s)}{R(s)}=1-\Phi(s)=1-\frac{G_2(s)[G_1(s)+G_c(s)]}{1+G_1(s)G_2(s)}=\frac{1-G_2(s)G_c(s)}{1+G_1(s)G_2(s)} \tag{3.6-25}$$

由式(3.6-24)和式(3.6-25)可知，取

$$G_c(s)=1/G_2(s) \tag{3.6-26}$$

则得 $\Phi_{er}(s)=0$，误差 $E(s)=0$，且 $\Phi(s)=1$，即 $C(s)=R(s)$。也就是说，当式(3.6-26)所示条件满足时，图 3.6-6 所示复合控制系统对输入信号 $R(s)$ 实现了完全复现。

② 如果扰动信号是可测的，应用顺馈补偿，通过补偿通道 $G_c(s)$ 来抵消扰动信号对系统输出的影响，如图 3.6-7 所示。在给定输入 $R(s)$ 为零、扰动信号 $D(s)$ 作用下，扰动补偿的复合控制系统等效闭环传递函数为

$$\Phi(s)=\frac{C(s)}{D(s)}=\left[G_c(s)+\frac{G_f(s)}{G_1(s)}\right]\frac{G_1(s)G_2(s)}{1+G_1(s)G_2(s)}=\frac{G_2(s)[G_f(s)+G_c(s)G_1(s)]}{1+G_1(s)G_2(s)} \tag{3.6-27}$$

由式(3.6-20)可知，系统的扰动误差为

$$E_d(s)=0-C(s)=-\frac{G_2(s)[G_f(s)+G_c(s)G_1(s)]}{1+G_1(s)G_2(s)}D(s)$$

在上式中，若取 $G_f(s)+G_c(s)G_1(s)=0$，$G_c(s)=-G_f(s)/G_1(s)$ (3.6-28)

则可完全补偿扰动信号 $D(s)$ 对系统输出 $C(s)$ 的影响。需注意，在一般情况下，实现对扰动信号的完全补偿是比较困难的，通常可做到近似全补偿。

从式(3.6-25)、式(3.6-27)可知，前馈控制不改变系统闭环传递函数的分母，不改变特征方程。因此，采用前馈控制的复合控制不改变系统的稳定性。

【例 3-14】 设控制系统的结构图如图 3.6-6 所示。为提高系统跟踪控制信号的准确度，要求系统由原来的 I 型提高至Ⅲ型，为此在系统中增置了顺馈通道。相关的传递函数为

$$G_1(s)=K_1,\quad G_2(s)=\frac{K_2}{s(s+2\zeta)},\quad G_c(s)=\frac{\lambda_2 s^2+\lambda_1 s}{Ts+1}$$

若已知系统参数为 $K_1=2$，$K_2=50$，$\zeta=0.5$，$T=0.2$，试确定顺馈参数 λ_1 和 λ_2。

解：根据式(3.6-24)，复合控制系统的等效闭环传递函数为

$$\Phi(s)=\frac{G_2(s)[G_1(s)+G_c(s)]}{1+G_1(s)G_2(s)}=\frac{\dfrac{K_2}{s(s+2\zeta)}\left[\dfrac{\lambda_2 s^2+\lambda_1 s}{Ts+1}+K_1\right]}{1+K_1\dfrac{K_2}{s(s+2\zeta)}}$$

$$=\frac{K_2\lambda_2 s^2+(K_2\lambda_1+K_1K_2T)s+K_1K_2}{Ts^3+(1+2\zeta T)s^2+(K_1K_2T+2\zeta)s+K_1K_2}$$

系统的开环传递函数 $G(s)=\dfrac{\Phi(s)}{1-\Phi(s)}=\dfrac{K_2\lambda_2 s^2+(K_2\lambda_1+K_1K_2T)s+K_1K_2}{Ts^3+(1+2\zeta T-K_2\lambda_2)s^2+(2\zeta-K_2\lambda_1)s}$

要使系统由原来的Ⅰ型提高至Ⅲ型，必须满足$1+2\zeta T-K_2\lambda_2=0$，$2\zeta-K_2\lambda_1=0$，即$\lambda_1=\dfrac{2\zeta}{K_2}=\dfrac{2\times0.5}{50}=0.02$，$\lambda_2=\dfrac{1+2\zeta T}{K_2}=\dfrac{1+2\times0.5\times0.2}{50}=0.024$。此时，系统的开环传递函数为$G(s)=\dfrac{1.2s^2+21s+100}{0.2s^3}$。加入顺馈控制前后系统的特征方程不变，系统稳定。

【例 3-15】 某控制系统结构图如图 3.6-8 所示，图中$G_1(s)$的单位阶跃响应应为$\dfrac{8}{5}(1-e^{-5t})$。

（1）若$r(t)=20$，求系统超调量、调整时间和稳态误差。（2）若$d(t)$为可测的阶跃扰动信号，为消除扰动对输出的影响，试设计顺馈补偿装置$G_c(s)$，并画出相应的结构图。

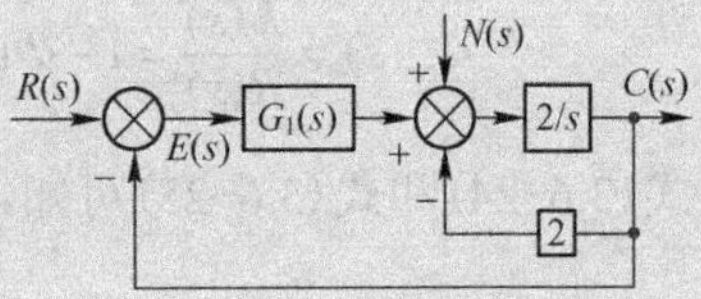

图 3.6-8　控制系统结构图

解：（1）根据题意，$\mathcal{L}\left[\dfrac{8}{5}(1-e^{-5t})\right]=\dfrac{8}{5}\left(\dfrac{1}{s}-\dfrac{1}{s+5}\right)=\dfrac{8}{s(s+5)}$，单位阶跃输入$R(s)=\dfrac{1}{s}$，可得$G_1(s)=\dfrac{8}{s+5}$，则图 3.6-8 所示系统的闭环传递函数为

$$\Phi(s)=\frac{\dfrac{8}{s+5}\dfrac{2}{s+4}}{1+\dfrac{8}{s+5}\dfrac{2}{s+4}}=\frac{16}{s^2+9s+36}$$

系统的特征方程为$D(s)=s^2+9s+36=0$，系统稳定。

由二阶系统标准式，可得$\begin{cases}\omega_n=\sqrt{36}=6\\ \zeta=9/(2\omega_n)=0.75\end{cases}$，故$\begin{cases}M_p\%=e^{-\zeta\pi/\sqrt{1-\zeta^2}}=2.84\%\\ t_s=3/(\zeta\omega_n)=0.67s\end{cases}$

开环传递函数为 $G(s)=\dfrac{8}{s+5}\dfrac{2}{s+4}=\dfrac{4}{5}\dfrac{1}{(0.2s+1)(0.25s+1)}$

系统开环增益为$K=0.8$，在$r(t)=20$作用下，系统稳态误差为$e_{ssr}=\dfrac{20}{1+0.8}=\dfrac{100}{9}$。

（2）消除外界扰动信号对系统输出影响的方法，就是按外扰的顺馈补偿与按输出的反馈控制相结合的复合控制，如图 3.6-7 所示。由式(3.6-28)可知，需加入校正环节为$G_c(s)=-\dfrac{G_f(s)}{G_1(s)}=-\dfrac{s+5}{8}$。

建立顺馈补偿装置的系统结构图如图 3.6-9 所示。

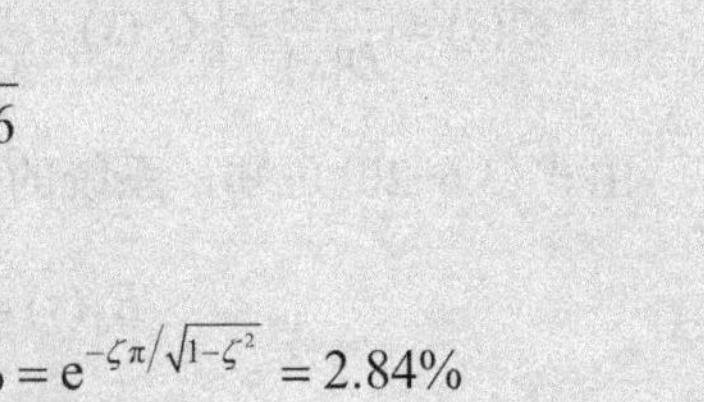

图 3.6-9　顺馈补偿控制

3.7 MATLAB 在时域分析法中的应用

利用 MATLAB 中的函数进行时域分析可以使一些复杂的问题变得相对简单，从而可以方便地进行控制系统的时域分析。本节应用 MATLAB 首先判别系统的稳定性。如果系统是稳定的，就进一步分析系统对典型输入信号作用下的动态性能指标和稳态性能指标。

1．系统稳定性的分析

线性系统稳定的充要条件是系统的闭环极点均位于 s 平面的左半面，即具有负实部的特征根。MATLAB 提供了多项式求根函数 roots( )和矩阵求特征值函数 eig( )求取闭环系统所有的特征根。其中 eig(tf(num,den))函数中 tf(num,den)为系统闭环传递函数。上一章求取系统零极点模型函数 zpk( )、tf2zp( )，以及系统零极点分布图绘制函数 pzmap( )也可以做为系统稳定性判别的辅助手段。

【例 3-16】 已知连续系统 $\Phi(s)=\dfrac{3s^3+16s^2+41s+28}{s^6+14s^5+110s^4+528s^3+1494s^2+2117s+112}$，试判别该系统的稳定性。

解：MATLAB 程序为

```
num=[3 16 41 28];
den=[1 14 110 528 1494 2117 112];
roots(den)                    %求系统特征方程式(闭环传递函数分母等于零)的根
eig(tf(num,den))              %求系统闭环传递函数的特征根
[z,p,k]=tf2zp(num,den)        %转换为零极点模型
 p                            %p 为系统极点
jj=find(real(p)>0)            %判断极点是否具有负实部
n2=length(jj)
if (n2>0)
disp('the system is unstable')
disp('the unstable pole are:')
disp(p(jj))
else
disp('the system is stable')
end
pzmap(p,z)                 %绘制系统的零极点分布图
```

部分运行结果为

```
p =
  -1.94738596292350 + 5.02816564889749i
  -1.94738596292350 - 5.02816564889749i
  -4.29980530818792
  -2.87521202068409 + 2.83238093019621i
  -2.87521202068409 - 2.83238093019621i
  -0.05499872459691
the system is stable
```

从上面的运行结果可知系统是稳定的，6 个闭环极点均具有负实部，位于 s 的左半平面。图 3.7-1 为零极点分布图。

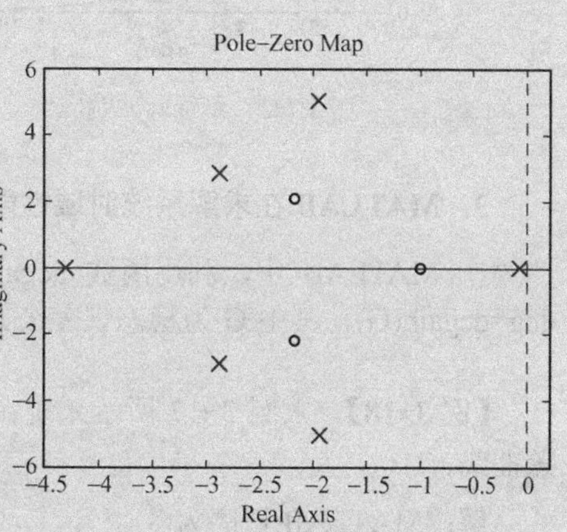

图 3.7-1 零极点分布图

2．典型输入信号响应的 MATLAB 实现

当输入信号为单位脉冲函数时，系统的输出为单位脉冲响应，在 MATLAB 中可用 impluse( )函数实现；当输入信号为单位阶跃函数时，系统的输出为单位阶跃响应，在 MATLAB 中可用 step( )函数实现；在大多数情况下，需要求取在任意已知函数作用下系统的响应，在 MATLAB 中可用 lsim( )函数实现。它们的调用格式分别为

```
impulse(num,den)        或者        [y,t,x]=impulse(num,den,t)
step(num,den)           或者        [y,t,x]=step(num,den,t)
[y,x]=lsim(num,den,u,t)
```

式中，y 为系统输出响应；x 为系统状态响应；t 为仿真时间；u 为系统输入信号。注意，调用仿真函数 lsim( )时，应给出与时间 t 向量相对应的输入向量。

【例 3-17】 已知单位负反馈控制系统的开环传递函数 $G(s)=\dfrac{7(s+1)}{s(s+3)(s^2+4s+5)}$，求其单位脉冲响应、单位阶跃响应和单位斜坡响应。

解：MATLAB 程序为

```
num=[7 7];den=[conv(conv([1 0],[1 3]),[1 4 5])];g=tf(num,den);    %系统开环传递函数
gg=feedback(g,1, -1);                                              %系统闭环传递函数
[y1,t1,x1]=impulse(gg);plot(t1,y1)                                 %单位脉冲响应，如图 3.7-2 所示
[y2,t2,x2]=step(gg);plot(t2,y2)                                    %单位阶跃响应，如图 3.7-3 所示
t3=0:0.1:20;y3=step(gg,t3);plot(t3,y3)        %单位阶跃响应，限制了仿真时间
t4=[0:0.1:10];u=t4;                           %输入信号为单位斜坡信号 r(t)=t，采用 lsim( )实现
[y4,x4]=lsim(gg,u,t4);                        %单位斜坡响应，如图 3.7-4 所示
plot(t4,y4,t4,u)
```

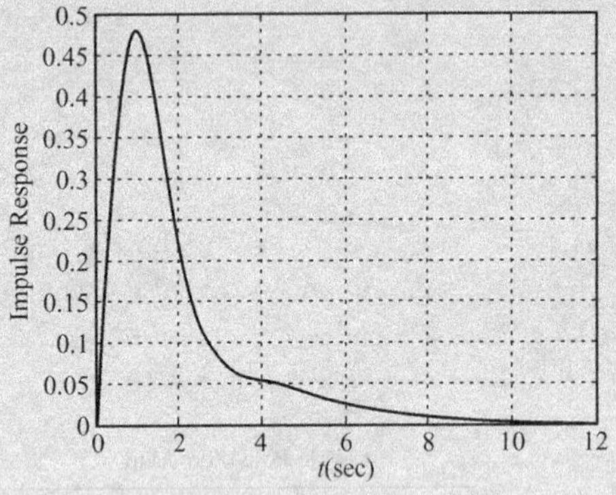

图 3.7-2 单位脉冲响应

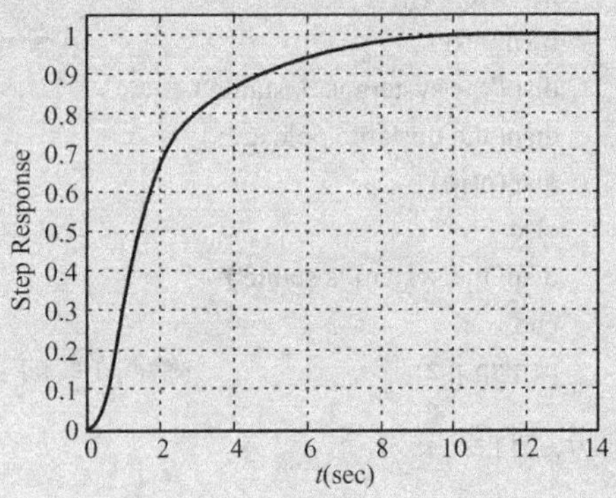

图 3.7-3 单位阶跃响应

3．MATLAB 在求解系统时域性能指标中的应用

在 MATLAB 中，利用函数 dcgain( )可求取系统给定稳态误差。该函数的调用格式为：dcg=dcgain(G)，其中 G 为稳态误差公式 $e_{ss}(\infty)=\lim\limits_{s\to 0}sE(s)$ 中的 $sE(s)$ 函数。

【例 3-18】 求例 3-17 所示系统在单位斜坡函数作用下的给定稳态误差 $e_{ssr}(\infty)$ 和给定误差曲线 $e(t)$。

解：MATLAB 程序为

```
num=[7 7];den=[conv(conv([1 0],[1 3]),[1 4 5])];g=tf(num,den);          %系统开环传递函数
errorc=tf(g.den{1},g.den{1}+g.num{1});                                  %闭环误差传递函数 1/[G(s)+1]
%g.den{1}、g.num{1}分别表示为系统开环传递函数的分母和分子
num1=[1 0];den1=1;g1=tf(num1,den1);%s
num2=1;den2=[1 0 0];u=tf(num2,den2);                                    %单位斜坡输入信号的拉氏变换
dcg=dcgain(g1*errorc*u)                                                 %求稳态值{1/[G(s)+1]}*s*u
[numc,denc]=cloop(num,den);
gg=tf(numc,denc);                                                       %闭环传递函数
t=[0:0.1:15];u=t;                                                       %输入信号为单位斜坡信号 r(t)=t
[y,x]=lsim(gg,u,t);                                                     %任意输入信号【r(t)=t】的响应
e=u-y';                                                                 %误差信号 u-y，曲线如图 3.7-5
plot(t,e)
```

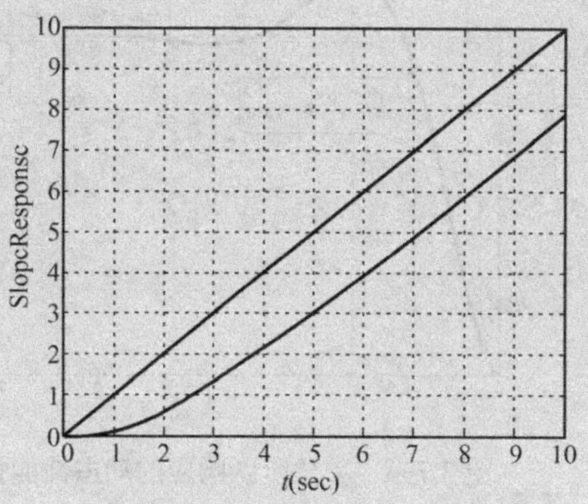

图 3.7-4　单位斜坡响应

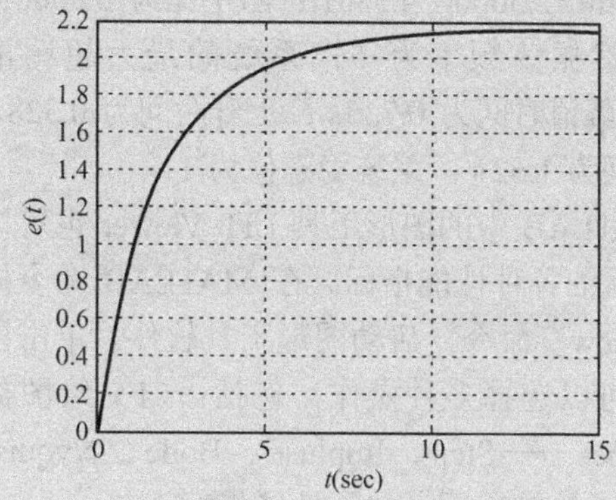

图 3.7-5　误差曲线

运行结果为

```
dcg =
    2.14285714285714
```

由特征方程利用 damp( )函数可求取系统的闭环特征根、阻尼比ζ、无阻尼自然振荡频率ω_n。调用格式为：dcg=dcgain(den)，其中 den 为给定特征多项式系数向量。

【例 3-19】 系统的闭环传递函数为$\Phi(s)=\dfrac{C(s)}{R(s)}=\dfrac{25}{s^2+5s+25}$。试求：（1）系统的闭环特征根、阻尼比$\zeta$、无阻尼自然振荡频率$\omega_n$；（2）系统的最大超调量$M_p\%$、峰值时间$t_p$、上升时间$t_r$、调整时间$t_s$。

解： MATLAB 程序为

```
num=[25];den=[1 5 25];t=0:0.001:3;
step(num,den,t);
xlabel('t');ylabel('Output');title('单位阶跃响应曲线图');
[wn,z,p]=damp(den)
```

运行结果为

```
wn =
     5
     5
z =
   0.5000
```

```
      0.5000
p =
   -2.5000 + 4.3301i
   -2.5000 - 4.3301i
```

当使用 step(num,den,t)命令时，系统自动产生单位阶跃响应曲线图。单击鼠标右键时出现性能指标(Characteristics)选项，其中包括“Peak Time”、“Settling Time”、“Rise Time”、“Steady State”等四项性能指标，即阶跃响应的峰值时间、调整时间、上升时间和输出稳态值。选中相应项，即可在响应曲线上自动出现相应的点，单击鼠标出现如图 3.7-6 所示的样式。因此，可以得到结果如下：闭环特征根为-2.5000 + 4.3301i 和 -2.5000 -4.3301i；阻尼比为 0.5000；无阻尼自然振荡频率为 5；系统的最大超调量为 16.3%；峰值时间为 0.726 s；上升时间为 0.328 s；调整时间为 1.62 s；系统稳态值为 1。

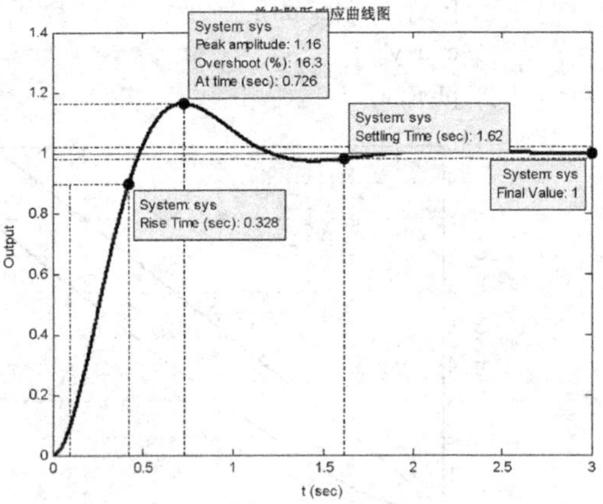

图 3.7-6　单位阶跃响应的动态性能指标

MATLAB 中的图形工具 LTI Viewer 也可以用于求系统的各种性能指标。在 MATLAB 命令框输入“ltiview”命令，启动图形工具软件。单击鼠标右键，可以选择多种操作，包括：（1）绘图类型 Plot Types——Step、Impluse、Bode、Nyquist、Pole/Zero 等响应图；（2）性能指标 Characteristics——“Peak Time”、“Settling Time”、“Rise Time”、“Steady State”等。选择“File”菜单下的“Toolbox Preferences”或“Edit”菜单下的“Viewer Preferences”子菜单，可以设置相关性能指标的标准。

本章小结

时域分析法通过在典型输入信号作用下求解系统的时域响应来分析系统的动态性能和稳态性能。通常以单位阶跃响应的超调量、上升时间、调整时间及稳态误差等性能指标来评价系统性能的优劣。

稳定是系统能正常工作的首要条件。线性定常系统的稳定性取决于系统自身的结构和参数，与外作用的大小和形式无关。线性定常系统稳定的充要条件是其特征方程的根具有负实部，均位于 s 平面的左半平面。劳斯稳定判据不用求解根，只需直接给出 s 平面内的根的分布情况，从而判断系统的稳定性，还可以确定使系统稳定时相关参数的取值范围。

二阶系统在欠阻尼时的响应虽有振荡，但只要阻尼比取值适当(如 0.707)，则系统既有响应的快速性，又有过渡过程的平稳性，因而在控制系统中常把二阶系统设计为欠阻尼系统。二阶系统的动态性能指标与系统参数有严格的对应关系，有相关数学公式可遵循。

通常将分析二阶系统的方法应用于高阶系统的分析中去，常采用一对闭环主导极点(一对共轭复数极点)这一重要概念对高阶系统的时域分析进行近似，并以此估算其动态性能。同时理解附加闭环零点、极点对系统性能的影响，有助于对高阶系统性能的分析。

稳态误差是控制系统的稳态性能指标，它取决于输入信号的形式和系统的结构类型及参数。通过开环传递函数中积分环节的个数确定系统的类型，即系统的型别 ν 。减小或消除系统稳态误差的措施通常有：增大系统开环增益 K 或扰动作用点之前系统的前向通道增益；在系统的前向通道或扰动作用点之前在系统的前向通道中增加串联的积分环节个数ν；引入与扰动或给定输入信号有关的补偿信号，组成复合控制或前馈控制(或顺馈控制)系统。

习题

3-1　设某温度计的动态特性可用一惯性环节$\dfrac{1}{Ts+1}$来描述。用该温度计测量容器内的水温，发现一分钟后温度计的示值为实际水温的98%。若给容器加热，使水温以10℃/min的速度线性上升，试计算该温度计的稳态误差。

3-2　已知二阶系统的单位阶跃响应为$c(t)=10-12.5\mathrm{e}^{-1.2t}\sin(1.6t+53.1^{\circ})$，试求：（1）系统的最大超调量、峰值时间和调整时间；（2）试确定系统的闭环传递函数$C(s)/R(s)$，并确定阻尼比ζ和无阻尼自然振荡频率ω_{n}。

3-3　已知控制系统的单位阶跃响应为$c(t)=1+0.2\mathrm{e}^{-60t}-1.2\mathrm{e}^{-10t}$，试求：（1）求系统的单位脉冲响应；（2）试确定系统的闭环传递函数$C(s)/R(s)$，并确定阻尼比ζ和无阻尼自然振荡频率ω_{n}。

3-4　设单位负反馈二阶系统的阶跃响应如图T3-1所示，试确定此系统的闭环传递函数。

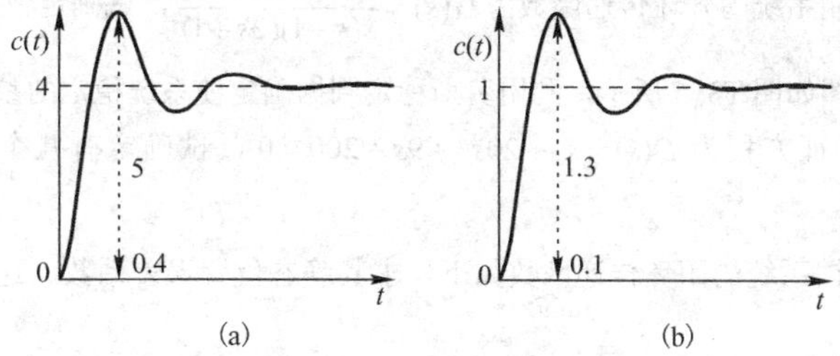

图T3-1　习题3-4图

3-5　单位负反馈控制系统的开环传递函数$G(s)=\dfrac{K}{s(0.1s+1)}$，当$K=5$时，求系统的动态性能指标$t_{\mathrm{r}}$、$t_{\mathrm{p}}$、$t_{\mathrm{s}}$和$M_{\mathrm{p}}\%$。

3-6　设系统的初始条件为零，其微分方程为$\ddot{c}(t)+6\dot{c}(t)+25c(t)=25$，求出在单位阶跃函数作用下系统的最大超调量$M_{\mathrm{p}}\%$、峰值时间$t_{\mathrm{p}}$和调整时间$t_{\mathrm{s}}$。

3-7　已知控制系统结构图如图T3-2所示。要求系统单位阶跃响应具有$M_{\mathrm{p}}\%=16.3\%$和$t_{\mathrm{p}}=1\mathrm{s}$。试确定前置放大器的增益$K$及内反馈系数$\tau$。

3-8　某控制系统的结构图如图T3-3所示。试求当$a=0$时系统的参数ζ及ω_{n}。如果要求$\zeta=0.7$，试计算相应的a值。

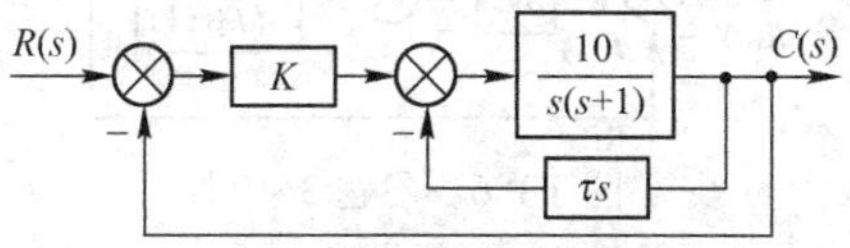

图T3-2　习题3-7图

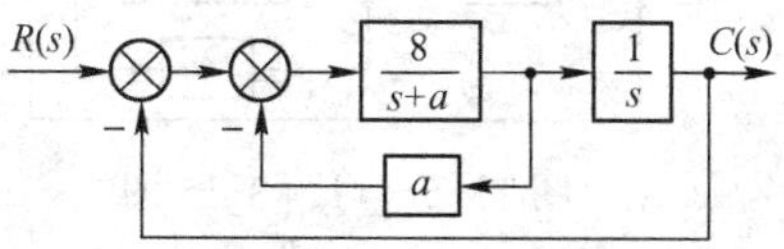

图T3-3　习题3-8图

3-9　试分别计算图T3-4所示系统的参数ζ及ω_{n}，并分析动态性能。

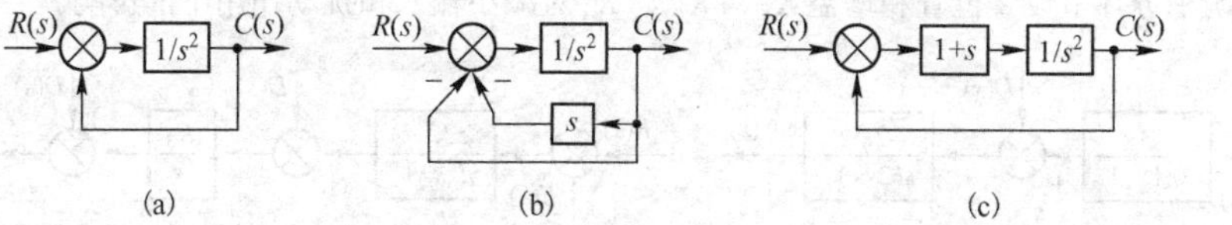

图T3-4　习题3-9图

3-10　某单位负反馈系统的开环传递函数为$G(s)=\dfrac{1}{s(0.5s+1)(0.1s+1)}$，试求：（1）闭环主导极点；（2）闭环系统的动态性能指标 t_s 和 $M_p\%$。

3-11　已知系统的特征方程为 $D(s)=3s^4+10s^3+5s^2+s+2=0$，试用劳斯稳定判据判断系统的稳定性。

3-12　已知控制系统的特征方程如下，试用劳斯稳定判据判断系统的稳定性，以及闭环极点在 s 平面的分布情况。

（1）$D(s)=s^4+7s^3+25s^2+42s+30=0$

（2）$D(s)=s^4+2s^3+s^2+2s+1=0$

（3）$D(s)=s^3+3s^2+2s+24=0$

（4）$D(s)=s^6+4s^5-4s^4+4s^3-7s^2-8s+10=0$

（5）$D(s)=s^5+3s^4+12s^3+20s^2+35s+25=0$

3-13　已知单位负反馈系统的开环传递函数为$G(s)=\dfrac{K(s+1)}{s^3+as^2+2s+1}$，利用劳斯稳定判据确定 K 和 a 的值，使系统以 2rad/s 的频率振荡。

3-14　单位负反馈控制系统的开环传递函数为$G(s)=\dfrac{K(\tau s+1)}{s(s+1)(2s+1)}$，试确定使系统稳定的 K 和 τ 值。

3-15　已知系统结构图如图 T3-5 所示，利用劳斯稳定判据确定使系统稳定的参数 τ 的取值范围。

3-16　已知系统的特征方程为 $D(s)=s^3+20s^2+9s+200=0$，试确定有几个根的负实部都在 0 与-2 之间。

3-17　已知单位负反馈系统的闭环传递函数如下，求其静态位置误差系数、速度误差系数及加速度误差系数。

（1）$\Phi(s)=\dfrac{10}{s^2+2s+10}$；　（2）$\Phi(s)=\dfrac{3s+14}{2s^3+10s^2+3s+14}$

3-18　单位负反馈系统的开环传递函数为

（1）$G(s)=\dfrac{50}{(2s+1)(0.1s+1)}$；　（2）$G(s)=\dfrac{K}{s(0.5s+1)(0.1s+1)}$；　（3）$G(s)=\dfrac{K(2s+1)(4s+1)}{s^2(s^2+2s+10)}$

确定各系统的结构类型。计算静态位置误差系数、速度误差系数及加速度误差系数，求系统在单位阶跃输入、单位斜坡输入、单位抛物线输入下的给定稳态误差。

3-19　复合控制系统如图 T3-6 所示。其中 $K_1=2K_2=1$，$T_2=0.25\text{s}$，$K_2K_3=1$。求当 $r(t)=1+t+0.5t^2$ 时系统的稳态误差。

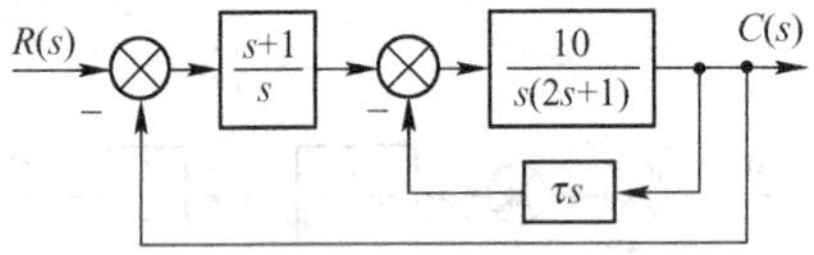

图 T3-5　习题 3-15 图

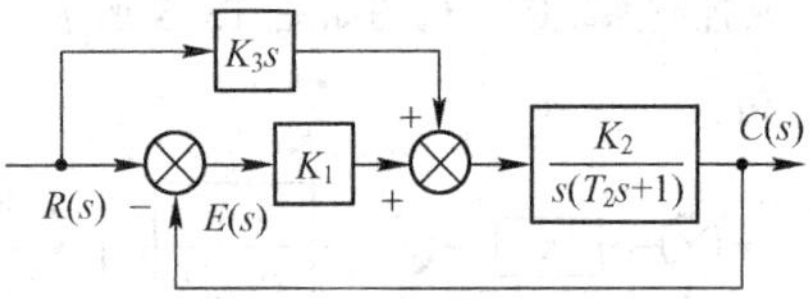

图 T3-6　习题 3-19 图

3-20　已知单位负反馈系统的结构图如图 T3-7 所示，设 $r(t)=2t$，$d(t)=-0.5$，计算系统的稳态误差。

3-21　系统结构图如图 T3-8 所示，已知 $r(t)=d_1(t)=d_2(t)=1(t)$，试计算 $r(t)$、$d_1(t)$ 和 $d_2(t)$ 作用时的稳态误差，并说明积分环节设置位置和增益 K_1、K_2、K_3 对减小输入和扰动作用下的影响。

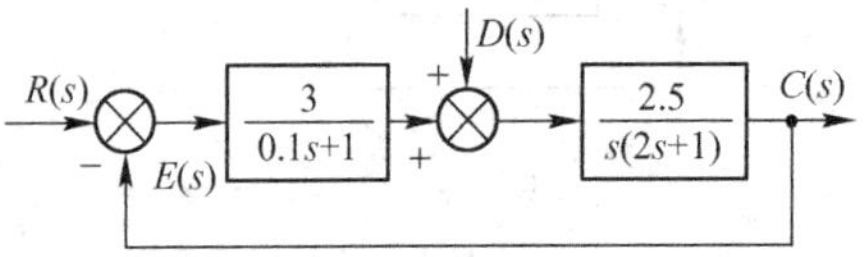

图 T3-7　习题 3-20 图

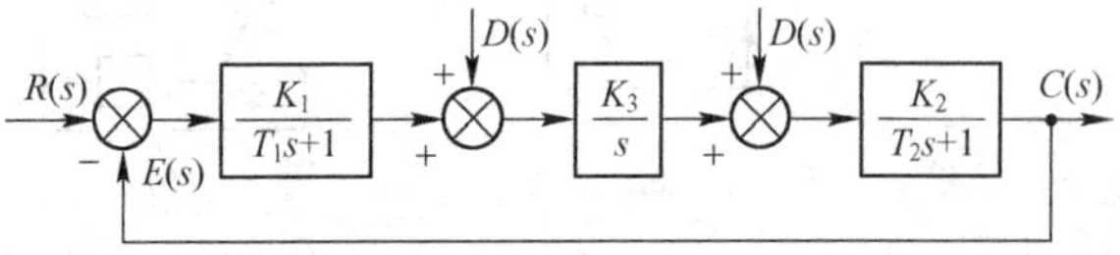

图 T3-8　习题 3-21 图

3-22　图 T3-9 所示的复合控制系统中，$G_1(s)=\dfrac{K_1}{T_1 s+1}$，$G_2(s)=\dfrac{K_2}{s(T_2 s+1)}$，$G_f(s)=\dfrac{K_3}{K_2}$。要求系统在扰动信号 $d(t)=1(t)$ 作用下的稳态误差为零，求顺馈通道的传递函数 $G_c(s)$。

3-23　复合控制系统如图 T3-10 所示。如果系统由 I 型提高为III型系统，求 a 及 b 的值。

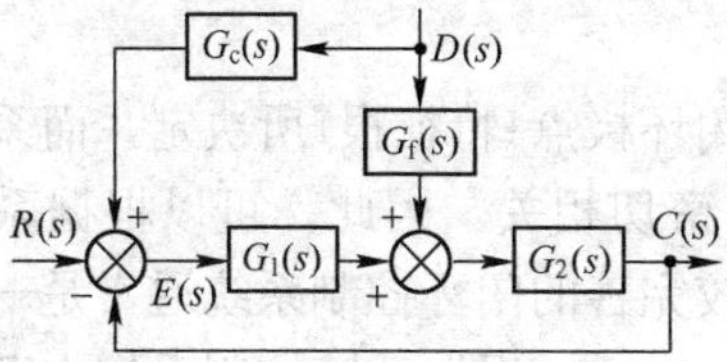

图 T3-9　习题 3-22 图

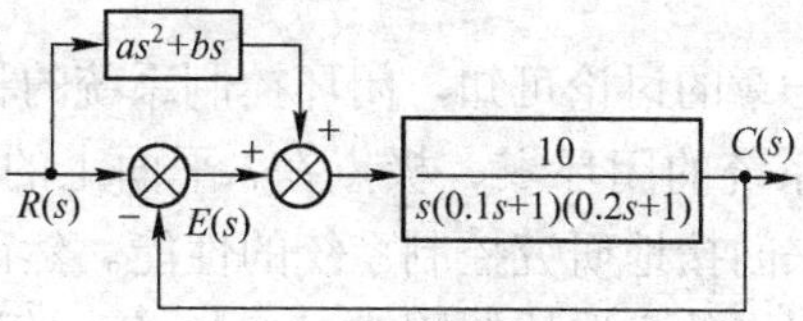

图 T3-10　习题 3-23 图

第 4 章　线性系统的根轨迹分析法

由上一章的讨论可知，闭环控制系统的稳定性由闭环极点（特征根）所决定，而系统的其他性能也与系统的闭环零、极点在 s 平面上的具体分布密切相关。因此，可以根据系统的闭环零、极点来间接地研究控制系统的性能。然而，一个较完善的闭环控制系统通常是一个高阶系统，零、极点的求取比较困难。1948 年，伊万思（W.R.Evans）根据反馈控制系统中开、闭环传递函数之间的内在联系，提出了一种由系统开环零、极点求解闭环特征根的图解方法——根轨迹法。这种图解法直观、简便，非常有利于系统的分析与设计，因此发展很快，并在工程上得到了广泛的应用。

本章主要介绍根轨迹的基本概念、绘制根轨迹的一般规则、系统的广义根轨迹绘制，以及利用根轨迹分析控制系统的性能等内容。

4.1　根轨迹的基本概念

4.1.1　根轨迹

所谓根轨迹，是指系统开环传递函数中某一参数从零变化到无穷时，系统闭环特征根在 s 平面上移动的轨迹。为了理解根轨迹的概念，先研究一个二阶系统的闭环极点和回路增益 K 的关系。系统如图 4.1-1 所示，系统的开环传递函数为

$$G(s)=\frac{K}{s(s+1)}$$

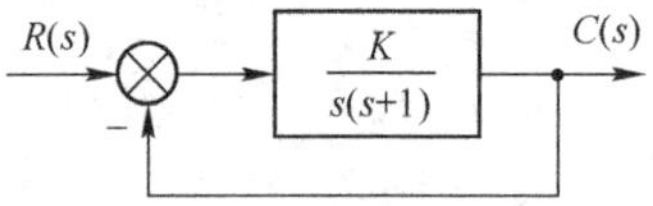

图 4.1-1　二阶系统结构图

系统开环增益为 K，有两个开环极点 $-p_1=0$，$-p_2=-1$，没有开环零点。系统的闭环传递函数为

$$\Phi(s)=\frac{K}{s^2+s+K} \tag{4.1-1}$$

则系统的闭环特征根，即闭环极点为

$$s_1=-\frac{1}{2}+\frac{1}{2}\sqrt{1-4K}，\ s_2=-\frac{1}{2}-\frac{1}{2}\sqrt{1-4K} \tag{4.1-2}$$

不难看出，极点 s_1,s_2 都是参数 K 的函数，K 从 $0\to\infty$ 时，s_1,s_2 的值如表 4.1-1 所示。

表 4.1-1　增益 K 与闭环极点的关系

K	0	0.18	0.25	0.5	1	…	∞
s_1	0	−0.2	−0.5	−0.5+j0.5	−0.5+j0.87	…	−0.5+j∞
s_2	−1	−0.8	−0.5	−0.5−j0.5	−0.5−j0.87	…	−0.5−j∞

以 K 为参变量，在复平面上将极点 s_1,s_2 绘出并用平滑曲线连接起来，便可得到 K 由 $0\to\infty$ 时系统闭环特征根所走过的轨迹，即根轨迹，如图 4.1-2 所示。图中，根轨迹用粗实线绘制，线上的箭头表示增益 K 增大的方向，其中“×”表示开环极点。

根据图示的根轨迹，可大致分析参数 K 变化时系统的各项性能。

（1）$K>0$时，系统的根轨迹均在 s 平面的左半部分，因此，系统是稳定的。

（2）当$0<K<0.25$时，特征根为两相异负实根，系统处于过阻尼状态，此时的阶跃响应为非周期过程；$K=0.25$时，系统有一对相等负实根，系统处于临界阻尼状态，阶跃响应亦为非周期过程。

（3）$K>0.25$时，系统具有一对共轭复根，系统工作在欠阻尼状态，阻尼比ζ随 K 值增大而减小，阶跃响应为衰减振荡过程，超调量随 K 值增大而增大。

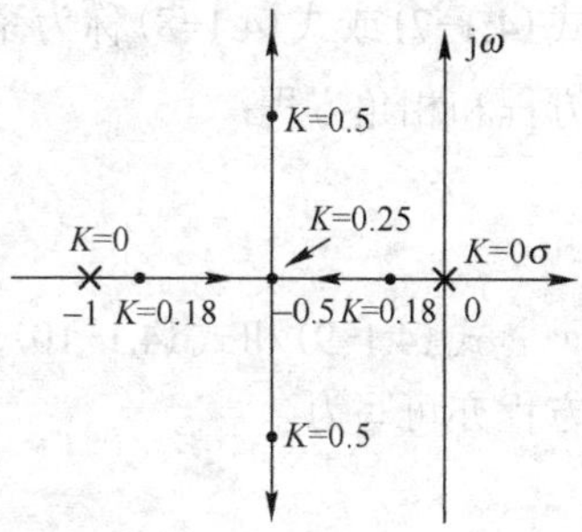

图 4.1-2　系统的根轨迹

（4）系统在坐标原点有一开环极点，故该系统为 I 型系统，阶跃响应的稳态误差为 0，系统的静态速度误差系数可由根轨迹上对应 K 值确定。

根据上面的分析可知，根轨迹与系统性能密切相关，通过系统的根轨迹可了解系统性能随参数变化的情况。然而，对于三阶以上的复杂系统，用解析的方法绘制系统的根轨迹图，显然是不合适的。

4.1.2　根轨迹的幅值条件和相角条件

系统结构图如图 4.1-3 所示。

其闭环传递函数为

$$\Phi(s)=\frac{C(s)}{R(s)}=\frac{G(s)}{1+G(s)H(s)} \tag{4.1-3}$$

式中，$G_k(s)=G(s)H(s)$ 是系统的开环传递函数，$G(s)$ 为前向通道传递函数，$H(s)$ 为反馈通道传递函数。$G_k(s)$ 有 m 个零点和 n 个极点，采用零、极点表示法可写成

$$G_k(s)=\frac{K_g\prod_{i=1}^{m}(s+z_i)}{\prod_{j=1}^{n}(s+p_j)} \tag{4.1-4}$$

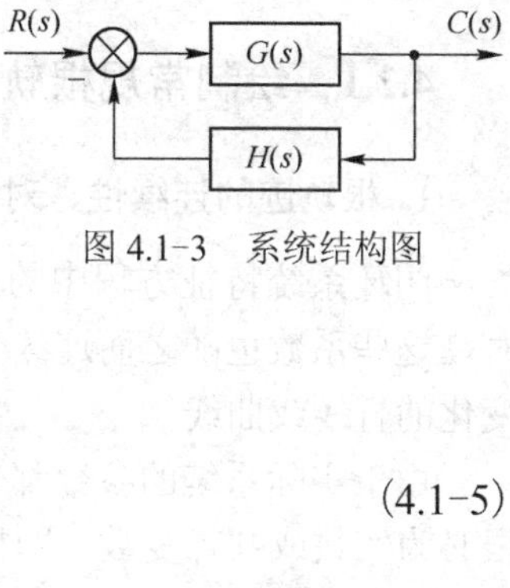

图 4.1-3　系统结构图

式中，$-z_i$ 为系统的开环零点（$i=1,2,\cdots,m$）；$-p_j$ 为系统的开环极点（$j=1,2,\cdots,n$）；K_g 为系统的根轨迹增益。

它与系统的开环增益 K 之间的关系为

$$K=\frac{K_g\prod_{i=1}^{m}z_i}{\prod_{j=1}^{n}p_j} \tag{4.1-5}$$

系统的闭环特征方程为

$$1+G_k(s)=0 \tag{4.1-6}$$

由上式可知，系统根轨迹上的点必须满足方程

$$G_k(s)=-1 \tag{4.1-7}$$

或

$$\frac{K_g\prod_{i=1}^{m}(s+z_i)}{\prod_{j=1}^{n}(s+p_j)}=-1 \tag{4.1-8}$$

显然，在 s 平面上凡是满足式（4.1-7）或式（4.1-8）的点，都是该闭环系统的特征根，所以

式(4.1-7)或式(4.1-8)称为系统的根轨迹方程。$G_k(s)$是复数，故可由式(4.1-7)得到如下幅值方程和相角方程：

$$|G_k(s)| = |G(s)H(s)| = 1 \tag{4.1-9}$$

$$\angle G_k(s) = \angle G(s)H(s) = \pm 180°(2k+1) \tag{4.1-10}$$

式(4.1-9)和式(4.1-10)即为系统的幅值条件和相角条件。考虑到式(4.1-8)，则幅值条件方程亦可写为

$$K_g \frac{\prod_{i=1}^{m}|s+z_i|}{\prod_{j=1}^{n}|s+p_j|} = 1 \tag{4.1-11}$$

相角条件方程为

$$\sum_{i=1}^{m}\angle(s+z_i) - \sum_{j=1}^{n}\angle(s+p_j) = \pm 180°(2k+1) \tag{4.1-12}$$

由式(4.1-11)和式(4.1-12)可以看出，系统的幅值条件与根轨迹增益 K_g 有关，而相角条件与 K_g 无关。所以，把满足相角条件的 s 值代入到幅值条件中，一定能求得一个与之相对应的 k 值。也就是说，在 s 平面上凡满足相角条件方程的点，则必定同时满足系统的幅值条件。因此，相角条件是确定根轨迹的基础；根据实际需要，可用幅值条件确定根轨迹上相关点对应的 K_g 值。

4.2 根轨迹的绘制法则

下面讨论负反馈控制系统根轨迹增益 K_g 变化时绘制根轨迹图的基本法则。这些法则绘制的根轨迹，须遵循 $180°(2k+1)$ 的相角条件，故又称之为 $180°$ 根轨迹，相应的绘制法则也就可以称为 $180°$ 根轨迹的绘制法则。当系统其他参数变化时，只要进行适当转换，这些法则仍然可用。

4.2.1 绘制常规根轨迹一般法则

1. 根轨迹的连续性、对称性

闭环系统特征方程中的某些系数是根轨迹增益 K_g 的函数，当 K_g 从零到无穷大连续变化时，这些系数也随之而连续变化，因而特征方程式根的变化也必然是连续的，故根轨迹是连续变化的直线或曲线。

由于实际系统的参数都是实数，因而系统特征方程式的各项系数也均为实数，相应的特征根必为实数或共轭复数，即根轨迹必然位于 s 平面的实轴上或对称于实轴。

2. 根轨迹的分支数

设系统的开环传递函数如式(4.1-4)所示，相应的闭环特征方程式为

$$\prod_{j=1}^{n}(s+p_j) + K_g\prod_{i=1}^{m}(s+z_i) = 0 \tag{4.2-1}$$

对于实际系统，开环传递函数分母 s 的最高阶次总是大于或等于其分子 s 的最高阶次，即 $n \geqslant m$，因而闭环特征方程的最高阶次必为 n。当增益 K_g 由零变化到无穷大时，n 个根在复平面上的连续变化组成 n 支根轨迹，即系统根轨迹分支数为系统的阶数。

3. 根轨迹的起点和终点

根轨迹起始点即为当 $K_g = 0$ 时系统特征方程根的位置。由式(4.2-1)可得，当 $K_g = 0$ 时，

方程(4.2-1)可变形为

$$\prod_{j=1}^{n}(s+p_j)=0 \tag{4.2-2}$$

上式中，只有$s=-p_j(j=1,2,\cdots,n)$才能成立，即根轨迹的起始点就是系统的开环极点。

当$K_g\to\infty$时，系统特征方程根的位置即为根轨迹终点。此时，方程(4.1-8)可改写为

$$\frac{\prod_{i=1}^{m}(s+z_i)}{\prod_{j=1}^{n}(s+p_j)}=\lim_{K_g\to\infty}\left(-\frac{1}{K_g}\right)=0 \tag{4.2-3}$$

由上式可知，当$s=-z_i(i=1,2,\cdots,m)$时，上式成立，即有m条根轨迹终止于该m个有限开环零点处。当$n>m$时，$s\to\infty e^{j\varphi}$亦能使式(4.2-3)成立。也就是说，当$n>m$时，系统的m条根轨迹的终点位于系统的m个有限开环零点处，剩余的$n-m$条根轨迹的终点在无限远处。

4. 实轴上的根轨迹

实轴上具有根轨迹的区间是：其右方开环实数零、极点的个数之和为奇数。

设某系统的开环零、极点分布如图 4.2-1 所示，其中$-p_3$、$-p_4$是一对共轭复数极点，$-z_2$、$-z_3$是一对共轭复数零点。实轴上的某点若是根轨迹上的点，它必定满足相角条件方程(4.1-12)。在实轴上取一试探点s_1，考察各开环零、极点对该点所引起的相角变化。

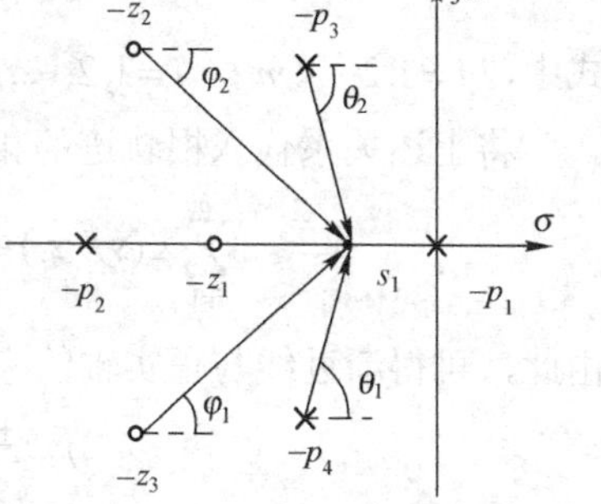

图 4.2-1　系统的开环零、极点分布图

由图可以看出，$\theta_1=-\theta_2$，$\varphi_1=-\varphi_2$，所以，

$$\angle(s_1+p_3)+\angle(s_1+p_4)=0，\quad \angle(s_1+z_2)+\angle(s_1+z_3)=0$$

故复平面上的开环零、极点对实轴上的根轨迹点位置没有影响。

对应于试探点左方实轴上的开环零、极点，它们到点s_1产生的相角均为0°，即$\angle(s_1+z_1)=\angle(s_1+p_2)=0$，故不会对相角条件产生影响。而试探点右方实轴上的每个开环零点或极点到点s_1产生的相角均为180°，所以会对相角条件产生影响。

综上所述，按照根轨迹方程的相角条件，实轴上的点若在根轨迹上，其右方的实数极点数和实数零点数之和必为奇数。利用本规则，可以判断出在图 4.2-1 实轴上$(-\infty,-p_2]$和$[-z_1,-p_1]$区间段应为实轴上的根轨迹区间。

【例 4-1】 已知系统的开环传递函数为$G(s)H(s)=\dfrac{K_g(s^2+2s+2)}{s(s+1)(s+2)}$，试确定系统的根轨迹图。

解： 系统开环传递函数的$n=3$，$m=2$，系统的开环极点分别为$-p_1=0$、$-p_2=-1$和$-p_3=-3$，开环零点$-z_1=-1+j$和$-z_2=-1-j$。根据前面的分析，系统应有 3 支根轨迹，起始点分别为$-p_1$、$-p_2$和$-p_3$，其中有两支根轨迹分别终止于$-z_1$及$-z_2$，另一支终止于无穷远处。实轴上的根轨迹位于区间段$(-\infty,-p_3]$和$[-p_2,-p_1]$。系统根轨迹如图 4.2-2 所示。图中，“×”表示开环传递函数的极点，“o”表示开环传递函数的零点。

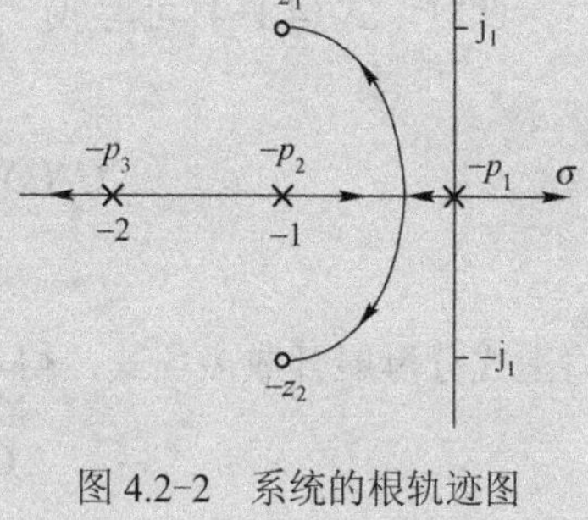

图 4.2-2　系统的根轨迹图

5. 根轨迹的渐近线

如果系统的开环极点数n大于开环零点数m，当$K_g \to \infty$时，有$n-m$条根轨迹的终点在无限远处。这些趋向于无限远处的根轨迹由下述渐近线确定。

渐近线与实轴正方向的夹角为

$$\theta = \frac{\pm 180°(2k+1)}{n-m} \qquad k=0,1,2,\cdots,n-m-1 \tag{4.2-4}$$

渐近线与实轴的交点为

$$\sigma = \frac{\sum_{j=1}^{n}(-p_j) - \sum_{i=1}^{m}(-z_i)}{n-m} \tag{4.2-5}$$

研究根轨迹的渐近线就是研究当s趋于无穷时的根轨迹，此时的$K_g \to \infty$，且渐近线一定对称于实轴。设系统有特征根s_k在无穷远处，则s平面上的有限开环零点和有限开环极点向s_k作向量所形成的幅角应是相同的，以θ表示，即

$$\angle(s_k + z_i) = \angle(s_k + p_j) = \theta \tag{4.2-6}$$

式中，$i=1,2,\cdots,m$；$j=1,2,\cdots,n$。

将上述关系代入根轨迹的相角条件方程(4.1-12)，可得

$$\sum_{i=1}^{m}\angle(s+z_i) - \sum_{j=1}^{n}\angle(s+p_j) = m\theta - n\theta = \pm 180°(2k+1) \tag{4.2-7}$$

由此，可得渐近线与正实轴的夹角为

$$\theta = \frac{\pm 180°(2k+1)}{n-m} \qquad k=0,1,2,\cdots,n-m-1$$

下面讨论渐近线与实轴的交点。将式(4.1-4)展开为

$$G_k(s) = \frac{K_g\left(s^m + \sum_{i=1}^{m} z_i s^{m-1} + \cdots + \prod_{i=1}^{m} z_i\right)}{s^n + \sum_{j=1}^{n} p_j s^{n-1} + \cdots + \prod_{j=1}^{n} p_j} \tag{4.2-8}$$

上式以分子除以分母，可得

$$G_k(s) = \frac{K_g}{s^{n-m} + \left(\sum_{j=1}^{n} p_j - \sum_{i=1}^{m} z_i\right)s^{n-m-1} + \cdots} \tag{4.2-9}$$

当s趋于无穷时，各有限开环零点和极点到s之间的距离近似相等，可用同一向量点σ指向s点的向量来替代，即

$$s-(-z_i) \approx s-(-p_j) \approx s-\sigma \tag{4.2-10}$$

此时，式(4.1-4)可写成

$$G_k(s) = \frac{K_g\prod_{i=1}^{m}(s+z_i)}{\prod_{j=1}^{n}(s+p_j)} = \frac{K_g(s-\sigma)^m}{(s-\sigma)^n} = \frac{K_g}{(s-\sigma)^{n-m}} \tag{4.2-11}$$

将上式分母展开成多项式，得

$$G_k(s) = \frac{K_g}{s^{n-m} - (n-m)\sigma s^{n-m-1} + \cdots} \tag{4.2-12}$$

当s趋于无穷时，比较式(4.2-9)和式(4.2-12)，应有

$$(n-m)\sigma = -\left(\sum_{j=1}^{n} p_j - \sum_{i=1}^{m} z_i\right) = \sum_{j=1}^{n}(-p_j) - \sum_{i=1}^{m}(-z_i)$$

可得
$$\sigma = \frac{\sum_{j=1}^{n}(-p_j) - \sum_{i=1}^{m}(-z_i)}{n-m}$$

由于开环复数极点和零点总是成对出现的，因而σ必定是一个实数，即得渐近线与实轴的交点为

$$\sigma = \frac{\sum_{j=1}^{n}(-p_j) - \sum_{i=1}^{m}(-z_i)}{n-m} = \frac{\text{开环极点的实部之和-开环零点的实部之和}}{\text{开环极点数-开环零点数}} \quad (4.2\text{-}13)$$

由上面分析可知，当s趋于无穷时，s的模值增加，但相角保持不变；根轨迹的$n-m$条渐近线与实轴正方向的夹角各不相同，但均与实轴相交于同一点。

【例 4-2】 已知系统的开环传递函数为$G(s)H(s)=\dfrac{K_g}{s(s+1)(s+2)}$，试确定系统的根轨迹图。

解：系统的$n=3$，$m=0$，系统的开环极点分别为$-p_1=0$、$-p_2=-1$和$-p_3=-2$，没有开环零点。根据前面的规则，系统根轨迹有如下特征：

（1）系统有 3 支根轨迹，起始点分别为$-p_1$、$-p_2$和$-p_3$，均终止于无穷远处。

（2）实轴上的根轨迹区间为$(-\infty,-2]$和$[-1,\ 0]$。

（3）根轨迹渐近线与正实轴的夹角分别为

$$\theta = \frac{\pm 180°(2k+1)}{3} = 60°,180°,300°, k=0,1,2;$$

渐近线与实轴的交点为$\sigma = \dfrac{-1-2}{3} = -1$。

系统根轨迹如图 4.2-3 所示。

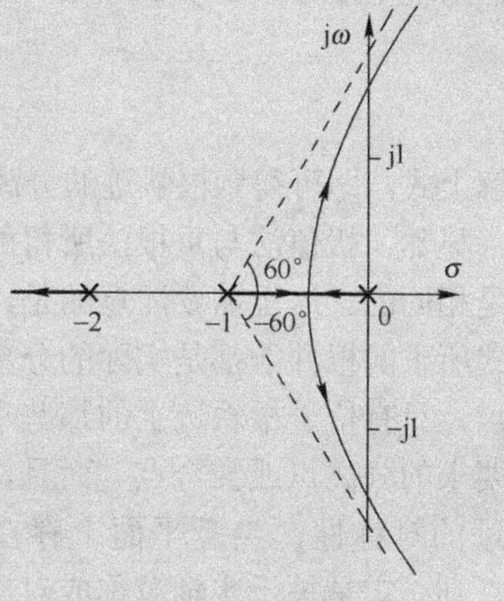

图 4.2-3 系统根轨迹图

6. 根轨迹的分离点和会合点

两条或两条以上的根轨迹在s平面上相遇又分离的点称为根轨迹的分离点(或会合点)。由于根轨迹具有共轭对称性，故分离点与会合点必然是实数或共轭复数对。一般地，当根轨迹分支在实轴上相交后走向复平面时，该相交点常称为分离点(见图 4.2-4 中的点a)；反之，当根轨迹分支由复平面走向实轴时，它们在实轴上的相交点则称为会合点(见图 4.2-4 中的点b)。

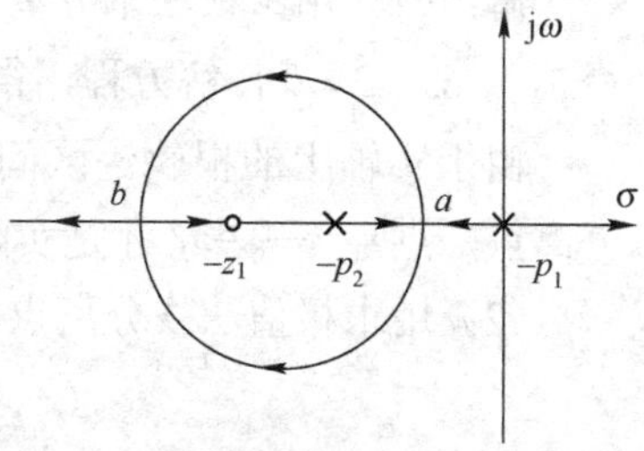

图 4.2-4 根轨迹的分离点和会合点

一般说来，如果实轴上两相邻开环极点之间有根轨迹，则两相邻极点之间必有分离点；如果实轴上相邻开环零点(其中一个可能是无穷远零点)之间存在根轨迹，则两相邻零点之间必有会合点。如果实轴上开环零点和极点之间有根轨迹，则它们之间可能既无分离点也无会合点，也可能既有分离点也有会合点。

在分离点或会合点上，根轨迹的切线与正实轴的夹角称为分离角(或会合角)。分离角θ_d与相分离的根轨迹分支数k有关，其关系式为

$$\theta_d = 180°/k \quad (4.2\text{-}14)$$

根轨迹的分离点或会合点的位置求取可用重根法或极值法等多种方法。重根法即是分离点或会合点的位置应为特征方程的重根。

系统开环传递函数可写为
$$G(s)H(s)=K_g B(s)/A(s)$$

则系统闭环特征方程为
$$1+\frac{K_g B(s)}{A(s)}=0 \tag{4.2-15}$$

或写为
$$F(s)=A(s)+K_g B(s)=0 \tag{4.2-16}$$

由代数方程式解的性质可知，当 $K_g=K_{gd}$ 时，系统出现重根的条件是 s 的值必须同时满足下列方程:

$$F(s)=A(s)+K_{gd}B(s)=0\,,\quad F'(s)=A'(s)+K_{gd}B'(s)=0$$

消去两式中的 K_{gd}，可得
$$A'(s)B(s)-A(s)B'(s)=0 \tag{4.2-17}$$

求解方程(4.2-17)得到的 s，即为所求的分离点或会合点。

根轨迹的分离点和会合点的求取还可以通过对 K_g 求极值的方法获得。由式(4.2-15)可得
$$K_g=-A(s)/B(s) \tag{4.2-18}$$

方程出现重根时，必须 $\mathrm{d}K_g/\mathrm{d}s=0$，即
$$\frac{\mathrm{d}K_g}{\mathrm{d}s}=\frac{A(s)B'(s)-A'(s)B(s)}{B^2(s)}=0 \tag{4.2-19}$$

求解上式，即可得到根轨迹的分离点。

显然，极值法与重根法所得的方程形式是相同的。这里需要注意的是，按上述两式所求的根并非都是实际的分离点或会合点，只有位于根轨迹上的那些重根才是所要求的分离点或会合点。而且，由于根轨迹的对称性，当复平面上存在分离点时，则必定是关于实轴对称成对出现的。图 4.2-5(a)为四条根轨迹在实轴上分离的情况，图 4.2-5(b)为复平面上出现对称分离点的情况。

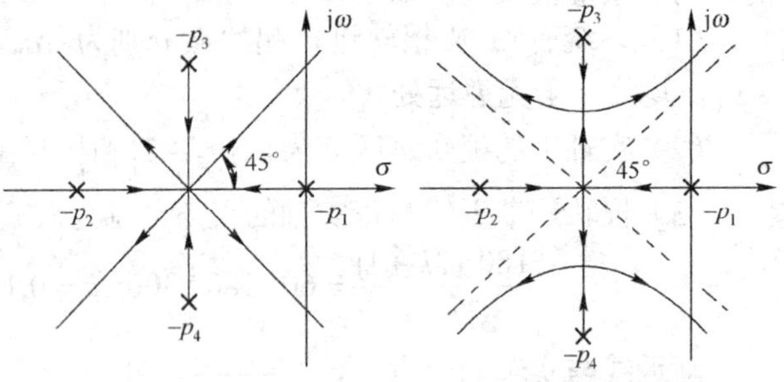

(a) 分离点　　(b) 复数分离点

图 4.2-5　根轨迹的分离点

【例 4-3】 试确定例 4-2 中系统根轨迹的分离点。

解:（1）用重根法求分离点。本例中，$A(s)=s(s+1)(s+2)$，$B(s)=1$，代入式(4.2-17)得 $3s^2+6s+2=0$，解方程，得 $s_1=-0.432$，$s_2=-1.577$。

由于实轴上的根轨迹区间为 $(-\infty,-2]$ 和 $[-1,0]$，点 s_2 不在根轨迹区间，也就不可能是分离点，点 $s_1=-0.432$ 才是实际要求的分离点。

（2）用求极值法找分离点。系统的闭环特征方程式为
$$s(s+1)(s+2)+K_g=0$$

则
$$K_g=-s(s+1)(s+2)$$

上式对 s 求导，得
$$\mathrm{d}K_g/\mathrm{d}s=-(3s^2+6s+2)$$

解方程 $\mathrm{d}K_g/\mathrm{d}s=0$，得 $s_1=-0.432$，$s_2=-1.577$。两种方法所得结果完全相同。

7. 根轨迹的出射角和入射角

根轨迹的出射角是指根轨迹离开开环复数极点处的切线与实轴正方向的夹角，常以 θ_{p_j} 来

表示。而根轨迹的入射角则是指根轨迹进入开环复数零点处的切线与实轴正方向的夹角，常以 φ_{z_i} 来表示。出射角和入射角又分别称为起始角和终止角。可以根据根轨迹的相角条件求得根轨迹的出射角和入射角。

设某系统的开环零、极点分布如图 4.2-6 所示。其中，$-p_1$、$-p_2$ 为共轭复数极点，$-z_1$、$-z_2$ 为共轭复数零点。根轨迹离开 $-p_1$ 的出射角为 θ_{p_1}，根轨迹进入 $-z_1$ 的入射角为 φ_{z_1}。

为求 θ_{p_1}，可在离开 $-p_1$ 的根轨迹上取一点 s_1，s_1 十分靠近，故可认为 s_1 就在过点 $-p_1$ 的根轨迹切线上，同时可认为开环零点和其他开环极点指向点 s_1 的矢量的相角和它们指向 $-p_1$ 的矢量相角相等。根据相角条件[式(4.1-12)]有

$$\sum_{i=1}^{3}\angle(s_1+z_i)-\sum_{j=1}^{5}\angle(s_1+p_j)=\pm180°(2k+1)$$

因 s_1 十分靠近点 $-p_1$，故有

$$\sum_{i=1}^{3}\angle(-p_1+z_i)-\sum_{j=2}^{5}\angle(-p_1+p_j)-\theta_{p_1}=\pm180°(2k+1)$$

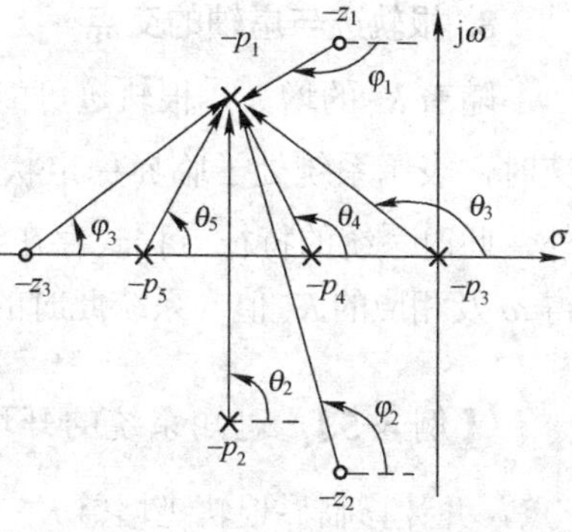

图 4.2-6　根轨迹出射角的确定

可得
$$\theta_{p_1}=\mp180°(2k+1)+\sum_{i=1}^{3}\angle(-p_1+z_i)-\sum_{j=2}^{5}\angle(-p_1+p_j) \tag{4.2-20}$$

同理，可得
$$\varphi_{z_1}=\pm180°(2k+1)+\sum_{j=1}^{5}\angle(-z_1+p_j)-\sum_{i=2}^{3}\angle(-z_1+z_i) \tag{4.2-21}$$

由上述计算，可得根轨迹出射角的一般表达式为

$$\begin{aligned}\theta_{pl}&=\mp180°(2k+1)+\sum_{i=1}^{m}\angle(-p_l+z_i)-\sum_{\substack{j=1\\ j\neq l}}^{n}\angle(-p_l+p_j)\\&=\mp180°(2k+1)+\sum_{i=1}^{m}\varphi_i-\sum_{\substack{j=1\\ j\neq l}}^{n}\theta_j\end{aligned} \tag{4.2-22}$$

式中，θ_{pl} 为根轨迹离开开环复数极点 $-p_l$ 的出射角；θ_j 为除 $-p_l$ 外其他开环极点对 $-p_l$ 的相角；φ_i 为各开环零点对 $-p_l$ 的相角。

同理，可计算得根轨迹入射角的一般表达式为

$$\begin{aligned}\varphi_{zk}&=\pm180°(2k+1)+\sum_{j=1}^{n}\angle(-z_k+p_j)-\sum_{\substack{i=1\\ i\neq k}}^{m}\angle(-z_k+z_i)\\&=\pm180°(2k+1)+\sum_{j=1}^{n}\theta_j-\sum_{\substack{i=1\\ i\neq k}}^{m}\varphi_i\end{aligned} \tag{4.2-23}$$

此式中，φ_{zk} 为根轨迹进入开环复数零点 $-z_k$ 的入射角；θ_j 为各开环极点对 $-z_k$ 的相角；φ_i 为除 $-z_k$ 外其他各开环零点对 $-z_k$ 的相角。

【例 4-4】 系统的开环传递函数为 $G(s)=\dfrac{K_{\mathrm{g}}(s+2)}{s(s+3)(s^2+2s+2)}$，试确定根轨迹离开开环复数极点的出射角。

解： 系统的开环极点为 $-p_1=0,\ -p_2=-3,\ -p_3=-1+\mathrm{j},\ -p_4=-1-\mathrm{j}$，开环零点为 $-z_1=-2$。利用式(4.2-22)可得出射角为

$$\theta_{p_3} = \mp 180°(2k+1) + \angle(-p_3+z_1) - \angle(-p_3+p_1) - \angle(-p_3+p_2) - \angle(-p_3+p_4)$$
$$= \mp 180°(2k+1) + \angle(-1+\mathrm{j}+2) - \angle(-1+\mathrm{j}) - \angle(-1+\mathrm{j}+3) - \angle(-1+\mathrm{j}+1+\mathrm{j})$$
$$= \mp 180°(2k+1) + 45° - 135° - 26.6° - 90°$$
$$= -26.6°$$

因为根轨迹具有对称性，故必有 $\theta_{p_4} = -\theta_{p_3} = 26.6°$ 。

8. 根轨迹与虚轴的交点

随着 K_g 的增大，根轨迹可能会由左半 s 平面越过虚轴进入右半 s 平面。当根轨迹与虚轴相交时，表示系统处于临界稳定状态，因此，可由劳斯判据求得交点坐标值及相应的 K_g 值。另外，此时系统的特征方程式存在纯虚根，故又可令 $s = \mathrm{j}\omega$ ，将其代入特征方程式中，从而可求得 ω 及相应的 K_g 值。系统此时的增益值 K_g 称为临界根轨迹增益，常用 K_{gp} 表示。

【例 4-5】 已知系统的开环传递函数为 $G(s) = \dfrac{K_g}{s(s+2)(s+3)}$ ，试求根轨迹与虚轴的交点，并计算临界根轨迹增益 K_{gp} 。

解：系统的闭环特征方程为

$$s^3 + 5s^2 + 6s + K_g = 0$$

方法一：用劳斯判据计算。上式的劳斯表为：

s^3	1	6
s^2	5	K_g
s^1	$30 - K_g$	
s^0	K_g	

系统临界稳定，必须 s^1 行等于 0，故得 $K_{gp} = 30$ 。

共轭虚根可由 s^2 行列辅助方程求得，即

$$5s^2 + K_g = 5s^2 + 30 = 0$$

解得 $s_{1,2} = \pm \mathrm{j}\sqrt{6}$ ，此值即为根轨迹与虚轴的交点。

方法二：当 $K_g = K_{gp}$ 时，令 $s = \mathrm{j}\omega$ 并代入特征方程式中，得

$$(\mathrm{j}\omega)^3 + 5(\mathrm{j}\omega)^2 + 6\mathrm{j}\omega + K_{gp} = 0$$

令上式的实部和虚部分别等于零，得

$$6\omega - \omega^3 = 0,\quad K_{gp} - 5\omega^2 = 0$$

联立解得 $\omega = 0, \pm\sqrt{6}$ ，相应的 $K_{gp} = 0, 30$ 。其中， $K_{gp} = 0$ 对应于根轨迹的起点，显然不是所要求的值；当 $K_{gp} = 30$ 时，根轨迹与虚轴相交，交点坐标为 $\pm \mathrm{j}\sqrt{6}$ 。所以， $K_{gp} = 30$ 是所求的临界根轨迹增益。此时，系统的临界放大倍数为 $K_p = \dfrac{6}{2 \times 3} = 1$ 。

9. 根之和与根之积

系统的开环传递函数为

$$G_k(s) = \frac{K_g \prod_{i=1}^{m}(s+z_i)}{\prod_{j=1}^{n}(s+p_j)} = K_g \frac{s^m + b_{m-1}s^{m-1} + \cdots + b_1 s + b_0}{s^n + a_{n-1}s^{n-1} + \cdots + a_1 s + a_0}$$

式中，$-z_i$ 和 $-p_j$ 分别为开环零、极点，且有 $\sum_{i=1}^{m} z_i = b_{m-1}$，$\sum_{j=1}^{n} p_j = a_{n-1}$，$\prod_{i=1}^{m} z_i = b_0$，$\prod_{j=1}^{n} p_j = a_0$。系统的闭环特征方程为

$$s^n + a_{n-1}s^{n-1} + \cdots + a_1 s + a_0 + K_g(s^m + b_{m-1}s^{m-1} + \cdots + b_1 s + b_0) = 0 \tag{4.2-24}$$

设系统的闭环极点为 $-s_1, -s_2, \cdots, -s_n$，则闭环特征方程可写作

$$s^n + (s_1 + s_2 + \cdots + s_n)s^{n-1} + \cdots + s_1 s_2 \cdots s_n = 0 \tag{4.2-25}$$

比较式(4.2-24)和式(4.2-25)，可得如下结论：

（1）当 $n - m \geqslant 2$ 时，系统闭环极点之和等于系统开环极点之和且为常数，即

$$\sum_{j=1}^{n}(-s_j) = \sum_{j=1}^{n}(-p_j) \tag{4.2-26}$$

上式表明，当 K_g 增大时，若存在一些闭环极点在 s 平面上向左移动，则必有另一部分闭环极点向右移动。即当 $n - m \geqslant 2$ 时，闭环极点之和与 K_g 值无关。

（2）由式(4.2-24)和式(4.2-25)的常数项相等，则有

$$\prod_{j=1}^{n}(-s_j) = \prod_{j=1}^{n}(-p_j) + K_g \prod_{i=1}^{m}(-z_i) \tag{4.2-27}$$

当系统具有等于零的开环极点，即 $\prod_{j=1}^{n}(-p_j) = 0$ 时，则有

$$\prod_{j=1}^{n}(-s_j) = K_g \prod_{i=1}^{m}(-z_i) \tag{4.2-28}$$

即当系统具有等于零的开环极点时，系统的闭环极点之积与 K_g 成正比。

在系统的开环零、极点已知的情况下，依照上面绘制根轨迹的 9 条法则，可以很快捷地绘制出系统根轨迹的大致形状，从而可以直观地分析 K_g 和系统性能的关系。为了使用方便，现将根轨迹绘制法则归纳于表 4.2-1 中。

表 4.2-1　绘制根轨迹的基本法则

序号	内　容	法　则
1	根轨迹的连续性、对称性	根轨迹是连续变化的直线或曲线，且对称于实轴
2	根轨迹的分支数	根轨迹分支数等于开环极点数
3	根轨迹的起点和终点	起点：起始于系统的开环极点 终点：终止于开环零点(包括无限远开环零点)
4	实轴上的根轨迹	实轴上的某一区域，若其右方的开环实数零、极点个数之和为奇数，则该区域必是根轨迹
5	根轨迹的渐近线	渐近线与实轴正方向的夹角为 $\theta = \dfrac{\pm 180°(2k+1)}{n-m}$　$k = 0,1,2,\cdots,n-m-1$ 渐近线与实轴的交点为　$\sigma = \dfrac{\sum_{j=1}^{n}(-p_j) - \sum_{i=1}^{m}(-z_i)}{n-m}$
6	根轨迹的分离点和会合点	求 $A'(s)B(s) - A(s)B'(s) = 0$，或 $\mathrm{d}K_{gd}/\mathrm{d}s = 0$ 的根。k 条根轨迹会合后分离的分离角为 $\theta_d = 180°/k$

序号	内　容	法　则
7	根轨迹的出射角和入射角	出射角：$\theta_{p_l}=\mp180°(2k+1)+\sum_{i=1}^{m}\varphi_i-\sum_{\substack{j=1\\j\neq l}}^{n}\theta_j$ 入射角：$\varphi_{zk}=\pm180°(2k+1)+\sum_{j=1}^{n}\theta_j-\sum_{\substack{i=1\\i\neq k}}^{m}\varphi_i$
8	根轨迹与虚轴的交点	可由劳斯判据求得 K_{gp} 及相应交点处的 ω 值，或令 $s=j\omega$ 并代入特征方程求得 K_{gp} 及 ω 值
9	根之和与根之积	（1）当 $n-m\geqslant2$ 时，系统闭环极点之和等于系统开环极点之和且为常数，即 $\sum_{j=1}^{n}(-s_j)=\sum_{j=1}^{n}(-p_j)$； （2）$\prod_{j=1}^{n}(-s_j)=\prod_{j=1}^{n}(-p_j)+K_g\prod_{i=1}^{m}(-z_i)$

4.2.2 根轨迹绘制举例

【例 4-6】 设系统开环传递函数为$G(s)=\dfrac{K_g(s+3)}{(s+1)(s+2)}$，试绘制系统的根轨迹，并证明系统根轨迹的复数部分为一个圆。

解：根据系统根轨迹的绘制法则，绘制根轨迹的大致步骤如下：

（1）n=2，m=1，系统根轨迹共有 2 支。起点分别在开环极点$-p_1$=−1 和$-p_2$=−2 处，一支根轨迹终止于开环零点$-z_1$=−3 处，另一支沿负实轴趋向于无穷远处。

（2）实轴上的根轨迹区间为：[−∞，−3]和[−2，−1]。

（3）根轨迹的分离点和会合点。根据根轨迹的特点，在区间[−2，−1]上必有分离点，在区间(−∞，−3]上必有会合点。由系统开环传递传函数可得

$$A(s)=(s+1)(s+2),\ B(s)=s+3$$

所以

$$A'(s)B(s)-A(s)B'(s)=-s^2-6s-7=0$$

解得$s_1=-1.586$，$s_2=-4.414$。

（4）根轨迹的复数部分为一个圆，证明如下：设 s 点在根轨迹上，则应满足根轨迹的相角条件，即

$$\angle(s+3)-\angle(s+1)-\angle(s+2)=180^\circ$$

令 $s=\sigma+j\omega$ 并代入上式，则得

$$\angle(\sigma+j\omega+3)-\angle(\sigma+j\omega+1)-\angle(\sigma+j\omega+2)=180^\circ$$

可写作：
$$\arctan\frac{\omega}{\sigma+3}-\arctan\frac{\omega}{\sigma+1}-\arctan\frac{\omega}{\sigma+2}=180^\circ$$

即
$$\arctan\frac{\omega}{\sigma+3}-\arctan\frac{\omega}{\sigma+1}=180^\circ+\arctan\frac{\omega}{\sigma+2}$$

上式等号两端分别取正切，得

$$\frac{\dfrac{\omega}{\sigma+3}-\dfrac{\omega}{\sigma+1}}{1+\dfrac{\omega}{\sigma+3}\cdot\dfrac{\omega}{\sigma+1}}=\frac{\omega}{\sigma+2}$$

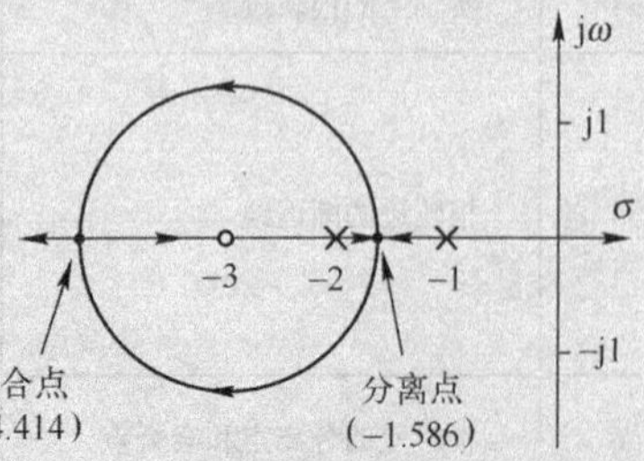

图 4.2-7　例 4-6 的根轨迹图

经化简并整理，可得

$$(\sigma+3)^2+\omega^2=(\sqrt{2})^2$$

这是一个圆的方程，圆心位于开环零点处，半径为$\sqrt{2}$，圆与实轴的交点即是根轨迹在实轴上的分离点和会合点。图 4.2-7 为该系统的根轨迹。

【例 4-7】 系统的开环传递函数为$G_k(s)=\dfrac{K_g}{s(s+3)(s^2+2s+2)}$，试绘制闭环系统的根轨迹。

解：系统的开环极点有 4 个，$-p_1=0,\ -p_2=-3$，$-p_3=-1+j,\ -p_4=-1-j$，无有限值开环零点。根轨迹绘制步骤如下：

（1）系统有 4 条根轨迹，分别起始于开环极点处，终止于无穷远处。

（2）实轴上的根轨迹区间为[−3，0]。

（3）根轨迹渐近线与实轴正方向的夹角为

$$\theta=\frac{\pm180°(2k+1)}{n-m}=\frac{\pm180°(2k+1)}{4}=\pm45°,\pm135°$$

交点坐标为
$$\sigma=\frac{\sum_{j=1}^{n}(-p_j)-\sum_{i=1}^{m}(-z_i)}{n-m}=\frac{-3-1+j-1-j}{4}=-1.25$$

（4）根轨迹在实轴上[−3，0] 区间存在分离点。令$A(s)=s(s+3)(s^2+2s+2)$，$B(s)=1$，可得方程

$$A'(s)B(s)-A(s)B'(s)=-(4s^3+15s^2+16s+6)=0$$

解得$s_1=-2.28$，$s_{2,3}=-0.725\pm j0.365$（舍去）。分离角：$\theta_d=\pm90°$。

（5）根轨迹的出射角

$$\begin{aligned}\theta_{p_3}&=\mp180°(2k+1)-\angle(-p_3+p_1)-\angle(-p_3+p_2)-\angle(-p_3+p_4)\\&=\mp180°(2k+1)-\angle(-1+j)-\angle(-1+j+3)-\angle(-1+j+1+j)\\&=\mp180°(2k+1)-135°-26.6°-90°=-71.6°\end{aligned}$$

$$\theta_{p_4}=-\theta_{p_3}=71.6°$$

（6）根轨迹与虚轴的交点。闭环系统的特征方程为

$$s^4+5s^3+8s^2+6s+K_g=0$$

令$s=j\omega$并代入特征方程，得

$$(j\omega)^4+5(j\omega)^3+8(j\omega)^2+6(j\omega)+K_g=0$$

令实部和虚部分别为 0，可得如下两个方程：

$$\omega^4-8\omega^2+K_g=0,\ 6\omega-5\omega^3=0$$

联立求解，并舍去$K_{gp}=0$之值，得$\omega_{1,2}=\pm1.1$，$K_{gp}=8.16$。

按上述各步的计算结果，绘制的系统根轨迹大致形状如图 4.2-8 所示。

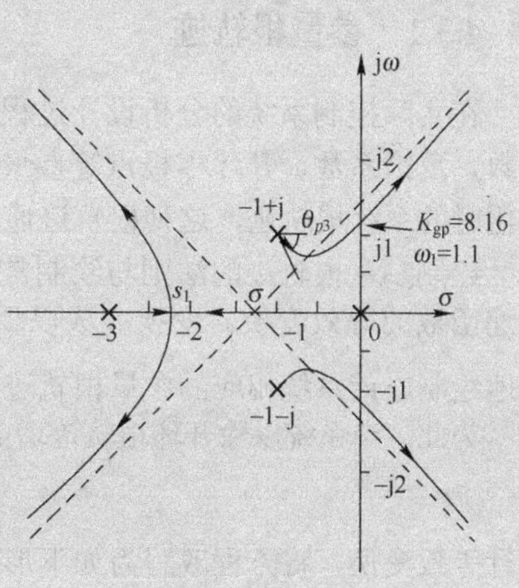

图 4.2-8 例 4-7 的根轨迹

图 4.2-9 绘出了常见的几种开环零、极点分布及其相应的常规根轨迹。

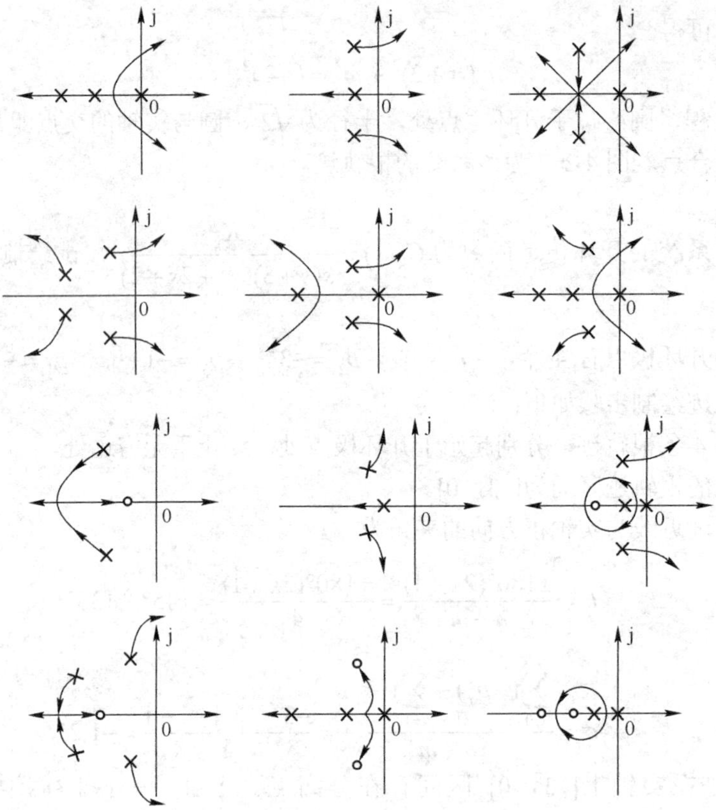

图 4.2-9　开环零、极点分布及其相应的根轨迹图

4.3　广义根轨迹

前面介绍的是开环传递函数中根轨迹增益 K_g 变化时系统的根轨迹绘制方法，此时的根轨迹通常称为常规根轨迹。在实际控制系统中，除根轨迹增益为变化参数以外，其他情形下的根轨迹统称为广义根轨迹，如系统的参量根轨迹、零度根轨迹等均可列为广义根轨迹范畴。

4.3.1　参量根轨迹

在实际控制系统的分析设计过程中，常常还需要考虑其他参数变化对系统的影响，如时间常数、反馈系数、开环零极点等参量的变化对系统各方面性能的影响，这就需要绘制其他参量变化时的系统根轨迹，这种根轨迹通常称为参量根轨迹。

绘制参量根轨迹的法则与绘制常规根轨迹的法则完全相同，只是需要在绘制之前进行开环传递函数的等效变换。变换完成以后，便可以依照绘制以 K_g 为变量时的根轨迹绘制法则，顺利地绘制出该系统相应的参量根轨迹。

为此，当系统以除开环根轨迹增益 K_g 之外的某参数 a 为变量时，首先需要对闭环特征方程

$$1+G_k(s)=0 \tag{4.3-1}$$

进行等效变换，将方程改写为如下形式：

$$a\frac{P(s)}{Q(s)}+1=0 \tag{4.3-2}$$

式中，a 为除 K_g 之外的系统变化参数，$P(s)$ 和 $Q(s)$ 为与 a 无关的首项系数为 1 的多项式。由

上式可得到系统的等效开环传递函数，即

$$G'_k(s)=a\frac{P(s)}{Q(s)} \tag{4.3-3}$$

经过上述处理后，就可以按式(4.3-3)的零、极点来绘制以 a 为参变量的根轨迹。

【例 4-8】 某双闭环控制系统如图 4.3-1 所示，试绘制以 τ 为参变量的系统根轨迹。

解：由图可得系统的开环传递函数为

$$G_k(s)=\frac{4}{s(s+2+\tau)}$$

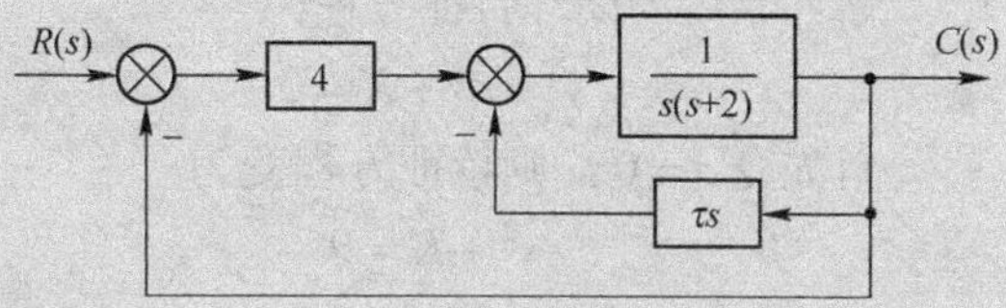

图 4.3-1　系统结构图

系统的闭环特征方程为

$$s^2+2s+\tau s+4=0$$

以不含 τ 的部分除全式，得

$$1+\frac{\tau s}{s^2+2s+4}=0$$

令系统的等效开环传递函数为

$$G'_k(s)=\frac{\tau s}{s^2+2s+4} \tag{4.3-4}$$

比较式(4.3-4)和式(4.1-5)，上式中的参量 τ 相当于常规根轨迹增益 K_g，因此可以按照常规根轨迹的绘制方法绘制出该参量根轨迹。

上式表明，等效根轨迹方程有两个极点 $-p'_{1,2}=-1\pm \mathrm{j}\sqrt{3}$，一个零点 $-z'_1=0$。根轨迹如图 4.3-2 所示。依照例 4-6 的方法，同样可以证明此根轨迹的复数部分为一圆弧，圆方程为 $\sigma^2+\omega^2=2^2$，圆心位于等效开环零点处，半径为该零点到极点的距离。

必须指出，等效开环传递函数是由闭环特征方程式的等效变换得到的，因此，仅能保证闭环极点相同，而并不意味着闭环零点也相同。一般来说，零点一般是不同的。本例中，原来系统是没有零点的。由于闭环零点、极点会共同影响系统的动态性能，所以在分析和估算系统的性能时，可以采用参量根轨迹上的闭环极点，而闭环零点则需要采用原闭环系统的零点。

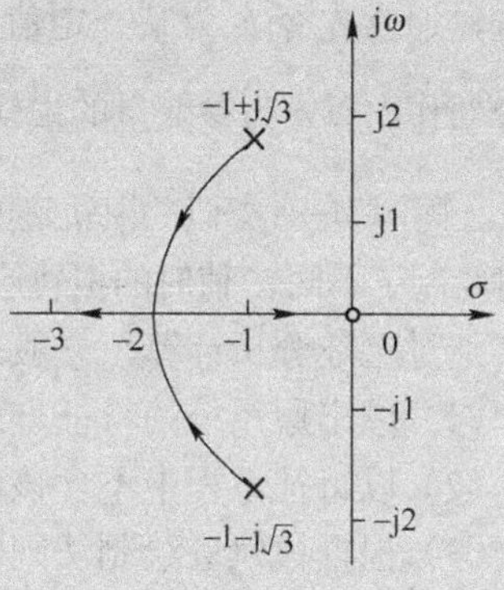

图 4.3-2　例 4-8 系统的参量根轨迹

由图 4.3-2 中绘制的参量 τ 的根轨迹，可以分析参数 τ 的变化对系统性能的影响：

（1）当 $\tau=0$，即未加入微分负反馈环节时，系统的闭环极点位于等效开环极点处，即 $-p'_{1,2}=-1\pm \mathrm{j}\sqrt{3}$，系统的阻尼比 $\xi=0.5$，系统阶跃响应的超调量 $M_p\%=25.4\%$。

（2）当 $0<\tau<2$ 时，系统的复数闭环极点逐渐向实轴靠近，阻尼比逐渐增大，阶跃响应的超调量随之减小。

（3）当 $\tau=2$ 时，系统进入临界阻尼状态，$\xi=1$，系统的阶跃响应开始为非周期运动。

（4）当 $2<\tau<\infty$ 时，系统为过阻尼系统，$\xi>1$，闭环特征根为两个不相等的负实根，系统的阶跃响应过程随 τ 的增大变得越来越迟缓。

通过上述分析可知，只要 τ 值选取合适，就能够保证系统具有令人满意的动态性能。

在工程实际中，往往会遇到结构相对比较复杂的系统，需要研究多个参量同时变化对系统性能的影响。为此，需要绘制几个参量同时变化时的根轨迹。绘制多变量系统根轨迹的方法与绘制单变量系统根轨迹的方法相类似，所作出的根轨迹将是一组曲线，称为根轨迹簇。下面通过例题来说明多变量系统根轨迹的绘制过程。

【例 4-9】 设某单位负反馈系统的开环传递函数为 $G_k(s)=\dfrac{K}{s(s+a)}$，试绘制以 K 和 a 为参变量的系统根轨迹。

解： 系统的闭环特征方程为

$$s^2+as+K=0$$

首先令 $a=0$，则特征方程变为

$$s^2+K=0$$

亦可写作

$$1+\frac{K}{s^2}=0$$

令 $G_{k1}(s)=K/s^2$，据此作出相应的根轨迹，如图 4.3-3(a)所示，即为 $a=0$ 时以 K 为参变量的根轨迹。

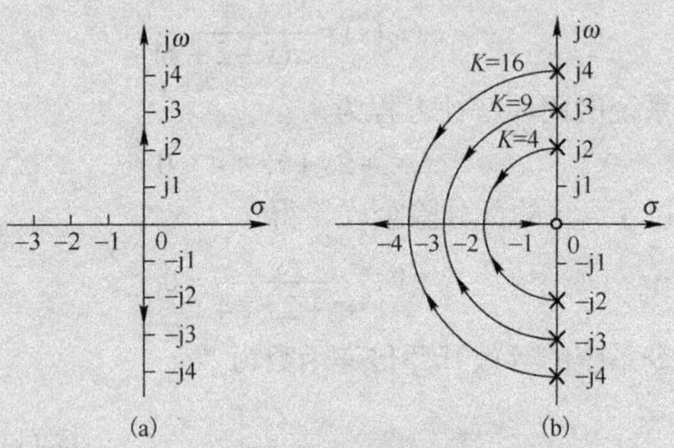

图 4.3-3　例 4-9 系统的多参量根轨迹

其次，考虑 $a\neq 0$，将闭环特征方程改写为

$$1+\frac{as}{s^2+K}=0$$

令 $G_{k2}(s)=\dfrac{as}{s^2+K}$，比较 $G_{k1}(s)$ 和 $G_{k2}(s)$，可知 $G_{k2}(s)$ 的等效开环极点就是 $G_{k1}(s)$ 对应的闭环极点，故 $G_{k2}(s)$ 对应的根轨迹起点应在 $G_{k1}(s)$ 的根轨迹上。为了作出 $G_{k2}(s)$ 对应的系统根轨迹，通常先令 K 为某一定值，即可得到 $G_{k2}(s)$ 的等效开环极点，然后根据 $G_{k2}(s)$ 的零、极点分布作出以 a 为参变量的根轨迹。例如令 $K=9$，则 $G_{k2}(s)=\dfrac{as}{s^2+9}$，它的极点为 $\pm$j3，零点为0。同例 4-8 类似，根轨迹的复数部分亦为一圆弧，其圆方程为 $\sigma^2+\omega^2=9$。图 4.3-3(b)中同时绘制了不同 K 值时的根轨迹簇。

通过上述分析计算，一般系统参量根轨迹的绘制步骤可归纳如下：

（1）求出原系统的特征方程；

（2）以特征方程中不含该参量的各项除特征方程，得到等效的系统开环传递函数；

（3）根据根轨迹绘制法则，绘制等效的系统根轨迹，即为原系统的参量根轨迹。

如遇到的是多变量情况，则多次进行以上各步骤，绘制得到系统根轨迹簇。

4.3.2　零度根轨迹

在某些复杂的控制系统中，可能会出现局部正反馈的结构，如图 4.3-4 所示。为了能用根轨迹法分析整个控制系统的大致性能，有必要研究正反馈系统的根轨迹绘制方法。

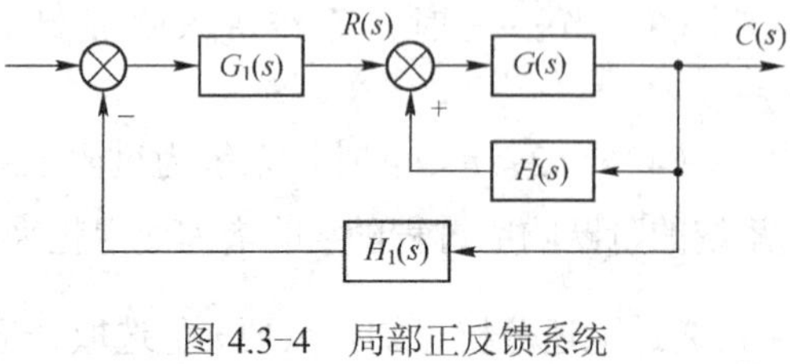

图 4.3-4　局部正反馈系统

在图 4.3-4 所示的内回路部分的闭环传递函数为

$$\Phi(s)=\frac{C(s)}{R(s)}=\frac{G(s)}{1-G(s)H(s)} \tag{4.3-5}$$

系统的特征方程为
$$1-G(s)H(s)=0 \tag{4.3-6}$$
相应的根轨迹方程则为
$$G(s)H(s)=1 \tag{4.3-7}$$
由式(4.3-7)可得正反馈系统根轨迹绘制的幅值条件和相角条件分别为
$$|G(s)H(s)|=1 \tag{4.3-8}$$
$$\angle G(s)H(s)=\pm 180°\cdot 2k,\ k=0,1,2,\cdots \tag{4.3-9}$$

上述条件与负反馈控制系统根轨迹的幅值条件和相角条件相比较，幅值条件相同，而相角条件由180°的奇数倍变为180°的偶数倍。前面提过，通常将负反馈控制系统的根轨迹称为180°根轨迹，为示区别，故又将正反馈控制系统的根轨迹称为零度根轨迹。对于零度根轨迹的绘制法则，可将常规根轨迹的绘制法则中与相角条件相关的法则进行适当修整。

（1）实轴上的根轨迹

实轴上的某一区域，若其右方的开环实数零、极点个数之和若为偶数，则该区域必是根轨迹。

（2）根轨迹的渐近线

当系统的开环极点数 n 大于开环零点数 m 时，将会有 $n-m$ 条根轨迹趋向于无限远处，根轨迹渐近线与实轴正方向的夹角为
$$\theta=\frac{\pm 180°\cdot 2k}{n-m} \quad k=0,1,2,\cdots,n-m-1 \tag{4.3-10}$$
渐近线与实轴的交点为
$$\sigma=\frac{\sum_{j=1}^{n}(-p_j)-\sum_{i=1}^{m}(-z_i)}{n-m} \tag{4.3-11}$$

（3）根轨迹的出射角和入射角

由开环极点 $-p_l$ 出发的根轨迹，其起始角为
$$\theta_{pl}=\mp 180°\cdot 2k+\sum_{i=1}^{m}\angle(-p_l+z_i)-\sum_{\substack{j=1\\ j\neq l}}^{n}\angle(-p_l+p_j)=\mp 180°\cdot 2k+\sum_{i=1}^{m}\varphi_i-\sum_{\substack{j=1\\ j\neq l}}^{n}\theta_j \tag{4.3-12}$$

根轨迹终止于开环零点 $-z_k$ 处的入射角为
$$\varphi_{zk}=\pm 180°\cdot 2k+\sum_{j=1}^{n}\angle(-z_k+p_j)-\sum_{\substack{i=1\\ i\neq k}}^{m}\angle(-z_k+z_i)=\pm 180°\cdot 2k+\sum_{j=1}^{n}\angle\theta_j-\sum_{\substack{i=1\\ i\neq k}}^{m}\angle\varphi_i \tag{4.3-13}$$

上述修整的证明过程同常规根轨迹的证明过程，这里不再详细推导。经过上述调整之后，其他绘制法则均与常规根轨迹的绘制法则相同，无需再变动。

【例 4-10】 某单位正反馈系统的开环传递函数为 $G_k(s)=\dfrac{K_g(s+1)}{(s+2)(s^2+2s+2)}$，试绘制系统的根轨迹增益 K_g 由 $0\to\infty$ 变化时的根轨迹。

解：系统的开环极点数 $n=3$，$-p_1=-2$，$-p_2=-1+\mathrm{j}$，$-p_3=-1-\mathrm{j}$，开环零点数 $m=1$，$-z_1=-1$。此为正反馈系统，故根轨迹为零度根轨迹，其绘制步骤如下：

（1）系统有 3 条根轨迹，分别起始于开环极点处，有 1 条终止于 $-z_1$ 处，另 2 条终止于无穷远处；

（2）实轴上的根轨迹区间为 $(-\infty,-2]$ 和 $[-1,+\infty)$

（3）根轨迹渐近线与实轴正方向的夹角为

$$\theta = \frac{\pm 180^\circ \cdot 2k}{n-m} = \frac{\pm 180^\circ \cdot 2k}{2} = 0^\circ, 180^\circ$$

交点坐标为
$$\sigma = \frac{\sum_{j=1}^{n}(-p_j) - \sum_{i=1}^{m}(-z_i)}{n-m} = \frac{-2-1+\mathrm{j}-1-\mathrm{j}-(-1)}{3-1} = -1.5$$

（4）根轨迹在实轴上存在分离点。令 $A(s)=(s+2)(s^2+2s+2)$，$B(s)=s+1$，可得方程

$$A(s)B'(s) - A'(s)B(s) = -(2s^3+7s^2+8s+2) = 0$$

解得 $s_1=-0.344$，$s_{2,3}=-1.578 \pm \mathrm{j}0.652$（舍去）。分离角 $\theta_{\mathrm{d}} = \pm 90^\circ$。

（5）根轨迹的出射角：

$$\begin{aligned}\theta_{p_3} &= \mp 180^\circ \cdot 2k + \angle(-p_2+z_1) - \angle(-p_2+p_1) - \angle(-p_2+p_3) \\ &= \mp 180^\circ \cdot 2k + \angle(-1+\mathrm{j}+1) - \angle(-1+\mathrm{j}+2) - \angle(-1+\mathrm{j}+1-\mathrm{j}) \\ &= \mp 180^\circ \cdot 2k + 90^\circ - 45^\circ - 90^\circ = -45^\circ\end{aligned}$$

$$\theta_{p_3} = -\theta_{p_2} = 45^\circ$$

系统的零度根轨迹如图 4.3-5 所示。

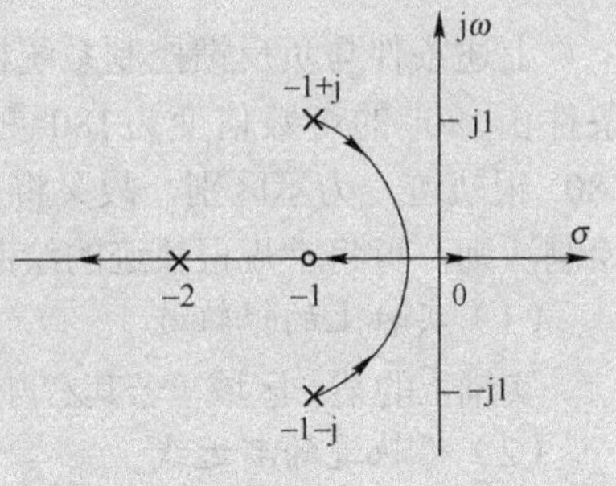

图 4.3-5　例 4-10 正反馈系统根轨迹

4.4　开环零极点变化对根轨迹的影响

根轨迹是闭环系统特征方程的根随某一参数变化而在 s 平面上移动的轨迹，根轨迹的形状不同，系统的性能就会不一样。为了满足系统的稳定性和快速性要求，系统的闭环特征根应位于左半 s 平面，且与虚轴要有一定的距离。

而根轨迹的形状、走向与系统的开环零、极点的位置及数量有关，改变开环零、极点的位置或数量必然会使根轨迹移动，从而使系统的闭环极点位置发生变化，达到改善系统性能的目的。下面定性地分析开环零、极点的位置变化及增加开环零、极点数量对系统根轨迹产生的影响。

4.4.1　开环零极点位置的相对变化对根轨迹的影响

设系统的开环传递函数为 $G_{\mathrm{k1}}(s) = \dfrac{K_{\mathrm{g}}(s+4)}{s^2(s+10)}$，系统有 3 个开环极点及 1 个开环零点：$-p_1=-p_2=0$，$-p_3=-10$，$-z_1=-4$。系统的根轨迹如图 4.4-1 所示。由图可以看出，开环极点 $-p_3$ 位于开环零点 $-z_1$ 的左侧，当 K_{g} 的值在 $0 \to \infty$ 变化时，系统的 3 条根轨迹全部位于 s 左半平面，即无论 K_{g} 为何值，闭环系统都是稳定的。当 $0 < K_{\mathrm{g}} < \infty$ 时，闭环系统总有一对靠近虚轴的共轭复数极点，所以，无论 K_{g} 为何值，系统的阶跃响应都会呈现为衰减振荡，K_{g} 值越大，根轨迹的虚部数值会越大，振荡频率亦随之增大。

现将系统的开环极点 $-p_3$ 和开环零点 $-z_1$ 进行位置互换，则系统的开环极点变为 $-p_1'=-p_2'=0$，$-p_3'=-4$，开环零点变为 $-z_1'=-10$，即开环极点 $-p_3'$ 位于开环零点 $-z_1'$ 的右侧，系统的开环传递函数为 $G_{\mathrm{k2}}(s) = \dfrac{K_{\mathrm{g}}(s+10)}{s^2(s+4)}$，系统的根轨迹如图 4.4-2 所示。由图可看出，系统仅有 1 条根轨迹位于 s 平面的左半部，另 2 条根轨迹始终位于 s 平面的右半部，即当 $0 < K_{\mathrm{g}} < \infty$ 时，闭环系统一直无法稳定。

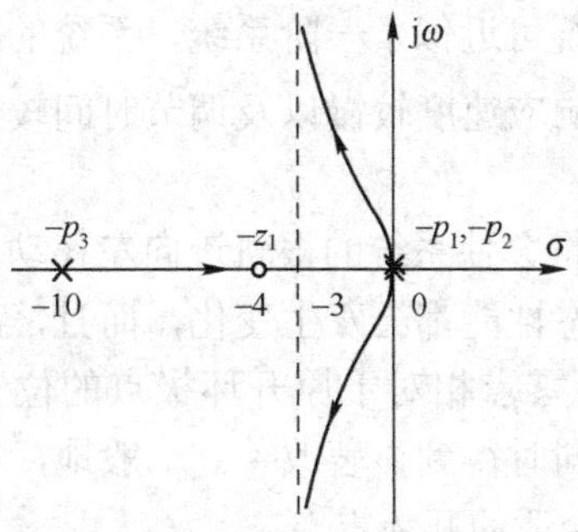

图 4.4-1　系统根轨迹图

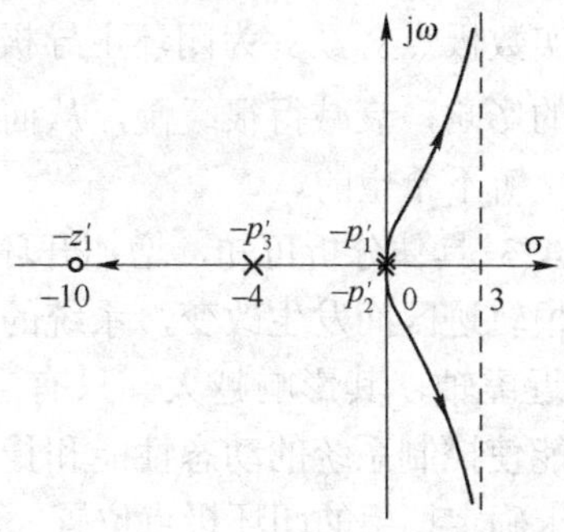

图 4.4-2　系统根轨迹图

比较图 4.4-1 和图 4.4-2 可看出，开环零点的左移使得根轨迹右移，降低了系统的稳定性。因此，开环零极点的位置分布应适当，才会有利于系统的性能改善。

4.4.2　增加开环零点对根轨迹的影响

设系统的开环传递函数为 $G_{k1}(s)=\dfrac{K_g}{s(s+1)(s+2)}$，系统的根轨迹如图 4.4-3(a)所示。当 $K_g>6$ 时，系统有两条根轨迹进入右半 s 平面，即系统会进入不稳定状态。很难选择合适的 K_g 值，保证系统的稳定性、快速性及准确性等性能。

若给系统增加一个开环零点 $-z_1$，则系统的开环传递函数变为 $G_{k2}(s)=\dfrac{K_g(s+z_1)}{s(s+1)(s+2)}$。增加一个开环零点后，根轨迹分支数没有改变，根轨迹渐近线变为与实轴垂直，根轨迹的具体走向与增加的开环零点的具体位置有关。令 $-z_1$ 为不同实数值，分别绘制系统的根轨迹如图 4.4-3(b)、(c)和(d)所示。

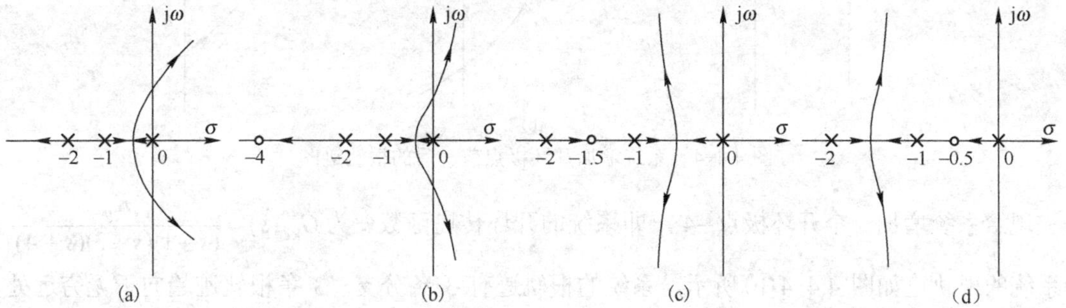

图 4.4-3　系统增加开环零点前、后的根轨迹图

（1）当 $-z_1=-4$ 时，根轨迹如图 4.4-3(b)所示。当 $K_g>6$ 时，有两条根轨迹进入右半 s 平面，表明系统的稳定性没有得到改善，这是因为增加的开环零点与虚轴距离较远。

（2）当 $-z_1=-1.5$ 时，即位于 $-1\sim-2$ 间实轴段上，根轨迹如图 4.4-3(c)所示。和图(b)相比，根轨迹向左移动，当 K_g 在 $0\sim\infty$ 时，系统一直是稳定的，即系统的稳定性得到了改善。当 $K_g>K_{g1}$ 时，系统具有一对离虚轴较近的共轭复数极点 s_1 和 s_2 及一个离虚轴较远的实数极点 s_3，系统的各项性能可以近似为一个二阶系统，系统的瞬态响应可能由于阻尼比适中而具有不大的超调量、较快的响应速度和不长的调节时间。

（3）当增加的开环零点位于 $0\sim-1$ 之间的实轴段上，即 $-z_1=-0.5$ 时，相应的根轨迹如图 4.4-3(d)所示。当 $K_g>K_{g2}$ 时，系统具有一对距离虚轴较远的共轭复数极点 s_1 与 s_2 和一个距离虚轴较近的实数极点s_3，s_3为闭环主导极点，此时系统可近似于一阶系统，系统的瞬态响应分量由于零点的影响，衰减得很缓慢，从而导致系统的响应速度较慢以及调节时间较长，这是一般的控制系统所不希望的。

由图 4.4−3 具体分析可知，增加开环实零点后，将会使系统的根轨迹向左移动或弯曲，会使实轴上的根轨迹区间发生改变，系统的稳定性和动态性能都会发生变化，而且，所增加的零点位置越靠近虚轴，其影响越大。只有当增加的开环零点相对于原开环极点的位置选配得合适，才有可能使控制系统的动态性能和稳态性能等都同时得到显著改善。一般地，应先根据性能指标的要求确定期望的闭环极点位置，再选择增加合适的开环零点。

从图 4.4−3 所示的系统可以看出，从稳定性(稳定裕度)来看，图(d)优于图(c)，但从动态性能上看，应是图(c)优于图(d)。经过上面的分析比较可以看出，当所加开环零点位于-1～-2之间的实轴上时，最有利于改善系统的稳定性和动态性能。

4.4.3 增加开环极点对根轨迹的影响

某单位负反馈系统的开环传递函数为$G_{k1}(s)=\dfrac{K_g}{(s+1)(s+3)}$，这是一个二阶系统，系统有两条根轨迹分支，两条根轨迹均趋向于无穷远处，其渐近线倾角为$\pm 90°$，与实轴的交点坐标为-2，实轴上的根轨迹区间为$[-3,-1]$，系统根轨迹如图 4.4−4(a)所示。当K_g在$0\sim\infty$变化时，系统一直是稳定的。当$K_g>1$时，系统有一对共轭复根，复根实部一直是-2。

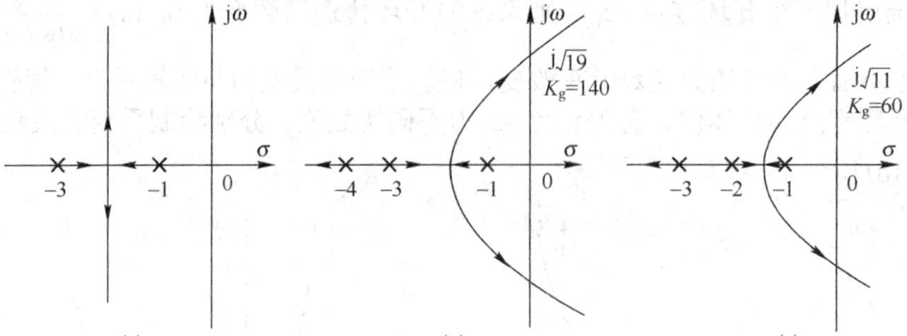

图 4.4−4 系统增加开环极点前、后的根轨迹图

现给系统增加一个开环极点-4，即系统的开环传递函数变为$G_{k2}(s)=\dfrac{K_g}{(s+1)(s+3)(s+4)}$，则系统的根轨迹如图 4.4−4(b)所示，系统的根轨迹有 3 条分支，3 条根轨迹趋向于无穷远处，渐近线倾角为$\pm 60°$和$180°$，实轴上的根轨迹在$(-\infty,-4]$和$[-3,-1]$区间内；当$K_g>140$时，系统根轨迹进入s右半平面，即系统变为不稳定系统。

若给系统增加一个开环极点为-2，则系统的开环传递函数变为$G_{k3}(s)=\dfrac{K_g}{(s+1)(s+3)(s+2)}$，系统的根轨迹如图 4.4−4(c)所示，系统在实轴上的根轨迹区间为$(-\infty,-3]$和$[-2,-1]$；当$K_g>60$时，系统根轨迹进入右半s平面，即系统会更快地变为不稳定系统。

从图 4.4−4 所示的根轨迹可以看出，若给系统增加一个开环极点，与增加开环零点时的情况相反，将会使得根轨迹向右移动或弯曲，使系统的稳定性变差；增加一个开环极点通常会增加根轨迹分支数(一般的系统均是$n>m$)，同时会改变根轨迹渐近线的特征。比较图 4.4−4(b)和(c)，所增加的极点离虚轴越近，根轨迹向右移动或弯曲的趋势会越明显，对系统稳定性的影响也就越大，有可能使原来稳定的系统变为不稳定。

4.5 根轨迹法分析控制系统

根轨迹法分析控制系统首先需由系统的结构和参数绘制出系统的根轨迹，然后再用根轨迹分析计算系统的稳定性、动态特性和稳态特性，以及根据性能要求确定系统的参数等。下面通过实例来说明如何用根轨迹法分析控制系统。

4.5.1 根轨迹确定系统的闭环极点

对于反馈控制系统，系统的闭环零点由开环传递函数中 $G(s)$ 的零点和 $H(s)$ 的极点组成，它们一般很容易求得；对应于系统在某一根轨迹增益 K_g 时，则可由幅值条件用试探法来确定系统的闭环极点，进而写出系统的闭环传递函数。

【例 4-11】 已知某单位负反馈控制系统的开环传递函数为 $G_k(s)=\dfrac{K_g}{s(s+1)(s+2)}$，试用根轨迹法确定增益 $K_g=1$ 时系统的闭环极点。

解：系统的根轨迹图如图 4.5-1 所示。根轨迹的分离点在 $s=-0.423$ 处，此时 $K_g=0.358$，对应的另一单极点为 $s_3=-2.154$。所以，系统的闭环极点必然是一个实数极点和一对共轭复数极点。

首先取 $s_3=-2.3$ 作为试验点，由幅值条件求出对应的 K_g 值，即

$$K_g=|s_3||s_3+1||s_3+2|=2.3\times1.3\times0.3=0.897$$

取 $s_3=-2.33$，得 $K_g=2.33\times1.33\times0.33=1.023$

取 $s_3=-2.32$，得 $K_g=2.32\times1.32\times0.32=0.98$

取 $s_3=-2.325$，得 $K_g=2.325\times1.325\times0.325=1.001$

即 $K_g=1$ 时，$s_3=-2.325$ 是系统的一个闭环极点。系统的共轭复极点的求解，可根据闭环特征方程和长除法，得

$$\frac{s^3+3s^2+2s+1}{s+2.325}=s^2+0.675s+0.431=0$$

解得 $s_{1,2}=-0.338\pm j0.56$。

故系统的闭环传递函数为

$$\Phi(s)=\frac{1}{(s+2.325)\left[(s+0.338)^2+0.56^2\right]}$$

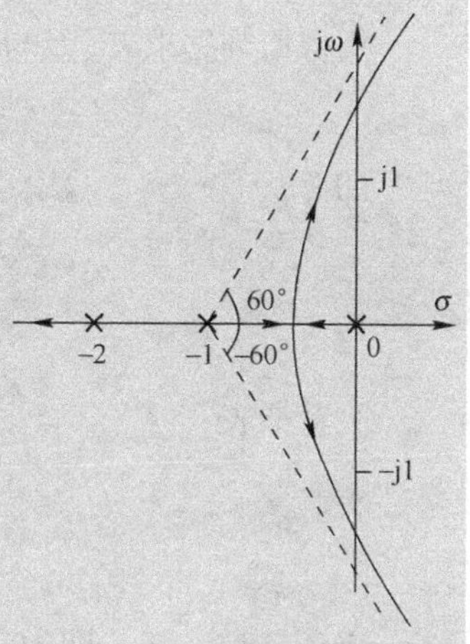

图 4.5-1 例 4-11 根轨迹图

4.5.2 系统的稳定性分析及相关参数的确定

由时域分析法可知，只有当所有的闭环极点均位于 s 左半平面时，系统才是稳定的。根轨迹是系统某个参数变化时系统闭环极点随之变化的轨迹，从根轨迹的草图上即可判断闭环系统是否稳定，若辅以适当的计算，则可确定系统稳定时相关参数的取值范围。

【例 4-12】 已知某单位负反馈控制系统的开环传递函数为

$$G_k(s)=\frac{K_g(s+3)}{(s-1)(s+2)(s^2+2s+5)}$$

试绘制闭环系统的根轨迹，并确定系统稳定时增益 K_g 的范围。

解：系统的开环极点有 4 个，$-p_1=1$，$-p_2=-2$，$-p_{3,4}=-1\pm j2$；有 1 个开环零点，

$-z_1=-3$。系统有 1 个开环极点位于 s 右半平面，故属于开环不稳定系统。由于系统是单位负反馈系统，因此仍可用常规根轨迹的绘制法则来绘制根轨迹。绘制步骤如下：

（1）系统根轨迹有 4 条，分别起始于 4 个开环极点，1 条终止于 $-z_1=-3$ 处，另 3 条终止于无穷远处；

（2）实轴上的根轨迹区间为 $(-\infty,-3]$ 和 $[-2,1]$；

（3）根轨迹渐近线与实轴正方向的夹角为 $\theta=\dfrac{\pm180°(2k+1)}{n-m}=\pm60°,180°$。

交点坐标
$$\sigma=\frac{\sum_{j=1}^{n}(-p_j)-\sum_{i=1}^{m}(-z_i)}{n-m}=\frac{1-2-1+\mathrm{j}2-1-\mathrm{j}2-(-3)}{3}=0$$

（4）根轨迹在实轴上 $[-2,1]$ 区间必有分离点，而在 $(-\infty,-3]$ 区间必有会合点。

令
$$A(s)=(s-1)(s+2)(s^2+2s+5),\quad B(s)=s+3$$

可得方程
$$A(s)B'(s)-A'(s)B(s)=-(3s^4+18s^3+32s^2+30s+13)=0$$

4 次方程可以采用多次试探的方法，解得 $s_1=-1$，$s_2=-3.81$。

（5）根轨迹离开复数极点的出射角
$$\begin{aligned}\theta_{p_3}&=\mp180°(2k+1)+\angle(-p_3+z_1)-\angle(-p_3+p_1)-\angle(-p_3+p_2)-\angle(-p_3+p_4)\\&=\mp180°(2k+1)+45°-135°-63.4°-90°=-63.4°\end{aligned}$$
$$\theta_{p_4}=-\theta_{p_3}=63.4°$$

（6）求根轨迹与虚轴的交点及临界根轨迹增益 K_{gp}

用劳斯判据求 K_{gp} 及与虚轴的交点。系统的特征方程为
$$(s-1)(s+2)(s^2+2s+5)+K_{\mathrm{g}}(s+3)=0$$

即
$$s^4+3s^3+5s^2+(K_{\mathrm{g}}+1)s+3K_{\mathrm{g}}-10=0$$

列劳斯表
$$\begin{array}{llll} s^4 & 1 & 5 & 3K_{\mathrm{g}}-10\\ s^3 & 3 & K_{\mathrm{g}}+1 & \\ s^2 & 14-K_{\mathrm{g}} & 9K_{\mathrm{g}}-30 & \\ s^1 & \dfrac{104-14K_{\mathrm{g}}-K_{\mathrm{g}}^2}{14-K_{\mathrm{g}}} & & \\ s^0 & 9K_{\mathrm{g}}-30 & & \end{array}$$

令 s^1 行为 0，即 $104-14K_{\mathrm{g}}-K_{\mathrm{g}}^2=0$，解得 $K_{\mathrm{gp}}=5.37$；

由 s^2 行得辅助方程 $8.63s^2+18.33=0$，解得 $s_{1,2}=\pm\mathrm{j}1.46$。

实轴上 $[-2,1]$ 区间有根轨迹，故必存在极点 $s=0$，此时由幅值条件
$$\left.\frac{K_{\mathrm{g}}|s+3|}{|s-1||s+2||s^2+2s+5|}\right|_{s=0}=K_{\mathrm{g}}\frac{3}{2\times5}=1$$

解得 $K_{\mathrm{g}}=10/3$。

根据上述计算，系统的根轨迹如图 4.5-2 所示。

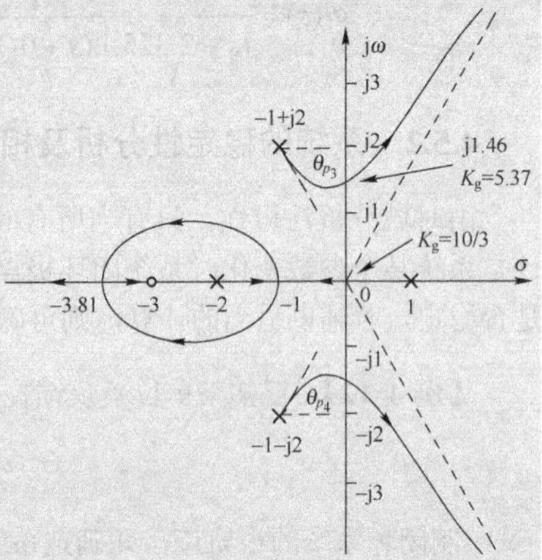

图 4.5-2　例 4-12 系统根轨迹

系统稳定性分析：由图 4.5-2 可见，3 条根轨迹分别起始于 s 左半平面的 3 个开环极点，另一条根轨迹起始于 s 右半平面的开环极点；根轨迹有两次穿越虚轴，当 K_g 由 0 增大至 $10/3$，根轨迹第一次穿越虚轴由右半 s 平面进入左半 s 平面，之后 4 条根轨迹均在 s 左半平面运行；K_g 继续增大至 5.37，由开环复数极点出发的 2 条根轨迹穿越虚轴进入 s 右半平面，最后终止于 s 右半平面无穷远处。只有当 $10/3 < K_g < 5.37$ 时，系统的闭环特征根位于 s 平面的左半部分，系统才能够闭环稳定。可见，系统闭环稳定时，K_g 的取值范围应为 $10/3 < K_g < 5.37$。

这种参数在一定范围内取值才能使之稳定的系统通常称为条件稳定系统。对于条件稳定系统，可以通过根轨迹图确定使系统稳定的参数取值范围，或者可通过在系统中适当增加一些开环零、极点的方法，对系统根轨迹进行改造，使系统的性能能够满足工程要求。

4.5.3 根轨迹分析系统的动态性能

由第 3 章的系统时域性能分析可知，系统的动态性能与系统的闭环零、极点均有关系。以系统的单位阶跃响应为例，其时域表达式可写作

$$c(t) = A_0 + \sum_{j=1}^{n} A_j e^{s_j t} \tag{4.5-1}$$

系统输出响应的形式取决于闭环极点的位置，输出响应各项的系数 A_j 则由闭环零、极点共同决定。若闭环极点 s_j 在左半 s 平面且距离虚轴较远，其对应的分量 $e^{s_j t}$ 会衰减得较快；若 s_j 为复数，则其实部反映了对应分量的衰减快慢，其虚部反映了对应分量的振荡频率，该极点与负实轴的夹角 (β) 反映了系统的超调量。对于稳定的系统，当系统具有多个闭环极点时，系统的动态性能可借助于主导极点的概念进行估算。

在例 4-11 中，当 $K_g = 1$ 时，已求得系统的闭环极点为 $s_{1,2} = -0.338 \pm j0.56$，$s_3 = -2.325$，那么根据系统闭环主导极点的概念，$s_{1,2}$ 可认为是闭环主导极点，则系统可近似为如下的二阶系统：

$$\Phi(s) = \frac{0.43}{(s+0.338)^2 + 0.56^2}$$

式中，$s_{1,2} = -\xi\omega_n \pm j\omega_d = -0.338 \pm j0.56$，$\omega_n = \sqrt{0.338^2 + 0.56^2} = 0.654$，$\xi = 0.517$，$\beta = \arccos \zeta = 58.87°$。

系统的单位阶跃响应为 $c(t) = 1 - 1.168e^{-0.338t}\sin(0.56t + 58.87°)$

系统的单位阶跃响应超调量和调节时间分别为

$$M_p\% = e^{-\xi\pi/\sqrt{1-\xi^2}} \times 100\% = 15\%；\ t_s = \frac{3}{\xi\omega_n} = 8.88s\ (\Delta = 0.05)，或\ t_s = \frac{4}{\xi\omega_n} = 11.83s\ (\Delta = 0.02)$$

4.6 MATLAB 在根轨迹分析中的应用

本章前面介绍了控制系统根轨迹的手工绘制方法，以及如何利用根轨迹图大致地分析控制系统的性能。但若要由根轨迹获得系统在某一特定参数下较准确的性能指标，就需作出系统精确的根轨迹图，以得到准确的闭环极点和系统性能。利用 MATLAB 工具箱中的相关指令，可以迅速地绘制出控制系统的根轨迹图，并能很方便地利用图形进行系统性能分析。尤

其对于比较复杂的系统，人工绘制根轨迹会十分复杂和困难，MATLAB 的应用则更显其方便、快捷。

4.6.1 系统根轨迹绘制

通常将系统绘制根轨迹的开环传递函数写成如下形式

$$G_k(s) = K\frac{\text{num}(s)}{\text{den}(s)} \tag{4.6-1}$$

式中，K 为要研究的参变量，num(s)、den(s)分别为开环传递函数的分子多项式系数和分母多项式系数。

MATLAB 中绘制根轨迹的作图函数是 rlocus(num，den)或 rlocus(num，den，k)。当 K 缺省时，则 K 由系统自动确定，K 的范围自动设定为 0 ～ ∞；输入变量 K，则为用户选择的开环增益 K 来绘制系统的根轨迹。

【例 4-13】 系统结构图如图 4.6-1 所示，试用 MATLAB 绘制系统的根轨迹。

解： 系统的开环传递函数为

$$G_k(s) = \frac{K}{s(s+1)(s+2)} = \frac{K}{s^3+3s^2+2s}$$

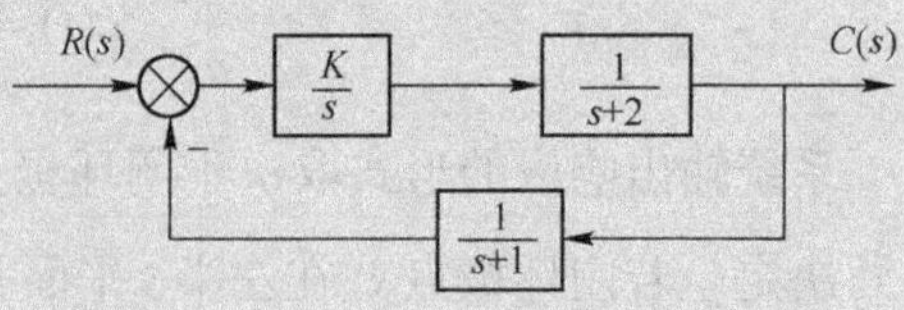

图 4.6-1　例 4-13 系统结构图

绘制根轨迹的 MATLAB 程序为

```
>> num=[1];
>> den=[1 3 2 0];
>> rlocus(num,den);
>> title('Root locus of G(s)=K/s(s+1)(s+2)');
```

程序执行后，得到的根轨迹图如图 4.6-2 所示。

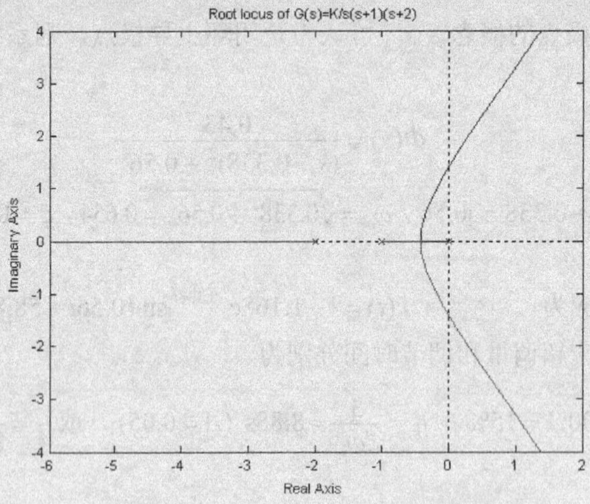

图 4.6-2　例 4-13 系统的根轨迹

在所生成的根轨迹图中，系统用“o”表示控制系统的开环零点，用“×”标明控制系统的开环极点。用 MATLAB 绘制根轨迹时，系统具有 x、y 坐标轴自动定标功能，若用户需要自行设置显示图形的坐标范围，则需在相应的程序后加入如下指令：

$$\text{v=[}x_1 \quad x_2 \quad y_1 \quad y_2\text{];axis(v);}$$

它表示 x 轴的范围为 $x_1 \sim x_2$， y 轴的范围为 $y_1 \sim y_2$。

绘图时，MATLAB 提供 grid 函数允许用户在根轨迹图中绘制出栅格线，栅格线由等阻尼系数和等自然频率线构成。

【例 4-14】 已知系统前向通道传递函数为 $G_c(s)=\dfrac{K}{s+5}$， $G_0(s)=\dfrac{s+1}{s(s+8)}$，反馈通道传递函数为 $H(s)=\dfrac{1}{s+2}$，试用 MATLAB 绘制闭环系统的根轨迹。

解：MATLAB 程序如下：

```
>> Gc=tf(1,[1 5]);
>> G0=tf([1 1],[1 8 0]);
>> H=tf(1,[1 2]);
>> rlocus(Gc*G0*H);
>> v=[-10 2 -10 10];axis(v);
>> grid on;
>> title('Root locus of G(s)=K(s+1)/s(s+2)(s+5)(s+8)');
```

运行后得到如图 4.6-3 所示的根轨迹图。用户可以从栅格线上看到系统复数闭环极点的阻尼系数和自然频率。

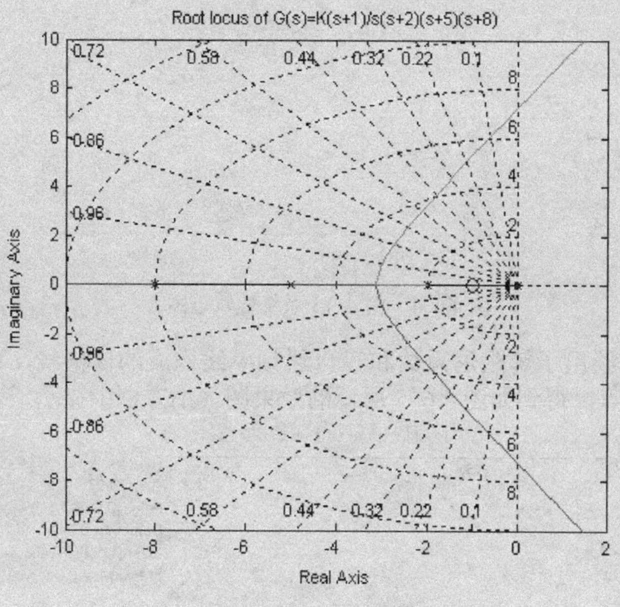

图 4.6-3 例 4-14 系统的根轨迹图

4.6.2 由根轨迹图分析系统性能

利用 MATLAB 成功绘制出系统根轨迹后，可以比较直观地分析闭环系统的性能。首先，可以看出参数的变化对系统性能的影响；其次，可以很方便地求出指定参变量或指定阻尼比 ξ 相对应的闭环极点，并可以分析系统的动态性能和稳态性能。

在进行系统分析时，若希望确定根轨迹上某一点的根轨迹增益值及对应的性能参数值，可以单击曲线上的该对应点，则 MATLAB 会以方框的形式显示该点处的各项参数值：增益值(Gain)、极点(Pole)、阻尼比(Damping)、超调量(Overshoot)、频率(Frequency)等。

【例 4-15】 已知系统的开环传递函数为 $G_k(s)=\dfrac{K}{s(s+2)(s+4)}$，试用 MATLAB 绘制闭环系统的根轨迹，确定当阻尼比 $\xi=0.5$ 时系统的闭环极点，并分析此时系统的闭环性能。

解：MATLAB 程序如下：

```
>> num=[1];
>> den=conv(conv([1 0],[1 2]),[1 4]);
>> rlocus(num,den);
>> v=[-5 1 -3 3];axis(v);
>> grid on;
>> title('Root locus of G(s)=K/s(s+2)(s+4)');
```

程序执行后得到如图 4.6-4 所示的闭环系统根轨迹图。

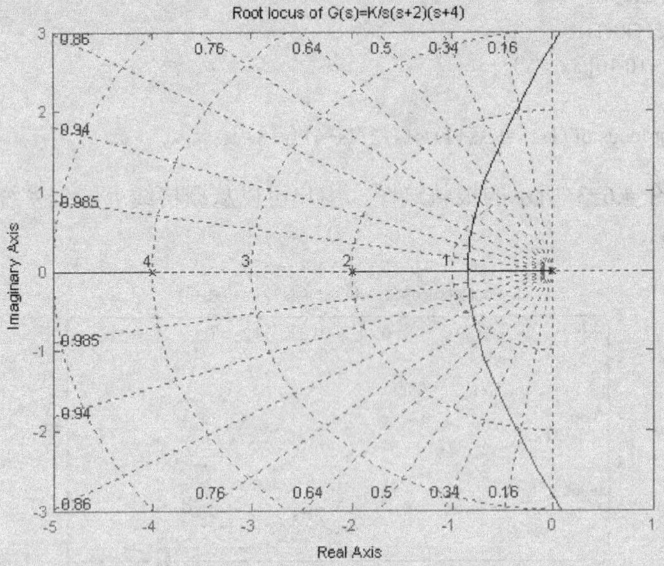

图 4.6-4　例 4-15 系统根轨迹图

图 4.6-4 中同时绘出了等阻尼系数和等自然频率线构成的栅格线，单击根轨迹曲线与 $\xi=0.5$ 等阻尼线的交点，得到如图 4.6-5 所示的效果图。小方框中显示了 $\xi=0.5$ 时，系统的

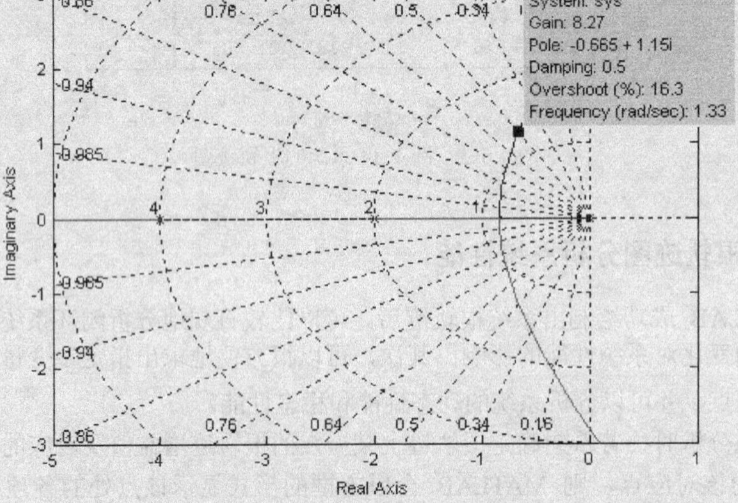

图 4.6-5　例 4-15 系统分析效果图

根轨迹增益 $K_g=8.27$，对应的系统闭环极点为 $-0.665\pm j1.15$，$M_p\%=16.3\%$，$\omega_n=1.33$，可得 $t_s=\dfrac{3}{\zeta\omega_n}=\dfrac{3}{0.5\times1.33}=4.5s(\Delta=0.05)$。

在系统分析时，若希望确定根轨迹上某一点的根轨迹增益值和其他对应的闭环极点，则可以在运行 rlocus( )函数绘出系统的根轨迹图后，调用 rlocfind(num,den)函数，即

```
>> [k,p]=rlocfind(num,den)
```

函数运行后，MATLAB 命令窗口会出现“Select a point in the graphics window”，提示用户在图形窗口选择一点，用以计算出 K_g 及相对应的各极点值，同时在根轨迹图形屏幕上会生成一个十字光标。用户可用鼠标单击根轨迹上要求的点，每条根轨迹上会同时显示同一 K_g 值时的所有闭环极点位置(红色十字标)，同时在 MATLAB 的命令窗口会返回该闭环极点数值、K_g 值及该 K_g 值对应的所有闭环极点值。

例如，在上例运行完后增加命令

```
>> [k,p]=rlocfind(num,den)
```

命令执行后，移动十字光标选择根轨迹曲线与 $\xi=0.5$ 等阻尼线的交点处，单击左键，MATLAB 的命令窗口会输出：

```
Select a point in the graphics window
selected_point =
   -0.6579 + 1.1517i
k =
     8.2923
p =
   -4.6664
   -0.6668 + 1.1543i
   -0.6668 - 1.1543i
```

应用系统闭环主导极点的概念对上述 3 个闭环极点进行比较，可以确定 $\xi=0.5$ 的闭环极点可作为系统在 $K_g=8.29$ 时的闭环主导极点，此时系统稳定，其动态性能接近于本例中分析得到的动态性能。

本 章 小 结

根轨迹是指系统开环传递函数中某个参数变化时，系统闭环特征根在 s 平面上移动的轨迹。若已知系统的开环零、极点在 s 平面上的分布，按照根轨迹绘制法则可以很成功地绘制出系统的根轨迹。

从根轨迹图上可以很直观地分析系统的参数变化对系统各方面性能的影响，确定系统的稳定性，根据主导极点的概念大致地分析高阶系统的动态性能和稳态性能等，并可按照系统性能的要求，确定对应的闭环极点的值及参数取值等。

习题

4-1　设系统的开环零、极点分布如图 T4-1 所示，试绘制大致的闭环系统根轨迹。

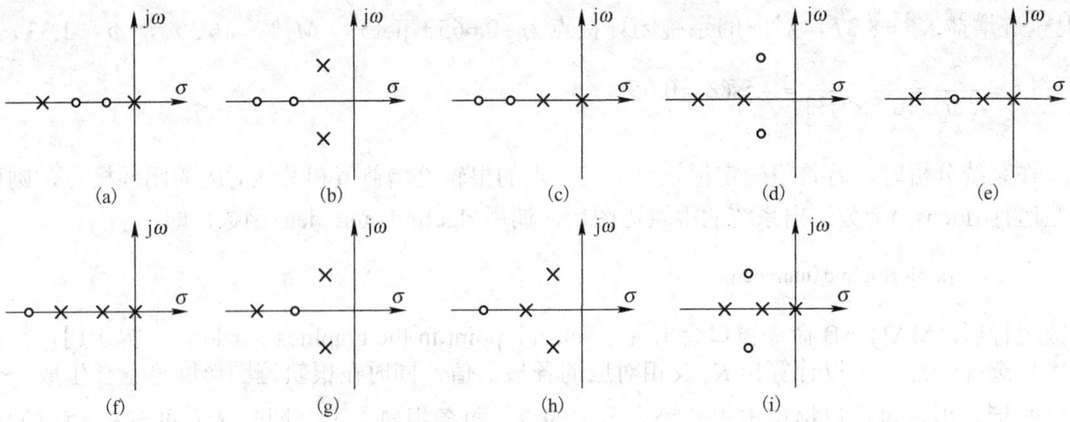

图 T4-1　习题 4-1 图

4-2　已知系统的开环传递函数分别如下：

（1）$G_k(s)=\dfrac{K_g}{(s+1)(s+3)}$　（2）$G_k(s)=\dfrac{K_g}{s(s^2+2s+10)}$　（3）$G_k(s)=\dfrac{K_g(s+5)}{s(s+1)(s+3)}$

试绘制 K_g 在 $0\sim\infty$ 变化时系统的根轨迹图。

4-3　系统的结构图如图 T4-2 所示，试绘制 K 在 $0\sim\infty$ 变化时系统的根轨迹图。

4-4　设系统的开环传递函数为 $G_k(s)=\dfrac{10}{(s+2)(s+a)}$，试绘制 a 在 $0\sim\infty$ 变化时系统的根轨迹图。

4-5　已知系统的开环传递函数为 $G_k(s)=\dfrac{K_g}{s(s+4)(s^2+4s+20)}$，试绘制系统的根轨迹，并确定系统稳定时 K_g 的范围。

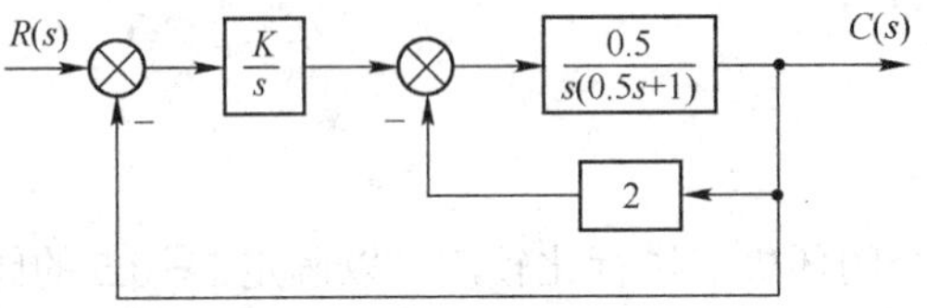

图 T4-2　习题 4-3 图

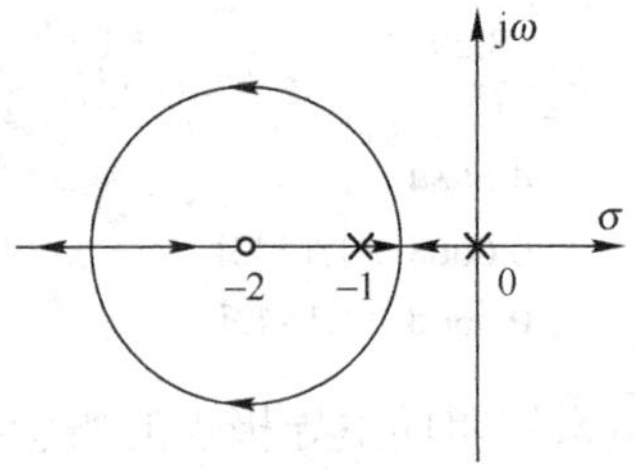

图 T4-3　习题 4-6 图

4-6　某单位负反馈系统的常规根轨迹如图 T4-3 所示。

（1）当系统的阻尼振荡频率 $\omega_d=1\text{rad/s}$ 时，试确定闭环极点值及相应的根轨迹增益；

（2）分析系统阻尼比的范围。

4-7　设某单位负反馈系统的开环传递函数为 $G_k(s)=\dfrac{K_g(s+1)}{s^2(s+10)}$，试绘制系统的根轨迹，确定当闭环极点均为负实根时 K_g 的取值范围。

4-8　某系统如图 T4-4 所示。

（1）试绘制 K 在 $0\sim\infty$ 变化时系统的根轨迹图；

（2）当所有的闭环极点均在 $s=-1$ 的左边时，确定 K 的取值范围；

（3）采用 MATLAB 验证上面的计算结果。

4-9　已知控制系统如图 T4-5 所示。试绘制系统的根轨迹，并用根轨迹分析加入局部反馈 as 对系统动态性能的影响。

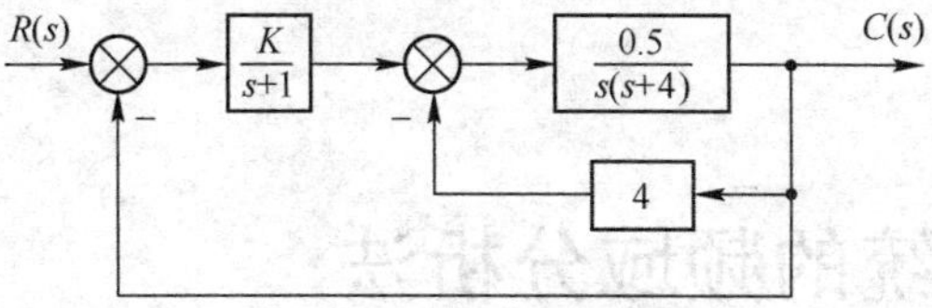

图 T4-4　习题 4-8 图

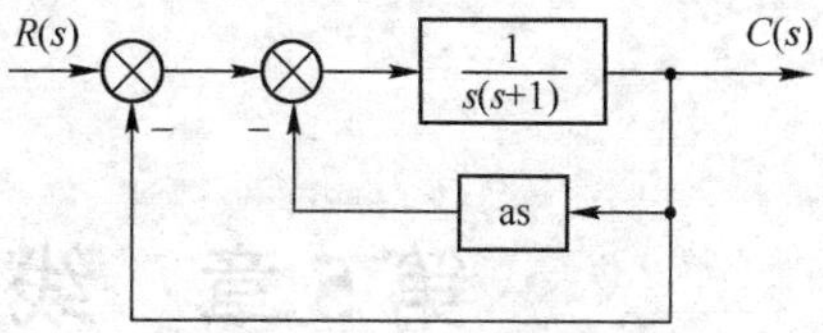

图 T4-5　习题 4-9 图

4-10　已知单位负反馈系统的开环传递函数为 $G_k(s)=\dfrac{K_g}{(s+1)(s^2+2s+2)}$。

（1）试绘制系统的根轨迹；

（2）求当系统的闭环极点阻尼角为 60° 时系统的根轨迹增益值；

（3）用 MATLAB 编程画出系统根轨迹，并验证上面的计算结果。

4-11　已知单位正反馈系统的开环传递函数为 $G_k(s)=\dfrac{K_g}{(s+1)(s-1)(s+4)^2}$，试绘制系统的根轨迹。

4-12　设系统的开环传递函数为 $G_k(s)=\dfrac{K_g(s+1)}{s^2(s+2)(s+4)}$，试分别绘制系统在负反馈与正反馈两种情况下的根轨迹。

4-13　已知单位负反馈系统的开环传递函数为 $G_k(s)=\dfrac{K_g}{s^2(s+2)}$。

（1）由所绘制的系统根轨迹图，说明对所有的 $K_g(0<K_g<\infty)$ 值该系统均是不稳定的；

（2）系统增加一个开环零点 $s=-a$，由所作出的根轨迹说明 a 为多少时，系统是稳定的。

4-14　设系统的开环传递函数为 $G_k(s)=\dfrac{K_g(s+1)}{s(s-1)(s^2+4s+16)}$。

（1）确定系统稳定的 K_g 的取值范围；

（2）用 MATLAB 编程画出系统根轨迹，并验证上面的计算结果。

第 5 章　线性系统的频域分析法

第 3 章介绍了线性系统的时域分析法。虽然用时域分析法分析系统性能最为直观、准确，但是由于求解高阶系统的时域响应十分困难，造成时域分析法的应用范围十分有限。众所周知，控制系统中的各类信号可以表示为不同频率正弦信号的合成，控制系统的频率特性反映的是在正弦信号作用下系统响应的性能。应用频率特性研究线性系统的经典方法称为频域分析法。频域分析法是一种图解分析法，用它来分析和设计控制系统，有以下优点：

（1）根据系统的开环频率特性能揭示系统的动态性能和稳态性能，得到定性和定量的结论，可以简单迅速地判断某些环节或者参数对系统闭环性能的影响,并提出改进系统的方法。

（2）时域指标和频域指标之间有对应关系，而且频率特性分析中大量使用简洁的曲线、图表及经验公式，简化控制系统的分析与设计。

（3）具有明确的物理意义，它可以通过实验的方法，借助频率特性分析仪等测试手段直接求得元件或系统的频率特性，通过建立数学模型作为分析与设计系统的依据，这对难于用理论分析的方法去建立数学模型的系统尤其有利。

（4）频率分析法使得控制系统的分析十分方便、直观，并且可以拓展应用到某些非线性系统中。近来，频率法还可以应用于多输入量多输出量系统，称为多变量频域控制理论。

（5）可以有效地抑制噪声，若已知系统在某些频段范围内存在严重噪声时，应用频率分析法可设计出能够有效抑制该部分噪声的系统。

本章介绍频率特性的基本概念、典型环节和系统的开环频率特性、Nyquist 稳定判据和对数频率稳定判据、控制系统的相对稳定性及其定量计算、系统性能的频域分析方法以及 MATLAB 在频率分析法中的应用等。

5.1　频率特性及其表示法

5.1.1　频率特性的基本概念

频率响应是时间响应的特例，是控制系统对正弦输入信号的稳态输出响应。下面应用一个简单的实例来说明频率响应的概念。

图 5.1-1 所示为常见的一阶 RC 网络，$u_{\rm i}(t)$ 与 $u_{\rm o}(t)$ 分别为输入与输出信号，其传递函数为

$$G(s)=\frac{U_{\rm o}(s)}{U_{\rm i}(s)}=\frac{1}{Ts+1}$$

其中 $T=RC$，为电路的时间常数。

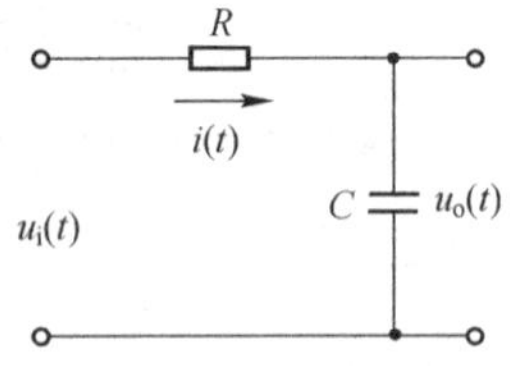

图 5.1-1　RC 电路网络

在第 3 章中，分析了阶跃、斜波、加速度、脉冲等作为输入信号时，系统的输出响应，而各类输入信号都可以分解为不同频率正弦信号的合成，因此这里考虑正弦函数作为输入信号对系统产生的响应。假设在零初始条件下，当输入信号为一正弦信号，即 $u_{\rm i}(t)=U_{\rm i}\sin\omega t$ 时，注意 $U_{\rm i}$ 与 ω 分别为输入信号的振幅与角频率，此时可以运用时域法求解电路的输出。输出响应

的拉氏变换为

$$U_o(s)=\frac{1}{Ts+1}\cdot\frac{U_i\omega}{s^2+\omega^2}$$

对上式进行拉氏反变换可求得输出信号的时域表达式

$$u_o(t)=\frac{U_iT\omega}{1+T^2\omega^2}e^{-\frac{t}{T}}+\frac{U_i}{\sqrt{1+T^2\omega^2}}\sin(\omega t-\arctan T\omega) \tag{5.1-1}$$

由式(5.1-1)可知，系统的输出响应 $u_o(t)$由两项组成：第一项是瞬态响应分量，由于系统稳定，其值呈指数形式衰减，衰减速度由电路本身的时间常数 T 决定；第二项是稳态响应分量，它是一个正弦函数，当时间 t 趋于无穷时，瞬态分量衰减为 0，此时电路的稳态输出即为稳态分量：

$$\lim_{t\to\infty}u_o(t)=\frac{U_i}{\sqrt{1+T^2\omega^2}}\sin(\omega t-\arctan T\omega)=U_0\sin(\omega t+\varphi)$$

可见，输出信号与输入信号是同频率的正弦函数，但幅值与相位发生了变化。

实际上，对于一个稳定的线性定常系统(或元件)，在正弦信号的作用下，其稳态输出必是一个与输入信号同频率的正弦信号，且其幅值与相位是输入正弦信号频率的函数。因此，频率响应的概念具有普遍意义，定义输出正弦信号的幅值与输入正弦信号的幅值之比为幅频特性，记为 $A(\omega)$，相位之差为相频特性，记为$\varphi(\omega)$，对于图 5.1-1 所示的 RC 网络，则有

$$A(\omega)=\frac{1}{\sqrt{1+T^2\omega^2}} \qquad \varphi(\omega)=-\arctan T\omega$$

线性定常系统的频率特性包括幅频特性和相频特性，通常用复数形式来表示。与微分方程和传递函数一样，频率特性也是控制系统常见的数学模型之一。经观察可以发现，只要在系统的传递函数中令 $s=j\omega$，即可得到系统的频率特性。

$$\Phi(s)\big|_{s=j\omega}=\Phi(j\omega)=A(\omega)e^{j\varphi(\omega)}=\left|\Phi(j\omega)\right|e^{j\angle\Phi(j\omega)} \tag{5.1-2}$$

式中，$A(\omega)=\left|\Phi(j\omega)\right|$，$\varphi(\omega)=\angle\Phi(j\omega)$。

这一结论非常重要，并具有普遍性，即对于一个稳定的线性定常系统，在输入端加入一正弦信号时，当动态过程结束后，其输出(频率响应)是一个与输入信号频率相同的正弦信号。

设 n 阶线性稳定系统的传递函数为

$$G(s)=\frac{C(s)}{R(s)}=\frac{N(s)}{D(s)}=\frac{N(s)}{(s-s_1)(s-s_2)\cdots(s-s_n)}$$

若初始条件为零，在该系统的输入端施加一个正弦信号，即

$$r(t)=R_m\sin\omega t$$

式中，R_m为输入正弦信号幅值，ω 是输入正弦信号频率。经拉氏变换后，可以得到

$$R(s)=\frac{R_m\omega}{s^2+\omega^2}$$

系统输出的拉氏变换为

$$C(s)=G(s)R(s)=\frac{N(s)}{(s-s_1)(s-s_2)\cdots(s-s_n)}\cdot\frac{R_m\omega}{s^2+\omega^2}=\frac{a_1}{s+j\omega}+\frac{a_2}{s-j\omega}+\sum_{i=1}^{n}\frac{b_i}{s-s_i}$$

经拉氏反变换后，可得系统的输出为

$$c(t)=\underbrace{\sum_{i=1}^{n}b_ie^{s_it}}_{\text{暂态分量}}+\underbrace{a_1e^{-j\omega t}+a_2e^{j\omega t}}_{\text{稳态分量}}$$

由于系统是稳定的，闭环特征根 $s_1, s_2, \cdots, s_n$ 具有负实部，则系统在正弦信号作用下的稳态输出为

$$c(\infty)=\lim_{t\to\infty}c(t)=a_1\mathrm{e}^{-\mathrm{j}\omega t}+a_2\mathrm{e}^{\mathrm{j}\omega t}$$

式中，a_1、a_2 为待定系数。利用待定系数法可得

$$a_1=G(s)\frac{R_\mathrm{m}\omega}{(s+\mathrm{j}\omega)(s-\mathrm{j}\omega)}(s+\mathrm{j}\omega)\bigg|_{s=-\mathrm{j}\omega}=-\frac{R_m G(-\mathrm{j}\omega)}{2\mathrm{j}}$$

$$a_2=G(s)\frac{R_\mathrm{m}\omega}{(s+\mathrm{j}\omega)(s-\mathrm{j}\omega)}(s-\mathrm{j}\omega)\bigg|_{s=\mathrm{j}\omega}=\frac{R_\mathrm{m} G(\mathrm{j}\omega)}{2\mathrm{j}}$$

$G(\mathrm{j}\omega)$ 和 $G(-\mathrm{j}\omega)$ 都是 ω 的复变函数，在极坐标下关于横轴对称。则有

$$G(\mathrm{j}\omega)=|G(\mathrm{j}\omega)|\mathrm{e}^{\mathrm{j}\angle G(\mathrm{j}\omega)} \qquad G(-\mathrm{j}\omega)=|G(-\mathrm{j}\omega)|\mathrm{e}^{\mathrm{j}\angle G(-\mathrm{j}\omega)}=|G(\mathrm{j}\omega)|\mathrm{e}^{-\mathrm{j}\angle G(\mathrm{j}\omega)}$$

从而可得

$$c(\infty)=\frac{R_\mathrm{m}|G(\mathrm{j}\omega)|\mathrm{e}^{-\mathrm{j}\angle G(\mathrm{j}\omega)}}{-2\mathrm{j}}\mathrm{e}^{-\mathrm{j}\omega t}+\frac{R_\mathrm{m}|G(\mathrm{j}\omega)|\mathrm{e}^{\mathrm{j}\angle G(\mathrm{j}\omega)}}{2\mathrm{j}}\mathrm{e}^{\mathrm{j}\omega t}$$

$$=R_\mathrm{m}|G(\mathrm{j}\omega)|\frac{\mathrm{e}^{\mathrm{j}[\omega t+\angle G(\mathrm{j}\omega)]}-\mathrm{e}^{-\mathrm{j}[\omega t+\angle G(\mathrm{j}\omega)]}}{2\mathrm{j}}$$

$$c(\infty)=R_\mathrm{m}|G(\mathrm{j}\omega)|\sin[\omega t+\angle G(\mathrm{j}\omega)] \tag{5.1-3}$$

式(5.1-3)表明，线性系统在正弦信号输入下，输出的稳态响应是和输入同频率的正弦信号。输出幅值是输入幅值的 $|G(\mathrm{j}\omega)|$ 倍，输出相位与输入相位相差 $\angle G(\mathrm{j}\omega)$。

【例 5-1】 某单位负反馈系统的开环传递函数为 $G(s)=\dfrac{4}{s(s+2)}$，输入信号 $r(t)=2\sin 2t$，试求该系统的稳态输出。

解： 容易判断，所给系统是稳定的。在正弦信号作用下，稳定的线性定常系统的稳态输出也是正弦信号。利用频率特性的概念来求解本题。

控制系统的闭环传递函数为 $\quad \varPhi(s)=\dfrac{G(s)}{1+G(s)}=\dfrac{4}{s^2+2s+4}$

其对应的频率特性为 $\quad \varPhi(\mathrm{j}\omega)=\varPhi(s)\big|_{s=\mathrm{j}\omega}=\dfrac{4}{4-\omega^2+\mathrm{j}2\omega}$

由于输入正弦信号的频率 ω=2rad/s，可得 $\varPhi(\mathrm{j}2)=-\mathrm{j}=1\mathrm{e}^{-\mathrm{j}90}$，即 $A(2)=1$，$\varphi(2)=-90^\circ$。当输入信号 $r(t)=2\sin 2t$ 时，利用幅频特性和相频特性的定义，可得系统的稳态输出 $c_\mathrm{s}(t)=2\sin(2t-90^\circ)$。

从例 5-1 可以发现，在正弦信号作用下求系统的稳态输出时，由于正弦信号的像函数 $R(s)$ 的极点位于虚轴上，不符合拉氏终值定理的应用条件，故不能利用拉氏变换的终值定理计算，但运用频率特性的概念来求解却非常方便。当然，需要注意的是，此时的系统必须是稳定的。

5.1.2 频率特性的几种表示法

频率特性是指稳态输出量与输入量的幅值比和相位差随频率变化的规律。在实际工程分析和设计中，为直观地看出幅值比与相位差随频率变化的情况，通常把频率特性绘制成一些曲线，从频率特性曲线出发，运用图解法进行研究。常用的频率特性曲线包括：

1. 幅相频率特性曲线

幅相频率特性曲线以 ω 为参变量，将幅频特性 $A(\omega)$ 和相频特性 $\varphi(\omega)$ 表示在复数平面上，复

平面上的模代表幅频值，幅角代表相频值，实轴正方向为相角零度线，逆时针旋转的角度为正角度，顺时针旋转的角度为负角度。幅相频率特性曲线又称奈奎斯特(Nyquist)曲线，简称奈氏图，也称极坐标图。

在复平面上逐点描绘，可以画出系统的开环幅相频率特性曲线。但是这种方法计算繁琐，一般极少使用。实际中常采用概略绘图方法，即：

（1）用 $j\omega$ 代替传递函数中的 s，求出系统的频率特性 $G(j\omega)$。

（2）求出幅频特性 $A(\omega)$ 与相频特性 $\varphi(\omega)$ 的表达式，判断 $G(j\omega)$ 所在的象限。

（3）取 $\omega\to 0$(起点)和 $\omega\to\infty$(终点)两点以及 ω 在 0～∞之间的一些特殊点，计算这些点处的幅频值 $A(\omega)$ 和相频值 $\varphi(\omega)$，在幅相平面上找出这些点，并用光滑的曲线将它们连接起来。当频率 ω 从零变到无穷大时，幅相频率特性向量矢端的运动轨迹，即为幅相频率特性曲线。

以图 5.1-1 所示的 RC 电路网络为例，该系统的频率特性为

$$G(j\omega)=\frac{1}{1+j\omega T}=\frac{1}{\sqrt{1+\omega^2T^2}}e^{-j\arctan\omega T}$$

当 $\omega=0$ 时，$A(\omega)=\dfrac{1}{\sqrt{1+\omega^2T^2}}=1$，$\varphi(\omega)=-\arctan\omega T=0^\circ$

当 $\omega=\infty$ 时，$A(\omega)=\dfrac{1}{\sqrt{1+\omega^2T^2}}=0$，$\varphi(\omega)=-\arctan\omega T=-90^\circ$

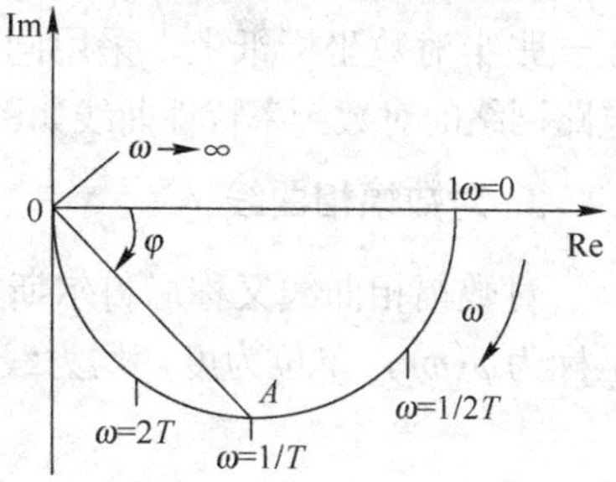

图 5.1-2　RC 网络的幅相频率特性曲线

当 $\omega=1/T$ 时，$A(\omega)=\dfrac{1}{\sqrt{1+\omega^2T^2}}=0.707$，$\varphi(\omega)=-\arctan\omega T=-45^\circ$

由此可以概略地绘制出系统幅相频率特性曲线如图 5.1-2 所示，图中 $|OA|=0.707$，$\varphi=-45^\circ$。

2. 对数频率特性曲线

对数频率特性曲线又称为波特图(Bode 图)，包括对数幅频特性和对数相频特性两条曲线，是频域分析法中广泛使用的一组曲线。

对数频率特性曲线的横坐标表示频率 ω，并按对数分度。所谓对数分度，是指横坐标以 $\lg\omega$ 进行均匀分度，即横坐标的间隔距离为 1 个单位长度表示 $\lg\omega$ 的取值改变量为 1，相应频率 ω 的改变量则为 10 倍(称为 1 个十倍频程)。横坐标的对数分度特点如图 5.1-3 所示，可以看出，对数频率特性采用对 ω 进行对数分度实现了横坐标的非线性压缩，便于在较大频率范围反映频率特性的变化情况。

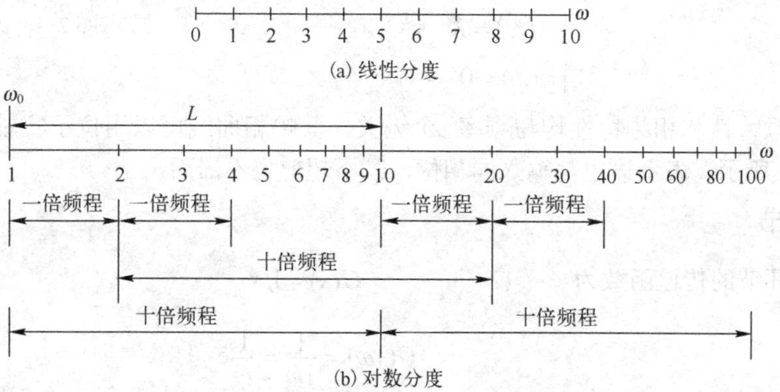

图 5.1-3　线性分度与对数分度的示意图

对数幅频特性定义为 $$L(\omega)=20\lg A(\omega) \tag{5.1-4}$$

对数幅频特性曲线的纵坐标表示对数幅频特性 $L(\omega)$ 的数值，按线性分度，单位是分贝，记为 dB；对数相频特性曲线的纵坐标表示相频特性 $\varphi(\omega)$ 的数值，按线性分度，单位是度或者弧度。

在绘制对数幅频特性曲线时，常用渐近线(分段直线)来近似精确曲线，使得频率特性的计算和绘制大为简化。另外，为了分析系统方便，一般将对数幅频特性曲线和对数相频特性曲线绘在一张半对数坐标纸上，采用同一频率轴。RC 电路网络的对数频率特性曲线如图 5.1-4 所示。

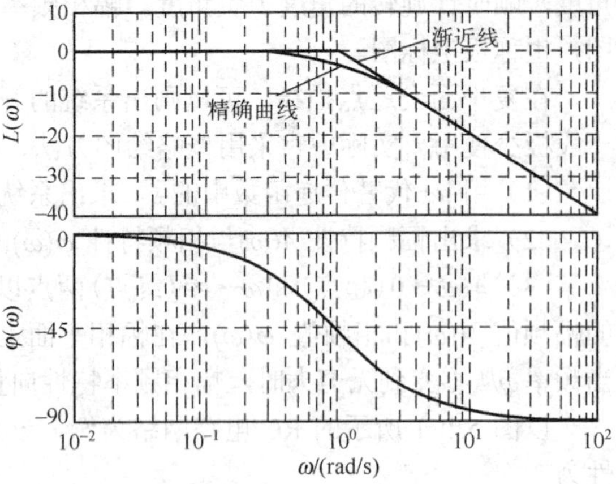

图 5.1-4　RC 电路网络的对数频率特性曲线

3. 对数幅相曲线

对数幅相曲线又称尼科尔斯曲线。其特点是以ω为参变量，纵坐标为 $L(\omega)$，单位分贝，横坐标为$\varphi(\omega)$，单位为度，均为线性分度。

5.2　频率特性的极坐标图(Nyquist 图)

用频域分析法研究控制系统的稳定性和动态响应时，首先必须绘制系统的开环频率特性曲线。众所知之，一个控制系统的开环频率特性通常是由若干典型环节的频率特性所组成，本节首先讨论几种典型环节的极坐标图及其特点，并以此为基础结合实例重点介绍开环系统极坐标图的绘制方法。

5.2.1　典型环节频率特性的极坐标图

1. 比例环节

比例环节的传递函数为 $$G(s)=K$$

用 jω 替换 s，可得其频率特性为

$$G(\mathrm{j}\omega)=K$$

其幅频特性和相频特性的表达式为

$$\begin{cases}A(\omega)=K\\ \varphi(\omega)=0^{\circ}\end{cases}$$

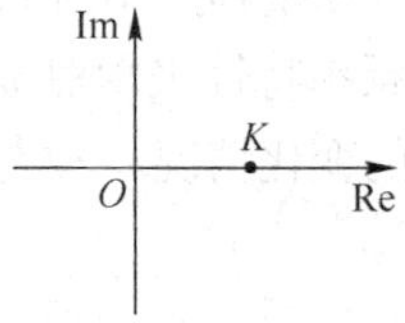

图 5.2-1　比例环节的幅相频率特性曲线

显然，幅频特性和相频特性均与频率 ω 无关。其幅相曲线可以用位于实轴上的一个点表示，如图 5.2-1 所示。表示输出与输入同相位，既不超前也不滞后。

2. 积分环节

理想积分环节的传递函数为 $$G(s)=1/s$$

其频率特性为 $$G(\mathrm{j}\omega)=\frac{1}{\mathrm{j}\omega}=\frac{1}{\omega}\mathrm{e}^{-\mathrm{j}\frac{\pi}{2}}$$

相应的幅频特性和相频特性表达式为

$$\begin{cases} A(\omega)=1/\omega \\ \varphi(\omega)=-90^\circ \end{cases}$$

显然，理想积分环节的幅相频率特性的特点是 $A(\omega)$与频率ω成反比，而$\varphi(\omega)$恒为-90°。其幅相曲线如图 5.2-2 所示，当 ω 从 0 变化到∞时，幅相曲线沿负虚轴由无穷远处逐渐趋向于原点。理想积分环节的幅相曲线表明积分环节是一个低通滤波器，可用于放大低频信号，抑制高频信号，输入信号的频率越低，对信号的放大作用越明显；并且存在相位滞后效应，输出滞后于输入的相位恒为 90°。

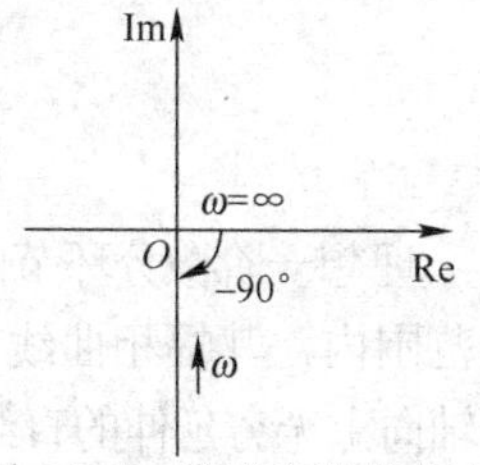

图 5.2-2　积分环节的幅相频率特性曲线

3. 微分环节

理想微分环节的传递函数为　　$G(s)=s$

其频率特性为　　$G(\mathrm{j}\omega)=\mathrm{j}\omega=\omega \mathrm{e}^{\mathrm{j}\frac{\pi}{2}}$

相应的幅频特性和相频特性表达式为

$$\begin{cases} A(\omega)=\omega \\ \varphi(\omega)=90^\circ \end{cases}$$

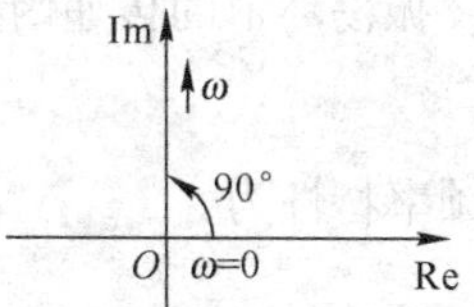

图 5.2-3　微分环节的幅相频率特性曲线

显然，理想微分环节的幅相频率特性的特点是 $A(\omega)$与频率ω成正比，而$\varphi(\omega)$恒为 90°。其幅相曲线如图 5.2-3 所示，当 ω 从 0 变化到∞时，幅相曲线与正虚轴重合。可见，理想微分环节是高通滤波器，输入频率越高，对信号的放大作用越强；并且有相位超前作用，输出超前输入的相位恒为 90°，说明输出对输入有提前性、预见性作用。

4. 惯性环节

惯性环节的传递函数为　　$G(s)=\dfrac{1}{Ts+1}$

其频率特性为　　$G(\mathrm{j}\omega)=\dfrac{1}{1+\mathrm{j}\omega T}=\dfrac{1}{1+\omega^2T^2}+\mathrm{j}\dfrac{-\omega T}{1+\omega^2T^2}$

$$=\frac{1}{\sqrt{1+\omega^2T^2}}\mathrm{e}^{-\arctan \omega T}$$

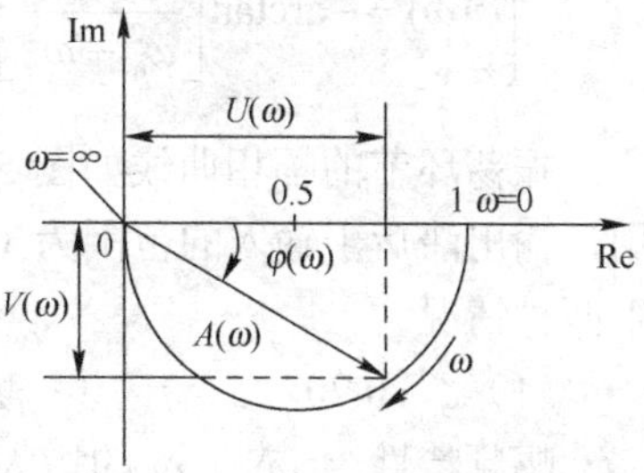

图 5.2-4　惯性环节的幅相频率特性曲线

相应的幅频特性和相频特性表达式为

$$\begin{cases} A(\omega)=\dfrac{1}{\sqrt{1+\omega^2T^2}} \\ \varphi(\omega)=-\arctan \omega T \end{cases} \tag{5.2-1}$$

理想惯性环节的幅相曲线如图 5.2-4 所示，在 $0<\omega<\infty$的范围内，其幅相曲线是一个位于第四象限的半圆，圆心为(0.5, j0)，半径为 0.5。若改变惯性环节的比例系数为 K，则幅频特性成比例扩大 K 倍，即幅相曲线仍为一个半圆，但圆心坐标为(K/2, 0)，半径为 K/2。由惯性环节的幅相曲线可知，惯性环节为低通滤波器，且输出滞后于输入，相位滞后范围为 0°～−90°。

5. 一阶微分环节

一阶微分环节的传递函数为　　$G(s)=Ts+1$

其频率特性为　　$G(\mathrm{j}\omega)=1+\mathrm{j}\omega T=\sqrt{1+\omega^2T^2}\,\mathrm{e}^{\mathrm{j}\arctan \omega T}$

相应的幅频特性和相频特性表达式为

$$\begin{cases}A(\omega)=\sqrt{1+\omega^2T^2} \\ \varphi(\omega)=\arctan\omega T\end{cases} \tag{5.2-2}$$

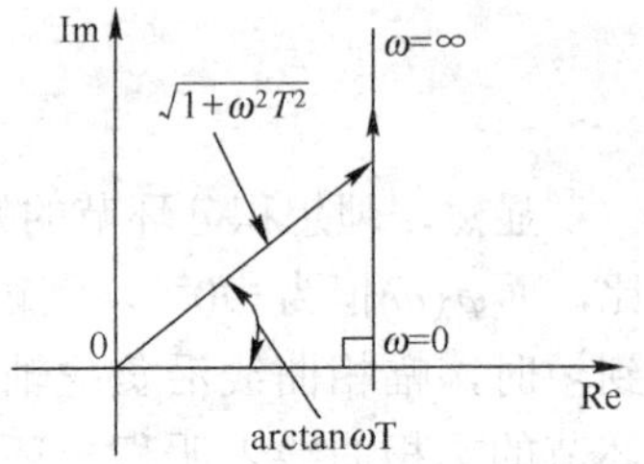

图 5.2-5　一阶微分环节幅相频率特性曲线

理想一阶微分环节的幅相曲线如图 5.2-5 所示，在 $0<\omega<\infty$ 的范围内，其幅相曲线是一条由复平面上(1,0)点出发、平行于正虚轴向上无穷延伸的直线。由一阶微分环节的幅相曲线可知，一阶微分环节具有放大高频信号的作用，输入频率 ω 越大，放大倍数越大；且输出超前于输入，相位超前范围为 0°～90°。

6. 振荡环节

振荡环节的传递函数为 $$G(s)=\frac{\omega_n^2}{s^2+2\zeta\omega_n s+\omega_n^2}$$

其频率特性为 $$G(j\omega)=\frac{\omega_n^2}{(\omega_n^2-\omega^2)+j2\zeta\omega_n\omega}$$

相应的幅频特性和相频特性表达式为

$$\begin{cases}A(\omega)=\dfrac{\omega_n^2}{\sqrt{\left(\omega_n^2-\omega^2\right)^2+\left(2\zeta\omega_n\omega\right)^2}} \\ \quad=\dfrac{1}{\sqrt{\left(1-\dfrac{\omega^2}{\omega_n^2}\right)^2+\left(\dfrac{2\zeta\omega}{\omega_n}\right)^2}} \\ \varphi(\omega)=-\arctan\left[\dfrac{2\zeta\omega_n\omega}{\omega_n^2-\omega^2}\right]\end{cases} \tag{5.2-3}$$

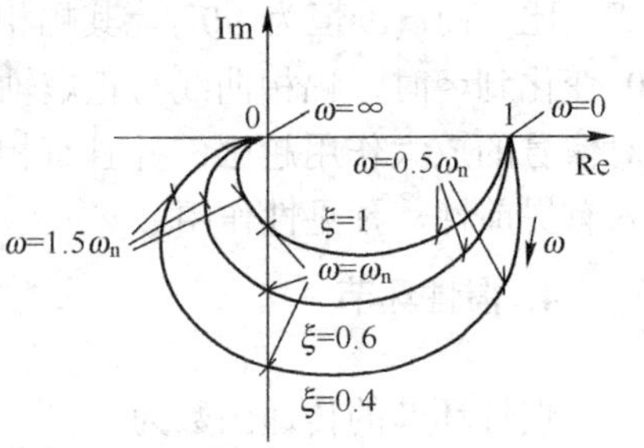

图 5.2-6　振荡环节的幅相频率特性曲线

振荡环节的幅相曲线如图 5.2-6 所示，在 $0<\omega<\infty$ 的范围内，振荡环节具有相位滞后的作用，输出滞后于输入的范围为 0°～-180°；同时 ζ 的取值对曲线形状的影响较大，可分为以下两种情况：

（1）$\zeta>0.707$

幅频特性 $A(\omega)$ 随 ω 的增大而单调减小，如图 5.2-6 中 $\zeta=1$ 时所对应的曲线，此时环节有低通滤波作用。当 $\zeta>1$ 时，振荡环节有两个相异负实数极点，若 ζ 足够大，一个极点靠近原点，另一个极点远离虚轴(对瞬态响应影响很小)，幅相曲线与负虚轴交点的虚部为 $1/(2\zeta)\approx 0$，幅相曲线近似于半圆，即此时振荡环节近似于惯性环节。

（2）$0\leqslant\zeta\leqslant 0.707$

当 ω 增大时，幅频特性 $A(\omega)$ 并不是单调减小，而是先增大，达到一个最大值后再减小直至衰减为 0，这种现象称为谐振。幅相曲线上距离原点最远处所对应的频率为谐振频率 ω_r，所对应的向量长度为谐振峰值 $M_r=A(\omega_r)=A(\omega_r)/A(0)$。谐振表明系统对频率 ω_r 下的正弦信号的放大作用最强。

由 $dA(\omega)/d\omega=0$，可求得谐振角频率为

$$\omega_r=\omega_n\sqrt{1-2\zeta^2},\quad 0\leqslant\zeta\leqslant 0.707 \tag{5.2-4}$$

则谐振峰值为
$$M_r = A(\omega_r) = \frac{1}{2\zeta\sqrt{1-\zeta^2}} \tag{5.2-5}$$

由以上两式可以看到，随着阻尼比 ζ 的减小，谐振峰值 M_r 不断增大，谐振频率 ω_r 逐渐趋向于无阻尼自然振荡频率 ω_n。M_r 越大，表明系统的 ζ 越小，系统的相对稳定性就越差，单位阶跃响应的最大超调量 M_p %也越大。当 ζ=0 时，$\omega_r \approx \omega_n$，$M_r \approx \infty$，即振荡环节处于等幅振荡状态。

7. 二阶微分环节

二阶微分环节的传递函数为
$$G(s) = \tau^2 s^2 + 2\zeta\tau s + 1$$
其频率特性
$$G(j\omega) = 1 - \tau^2\omega^2 + j2\zeta\tau\omega$$
相应的幅频特性和相频特性表达式为
$$\begin{cases} A(\omega) = \sqrt{(1-\tau^2\omega^2)^2 + (2\zeta\tau\omega)^2} \\ \varphi(\omega) = \arctan\left[\dfrac{2\zeta\tau\omega}{1-\tau^2\omega^2}\right] \end{cases} \tag{5.2-6}$$

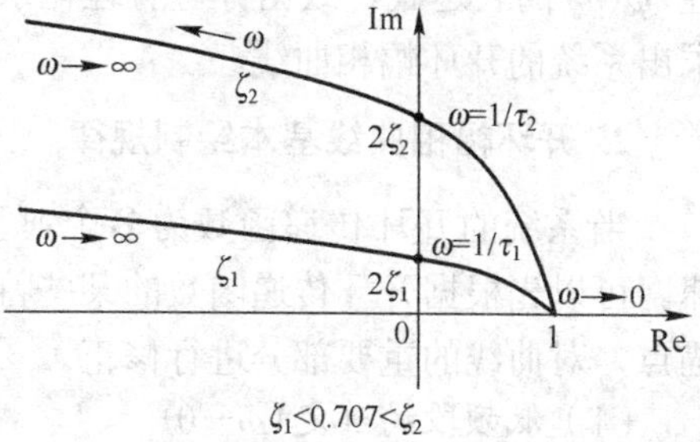

图 5.2-7　二阶微分环节的幅相频率特性曲线

二阶微分环节的幅相曲线如图 5.2-7 所示。

8. 延迟环节

延迟环节的传递函数为
$$G(s) = e^{-\tau s}$$
其频率特性为
$$G(j\omega) = e^{-j\omega\tau}$$
相应的幅频特性和相频特性表达式为
$$\begin{cases} A(\omega) = 1 \\ \varphi(\omega) = -\omega\tau \end{cases}$$

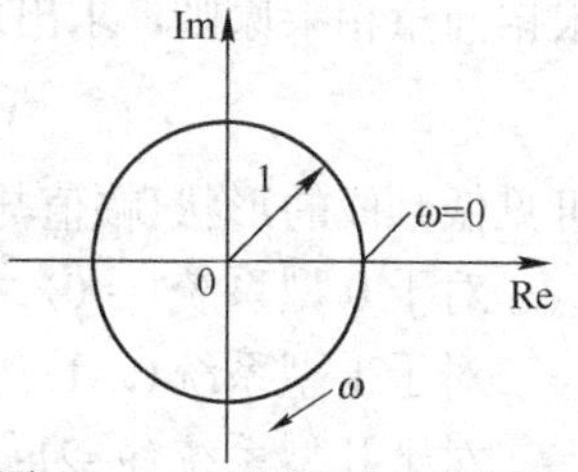

图 5.2-8　延迟环节的的幅相频率特性曲线

延迟环节的幅频特性恒为 1，与角频率 ω 无关，相频特性与 ω 成正比。其幅相曲线如图 5.2-8 所示，是一个以坐标原点为圆心，以 1 为半径的圆。即延迟环节可以不失真地复现任何频率的输入信号，但输出滞后于输入，而且输入信号频率越高，延迟环节的输出滞后就越大。

5.2.2　系统开环频率特性的极坐标图

1. 定义

在对控制系统进行性能分析时，有些场合使用的是系统的开环传递函数，有些场合使用的是闭环传递函数，应用时应注意区分。类似的，线性定常系统的频率特性也有开环频率特性和闭环频率特性之分。显然，在系统的开环传递函数中令 s=jω，得到开环频率特性；在闭环传递函数中令 s=jω，得到闭环频率特性。由于系统的开环传递函数较易获取，并与系统的元件一一对应，因此利用频率分析法分析与设计控制系统一般是基于系统的开环频率特性。故本节重点讨论开环频率特性曲线的绘制方法。

系统的开环频率特性可表示为
$$G_k(j\omega) = \frac{K}{(j\omega)^v} \cdot \frac{\prod_{i=1}^{m_1}(j\omega\tau_i + 1)\prod_{k=1}^{m_2}(-\tau_k^2\omega^2 + 2j\omega\zeta_k\tau_k + 1)}{\prod_{j=1}^{n_1}(j\omega T_j + 1)\prod_{l=1}^{n_2}(-T_l^2\omega^2 + 2j\omega\zeta_l T_l + 1)} \tag{5.2-7}$$

对于由多个典型环节组合而成的系统(延迟环节除外)，其频率特性应满足下式

$$G(\mathrm{j}\omega)=\prod_{i=1}^{n}G_i(\mathrm{j}\omega),\ A(\omega)=\prod_{i=1}^{n}A_i(\omega),\ \varphi(\omega)=\sum_{i=1}^{n}\varphi_i(\omega) \tag{5.2-8}$$

控制系统一般是由典型环节组成的，则系统频率特性的绘制与典型环节的频率特性的绘制方法是基本相同的。可根据复变函数的性质求出系统开环频率特性的幅频特性 $A(\omega)$ 与相频特性 $\varphi(\omega)$ 的表达式，或由分母有理化求出实频特性与虚频特性，再由幅相曲线的基本绘制方法求出系统的开环幅相曲线。

2. 开环幅相曲线基本绘制规律

当系统的开环传递函数为多个典型环节的组合时，其开环幅相曲线的绘制具有一定的规律。可以先根据开环传递函数的某些特征绘制出近似曲线，再利用 $A(\omega)$ 与 $\varphi(\omega)$ 等的表达式来描点，对曲线的重要部分进行修正。

(1) 低频段的确定($\omega\to 0$)

由式(5.2-7)，可得 $G_k(\mathrm{j}\omega)$ 的低频段表达式

$$G_k(\mathrm{j}\omega)=K/(\mathrm{j}\omega)^{v}$$

根据向量相乘原则，求出低频段幅频特性与相频特性表达式分别为

$$A(\omega)=|G_k(\mathrm{j}\omega)|=K/\omega^{v}\ ,\ \ \varphi(\omega)=-v90^{\circ} \tag{5.2-9}$$

可见低频段的形状(幅值与相位)均与系统的型别 v 与开环增益 K 有关。

对于 0 型系统(v=0)：$A(0)=K$，$\varphi(0)=0^{\circ}$，低频特性为实轴上的一点$(K,0)$。

对于 I 型系统(v=1)：$A(0)\to\infty$，$\varphi(0)=-90^{\circ}$。

对于 II 型系统(v=2)：$A(0)\to\infty$，$\varphi(0)=-180^{\circ}$。

上述分析表明, 对于 0 型系统，极坐标图起始于 $G_k(\mathrm{j}\omega)$平面实轴上的一点$(K,0)$；对于 I 型系统, 极坐标图起始于 $G_k(\mathrm{j}\omega)$平面负虚轴的无穷远处; 对于 II 型系统, 极坐标图起始于 $G_k(\mathrm{j}\omega)$平面负实轴的无穷远处。如图 5.2-9 所示。

(2) 高频段($\omega\to\infty$)

实际的物理系统通常是 $n>m$，由式(5.2-7)知

$$\lim_{\omega\to\infty}|G_k(\mathrm{j}\omega)|=0\ ,\ \ \varphi(\infty)=\lim_{\omega\to\infty}\varphi(\omega)=-(n-m)\times 90^{\circ} \tag{5.2-10}$$

由式(5.2-10)可知，极坐标图在 $\omega\to\infty$ 的相频特性与频率特性 $G_k(\mathrm{j}\omega)$ 的分子、分母的阶次之差有关。

当$(n-m)=1$，则 $\varphi(\infty)=-90^{\circ}$，即幅相特性沿负虚轴进入坐标原点。

当$(n-m)=2$，则 $\varphi(\infty)=-180^{\circ}$，即幅相特性沿负实轴进入坐标原点。

当$(n-m)=3$，则 $\varphi(\infty)=-270^{\circ}$，即幅相特性沿正虚轴进入坐标原点。

依次类推。上述三种情况极坐标图的高频段频率特性如图 5.2-10 所示。

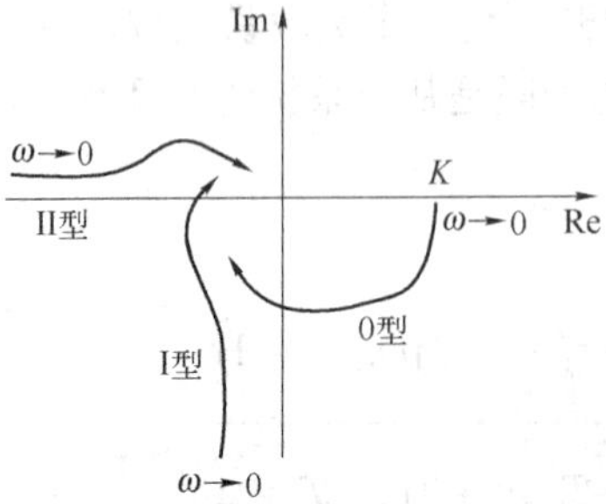

图 5.2-9　低频段频率特性

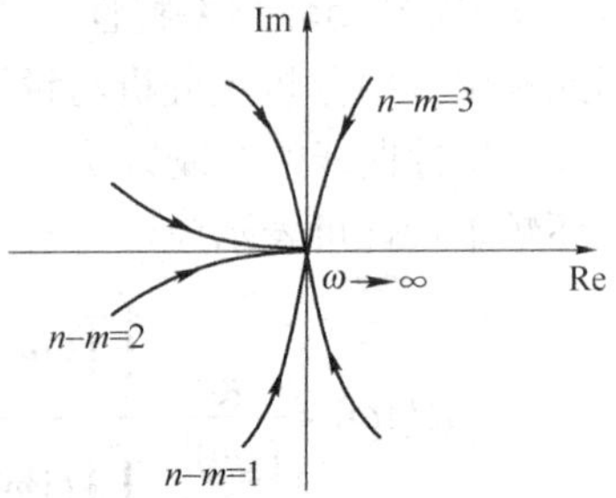

图 5.2-10　高频段频率特性

（3）中频段部分，将频率特性表达式按照分母有理化的方法分解为实频特性与虚频特性，确定幅相曲线与实轴、虚轴的交点。曲线与实轴的交点处的频率由虚频特性为零时求解，曲线与虚轴的交点处的频率由实频特性为零时求解得到。

（4）按频率 ω 从小到大的顺序用光滑曲线将频率特性的低频、中频和高频部分连接起来即可。

【例 5-2】 某系统开环传递函数为 $G_k(s)=\dfrac{K}{(T_1s+1)(T_2s+1)(T_3s+1)}$，试绘制其开环极坐标图。

解：系统的频率特性为

$$G_k(j\omega)=\frac{K}{(j\omega T_1+1)(j\omega T_2+1)(j\omega T_3+1)}$$

当 $\omega\to 0$ 时，$A(0)=K$，$\varphi(0)=0^\circ$，低频特性为正实轴上的一点 $(K,0)$。

在 $\omega\to\infty$ 时，$A(\infty)=0$，$\varphi(\infty)=-(n-m)\times 90^\circ=-3\times 90^\circ=-270^\circ$

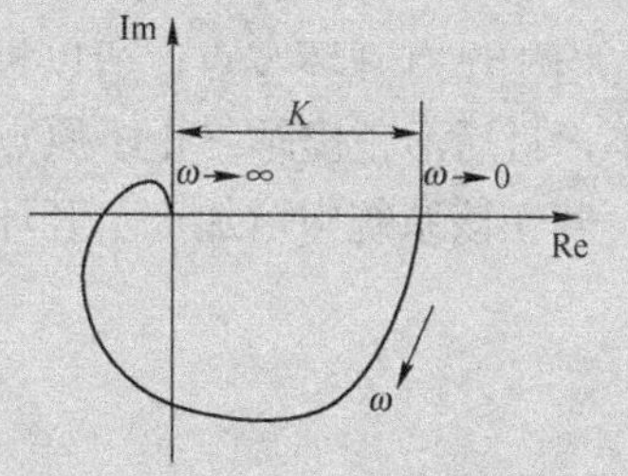

图 5.2-11　例 5-2 系统的极坐标图

此系统无开环零点，因此在 ω 从 $0\to\infty$ 过程中，特性的相位单调连续减小，从 0° 连续变化到 -270°，中间有 -180° 角，故曲线与负实轴有交点。极坐标图应该是平滑的曲线，从低频段开始幅值逐渐减小，沿顺时针方向连续变化最后终止于原点。极坐标图如图 5.2-11 所示。

【例 5-3】 某系统开环传递函数为 $G_k(s)=\dfrac{K}{s(T_1s+1)(T_2s+1)}$，$T_1>T_2$，试绘制其开环极坐标图。

解：系统的频率特性为

$$G_k(j\omega)=\frac{K}{j\omega(j\omega T_1+1)(j\omega T_2+1)}$$

（1）此系统为 I 型系统。当 $\omega\to 0$ 时，$A(0)\to\infty$，$\varphi(0)=-90^\circ$，低频特性始于负虚轴的无穷远处。

将频率特性表达式进行分母有理化：

$$G_k(j\omega)=\frac{-K(T_1+T_2)}{(T_1^2\omega^2+1)(T_2^2\omega^2+1)}+j\frac{-K(1-T_1T_2\omega^2)}{(T_1^2\omega^2+1)(T_2^2\omega^2+1)\omega}$$

则低频渐近线为

$$\sigma_x=\lim_{\omega\to 0^+}\mathrm{Re}[G(j\omega)]=\lim_{\omega\to 0^+}R(\omega)=-K(T_1+T_2)$$

频率特性实部≤0，故曲线只在第二、三象限。

（2）$\omega\to\infty$ 时，$A(\infty)=0$，$\varphi(\infty)=-(n-m)\times 90^\circ=-3\times 90^\circ=-270^\circ$，即幅相特性沿正虚轴进入坐标原点。

（3）$\varphi(\omega)$ 有 -180° 相位角，故曲线与负实轴有交点。

令　$\mathrm{Im}[G(j\omega)]=I(\omega)=\dfrac{-K(1-T_1T_2\omega^2)}{(T_1^2\omega^2+1)(T_2^2\omega^2+1)\omega}=0$

得 $\omega=1/\sqrt{T_1T_2}$，曲线与负实轴交点的坐标为 $\left(-\dfrac{K}{T_1+T_2},0\right)$。

（4）此系统无开环零点，因此在 ω 从 $0\to\infty$ 过程中，特性的相位单调连续减小，从 0° 连续变化到 -270°。极坐标图是平滑的曲线，从低频段开始幅值逐渐减小，沿顺时针方向连续变化最后终止于原点。极坐标图如图 5.2-12 所示。

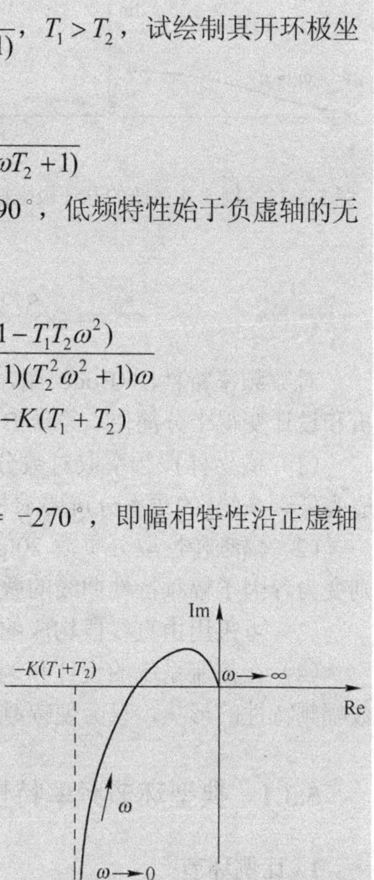

图 5.2-12　例 5-3 系统的开环极坐标图

【例 5-4】 某系统开环传递函数为 $G_k(s)=\dfrac{K}{s^2(T_1s+1)}$，绘制其开环极坐标图。

解：其幅频特性和相频特性为

$$A(\omega)=\frac{K}{\omega^2\sqrt{T_1^2\omega^2+1}},\quad \varphi(\omega)=-180^\circ-\arctan T_1\omega$$

此系统为Ⅱ型系统。

当 $\omega\to 0$ 时，$A(0)\to\infty$，$\varphi(0)=-180^\circ$；

当 $\omega\to\infty$时，$A(\infty)=0$，$\varphi(\infty)=-(n-m)\times 90^\circ=-3\times 90^\circ=-270^\circ$；

由于没有开环零点，所以极坐标图从低频段到高频段为连续变化的光滑曲线，幅值连续减小，最后沿正虚轴终止于原点。极坐标图如图 5.2-13 所示。

若在该系统中增加一个开环零点，开环频率特性表达式为

$$G(\mathrm{j}\omega)=\frac{K(\mathrm{j}\omega T_2+1)}{(\mathrm{j}\omega)^2(\mathrm{j}\omega T_1+1)},\ T_2\leqslant T_1$$

此时 $$\varphi(\omega)=-180^\circ-\arctan T_1\omega+\arctan T_2\omega$$

此系统仍为Ⅱ型系统。

当 $\omega\to 0$ 时，$A(0)\to\infty$，$\varphi(0)=-180^\circ$，即极坐标图（奈氏图）的起点基本未变。

当 $\omega\to\infty$时，$A(\infty)=0$，$\varphi(\infty)=-(n-m)\times 90^\circ=-2\times 90^\circ=-180^\circ$，极坐标图（奈氏图）沿负实轴终止于原点。极坐标图如图 5.2-14 所示。

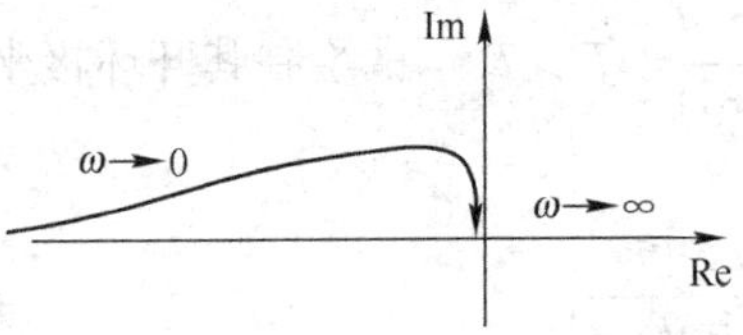

图 5.2-13 例 5-4 系统的开环极坐标图

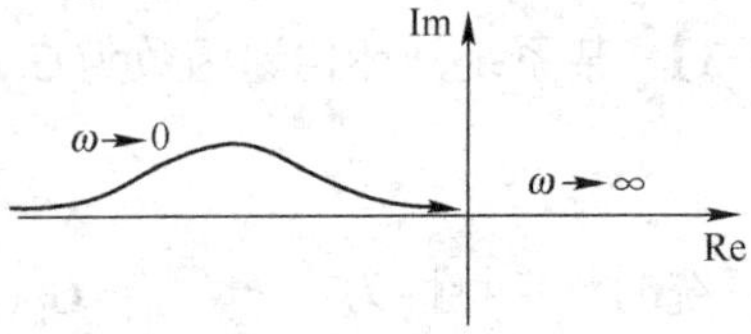

图 5.2-14 例 5-4 系统中增加一个开环零点后的极坐标图

5.3 频率特性的对数坐标图

对数频率特性图（Bode 图）将幅频和相频特性分别画出，并按对数分度运算，使系统的分析和设计变得十分简便。系统 Bode 图的特点如下：

（1）横坐标按频率取对数分度，低频部分展宽，而高频部分缩小。与对实际控制系统（一般为低频系统）的频率分辨要求相吻合。

（2）幅频特性取分贝数 $20\lg A(\omega)$后，使各因子间的乘除运算变为加减运算，在 Bode 图上则变为各因子幅频特性曲线的叠加，大大简化了作图过程，使系统设计和分析变得容易。

（3）可采用由直线段构成的渐近特性代替精确 Bode 图，使绘图十分简便。

（4）在控制系统的设计和调试中，开环增益 K 是最常变化的参数。而 K 的变化不影响对数幅频特性的形状，只会使幅频特性曲线做上下平移。

5.3.1 典型环节频率特性的 Bode 图

1. 比例环节

比例环节的对数幅频特性和相频特性为

$$\begin{cases} L(\omega)=20\lg K \\ \varphi(\omega)=0^\circ \end{cases} \tag{5.3-1}$$

其 Bode 图如图 5.3-1 所示，对数幅频特性是一条高度为 20lg$K$ 且平行于横轴的直线，对数相频特性与零度线(横轴)重合。

由比例环节的 Bode 图可以看到，比例环节可以完全、真实地复现任何频率的输入信号，幅值上有放大或衰减作用；$\varphi(\omega)$=0°，表示输出与输入相位相同，既不超前也不滞后。

2. 积分环节

理想积分环节的对数幅频特性和相频特性为

$$\begin{cases} L(\omega)=20\lg\left|\dfrac{1}{\mathrm{j}\omega}\right|=-20\lg\omega \\ \varphi(\omega)=\angle\dfrac{1}{\mathrm{j}\omega}=-90^\circ \end{cases} \tag{5.3-2}$$

其 Bode 图如图 5.3-2 所示。

由积分环节的 Bode 图可以看到，频率每增加 10 倍，幅频特性下降 20dB，故积分环节的对数幅频特性是一条斜率为-20dB/dec 的斜线，并且在 ω=1 这一点穿过 0dB 线。积分环节的对数相频特性的特点是一条平行于横轴的直线，其纵坐标为-90°。

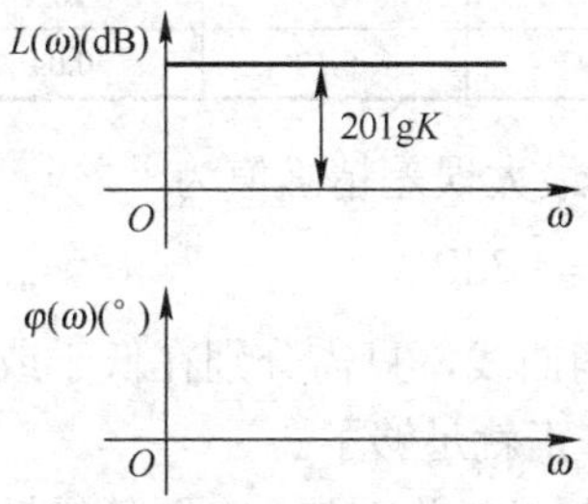

图 5.3-1　比例环节的 Bode 图

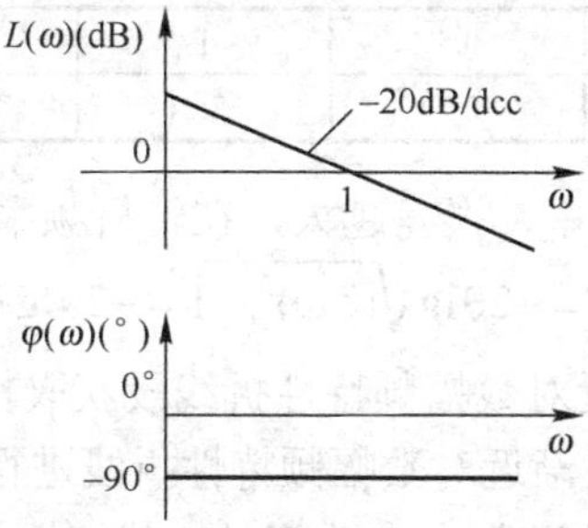

图 5.3-2　积分环节的 Bode 图

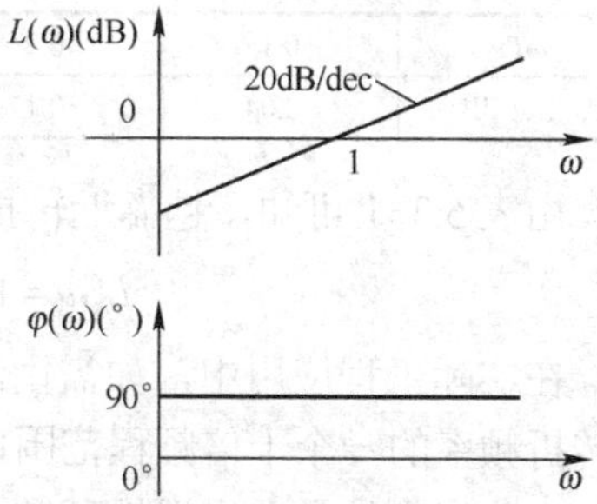

图 5.3-3　微分环节的 Bode 图

3. 微分环节

理想微分环节的对数幅频特性和相频特性为

$$\begin{cases} L(\omega)=20\lg|\mathrm{j}\omega|=20\lg\omega \\ \varphi(\omega)=\angle\mathrm{j}\omega=90^\circ \end{cases} \tag{5.3-3}$$

其 Bode 图如图 5.3-3 所示。

显然，微分环节的对数幅频特性是一条斜率为 20dB/dec 的斜线，并且在 ω=1 这一点穿过 0dB 线。微分环节的对数相频特性的特点是一条平行于横轴的直线，其纵坐标为 90°。

4. 惯性环节

惯性环节的对数幅频特性和相频特性为

$$\begin{cases} L(\omega)=20\lg\left|\dfrac{1}{\mathrm{j}\omega T+1}\right|=-20\lg\sqrt{1+\omega^2T^2} \\ \varphi(\omega)=-\arctan\omega T \end{cases} \tag{5.3-4}$$

为简化对数频率特性曲线的绘制，特别是在初步设计阶段，常常使用渐近对数幅频特性曲线。

(1) 低频段。在 $T\omega\ll 1$(或 $\omega\ll 1/T$)的区段，可以近似地认为 $T\omega\approx 0$，从而有

$$L(\omega)=-20\lg\sqrt{(T\omega)^2+1}\approx -20\lg 1=0$$

故在频率很低时，对数幅频特性可以近似用零分贝线表示，称其为低频渐近线。

（2）高频段。在 $T\omega \gg 1$（或 $\omega \gg 1/T$）的区段，可近似地认为

$$L(\omega) = -20\lg\sqrt{(T\omega)^2+1} \approx -20\lg T\omega = -20\lg T - 20\lg\omega$$

以 $L(\omega)$ 为因变量，$\lg\omega$ 为自变量，对数频率特性曲线是一条斜线，斜率为-20dB/dec，称其为高频渐近线，与低频渐近线的交点为 $\omega_T = 1/T$，ω_T 称为转折频率，是绘制惯性环节的对数频率特性时的一个重要参数。

采用计算若干给定ω处对应的$\varphi(\omega)$值，并用光滑曲线连接的方法绘制惯性环节的对数相频特性图。例如 $\varphi(0)=0°$，$\varphi(1/T)=-45°$，$\varphi(\infty)=-90°$。惯性环节的 Bode 图如图 5.3-4 所示。

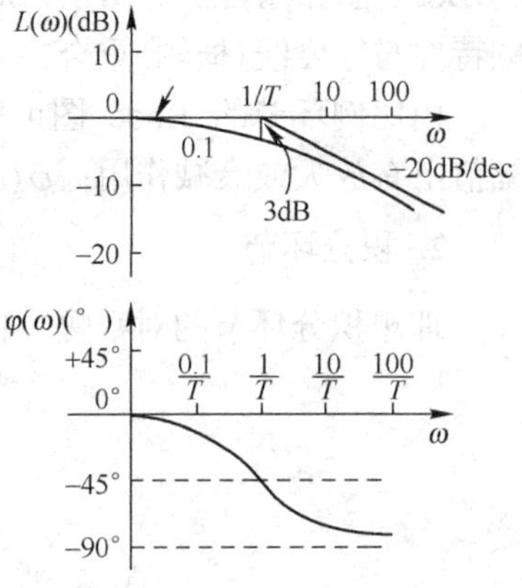

图 5.3-4　惯性环节的 Bode 图

由图 5.3-4 可以看到对数相频特性曲线关于 $\omega=1/T$，$\varphi(\omega)=-45°$ 这一点中心对称。

注意采用渐近对数幅频特性折线段对惯性环节的幅频特性进行表征存在一定的误差。误差见表 5.3-1。

表 5.3-1　渐近对数幅频特性与精确对数幅频特性的误差

ωT	0.1	0.2	0.5	1	2	5	10
$\Delta L(\omega)$/dB	−0.04	−0.17	−0.97	−3.01	−0.97	−0.17	−0.04

由表 5.3-1 可知，越靠近转折频率，误差越大，在转折频率处最大误差精确值为

$$L(\omega = 1/T) = -20\lg\sqrt{(T\omega)^2+1} = -20\lg\sqrt{2} = -3\text{dB}$$

在实际工程应用中，如需由渐近对数幅频特性折线段获取精确曲线，只需分别在低于或高于转折频率的一个十倍频程范围内对渐近对数幅频特性折线进行修正就足够了。

需要指出的是，当惯性环节的时间常数 T 改变时，其转折频率 $1/T$ 将在 Bode 图的横轴上向左或向右移动。与此同时，对数幅频特性及对数相频特性曲线也将随之向左或向右移动，但它们的形状保持不变。

5. 一阶微分环节

一阶微分环节的对数幅频特性和相频特性为

$$\begin{cases} L(\omega) = 20\lg\sqrt{1+\omega^2T^2} \\ \varphi(\omega) = \arctan\omega T \end{cases} \tag{5.3-5}$$

由于一阶微分环节的频率特性和惯性环节的频率特性互为倒数，因此，它们的对数幅频特性曲线关于零分贝线互为镜像对称，相频特性曲线关于零度线互为镜像对称。一阶微分环节的 Bode 图如图 5.3-5 所示。

6. 振荡环节

振荡环节的对数幅频特性和相频特性为

$$\begin{cases} L(\omega)=20\lg\dfrac{1}{\sqrt{\left(1-\dfrac{\omega^2}{\omega_n^2}\right)^2+\left(\dfrac{2\zeta\omega}{\omega_n}\right)^2}} \\ \varphi(\omega) = -\arctan\dfrac{2\zeta\omega_n\omega}{\omega_n^2-\omega^2} \end{cases} \tag{5.3-6}$$

（1）低频段($0\leqslant\zeta\leqslant1$)。$T\omega\ll1$(或 $\omega\ll1/T$)时，$L(\omega)\approx20\lg1=0\text{dB}$，低频渐近线与 0dB 线重合。

（2）高频段($0\leqslant\zeta\leqslant1$)。$T\omega\gg1$(或 $\omega\gg1/T$)时，$L(\omega)\approx-20\lg(T\omega)^2=-40\lg(T\omega)=-40\lg T-40\lg\omega(\text{dB})$。高频段是一条斜率为-40dB/dec 的斜线，称为高频渐近线。

振荡环节的 Bode 图如图 5.3-6 所示。

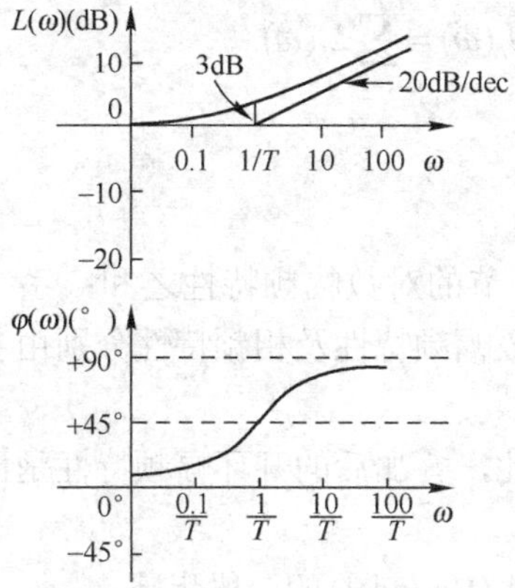

图 5.3-5　一阶微分环节的 Bode 图

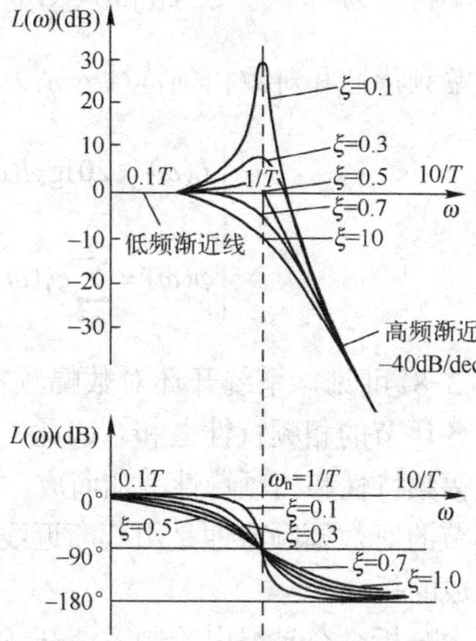

图 5.3-6　振荡环节的 Bode 图

7. 二阶微分环节

与一阶环节类似，二阶微分环节的对数幅频特性和相频特性与振荡环节的相应特性互以横轴为镜像。低频幅频特性渐近线与 0dB 线重合，高频段渐近线是斜率为+40dB/dec 的直线，转折频率为$\omega_r=1/\tau$。二阶微分环节的 Bode 图如图 5.3-7 所示。

8. 延迟环节

延迟环节的对数幅频特性和相频特性为

$$\begin{cases}L(\omega)=20\lg1=0\\\varphi(\omega)=\angle-\mathrm{e}^{\mathrm{j}\omega\tau}=-\omega\tau\end{cases}\tag{5.3-7}$$

延迟环节的 Bode 图如图 5.3-8 所示。显然，对数幅频特性是一条与横轴重合的直线，对数相频特性是一条随ω增大而相角滞后增大的曲线。因此，延迟环节对系统的稳定性非常不利。

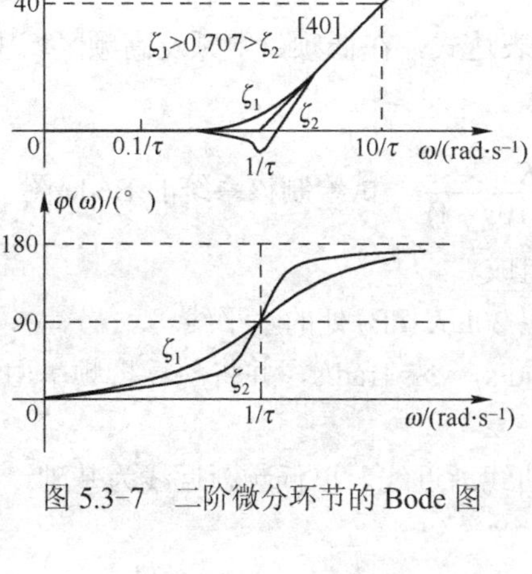

图 5.3-7　二阶微分环节的 Bode 图

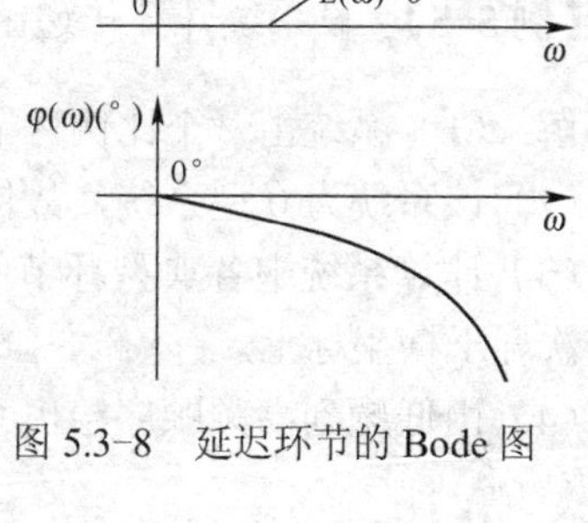

图 5.3-8　延迟环节的 Bode 图

5.3.2 系统开环频率特性的 Bode 图

系统开环传递函数由多个典型环节相串联而成。设系统的开环传递函数为

$$G(s)=G_1(s)G_2(s)\cdots G_n(s)$$

则系统的频率特性为

$$G(\mathrm{j}\omega)=G_1(\mathrm{j}\omega)G_2(\mathrm{j}\omega)\cdots G_n(\mathrm{j}\omega)=\prod_{i=1}^{n}A_i(\omega)\,\mathrm{e}^{\mathrm{j}\sum_{i=1}^{n}\varphi_i(\omega)}$$

系统的对数幅频特性和对数相频特性分别为

$$\begin{cases}L(\omega)=20\lg A(\omega)=20\lg\prod_{i=1}^{n}A_i(\omega)=\sum_{i=1}^{n}L_i(\omega)\\ \varphi(\omega)=\sum_{i=1}^{n}\varphi_i(\omega)\end{cases}\tag{5.3-8}$$

由式(5.3-8)可见，系统开环对数幅频特性等于各环节的对数幅频特性之和；系统开环相频特性等于各环节的相频特性之和。因此，系统开环对数幅频特性及相频特性分别由各串联典型环节对数幅频特性和相频特性叠加而成。

典型环节的对数幅频特性是用其渐近线代替的，因此，叠加后的开环幅频特性是由不同斜率的线段组成的折线。

根据以上分析，容易得出绘制系统开环对数频率特性(Bode 图)的一般步骤：

（1）将系统开环传递函数写成标准的时间常数表达式形式，确定各典型环节的转折频率。

（2）选定 Bode 图坐标系所需频率范围，一般最低频率为系统最低转折频率的 1/10 左右，而最高频率为最高转折频率的 10 倍左右。确定坐标比例尺，由小到大标注各转折频率。

（3）确定低频渐近线(由积分环节个数 v 与开环增益 K 决定)：找到横坐标为 $\omega=1$、纵坐标为 $20\lg K$ 的点，过该点作斜率为 $-20v$dB/dec 的斜线。

（4）由低频向高频延伸，每到一个转折频率，斜率根据具体环节进行相应的改变。例如，若遇到惯性环节，其转折频率为 $1/T_1$，则当 $\omega\geqslant 1/T_1$ 时，分段直线斜率的变化量为-20dB/dec；如遇到一阶微分环节，其转折频率为 $1/T_2$，则当 $\omega\geqslant 1/T_2$ 时，分段直线斜率的变化量为+20dB/dec，其他环节按类似的方法处理，最右侧折线斜率为 $-20(n-m)$dB/dec。

（5）绘出对数幅频特性的渐近线后，可再按照前述的各典型环节的误差进行适当修正。例如，当振荡环节的阻尼比不在 0.4～0.7 范围内时，就需要对 $L(\omega)$进行修正；当两个惯性环节的转折频率相距很近时，也要对 $L(\omega)$进行修正。修正后即可得到实际的对数幅频特性曲线。

（6）相频特性曲线的绘制可根据开环相频特性的表达式，在低频、中频及高频区域中各选择若干个频率进行计算，然后连成光滑曲线。

【例 5-5】 设系统开环传递函数为 $G(s)=\dfrac{K}{(s+1)(10s+1)}$，试绘制该系统的 Bode 图。

解：（1）系统由一个比例环节、两个惯性环节组成。

（2）该系统为 0 型系统，故低频渐近线为高度在 $20\lg K$(dB)处的水平线。

（3）计算系统中各典型环节的转折频率 $\omega_1=0.1$rad/s，$\omega_2=1$rad/s，并将各转折频率由低到高依次标于横坐标上。

（4）由低频到高频顺序绘出系统对数幅频特性曲线渐近线。以低频渐近线为基础，每遇

到一个环节的转折频率，根据该环节的性质做一次斜率变化，直至最后一个环节完成为止。本例中，在 ω=1 处，作高度为 20lg$K$(dB) 的水平线；在 ω_1=0.1rad/s 处，曲线斜率由 0 变为-20dB/dec；在 ω_2=1rad/s 处，曲线斜率由-20dB/dec 变为-40dB/dec，绘制出系统的开环对数幅频特性渐近线。

（5）分别画出各典型环节的对数相频特性曲线，并将各典型环节的对数相频特性曲线沿纵轴方向叠加，便可得到系统的对数相频特性曲线。系统 Bode 图如图 5.3-9 所示。

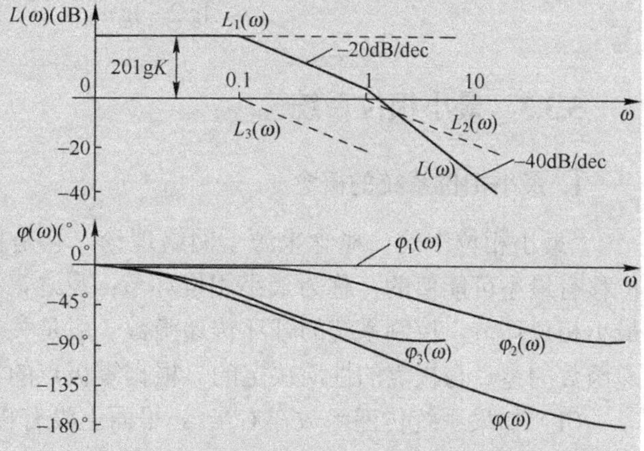

图 5.3-9 例 5-5 系统 Bode 图

【例 5-6】 设系统的开环传递函数为 $G(s)=\dfrac{100(s+2)}{s(s+1)(s+20)}$，试绘制该系统的 Bode 图。

解：（1）系统由一个比例环节、一个积分环节、一个一阶微分环节、两个惯性环节组成。将系统的开环传递函数化为标准形式，即

$$G(s)=\frac{10(0.5s+1)}{s(s+1)(0.05s+1)}$$

（2）该系统为Ⅰ型系统，故低频渐近线的斜率为-20dB/dec，低频段在 ω=1 时的高度为 20lg10=20dB。

（3）在横坐标上标出各典型环节的转折频率，系统转折频率 ω_1=1rad/s，ω_2=2rad/s，ω_3=20rad/s。

（4）找到 ω=1 处，高度为 20dB 的点，通过该点作斜率为-20dB/dec 的直线，在 ω_1=1rad/s 处，曲线斜率由-20dB/dec 变为-40dB/dec；在 ω_2=2rad/s 处，曲线斜率由-40dB/dec 变为-20dB/dec，在 ω_3=20rad/s 处，曲线斜率由-20dB/dec 变为-40dB/dec，绘出系统开环对数幅频特性渐近线。

（5）分别画出各典型环节的对数相频特性曲线，并将各典型环节的对数相频特性曲线沿纵轴方向叠加，便可得到系统的对数相频特性曲线。系统 Bode 图如图 5.3-10 所示。

由系统对数幅频特性可以发现，该系统的 $L(\omega)$ 由 4 段折线构成，而且在 ω_2=2 与 ω_3=20 之间穿过 0dB 线。曲线穿过 0dB 线时所对应的频率称为幅值穿越频率。幅值穿越频率 ω_c 可以通过坐标系直接读出，也可根据简单的计算求出。

（1）由低频渐近线可求得：$L(\omega_1)=L(1)=$ 20lg10=20(dB)。

（2）由于 ω_1 点与 ω_2 点位于同一条斜线上，斜率为-40dB/dec，则 $L(\omega_2)$ 可如下求得

$$\frac{L(1)-L(2)}{\lg 1-\lg 2}=-40\text{，则 }L(2)=8\text{(dB)}$$

（3）同理，ω_c 可如下求取

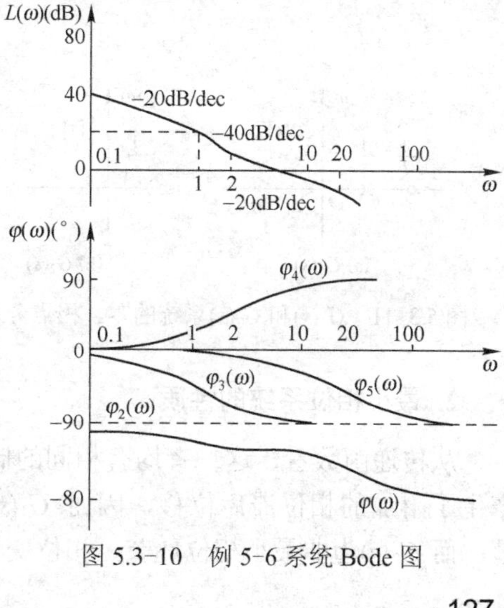

图 5.3-10 例 5-6 系统 Bode 图

$$\frac{L(2)-0}{\lg 2-\lg\omega_c}=-20，则\ \omega_c=5\text{rad/s}$$

5.3.3 最小相位系统

1. 最小相位系统的概念

“最小相位”这一概念来源于网络理论。它是指具有相同幅频特性的一些环节，其中相角位移有最小可能值的，称为最小相位环节；反之，其中相角位移大于最小可能值的环节称为非最小相位环节。控制系统的开环传递函数一般是关于 s 的有理真分式，系统的性质是由开环传递函数的零点与极点的性质决定的。根据零极点的不同，一般分为以下两种系统。

（1）如果系统传递函数在右半 s 平面上没有极点和零点，则称该系统为最小相位系统（由除延迟环节之外的典型环节组成），如

$$G_1(s)H_1(s)=\frac{K\left(T_1s+1\right)}{s\left(T_2s+1\right)\left(T_3s+1\right)}，K,T_1,T_2,T_3\text{均为正数}$$

（2）系统传递函数在右半 s 平面上有一个（或多个）零点或极点，称为非最小相位系统。

下面举一个简单例子来说明最小相位系统的概念。如系统

$$G_1(s)=\frac{\tau s+1}{Ts+1}，G_2(s)=\frac{1-\tau s}{Ts+1}，0<\tau<T$$

这两个系统的幅值特性和相频特性表达式为

$$A_1(\omega)=A_2(\omega)=\frac{\sqrt{(\tau\omega)^2+1}}{\sqrt{(T\omega)^2+1}} \tag{5.3-9}$$

$$\varphi_1(\omega)=\arctan\tau\omega-\arctan T\omega，\varphi_2(\omega)=-\arctan\tau\omega-\arctan T\omega \tag{5.3-10}$$

由式(5.3-9)和式(5.3-10)可以知道，两者具有相同的对数幅频特性，但两者却有着不同的相频特性。这两个系统的零、极点分布如图 5.3-11 所示。显然 $G_1(s)$属于最小相位系统，$G_2(s)$则属于非最小相位系统。$G_1(s)$和 $G_2(s)$系统的对数幅频特性曲线如图 5.3-12 所示。

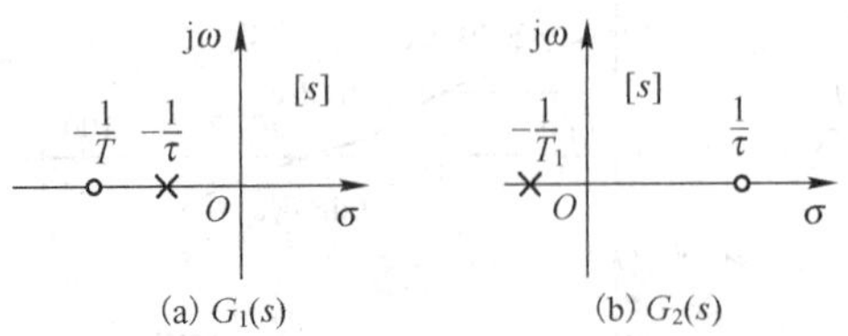

图 5.3-11　$G_1(s)$和 $G_2(s)$系统的零、极点分布图

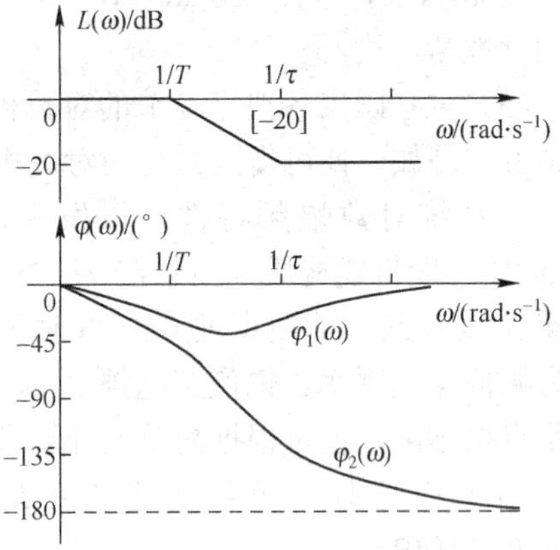

图 5.3-12　$G_1(s)$和 $G_2(s)$系统的对数幅频特性曲线

2. 最小相位系统的性质

从传递函数看，这二者均有相同的储能元件数，但是由于 $G_2(s)$的零点在右半 s 平面，它产生了附加的相位滞后位移，因而 $G_1(s)$具有较小的相位变化范围(0°，−90°)，为最小相位环节；而 $G_2(s)$为非最小相位环节，相位变化范围较大(0°，−180°)。从 Bode 图上看，最小相位系

统为具有相同幅频特性的许多系统中其相移范围为最小可能值的系统。

（1）最小相位系统的对数相频特性和对数幅频特性是一一对应的。也就是说，对于最小相位系统，一条对数幅频特性只有一条对数相频特性与之对应，知道其对数幅频特性，也就知道了其对数相频特性。因此，利用 Bode 图对最小相位系统进行分析时，往往只分析其对数幅频特性 $L(\omega)$。

（2）最小相位系统的对数相频特性和对数幅频特性的变化趋势相同，即若 $L(\omega)$ 的斜率减小（或增大），则 $\varphi(\omega)$的相位也相应地减小（或增大）；如果在某一频率范围内，对数幅频特性 $L(\omega)$的斜率保持不变，则在这些范围内，相位也几乎保持不变。

（3）对于最小相位系统，通过实验的方法测量并绘制出开环对数幅频特性曲线 $L(\omega)$，就可以唯一确定此系统，推出相应的 $\varphi(\omega)$，写出其开环传递函数。

5.3.4 传递函数的频域实验确定

由实测开环 Bode 图求开环传递函数，是由已知的开环传递函数求开环 Bode 图的逆过程，其步骤如下：

（1）在需要的频率范围内，给被测系统输入不同频率的正弦信号，测量相应输出的稳态幅值与相位，作出对数幅频特性与相频特性曲线。

（2）若幅频特性曲线与相频特性曲线的变化趋势一致，则该系统为最小相位系统，可直接由幅频特性曲线求出传递函数。

（3）根据对数幅频特性曲线，由 0、±20、±40dB/dec 斜率的线段近似，求出其渐近线；

（4）由低频段确定系统积分环节的个数 v 与开环增益 K；低频渐近线的表达式为 $L(\omega)=20\lg K-20v\lg\omega$。首先由低频段的斜率确定 v；由低频段上的一个具体点的坐标确定 K。

（5）由渐近线的每个转折点确定各典型环节的转折频率，并由渐近线在转折点斜率的变化量确定串联的各典型环节。

【例 5-7】 某最小相位系统开环对数幅频特性曲线的渐近线如图 5.3-13 所示，求此系统的开环传递函数。

解：根据上述步骤容易求得系统的开环传递函数为

$$G(s)=30\times\frac{1}{s}\cdot\frac{4s+1}{(40s+1)(0.2s+1)(0.1s+1)}$$

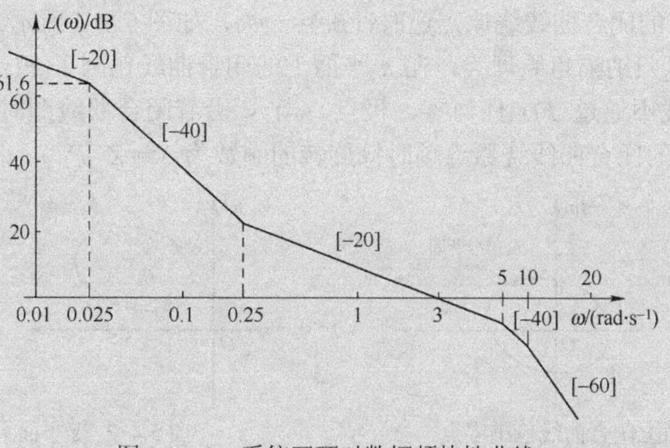

图 5.3-13 系统开环对数幅频特性曲线

5.4 频率域的稳定判据

系统稳定的充分必要条件是系统闭环特征根都具有负实部，即位于 s 左半平面。在时域分析中判断系统的稳定性，一种方法是求出特征方程的全部根，另一种方法就是使用劳斯稳定判据(代数判据)。然而这两种方法都有不足之处，对于已知系统开环特性，要研究闭环系统的稳定性，则需要求出闭环特征方程，无法直接利用开环特性判断闭环系统的稳定性。而对于一个自动控制系统，其开环数学模型易于获取，同时它包含了闭环系统所有环节的动态结构和参数。本节介绍另一种稳定性判据——Nyquist 稳定判据。这种方法可以根据系统的开环频率特性，直接判断闭环系统的稳定性，并能够确定系统的相对稳定性。

5.4.1 幅角原理

设复变函数为

$$F(s)=\frac{K(s+z_1)(s+z_2)\cdots(s+z_m)}{(s+p_1)(s+p_2)\cdots(s+p_n)} \tag{5.4-1}$$

其幅角为

$$\angle F(s)=\sum_{i=1}^{m}\angle(s+z_i)-\sum_{j=1}^{n}\angle(s+p_j) \tag{5.4-2}$$

式中，$-z_i(i=1,2,\cdots,m)$为 $F(s)$的零点，$-p_j(j=1,2,\cdots,n)$为 $F(s)$的极点。$F(s)$是复变量 s 的单值、连续的正则函数，对于 s 平面上除了极点之外的每一点，在 $F(s)$平面上必有一点与之对应。例如 $F(s)=(s+1)/(s+2)$，当 $s=-1+\mathrm{j}$ 时，$F(-1+\mathrm{j})=0.5+\mathrm{j}0.5$。同理，在 s 平面上的任意一条闭合曲线，在 $F(s)$平面上必有一条唯一的闭合曲线与之对应。对于在 s 平面上的一条顺时针运动的闭合曲线，映射在 $F(s)$平面上的闭合曲线是顺时针运动还是逆时针运动，取决于 $F(s)$函数的特性。特别值得注意的是，我们不关心映射曲线的形状，而关注映射在 $F(s)$平面上的闭合曲线是否包围坐标原点、包围次数和运动方向。

如果在 s 平面上的闭合曲线包围了 $F(s)$的一个零点 z_1，当 s 沿着闭合曲线顺时针运动一周时，矢量$(s+z_1)$的相角变化为-2π，而其他矢量相角变化为 0，可得 $F(s)$的相角变化为-2π，这说明在 $F(s)$平面上映射的闭合曲线绕原点顺时针旋转一周，如图 5.4-1 所示。

如果在 s 平面上的闭合曲线包围了 $F(s)$的一个极点 p_1，当 s 沿着闭合曲线顺时针运动一周时，矢量$(s+p_1)$的相角变化为-2π，而其他矢量相角变化为 0，可得 $F(s)$的相角变化为 2π，这说明在 $F(s)$平面上映射的闭合曲线绕原点逆时针旋转一周，如图 5.4-2 所示。

综上所述，可以归纳幅角原理为：在 s 平面上的闭合曲线包围了 $F(s)$的 Z 个零点和 P 个极点，并且闭合曲线不通过 $F(s)$任何零、极点，当 s 沿着闭合曲线顺时针运动一周时，则在 $F(s)$平面上与之对应的闭合曲线绕原点顺时针旋转的圈数为 $N=Z-P$。

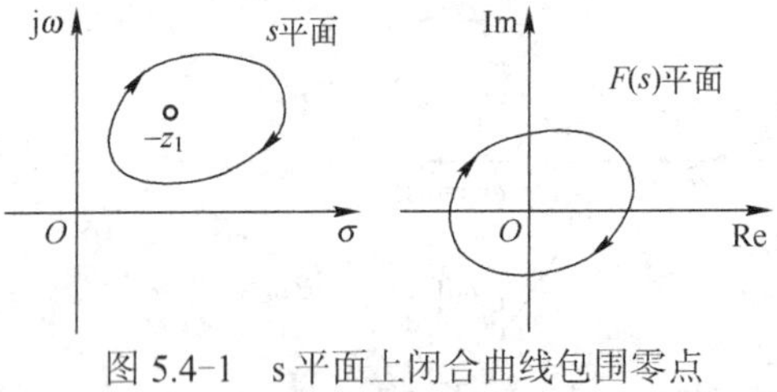

图 5.4-1 s 平面上闭合曲线包围零点在 $F(s)$平面上的映射

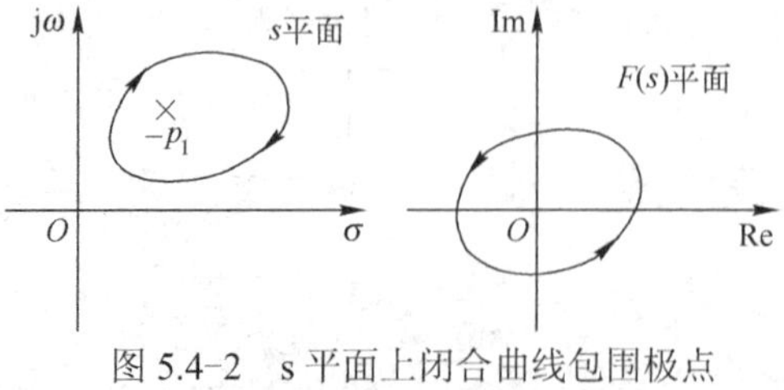

图 5.4-2 s 平面上闭合曲线包围极点在 $F(s)$平面上的映射

5.4.2 奈奎斯特稳定判据

设控制系统如图 5.4-3 所示，其开环传递函数为

$$G_k(s)=G(s)H(s)=\frac{B(s)}{A(s)} \tag{5.4-3}$$

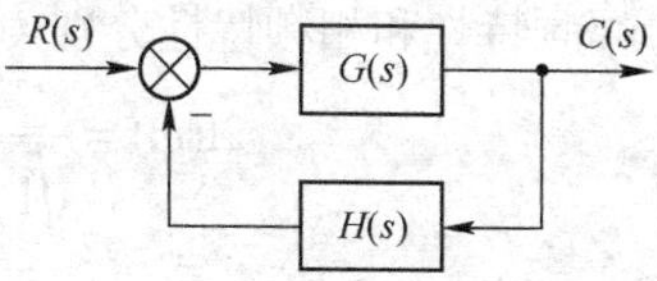

图 5.4-3　系统的方块图

闭环传递函数为

$$\frac{C(s)}{R(s)}=\frac{G(s)}{1+G(s)H(s)} \tag{5.4-4}$$

系统的特征多项式为

$$F(s)=1+G_k(s)=1+\frac{B(s)}{A(s)}=\frac{A(s)+B(s)}{A(s)} \tag{5.4-5}$$

由于实际物理系统 $A(s)$ 的阶数 n 大于 $B(s)$ 的阶数 m，根据式(5.4-3)和式(5.4-5)可以得出：$F(s)$的极点等于开环传递函数的极点，其极点数用 P 表示；$F(s)$的零点就是闭环传递函数的极点，其个数用 Z 表示。

1. 奈奎斯特路径

为了分析系统的稳定性，判别 $F(s)$是否在 s 右半平面上有零点，选取 s 平面上的闭合曲线顺时针包围 s 的整个右半平面，如果 $F(s)$在 s 右平面上有零、极点，则一定被包围在闭合曲线中，这一闭合曲线称为奈奎斯特路径，如图 5.4-4 所示。注意奈奎斯特路径不能通过 $F(s)$的零、极点。从图可见，闭合曲线由两部分构成，一部分是整个虚轴；另一部分是半径为无穷大的半圆。由于 $G_k(s)$ 分母的阶数 n 大于分子的阶数 m，有 $\lim\limits_{s\to\infty}[1+G_k(s)]=$常数，所以当 s 沿着半圆从∞到$-\infty$变化时，函数 $F(s)$保持常数。因此，$F(s)$的曲线包围 $F(s)$平面上原点的情况取决于奈奎斯特路径的虚轴部分，即 s 沿着虚轴从 $j\omega\to-j\omega$变化的部分。

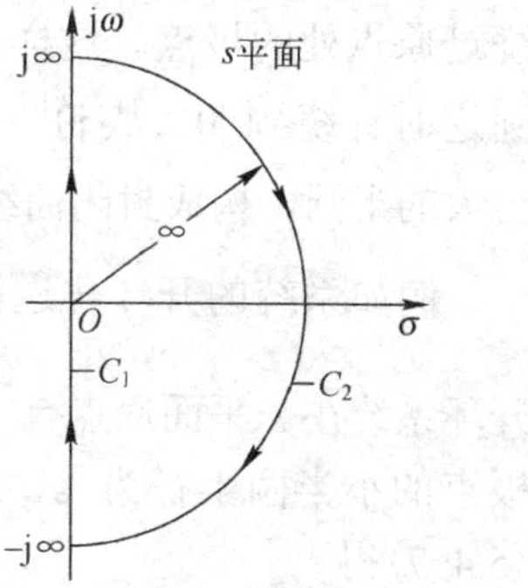

图 5.4-4　s 平面上的奈奎斯特路径

由于 $F(j\omega)=1+G_k(j\omega)$，当 $F(j\omega)=0$ 时，有 $G_k(j\omega)=-1$。这就说明在$F(j\omega)$平面上的$F(j\omega)$曲线包围原点的情况，就等于在$G_k(j\omega)$平面上$G_k(j\omega)$曲线对(−1, j0)点包围情况。因此，闭环系统的稳定性，可以通过研究在$G_k(j\omega)$平面上$G_k(j\omega)$曲线对(−1, j0)点的包围情况来进行判断。

2. 奈奎斯特稳定判据

判据：当ω从$-\infty$到$+\infty$变化时，在$G_k(j\omega)$平面上的奈奎斯特曲线顺时针包围(−1, j0)点 N 次，则

$$Z=N+P \tag{5.4-6}$$

如果开环系统是稳定的，$G_k(s)$ 在 s 右半平面上无极点，即 P=0，其闭环系统稳定的充分必要条件是奈奎斯特曲线不包围(−1, j0)点；如果开环系统是不稳定的，$G_k(s)$ 在 s 右半平面上有 P 个极点，其闭环系统稳定的充分必要条件是奈奎斯特曲线逆时针包围(−1, j0)点 P 次；如果奈奎斯特曲线穿越(−1, j0)点，则闭环系统是临界稳定的。值得注意的是，如果奈奎斯特曲线顺时针包围(−1, j0)点，则不论开环系统是否稳定，闭环系统都是不稳定的。

【例 5-8】 设系统的开环传递函数为 $G(s)=\dfrac{3}{(0.5s+1)(s+1)}$，试用奈奎斯特稳定判据确定闭环系统的稳定性。

解：系统的开环频率特性为

$$G(j\omega)=\frac{3}{(j0.5\omega+1)(j\omega+1)}$$

幅频特性和相频特性分别为

$$A(\omega)=\frac{3}{\sqrt{1+(0.5\omega)^2}\sqrt{1+\omega^2}},\quad \varphi(\omega)=-\arctan 0.5\omega-\arctan\omega$$

当$\omega\to 0$时，$A(\omega)\to 3$，$\varphi(\omega)=0°$，可见极坐标图的起始点是在正实轴上值为3。

当$\omega\to\infty$时，$A(\omega)\to 0$，$\varphi(\omega)=-180°$，说明极坐标图沿着负实轴趋于原点。

系统的奈奎斯特曲线如图5.4-5所示。开环系统是稳定的，$G(s)$在s右半平面上无极点，即$P=0$。从图可见，奈奎斯特曲线没有包围$(-1, j0)$点，所以$N=0$，从而得$Z=P+N=0$。根据奈奎斯特稳定判据，闭环系统是稳定的。

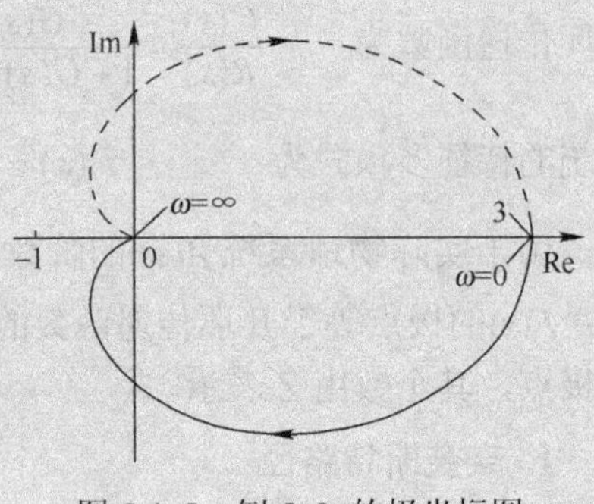

图5.4-5　例5-8的极坐标图

3．$G_k(j\omega)$有极点位于s平面原点的奈奎斯特路径

当$G_k(s)$在s平面原点有极点时，为了避免奈奎斯特路径穿越$G_k(s)$的极点，采用以原点为圆心，半径趋于无穷小的右半圆绕过原点处的极点。这样，s沿着虚轴从$-j\infty\to j0^-$，通过小半圆逆时针绕到$j0^+$，从$j0^+\to +j\infty$，再从$+j\infty\to -j\infty$顺时针绕无穷大的半圆，构成封闭曲线。如图5.4-6所示。

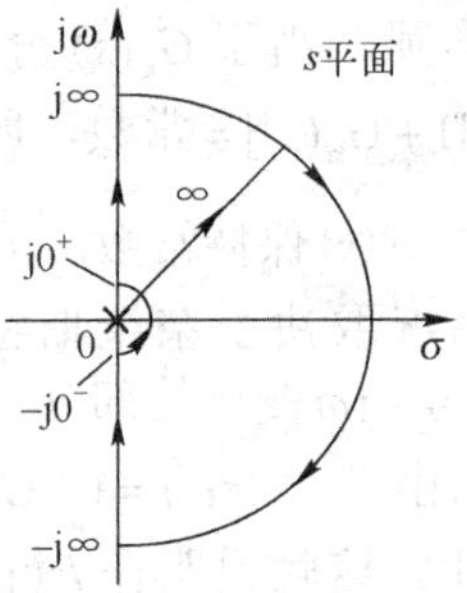

图5.4-6　$G_k(j\omega)$在s平面原点有极点的奈奎斯特路径

例如系统的开环传递函数为　$G_k(s)=\dfrac{K}{s(T_1s+1)(T_2s+1)}$　(5.4-7)

开环系统在s平面原点有一个极点,为Ⅰ型系统。设在原点处绕过极点的小半圆半径为ε，$\varepsilon\to 0$，s的表达式为$s=\varepsilon e^{j\theta}$，代入式(5.4-7)得

$$G_k(\varepsilon e^{j\theta})=\left.\frac{K}{\varepsilon e^{j\theta}(T_1\varepsilon e^{j\theta}+1)(T_2\varepsilon e^{j\theta}+1)}\right|_{\varepsilon\to 0}=\left.\frac{K}{\varepsilon e^{j\theta}}\right|_{\varepsilon\to 0}=\infty e^{-j\theta}\tag{5.4-8}$$

当s沿着小半圆从$-j0^-\to j0^+$移动时，θ角从$-\pi/2$变化到$\pi/2$，由式(5.4-8)可知，此时$G_k(s)$的幅值为无穷大，$-\theta$角从$\pi/2$变化到$-\pi/2$，这表明映射在$G_k(s)$平面上的曲线将沿着半径为无穷大的圆以顺时针方向从$\pi/2$变化到$-\pi/2$，$-\theta$角变化180°。可见，在s平面上的逆时针小半圆映射到$G(s)H(s)$平面上是一个顺时针的无穷大半圆。

同理，如果开环系统在s平面的原点有λ个极点，为λ型系统。在s平面上，当s沿着小半圆从$-j0^-\to j0^+$移动时，θ角从$-\pi/2$变化到$\pi/2$，映射在$G_k(s)$平面上的曲线将沿着半径为无穷大的圆以顺时针方向从$\lambda\pi/2$变化到$-\lambda\pi/2$，$-\theta$角变化$\lambda\times 180^\circ$。

4．Nyquist判据在Ⅰ型和Ⅱ型系统中的应用

【例5-9】　设系统的开环传递函数为

$$G(s)H(s)=\frac{K_v}{s(T^2s^2+2\zeta Ts+1)},\quad 0<\zeta<1$$

试用奈氏判据分析该系统的稳定性。

解：该系统的频率特性为

$$G(\mathrm{j}\omega)H(\mathrm{j}\omega)=\frac{K_{\mathrm{v}}}{\mathrm{j}\omega(1-T^2\omega^2+\mathrm{j}2\zeta T\omega)}$$

当ω从$-\infty$变化到$+\infty$时，系统的奈氏曲线如图 5.4-7 所示。由于系统含有一个积分环节(v=1)，故当ω由 0^-至 0^+时，对应奈氏曲线需要补充顺时针环绕坐标原点的无穷大半圆(图 5.4-7 中虚线所示)。

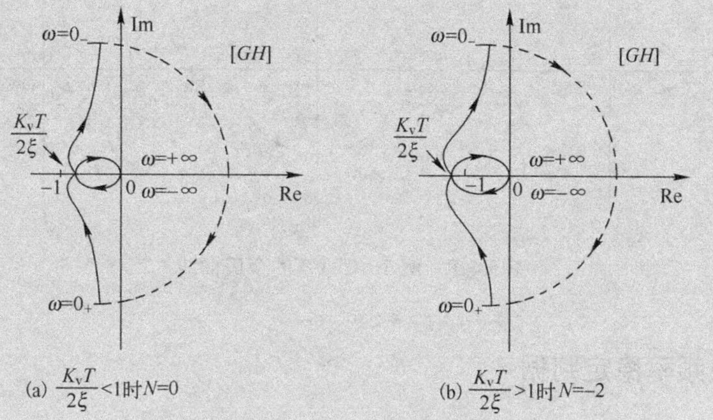

(a) $\frac{K_{\mathrm{v}}T}{2\xi}<1$时$N$=0　　(b) $\frac{K_{\mathrm{v}}T}{2\xi}>1$时$N$=−2

图 5.4-7　例 5-9 系统奈氏曲线

该系统开环传递函数无右半 s 平面的极点，即 p=0，系统是否稳定取决于奈氏曲线与负实轴的交点坐标$-\frac{K_{\mathrm{v}}T}{2\zeta}$的大小，当$-\frac{K_{\mathrm{v}}T}{2\zeta}<1$时，奈氏曲线不包围(−1, j0)点，即 N=0，如图 5.4-7(a)所示，系统是稳定的；当$-\frac{K_{\mathrm{v}}T}{2\zeta}>1$时，奈氏曲线顺时针包围(−1, j0)点两周，即 N=2，见图 5.4-7(b)，系统不稳定。

【例 5-10】 已知反馈控制系统的开环传递函数为$G(s)H(s)=\frac{K(\tau s+1)}{s^2(Ts+1)}$，试用奈氏判据分析当 $T<\tau$、$T=\tau$、$T>\tau$ 时系统的稳定性。

解：系统的开环频率特性为

$$G(\mathrm{j}\omega)H(\mathrm{j}\omega)=\frac{K(\mathrm{j}\tau\omega+1)}{-\omega^2(1+\mathrm{j}T\omega)}$$

其幅频特性和相频特性分别为

$$\left|G(\mathrm{j}\omega)H(\mathrm{j}\omega)\right|=\frac{K\sqrt{1+\tau^2\omega^2}}{\omega^2\sqrt{1+T^2\omega^2}}$$

$$\angle G(\mathrm{j}\omega)H(\mathrm{j}\omega)=-180^\circ-\arctan T\omega+\arctan\tau\omega$$

(1) 当 $T<\tau$时，$\arctan T\omega<\arctan\tau\omega$，当 ω 由 0 变至$+\infty$时，$|G(\mathrm{j}\omega)H(\mathrm{j}\omega)|$由$\infty$变至 0，$\angle G(\mathrm{j}\omega)H(\mathrm{j}\omega)$由$-180°$ 在第 III 象限内变化为$-180°$，其对应的奈氏曲线如图 5.4-8(a)所示，图中虚线表示的顺时针旋转的无穷大圆弧是开环零重极点在 GH 平面上的映射。由于奈氏曲线左端无穷远处是开口的，它没有包围(−1, j0)点(N=0)，系统无 s 平面右半部的开环极点(P=0)，由奈氏判据知，当 $T<\tau$ 时，该系统是稳定的。

(2) 当 $T=\tau$时，$\arctan T\omega=\arctan\tau\omega$，系统的相频特性$\angle G(\mathrm{j}\omega)H(\mathrm{j}\omega)=-180°$ 与角频率 ω 无关，幅频特性$|G(\mathrm{j}\omega)H(\mathrm{j}\omega)|$当 ω 由 0 变至$+\infty$时，由∞变至 0。如图 5.4-8(b)所示，除无穷大圆弧外，奈氏曲线是穿过(−1, j0)点且与负实轴重合的，系统是临界稳定状态。

（3）当 $T>\tau$ 时，$\arctan T\omega > \arctan \tau\omega$，当 ω 由 0 变至$+\infty$时，$|G(\mathrm{j}\omega)H(\mathrm{j}\omega)|$由$\infty$变至 0，$\angle G(\mathrm{j}\omega)H(\mathrm{j}\omega)$由$-180°$在第 II 象限内变化后再次变为$-180°$，其对应的奈氏曲线如图 5.4-8(c)所示。由于奈氏曲线左端是封口的，它顺时针包围了$(-1, \mathrm{j}0)$点两周(N=2)，由奈氏判据知，当 $T>\tau$时，该系统是不稳定的。

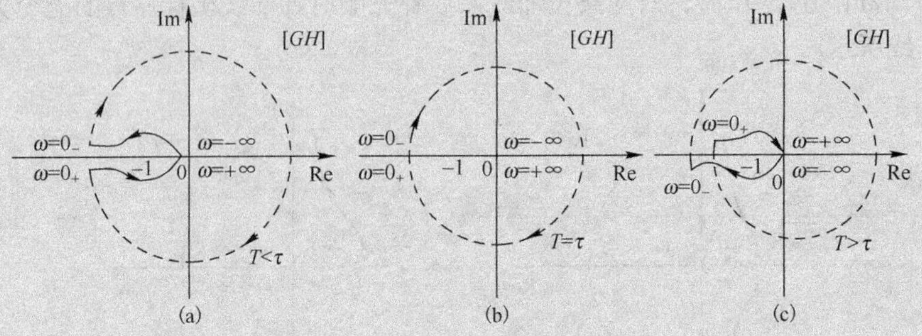

图 5.4-8　例 5-10 系统的奈氏曲线

5.4.3　对数频率稳定判据

由于系统开环对数频率特性曲线的绘制较奈奎斯特曲线更为简单、方便，因此更适宜使用 Bode 图来进行系统稳定性判别。该判据不但可以回答系统稳定与否的问题，还可以研究系统的稳定裕量(相对稳定性)，以及研究系统结构和参数对系统稳定性的影响。

1. 奈氏图与伯德图的对应关系

开环系统幅相频率特性与对数频率特性之间存在如下对应关系：

（1）在 GH 平面上，$|G_{\mathrm{k}}(\mathrm{j}\omega)|=1$ 的单位圆，对应于对数幅频特性的 0dB 线；单位圆外部如$(-\infty, -1)$区段，对应 $L(\omega)>0$dB，单位圆内部对应 $L(\omega)<0$dB。

（2）从对数相频特性来看，$G_{\mathrm{k}}(\mathrm{j}\omega)$平面上的负实轴，对应于对数相频特性上的 $\varphi(\omega)=-180°$。

（3）$(-1, \mathrm{j}0)$点的向量表达式为 $1\angle-180°$，对应于伯德图上穿过 0dB 线、并同时穿过$\varphi(\omega)=-180°$的点。

2. 穿越在 Bode 图上的含义

（1）穿越：在 $L(\omega)>0$dB 的频率范围内，相频特性曲线穿过$-180°$；特别注意：在 $L(\omega)<0$dB 的频率范围内，相频特性曲线穿过$-180°$不是穿越。

（2）正穿越 N^+：产生正的相位移，这时，相频特性应由下部向上穿越$-180°$线。

（3）负穿越 N^-：产生负的相位移，这时，相频特性应由上部向下穿越$-180°$线。

3. 对数幅频特性曲线的奈氏判据

根据上述对应关系，结合使用正、负穿越情况的稳定判据，在 Bode 图上使用奈奎斯特稳定判据时，就是在 $L(\omega)>0$dB 的频率范围内，根据相频曲线穿越$-180°$的相位线的次数对系统稳定性做出判定。

综上所述，对数频率稳定判据表述为：当ω由 $0\to\infty$时，在开环对数幅频特性 $L(\omega)\geqslant 0$ 的频段内，闭环系统稳定的充分必要条件是：相频特性$\varphi(\omega)$穿越$-180°$线的次数 N 为 $p/2$($N=N^+-N^-$)。p 为 s 平面右半部开环极点数，N^+为正穿越次数，N^-为负穿越次数。对于开环稳定的系统，则 N=0 或者$\varphi(\omega)$不穿越$-180°$线。对于 $v\geqslant 1$（v 为开环系统含积分环节的个数）的系统，应将伯德图对数相频特性$\varphi(\omega)$在ω=0 处附加一段从上而下的、变化范围为$-90^\circ v$ 的直线与相频特性曲线在$\omega^+=0$ 相连，再使用对数频率稳定稳定性判据。

【例 5-11】设系统的开环传递函数为$G(s)=\dfrac{K}{s(s+1)(0.1s+1)}$，试画出当 K=2 和 K=50 时的系统 Bode 图，并判断其稳定性。

解：系统的 Bode 图如图 5.4-9 所示。图中①为 K=2 的对数幅频特性曲线，②为 K=50 的对数幅频特性曲线。因 v=1，故应在对数相频特性曲线中$\omega=0^+$处补充一段从上而下、变化范围为-90°的直线，如图中虚线所示。

当 K=2 时，系统对数幅频特性在 $L(\omega)\geqslant 0$ 的频段内，$\varphi(\omega)$不穿越$-180°$线，故系统稳定。

当 K=50 时，系统对数幅频特性在 $L(\omega)\geqslant 0$ 的频段内，$N^+=0$，$N^-=1$，$N=N^+-N^-=-1\neq 0$，故系统不稳定。

此例说明：随着开环增益 K 增大，系统的稳定性下降。

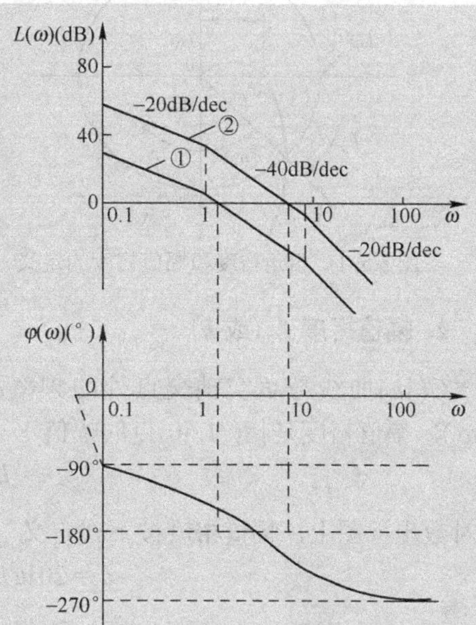

图 5.4-9　例 5-11 系统的 Bode 图

5.5　稳 定 裕 度

5.5.1　稳定裕度的定义

控制系统稳定与否是绝对稳定性的概念。而对一个稳定的系统而言，还有一个稳定的程度，即相对稳定性的概念。相对稳定性与系统的动态性能指标有着密切的关系。在设计一个控制系统时，不仅要求它必须是绝对稳定的，而且还应保证系统具有一定的稳定程度。只有这样，才能不致因系统参数变化而导致系统性能变差甚至不稳定。

对于一个最小相位系统而言，$G(j\omega)$曲线越靠近(−1, j0)点，系统阶跃响应的振荡就越强烈，系统的相对稳定性就越差。因此，可用 $G(j\omega)$曲线对(−1, j0)点的接近程度来表示系统的相对稳定性。通常，这种接近程度是以相角裕度和幅值裕度来表示的。

相角裕度和幅值裕度是系统开环频率指标，它与闭环系统的动态性能密切相关。频域的相对稳定性即稳定裕度常用相角裕度γ和幅值裕度 L_g 来度量。

1. 相角裕度γ

相角裕度是指幅相频率特性 $G(j\omega)$的幅值 $A(\omega)=|G(j\omega)|=1$ 时的向量与负实轴的夹角，常用希腊字母γ表示。

在 G 平面上画出以原点为圆心的单位圆，见图 5.5-1。$G(j\omega)$曲线与单位圆相交，交点处的频率ω_c称为幅值穿越频率，此时有 $A(\omega_c)=1$。按相角裕度的定义

$$\gamma=\varphi(\omega_c)-(-180^\circ)=180^\circ+\varphi(\omega_c) \tag{5.5-1}$$

由于 $L(\omega_c)=20\lg A(\omega_c)=20\lg 1=0$，故在伯德图中，相角裕度表现为 $L(\omega)$=0dB 处的相角$\varphi(\omega_c)$与$-180°$ 水平线之间的角度差，如图 5.5-2 所示。上述两图中的γ均为正值。当系统不稳定时，$\gamma<0°$，称为负相角裕度。

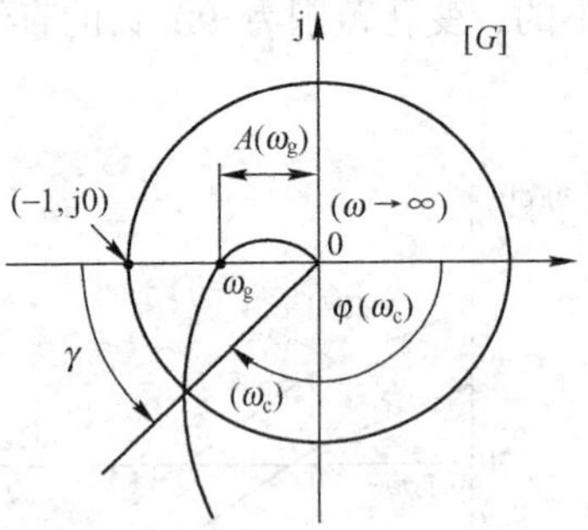

图 5.5-1　相角裕度和幅值裕度的定义

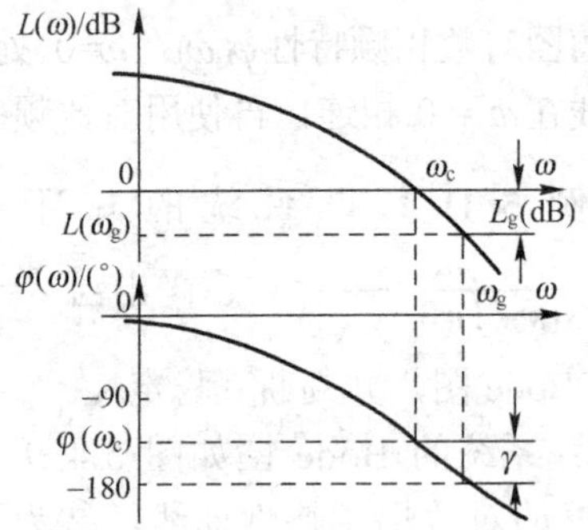

图 5.5-2　稳定裕度在 Bode 图上的表示

2. 幅值裕度 L_g（或 h）

$G(j\omega)$曲线与负实轴交点处的频率 ω_g 称为相角穿越频率，此时幅相特性曲线的幅值为 $A(\omega_g)$。幅值裕度是指(-1, j0)点的幅值 1 与 $A(\omega_g)$之比，常用 h 表示，即

$$h = 1/A(\omega_g) \tag{5.5-2}$$

在对数坐标图上，幅值裕度按下式定义

$$L_g = 20\lg h = -20\lg A(\omega_g)\ \text{(dB)} \tag{5.5-3}$$

即 L_g 的分贝值等于 $L(\omega_g)$与 0dB 之间的距离（0dB 下为正）。

相角裕度的物理意义在于：稳定系统在幅值穿越频率 ω_c 处若相角再迟后一个角度γ，则系统处于临界状态；若相角迟后大于γ，系统将变得不稳定。

幅值裕度的物理意义在于：稳定系统的开环增益再增大 h 倍，则$\omega=\omega_g$ 处的幅值 $A(\omega_g)$等于 1，曲线正好通过(−1, j0)点，系统处于临界稳定状态；若开环增益增大 h 倍以上，系统将变得不稳定。

对于最小相位系统，要使系统稳定，要求相角裕度$\gamma>0$，幅值裕度 $h>1$。为保证系统具有一定的相对稳定性，稳定裕度不能太小。在工程设计中，一般取γ=30°～60°，$h\geqslant 2$ 对应 $20\lg h\geqslant$ 6dB。

5.5.2　稳定裕度的计算

根据式（5.5-1），要计算相角裕度γ，首先要知道幅值穿越频率ω_c。求ω_c 较方便的方法是先由 $G(s)$绘制 $L(\omega)$曲线，由 $L(\omega)$与 0dB 线的交点确定ω_c。而求幅值裕度 h 首先要知道相角穿越频率ω_g，对于阶数不太高的系统，直接解三角方程 $\angle G(j\omega_g) = -180^\circ$ 是求ω_g 较方便的方法。通常是将 $G(j\omega)$写成虚部和实部，令虚部为零而解得ω_g。

【例 5-12】　某单位反馈系统的开环传递函数为 $G(s)=\dfrac{K_0}{s(s+1)(s+5)}$，试求 K_0=10 时系统的相角裕度和幅值裕度。

解：$G(s)=\dfrac{K_0/5}{s(s+1)\left(\dfrac{1}{5}s+1\right)} \Rightarrow \begin{cases} K = K_0/5 \\ \upsilon = 1 \end{cases}$

绘制开环增益 $K=K_0/5$=2 时的 $L(\omega)$ 曲线如图 5.5-3 所示。

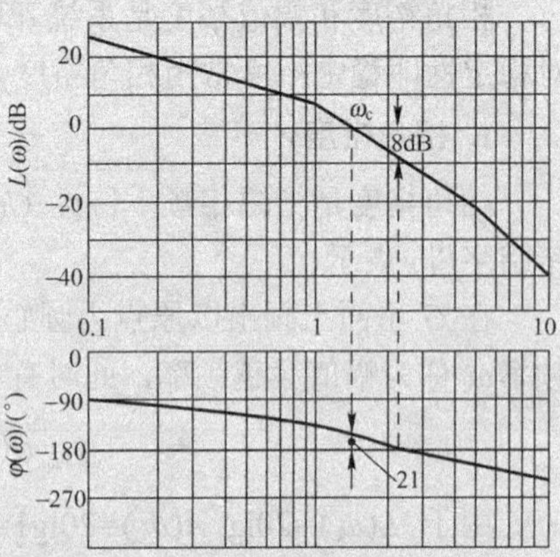

图 5.5-3　K=2 时的 $L(\omega)$ 曲线

当 K=2 时　$A(\omega_c)=\dfrac{2}{\omega_c\sqrt{\omega_c^{\,2}+1^2}\sqrt{\left(\dfrac{\omega_c}{5}\right)^2+1^2}}$

$$\approx \frac{2}{\omega_c\sqrt{\omega_c^{2}}\sqrt{1^2}}=\frac{2}{\omega_c^{2}}=1 \quad (0<\omega_c<2)$$

所以 $\omega_c=\sqrt{2}$ 。有

$$\gamma_1=180^\circ+\angle G(j\omega_c)=180^\circ-90^\circ-\arctan\omega_c-\arctan\frac{\omega_c}{5}$$

$$=90^\circ-54.7^\circ-15.8^\circ=19.5^\circ$$

又由
$$180^\circ+\angle G(j\omega_g)=180^\circ-90^\circ-\arctan\omega_g-\arctan(\omega_g/5)=0$$

得
$$\arctan\omega_g+\arctan(\omega_g/5)=90^\circ$$

等式两边取正切：
$$\left[\frac{\omega_g+\omega_g/5}{1-\omega_g^{2}/5}\right]=\tan 90^\circ=\infty$$

得 $1-\omega_g^{2}/5=0$，即 $\omega_g=\sqrt{5}=2.236$ 。所以

$$h_1=\frac{1}{|A(\omega_g)|}=\frac{\omega_g\sqrt{\omega_g^{2}+1}\sqrt{\left(\frac{\omega_g}{5}\right)^2+1}}{2}=2.793\text{，}\quad 20\lg h_1=8.9\text{dB}$$

在实际工程设计中，只要绘出 $L(\omega)$ 曲线，直接在图上读数即可，不需太多计算。

【例 5-13】 已知某单位负反馈控制系统的开环传递函数为 $G(s)=\dfrac{1000(s+1)}{s^2(s+100)}$，试判断该闭环系统的稳定性，并计算稳定裕量。

解：（1）判断系统的稳定性。将原开环传递函数写成标准形式如下

$$G(s)=\frac{10(s+1)}{s^2(0.01s+1)}$$

画出该开环系统的伯德图。先画积分环节，再画比例微分和惯性环节。

其参数为 $L(\omega)=20\lg K=20\lg 10\text{dB}=20\text{dB}$

$$\omega_1=1/T_1=1\text{rad/s},\omega_2=1/T_2=100\text{rad/s}$$

$G(j\omega)$的伯德图如图 5.5-4 所示。

从伯德图中可以看出，在 $L(\omega)>0\text{dB}$ 的范围内，$\varphi(\omega)$曲线在-180°线上方，所以闭环系统稳定。

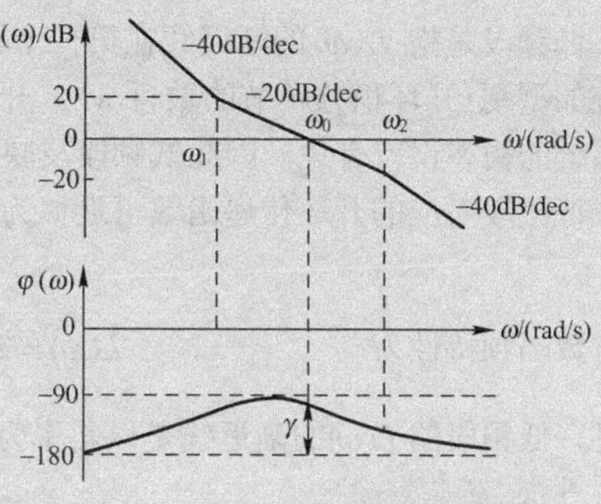

图 5.5-4　例 5-13 系统的伯德图

（2）求相角裕度γ和幅值裕度 L_g

当 $\omega=\omega_c$ 时，有 $L(\omega_c)=0\text{dB}$，　即$|G(\omega_c)|=1$。

从图 5.5-4 可以看出，$\omega_c>\omega_1$ 且 $\omega_c<\omega_2$ 。

根据伯德图的近似画法(渐近线)，可认为：$\omega_c\gg\omega_1$，$\omega_c<\omega_2$ 。取渐近模值方程为

$$|G(j\omega_c)|=\frac{10\sqrt{\omega_c^2+1}}{\omega_c^2\sqrt{(0.01\omega_c)^2+1}}\approx\frac{10(\omega_c+0)}{\omega_c^2(0+1)}=1$$

解得 $\omega_c=10\text{rad/s},\gamma=180^\circ+\varphi(\omega_c)=78.6^\circ$ 。

又因为 $\varphi(\omega)$位于-180°线上方，与-180°线无交点。可理解为当 $\omega\to\infty$时，$\varphi(\omega)$与-180°线相交，所以 $L_g\to\infty$。

可见，此系统不但稳定，而且稳定裕度足够大。

通过例题分析可知：

（1）对于最小相位系统(即开环传递函数无右极点的系统)，若 $\omega_c=\omega_g$，闭环系统临界稳定。

（2）若 $\omega_c<\omega_g$，则闭环系统稳定。

（3）若 $\omega_c>\omega_g$，则闭环系统不稳定。

通常，对一个控制系统的稳定裕度要求为

$$\gamma>40^\circ\sim60^\circ;\ h>2\sim3\quad 或\quad 20\lg h>6\sim10\text{dB}$$

5.6　利用开环频率特性分析系统的性能

对于最小相位系统来说，对数幅频特性与对数相频特性存在着一一对应的关系，反映系统的结构与参数，能够据此推出系统的传递函数。因此，根据系统的开环对数幅频特性 $L(\omega)$，就能了解系统的静态和动态性能。

幅值穿越频率 ω_c 与相位穿越频率 ω_g、相角裕度 γ 与幅值裕度 L_g 都是控制系统的开环频域指标，频域指标是表征系统动态性能的间接指标。由于时域指标(稳态误差 e_{ss}、最大超调量 $M_p\%$、调节时间 t_s 等)反映系统性能更为直接、正确，因此需要探讨开环频域指标与时域指标之间的关系，以便于由开环频域指标分析闭环系统的性能。

1．三频段与系统性能的关系

利用开环频率特性来分析闭环控制系统性能时，通常将开环频率特性分成低、中、高三个频率段，称为三频段。典型开环频率特性的三频段如图 5.6-1 所示。

（1）低频段

低频段是指 $L(\omega)$ 的渐近线在第一个转折频率以前的区段，该段取决于系统开环增益 K 和系统的型别(开环积分环节的数目 v)。开环增益确定了曲线的高度，而系统的型别及开环增益与系统的稳态误差有关，因此低频段反映了系统的稳态性能。

低频段对应的开环传递函数可近似为

$$G(s)=K/s^v$$

其对数幅频特性为

$$L(\omega)=20\lg\frac{K}{\omega^v}=20\lg K-v20\lg\omega \tag{5.6-1}$$

可见，低频段的 $L(\omega)$的渐近线是以斜率为$-20v$ dB/dec 的直线，如图 5.6-2 所示。

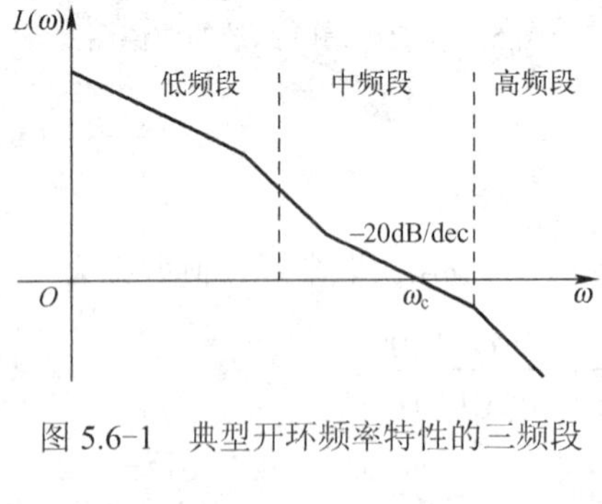

图 5.6-1　典型开环频率特性的三频段

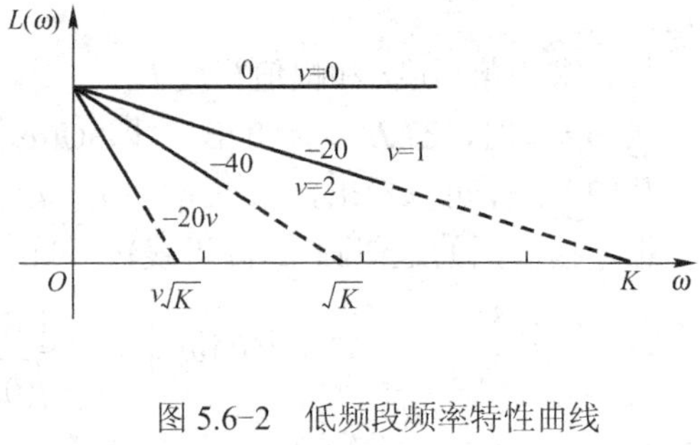

图 5.6-2　低频段频率特性曲线

由式(5.6-1)可知，低频渐近线(或其延长线)在ω=1 处，有 $L(1)=20\lg K$；数值上，低频渐近线(或其延长线)交于 0dB 线的频率ω和开环增益 K 的关系为 $K=\omega^v$。因此，可以从低频段的对数频率特性上确定开环增益 K 的值，而在讨论稳态误差时，稳态位置误差系数 K_p、稳态速度误差系数 K_v、稳态加速度误差系数 K_a 分别为 0 型、Ⅰ型、Ⅱ型系统的开环增益 K，进而可求出系统的稳态误差。

① 0 型系统的稳态误差。对于 0 型系统，$K_p=K$，K_v、K_a 均为 0。0 型系统在阶跃输入时是有差系统，其稳态误差为

$$e_{ss}=\frac{A}{1+K_p}=\frac{A}{1+K} \tag{5.6-2}$$

式中，A 为阶跃输入信号的幅值。

② Ⅰ型系统的稳态误差。对于Ⅰ型系统，$K_v=K$，$K_p=\infty$，$K_a=0$。Ⅰ型系统在斜坡输入时是有差系统，其稳态误差为

$$e_{ss}=A/K_p=A/K \tag{5.6-3}$$

式中，A 为斜坡输入信号的幅值。

③ Ⅱ型系统的稳态误差。对于Ⅱ型系统，$K_a=K$，$K_p=\infty$，$K_v=\infty$。Ⅱ型系统在斜坡输入时是有差系统，其稳态误差为

$$e_{ss}=A/K_a=A/K \tag{5.6-4}$$

（2）中频段

中频段是指 $L(\omega)$在幅值穿越频率ω_c 附近的区域。而在ω_c 处系统的开环对数幅频特性的斜率对系统相角裕度γ影响最大。因此，中频段反映了系统的动态响应的平稳性和快速性。

设系统开环对数幅频特性的中频段斜率为−20dB/dec，且占有一定的频程宽度，可近似认为是一条斜率为−20dB/dec 的直线，如图 5.6-3 所示，其对应的开环传递函数为

$$G(s)\approx K/s=\omega_c/s$$

对于单位反馈，闭环传递函数为

$$\Phi(s)=\frac{G(s)}{1+G(s)}=\frac{1}{s/\omega_c+1}$$

这相当于一阶系统，其阶跃响应按指数规律变化，无超调。调节时间 $t_s\approx 3T=3/\omega_c$。

可见，幅值穿越频率ω_c 反映了系统响应的快速性。在一定条件下，ω_c 越大，t_s 就越小，系统响应就越快。

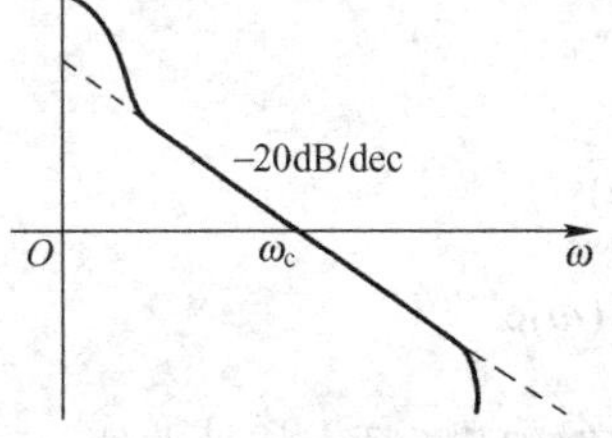

图 5.6-3　中频段对数幅频特性

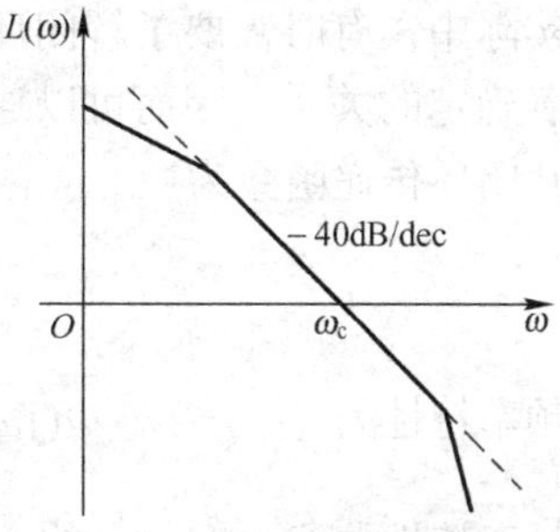

图 5.6-4　中频段对数幅频特性

类似地，设系统开环对数幅频特性的中频段斜率为−40dB/dec，且占有一定的频程宽度，可近似认为是一条斜率为−40dB/dec 的直线，如图 5.6-4 所示，其对应的开环传递函数为

$$G(s)\approx K/s^2=\omega_c^{\,2}/s^2$$

对于单位反馈，闭环传递函数为

$$\Phi(s)=\frac{G(s)}{1+G(s)}=\frac{\omega_c^{\,2}}{s^2+\omega_c^{\,2}}$$

这相当于无阻尼的二阶系统，其动态响应持续振荡，系统处于临界稳定状态。

若系统开环对数幅频特性的中频段斜率更负(小于-40dB/ dec)，闭环系统将难于稳定。可见，中频段的斜率反映了系统响应的平稳性。通常取中频段的斜率为-20dB/dec，且应占有一定的频程宽度。

（3）高频段

高频段是指 $L(\omega)$在中频段以后的区段($\omega>10\omega_c$)。高频段特性主要由系统中小时间常数的环节决定，其转折频率和幅值穿越频率ω_c相距较远，且分贝值较小，因此对系统的动态性能影响不大。但在高频段，系统的开环对数幅频特性的幅值大小，却反映了系统对输入端高频干扰的抑制能力，高频段分贝值越低，系统抗高频干扰的能力越强。必须指出的是三频段的划分界限没有严格的规定，三频段理论也没有给出具体的设计指标，但是三频段的概念为直接运用开环频率特性判别、估计系统的性能和设计控制系统指出了原则和方向。

2. 频域性能指标与时域动态性能指标的关系

频域分析法是通过系统的频率特性(开环、闭环)的一些特征量来间接地表征系统动态响应的性能，这些特征量称为频域性能指标。常用的开环频域性能指标包括：相角裕度 γ、幅值裕度 L_g、幅值穿越频率ω_c；闭环频率频域性能指标包括谐振峰值 M_r、频带宽度 BW 和谐振频率ω_r等。频域性能指标没有时域性能指标那样直观，但对于二阶系统而言，它们与时域性能指标间有着确定的对应关系；在高阶系统中，只要存在一对闭环主导极点，则它们也有着近似的对应关系。

5.7 利用闭环频率特性分析系统的性能

用开环频率特性来分析和设计系统，是工程设计中常用的方法。在进一步的分析和设计系统时，也常要利用闭环系统的频率特性。由于闭环系统的闭环零极点较难获取，因此一般无法直接根据闭环传递函数绘制闭环频率特性。系统闭环频率特性的求取有不同的方法，但一般是利用系统开环频率特性来求闭环频率特性。

5.7.1 闭环频率特性

在工程实际中，有时需要了解闭环频率特性，并以此分析和设计系统。由于开环和闭环频率特性间有着确定的关系，因而可以通过开环频率特性求取系统的闭环频率特性。对于单位负反馈系统，其闭环传递函数为

$$\varPhi(s)=\frac{G(s)}{1+G(s)}$$

对应的闭环频率特性为

$$\varPhi(\mathrm{j}\omega)=\frac{G(\mathrm{j}\omega)}{1+G(\mathrm{j}\omega)}=M(\omega)\mathrm{e}^{\mathrm{j}\alpha(\omega)} \tag{5.7-1}$$

若已知开环频率特性曲线 $G(\mathrm{j}\omega)$上的一点，就可由上式确定闭环频率特性曲线$\varphi(\mathrm{j}\omega)$上相应的一点，用这种方法逐点绘制出闭环频率特性曲线。在工程上，常用等 M 圆、等 N 圆和 Nicoles 图线来表示闭环系统的频率特性，并应用图解法绘制。

5.7.2 闭环频域指标与时域指标的关系

1. 闭环频域指标

本节我们仅仅分析闭环频率特性与时间性能指标间的关系。控制系统典型闭环幅频特性曲

线如图 5.7-1 所示。衡量系统性能的闭环频率指标主要有如下几项。

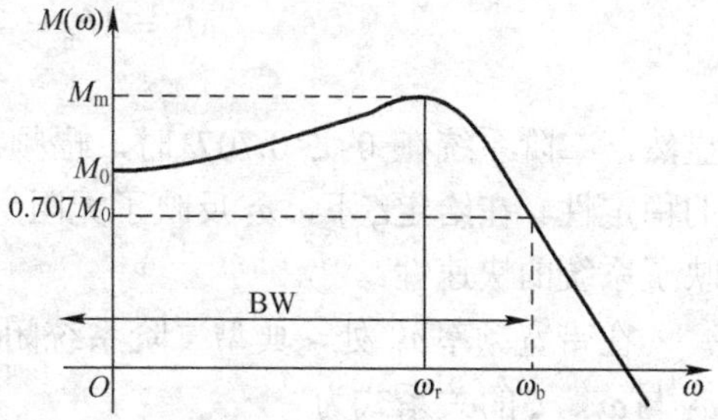

图 5.7-1 控制系统典型闭环幅频特性曲线

（1）零频幅值 M_0

ω=0 时的闭环幅频特性值称为零频幅值 M_0，即 M_0=20lg|$\Phi(j0)$|，它反映了系统的稳态精度。

（2）谐振峰值 M_r

闭环幅频特性的最大值和零频幅值的比值称为谐振峰值 M_r。对于 I 型及以上的开环系统，M_0=1，M_r 就是幅频特性的最大值。谐振峰值反映了系统的相对稳定性。一般而言，M_r 值越大，则系统阶跃响应的超调量也越大。通常希望系统的谐振峰值在 1.1～1.4 之间，相当于二阶系统的ζ为 0.4～0.7。

（3）谐振频率 ω_r

产生谐振峰值所对应的频率称为谐振频率 ω_r。它在一定程度上反映了系统动态响应的速度，ω_r 越大，则动态响应越快。

（4）带宽频率 ω_b

闭环幅频特性下降到 0.707 M_0 时(或零频幅值以下 3dB)所对应的频率称为带宽频率 ω_b。当 $\omega>\omega_b$ 时，有

$$20\lg|\Phi(j\omega)| < 20\lg(0.707|\Phi(j0)|) < 20\lg|\Phi(j0)| - 3$$

（5）频带宽度 BW

频率范围 $0<\omega<\omega_b$ 称为频带宽度 BW，它反映了系统对噪声的滤波特性，同时也反映了系统的响应速度。BW 越大，响应速度越快；反之，BW 越小，只有较低频率的信号才易通过，则动态响应往往比较缓慢。

2. 二阶系统的闭环频域指标与时域指标的关系

二阶系统的时域响应与频域响应之间有着确定的对应关系。标准二阶系统的闭环传递函数为

$$\Phi(s) = \frac{\omega_n^{\ 2}}{s^2 + 2\xi\omega_n s + \omega_n^2}，0 < \xi < 1$$

对应的闭环频率特性为

$$\Phi(j\omega) = \frac{\omega_n^2}{(\omega_n^2 - \omega^2) + j2\xi\omega_n\omega} = M(\omega)e^{j\alpha(\omega)}，\quad 0 < \xi < 1 \tag{5.7-2}$$

则闭环幅频特性为

$$M(\omega) = \frac{\omega_n^{\ 2}}{\sqrt{(\omega_n^{\ 2} - \omega^2)^2 + (2\xi\omega_n\omega)^2}} \tag{5.7-3}$$

在谐振频率 ω_r 处，$M(\omega)$产生峰值 M_m，用求极值的方法，即令 $dM(\omega)/d\omega = 0$，可求得

$$\omega_r = \omega_n\sqrt{1-2\xi^2}，\quad 0 \leqslant \xi \leqslant 0.707 \tag{5.7-4}$$

$$M_m = \frac{1}{2\xi\sqrt{1-\xi^2}}，\quad 0 \leqslant \xi \leqslant \frac{\sqrt{2}}{2} \approx 0.707 \tag{5.7-5}$$

由于典型二阶系统的开环传递函数中含有一积分环节，则其零频幅值 M_0=1。根据 M_r 的定义则有

$$M_r = M_m = \frac{1}{2\xi\sqrt{1-\xi^2}}, \quad 0 \leqslant \xi \leqslant \frac{\sqrt{2}}{2} \approx 0.707 \tag{5.7-6}$$

显然，二阶系统在 0<ζ<0.707 时，幅频特性的 M_r 和ζ之间有确定数学关系，故 M_r 反映了系统的稳定性。在给定ζ下，ω_r 反映了无阻尼自然振荡频率ω_n，又因为调节时间 t_s=3/($\zeta\omega_n$)，故ω_r 反映了系统的快速性。

在带宽频率ω_b 处，典型二阶系统闭环频率特性的幅值为 $M(\omega_b)=\sqrt{2}/2$，由式(5.7-3)解出ω_b 与ω_n、ζ的关系式为

$$\omega_b = \omega_n\sqrt{1-2\xi^2+\sqrt{(1-2\xi^2)^2+1}} \tag{5.7-7}$$

可见，在给定ζ下，ω_b 反映了无阻尼自然振荡频率ω_n，ω_b 越大，则ω_n 越大，调节时间 t_s 越小，系统响应的速度就越快，故ω_b 也反映了系统的快速性。

5.7.3 开环频域指标与时域指标的关系

1. 典型二阶系统频域指标与时域指标的关系

典型二阶系统的开环传递函数为

$$G(s) = \frac{\omega_n^{\ 2}}{s(s+2\xi\omega_n)}, \quad 0<\xi<1$$

其开环频率特性为

$$G(j\omega) = \frac{\omega_n^{\ 2}}{j\omega(j\omega+2\xi\omega_n)}$$

则幅频特性和相频特性为

$$A(\omega) = \frac{\omega_n^{\ 2}}{\omega\sqrt{\omega^2+(2\xi\omega_n)^2}}, \quad \varphi(\omega) = -90^\circ - \arctan\frac{\omega}{2\xi\omega_n}$$

在时域分析法中，衡量二阶系统的稳定性和快速性的指标主要是超调量 M_p%和调节时间 t_s。而在频域分析法中，常用相角裕度 γ 和幅值穿越频率ω_c 反映稳定性和快速性。下面分析它们之间的关系。

在$\omega=\omega_c$处，$A(\omega_c)=1$，则

$$\omega_c^4 + 4\omega_n^2\omega_c^2\xi^2 - \omega_n^4 = 0$$

解得

$$\omega_c = \omega_n\sqrt{\sqrt{(4\xi^4+1}-2\xi^2} \tag{5.7-8}$$

相角裕度

$$\gamma = 180^\circ - 90^\circ - \arctan\frac{2\xi\omega_n}{\omega_c} = \arctan\frac{2\xi\omega_n}{\omega_c} \tag{5.7-9}$$

将式(5.7-8) 代入式(5.7-9)得

$$\gamma = \arctan\frac{2\xi}{\sqrt{\sqrt{4\xi^4+1}-2\xi^2}} \tag{5.7-10}$$

式(5.7-10)即为γ和ζ的关系，其关系曲线如图 5.7-2 所示。当 $0<\xi<0.707$ 时，它们之间的关系可近似表示为

$$\xi = 0.01\gamma \tag{5.7-11}$$

在时域分析中，超调量 M_p%和ξ 的关系为

$$M_p\% = e^{-\xi\pi/\sqrt{1-\xi^2}} \times 100\% \tag{5.7-12}$$

$M_p\%$和 ξ 的关系曲线如图 5.7-2 所示。由图可以看出，γ 越大，$M_p\%$越小；γ 越小，$M_p\%$越大。根据给定的 γ 由图 5.7-2 直接得到时域特性的最大超调量 $M_p\%$。反之，当要求 $M_p\%$不超过某一允许的值时，也可以从图 5.7-2 中求得应有的相角裕度 γ。

在时域分析中，当 $0<\xi<1$ 时

$$\begin{cases} t_s \approx \dfrac{3}{\xi\omega_n}\ (\varDelta = \pm 5\%) \\ t_s \approx \dfrac{4}{\xi\omega_n}\ (\varDelta = \pm 2\%) \end{cases} \tag{5.7-13}$$

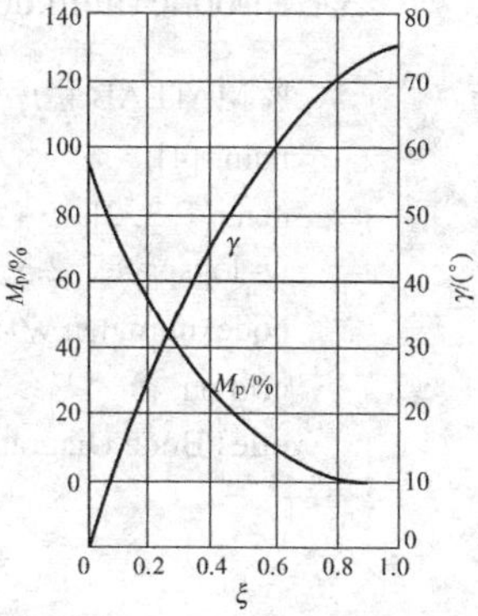

图 5.7-2 二阶系统 $M_p\%$、γ 与 ξ 的关系曲线

将式(5.7-8)代入式(5.7-13)，得

$$\begin{cases} t_s\omega_c \approx \dfrac{3}{\xi}\sqrt{\sqrt{4\xi^4+1}-2\xi^2}\ (\varDelta = \pm 5\%) \\ t_s\omega_c \approx \dfrac{4}{\xi}\sqrt{\sqrt{4\xi^4+1}-2\xi^2}\ (\varDelta = \pm 2\%) \end{cases} \tag{5.7-14}$$

由式(5.7-10)和式(5.7-14)，得

$$\begin{cases} t_s\omega_c = \dfrac{6}{\tan\gamma}\ (\varDelta = \pm 5\%) \\ t_s\omega_c = \dfrac{8}{\tan\gamma}\ (\varDelta = \pm 2\%) \end{cases} \tag{5.7-15}$$

由式(5.7-15)可知，t_s 和 γ、ω_c 都有关系。如果有两个二阶系统，相角裕度 γ 相同，则它们的超调量 $M_p\%$大致相同，但其调节时间 t_s 不同，ω_c 较大的系统，t_s 较短。因此，幅值穿越频率 ω_c 在频率特性中是一个很特殊的重要参数，它不仅影响系统的相位裕量，还影响动态过程的调节时间。

5.8 MATLAB 在频率分析法中的应用

Bode 图和奈氏图是频率响应法中两种重要的图形。在对系统进行分析时，为了减小绘图的工作量，前者的幅频特性常用渐近线近似表示，后者按实际的需要，一般仅画出示意图。本节介绍 MATLAB 相关指令来快速又较准确地绘制上述频率特性的图形。

1. 用 MATLAB 绘制 Bode 图

绘制 Bode 图的功能指令为 bode(num,den)

该指令表示在同一幅图中，分上下两部分生成幅频特性和相频特性曲线。虽未明确给出频率 ω 的取值范围，但 MATLAB 在频率响应的范围内能自动选取 ω 值绘图。幅频和相频特性的横坐标为 ω(单位为 s^{-1})；前者的纵坐标为 $L(\omega)$/dB，后者的纵坐标为 $\varphi(\omega)/(°)$。若要具体给出频率 ω 的范围，可调用指令 logspace(a,b,n)和 bode(num,den,ω)来绘制 Bode 图。其中，指令 logspace(a,b,n)是产生频率响应自变量 ω 的采样点，及在十进制数 10^a 和 10^b 之间产生 n 个十进制对数分度的等距离点，采样点 n 的具体值由用户确定。

【例 5-14】 已知一单位反馈控制系统的开环传递函数为 $G(s)=\dfrac{4}{(s+1)(s+2)}$，试用绘制该系统应的 Bode 图。

解：将$G(s)$改写为如下形式：

$$G(s)=\frac{4}{s^2+3s+2}$$

然后用 bode(num,den) 指令绘出如图 5.8-1 所示的 Bode 图。

```
% MATLAB 程序例 5-14
num=[4];
den=[1, 3, 2];
w=logspace(-2,3,100);
bode(num,den,w);
grid on
title('Bode Diagram of G(s)=4/(s+1)/(s+2)');
```

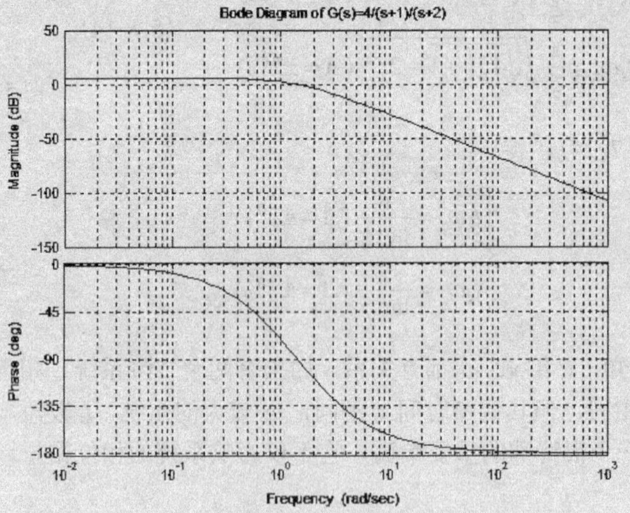

图 5.8-1　例 5-14 的博德图

2. 用 MATLAB 绘制奈氏图

由于奈氏图的工作量大，因而在对系统进行分析时，一般只画出它的示意图。采用 MATLAB 绘图，不仅快捷方便而且所得的图形较精确，有助于对系统的分析。根据系统的开环传递函数，应用 MATLAB 功能指令：nyquist(num,den)，就能在屏幕上显示出所要绘制的奈氏图。

【例 5-15】 已知一系统的开环传递函数为$G(s)=\frac{4}{s(s+1)(s+2)}$，试绘制该系统的奈氏图。

解：将开环传递函数$G(s)$改写为如下形式：

$$G(s)=\frac{4}{s^3+3s^2+2s}$$

然后运用 nyquist(num,den) 指令绘出如图 5.8-2 所示的奈氏图。

```
% MATLAB 程序例 5-15
num=[4];
den=[1, 3, 2,0];
nyquist(num,den);
title('Nyquist Diagram of G(s)=4/s/(s+1)/(s+2)');
```

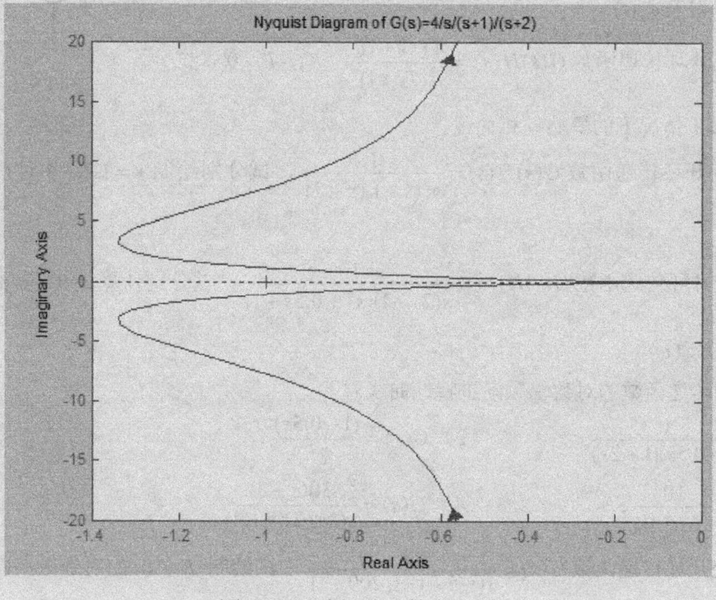

图 5.8-2　例 5-15 的奈氏图

本 章 小 结

控制系统的频域分析法是自动控制理论的重要组成部分，它可以根据系统的开环频率特性判断闭环系统的性能，并能较方便地分析系统参量对时域响应的影响，从而指出改善系统性能的途径。

（1）频率特性是线性定常系统的数学模型之一，它既可以根据系统的工作原理，应用机理分析法建立起来，也可以由系统的其他数学模型(传递函数、微分方程等)方便地转换，或用实验法来确定。

（2）频率特性曲线包括幅相频率特性曲线(又称奈奎斯特曲线)和对数频率特性曲线(又称 Bode 图)。对于最小相位系统，幅频特性和相频特性之间存在着唯一的对应关系，即根据对数幅频特性，可以唯一地确定相应的相频特性和传递函数；而对非最小相位系统则不然。

（3）奈氏稳定判据是频率响应法的核心，它是根据开环频率特性曲线围绕点(-1, j0)的情况和开环传递函数在 s 右半开平面的极点数 p 来判断对应闭环系统的稳定性的。在对数频率特性上，可采用对数频率稳定判据。

（4）依据开环频率特性不仅能够定性地判断闭环系统的稳定性，而且可以定量地反映系统的相对稳定性，即稳定裕度。系统的稳定裕度通常用相角裕度γ和幅值裕度 L_g 来表征。

（5）开环系统的对数幅频特性曲线是控制系统分析和设计的重要工具。一般可将开环系统的对数幅频特性曲线分为低频段、中频段、高频段 3 个频段。其中，低频段表征了系统的稳态特性；中频段表征了系统的动态特性，即稳定性和快速性；高频段则表征了系统抗高频干扰的能力。

习题

5-1　若系统阶跃响应为 $h(t)=1-1.8e^{-4t}+0.8e^{-9t}$，试确定系统的频率特性。

5-2　设系统结构图如图 T5-1 所示，试确定在输入信号

$$r(t)=\sin(t+30^\circ)-\cos(2t-45^\circ)$$

作用下，系统的稳态误差 $e_{ss}(t)$ 。

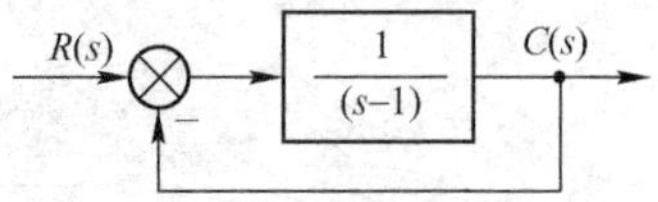

图 T5-1　习题 5-2 的图

5-3　已知系统开环传递函数 $G(s)H(s)=\dfrac{K(\tau s+1)}{s^2(Ts+1)}$，$K,\tau,T>0$，试分析并绘制 $\tau>T$ 和 $T>\tau$ 情况下的概略幅相曲线。

5-4　已知系统开环传递函数 $G(s)H(s)=\dfrac{1}{s^{\gamma}(s+1)(s+2)}$，试分别绘制 $\gamma=1,2,3,4$ 时系统的概略开环幅相曲线。

5-5　已知系统开环传递函数 $G(s)H(s)=\dfrac{10}{s(2s+1)(s^2+0.5s+1)}$，试分别计算 ω=0.5 和 ω=2 时，开环频率特性的幅值 $A(\omega)$ 和相位 $\varphi(\omega)$。

5-6　绘制下列传递函数的对数幅频渐进特性曲线。

（1）$G(s)=\dfrac{1}{(1+0.5s)(1+2s)}$；　　（2）$G(s)=\dfrac{(1+0.5s)}{s^2}$；

（3）$G(s)=\dfrac{s-10}{s^2+6s+10}$；　　（4）$G(s)=\dfrac{30(s+8)}{s(s+2)(s+4)}$

5-7　已知系统开环传递函数 $G(s)=\dfrac{K}{s(s/5+1)(s/200+1)}$，试绘制 K=10 的对数频率特性曲线，并算出幅值穿越频率 ω_c。

5-8　已知系统开环传递函数 $G(s)H(s)=\dfrac{50(s-2)}{s^2+11s+10}$。（1）计算幅值穿越频率 ω_c，（2）确定对数幅频渐进特性曲线的低频渐进线的斜率；（3）绘制对数幅频特性曲线。

5-9　已知系统开环传递函数 $G(s)=\dfrac{K}{s(Ts+1)(s+1)}$，$K,T>0$，试根据奈氏判据，确定其闭环稳定条件：（1）$T=2$ 时，K 值的范围；（2）$K=10$ 时，T 值的范围；（3）K，T 值的范围。

5-10　已知反馈控制系统的开环传递函数为

$$G(s)=\frac{K}{s(T_1s+1)(T_2s+1)(T_3s+1)(T_4s+1)},\quad T_1,T_1,T_1,T_1>0$$

如果闭环系统不稳定，闭环传递函数会有几个极点在复数平面的右半平面？

5-11　设控制系统的结构图如图 T5-2 所示。

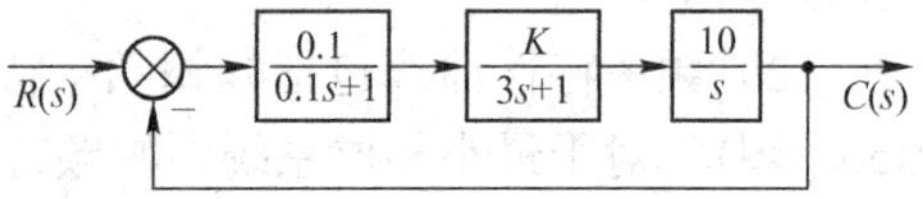

图 T5-2　习题 5-11 的图

（1）求出开环传递函数；

（2）画出对数相频特性曲线；

（3）求出临界开环增益 K_c 和幅值穿越频率 ω_c；

（4）用奈氏判据判断该系统是否稳定，如果稳定再分别求出当输入信号 $u(t)=1(t)$ 和 $u(t)=t$ 情况下系统的静态误差。

5-12　已知某最小相位系统的开环对数幅频特性如图 T5-3 所示。

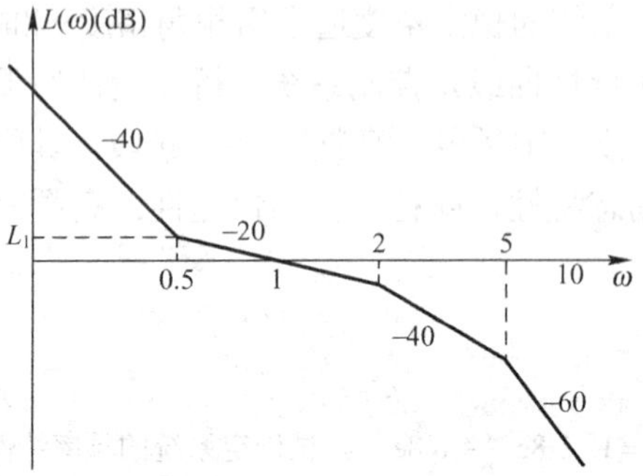

图 T5-3　习题 5-12 的构图

（1）写出其开环传递函数；

（2）画出其相频特性草图，并从图上求出和标明相角裕度和幅值裕度；

（3）求出该系统达到临界稳定时的开环增益 K；

（4）在复数平面上画出其奈奎斯特曲线，并标明点 $-1+\mathrm{j}0$ 的位置。

5-13　设单位反馈控制系统的开环传递函数 $G(s)=\dfrac{as+1}{s^2}$，试确定相角裕度为 45° 时 a 的值。

5-14　若高阶系统的时域指标为 $18\% \leqslant M_\mathrm{p}\% \leqslant 25\%$，$0.1 \leqslant t_\mathrm{s} \leqslant 0.2$，试根据经验公式确定系统的幅值穿越频率和相角裕度的范围。

5-15　典型二阶系统的开环传递函数 $G(s)=\dfrac{\omega_\mathrm{n}^2}{s(s+2\xi\omega_\mathrm{n})}$，若已知 $10\% \leqslant M_\mathrm{p}\% \leqslant 30\%$，试确定相角裕度 γ 的范围；若给定 $\omega_\mathrm{n}=10$，试确定系统带宽频率 ω_b 的范围。

5-16　设单位反馈系统如图 T5-4 所示。其中，$K=10$，$T=0.1$ 时，幅值穿越频率 $\omega_\mathrm{c}=5$，若要求 ω_c 不变，问 K 与 T 如何变化才能使系统相角裕度提高至 45°？

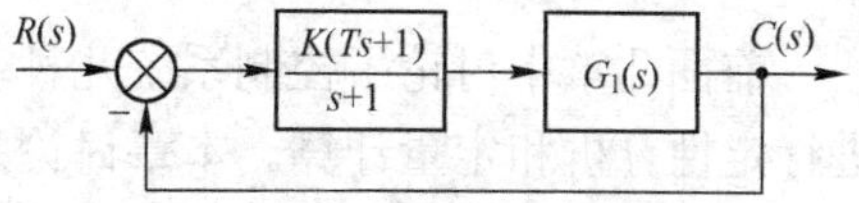

图 T5-4　习题 5-16 的图

5-17　已知单位反馈控制系统的开环传递函数为 $G_0(s)=\dfrac{K\mathrm{e}^{-0.1s}}{s(s+1)}$，试绘制系统的对数频率特性曲线，并求：（1）$K=1$ 时的相角裕度；（2）$K=20$ 时的幅值裕度；

5-18　若单位反馈系统的开环传递函数 $G(s)=\dfrac{K\mathrm{e}^{-0.8s}}{s+1}$，试确定使系统稳定的 K 值。

5-19　设单位反馈系统的开环传递函数 $G(s)=\dfrac{5s^2\mathrm{e}^{-\tau s}}{(s+1)^4}$，试确定闭环系统稳定时，延迟时间 τ 的范围。

第 6 章　控制系统的校正

6.1　引　　言

1. 校正的基本概念

前面几章中讨论了控制系统几种基本分析方法。掌握了这些基本方法，就可以对控制系统进行定性分析和定量计算。本章讨论另一命题，即如何根据系统预先给定的性能指标，来设计一个能满足性能要求的控制系统。基于一个控制系统可视为由控制器和被控对象两大部分组成，当被控对象确定后，对系统的设计实际上归结为对控制器的设计，这项工作称为对控制系统的校正。

在控制系统设计中，当被控对象给定后，按照被控对象的工作条件和技术指标来确定控制方案，选择测量变送元件、放大器和执行装置等构成控制系统的基本部分，或称为系统的不可变部分，放大器增益可适当调整，其余部件参数均固定不变。如果通过调整放大器增益后不能全面满足设计所要求的性能指标，就需要在系统中增加一些参数及特性可调的校正装置，使系统性能完全满足设计要求。这就是控制系统设计中的校正问题。

2. 性能指标

进行控制系统的校正设计，除了已知系统不可变部分的特性与参数外，还需要已知对系统提出的全部性能指标。性能指标通常是由使用单位或被控对象的设计制造单位提出的。不同的控制系统对性能指标的要求应有不同的侧重。例如，调速系统对平稳性和稳态精度要求较高，而随动系统则侧重于快速性要求。

性能指标的提出，应符合实际系统的需要与可能。一般来说，性能指标不应当比完成给定任务所需要的指标更高。例如，若系统的要求是具备较高的稳态工作精度，则不必对系统的动态性能提出不必要的过高要求。实际系统能具备的各种性能指标，会受到组成元件的固有误差、非线性特性、能源的功率以及机械强度等各种实际物理条件的制约。如果要求控制系统应具有较快的响应速度，则应考虑系统能够提供的最大速度和加速度，以及系统容许的强度极限。除了一般性能指标外，具体系统往往还有一些特殊要求，如低速平稳性、对变载荷的适应性等，也必须在系统设计时分别加以考虑。

控制系统的性能指标有时域指标和频域指标。时域指标一般以单位阶跃响应的峰值时间、调节时间、超调量、稳态误差等时域特征值给出。频域指标一般以系统的增益穿越频率、幅值裕度、相角裕度、谐振峰值、谐振频率、闭环带宽等频域特征值给出。目前，工业技术界多习惯采用频率法，故通常通过近似公式进行两种指标的互换。二阶系统频域指标与时域指标的关系可参见第 5 章。高阶系统频域指标与时域指标关系如下：

谐振峰值
$$M_r = 1/\sin\gamma \tag{6.1-1}$$

超调量
$$M_p = 0.16 + 0.4(M_r - 1),\quad 1 \leqslant M_r \leqslant 1.8 \tag{6.1-2}$$

调节时间
$$t_s = K\pi/\omega_c \tag{6.1-3}$$

$$K = 2 + 1.5(M_r - 1) + 2.5(M_r - 1)^2,\quad 1 \leqslant M_r \leqslant 1.8$$

3. 系统的校正方式

按照校正装置 $G_c(s)$ 在系统中的连接方式，控制系统校正方式可分为串联校正、反馈校正、前馈校正和复合校正四种结构形式，如图 6.1-1～图 6.1-3 所示。

串联校正一般将校正装置 $G_c(s)$ 接在系统误差测量点之后和放大器之前，串联接于系统前向通道之中，如图 6.1-1(a)所示。反馈校正将校正装置 $G_c(s)$ 接在系统局部反馈通路中，如图 6.1-1(b)所示。

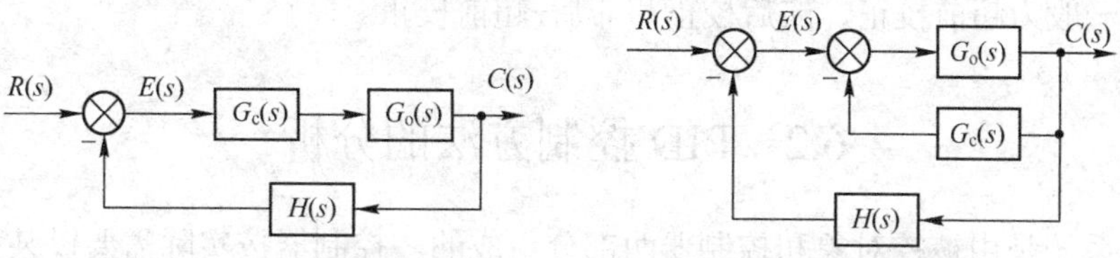

(a) 串联校正　　(b) 反馈校正

图 6.1-1　串联校正与反馈校正

前馈校正又称顺馈校正，是在系统反馈回路之外采用的校正方式。前馈校正装置接在系统输入量与主反馈作用点之间的前向通道上，如图 6.1-2(a)所示。这种校正的作用相当于对输入信号进行整形或滤波。另一种前馈校正如图 6.1-2(b)所示，校正装置接在系统可测扰动作用点与误差测量点之间，对扰动信号进行直接或间接测量，并经变换后接入系统，形成一条附加的对扰动进行校正的通道。前馈校正可以单独作用于开环控制系统，也可作为反馈控制系统的附加校正而组成复合控制系统。

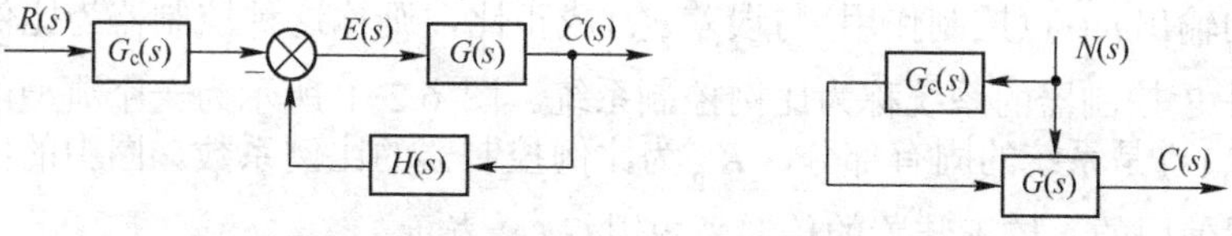

(a)　　(b)

图 6.1-2　前馈校正

复合校正在反馈控制回路中，加入前馈校正通路，组成一个有机整体。图 6.1-3(a)为按扰动校正的复合校正形式，图 6.1-3(b)为按输入校正的复合校正。

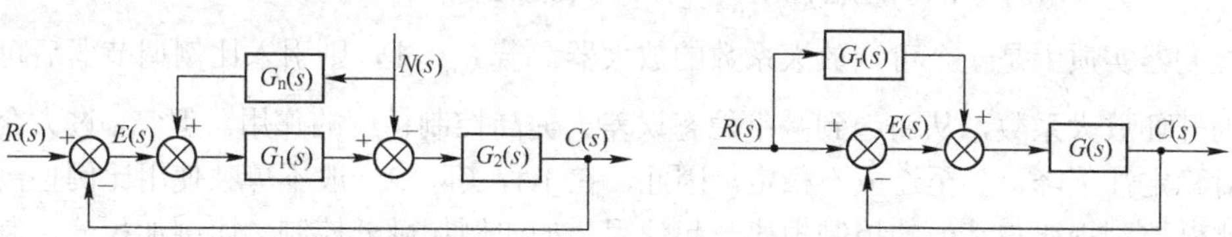

(a) 按扰动校正的复合校正方式　　(b) 按输入校正的复合校正

图 6.1-3　复合校正

在控制系统设计中，常用的校正方法为串联校正和反馈校正两种。究竟是选择串联校正还是反馈校正，将取决于系统中信号的性质、系统中各点功率的大小、可供采用的元件、设计者的经验以及经济条件等。

一般来说，串联校正比反馈校正简单，但串联校正常常需要附加放大器，以增大增益和提供隔离。如果能提供适当的信号，反馈校正需要的元件数目比串联校正少，因为反馈校正时，信号是能量较高的点传向能量较低的点。在性能指标要求较高的控制系统中，常常兼用串联校正和反馈校正。

4. 设计方法

控制系统的动态性能和稳态性能经常用时域指标或频域指标来描述。根据给定的性能指标的不同形式，可以采用不同方法对控制系统进行校正。如果性能指标以单位阶跃响应的峰值时间、调节时间、超调量、阻尼系数、稳态误差等时域指标给出时，一般采用根轨迹法校正；如果性能指标以系统的相角裕度、幅值裕度、谐振峰值、闭环带宽、稳态误差系数等频域指标给出时，一般采用频率法校正。无论采用根轨迹法校正，还是频率法校正，校正装置的基本特性都是相同的，一般为超前校正、滞后校正和滞后-超前校正。

6.2 PID 控制方法的分析

自动控制系统是由被控对象和控制器两部分组成的。控制器按实际需要以某种规律向被控对象发出控制信号，以达到预期的控制目的。目前广泛使用的控制器中，常常采用比例、微分、积分等基本控制规律，或用这些基本控制规律的适当组合，例如比例加微分、比例加积分、比例加积分加微分等控制规律，以便对被控对象进行有效的控制。

按负反馈原理而构成的自动控制系统，其最大特点是采用误差即偏差 $e(t)$ 进行控制。这意味着 $e(t)$ 是进行控制的最基本的信号。因此，工程上普遍应用的所谓比例、积分、微分控制，都是针对误差 $e(t)$ 而言的。

6.2.1 P 控制器

若控制器的输出 $m(t)$（控制作用）与误差 $e(t)$ 成正比，则称这种控制器为比例控制器，简称 P 控制器。采用 P 控制器的系统称为比例控制系统。图 6.2-1 所示为一个典型的比例控制系统结构图，图中 $G_0(s)$ 是系统的固有部分，K_p 为比例控制器的比例系数。图中的比例控制器通常是作为校正装置使用的，校正装置的传递函数用 $G_c(s)$ 表示。

P 控制器的时域方程为

$$m(t) = K_p e(t) \tag{6.2-1}$$

对上式取拉氏变换，可得 P 控制器的传递函数为

$$G_c(s) = M(s)/E(s) = K_p \tag{6.2-2}$$

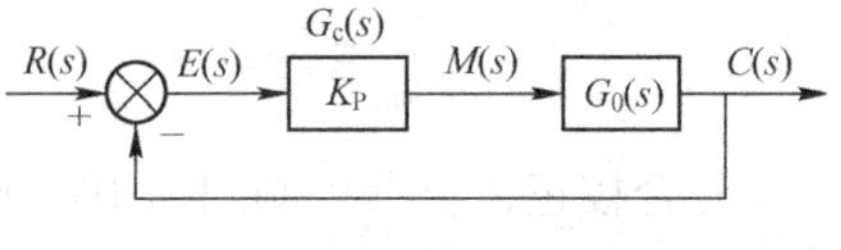

图 6.2-1　比例控制系统结构图

可见，控制器实质上是一个可调放大系数的放大器。若 $K_p > 1$，则引入比例调节器后可增大整个系统的开环放大系数，从而起到减小稳态误差、提高控制精度的作用。但 K_p 过大会导致系统的相对稳定性下降，甚至造成不稳定。因此，在工程实际中一般不单独使用比例控制，而常常是将比例控制规律与其他的控制规律一起使用，如比例加微分控制、比例加积分控制等，以使控制系统具有更高的控制质量。

必须指出，虽然工程上通常不单独使用比例控制器，但是比例控制的作用是必不可少的，否则会破坏反馈控制系统按误差控制的特点。这意味着无论采用微分、积分还是微分加积分控制，都必须是在比例控制的基础上附加进去的。

6.2.2 PI 控制器

若控制器的输出 $m(t)$ 既与误差信号 $e(t)$ 成正比，又与 $e(t)$ 对时间的积分成正比，则称这种控制器为比例加积分控制器，简称 PI 控制器。采用 PI 控制规律的系统称为比例加积分控制系

统。PI控制系统的典型结构如图6.2-2所示。

PI控制器的时域方程为

$$m(t)=K_p\left[e(t)+\frac{1}{\tau_i}\int_0^t e(t)\mathrm{d}t\right] \qquad (6.2\text{-}3)$$

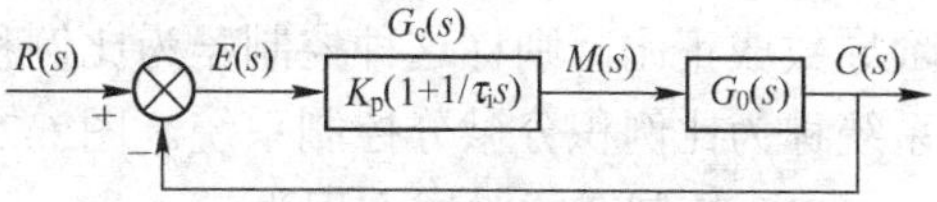

图6.2-2　比例加积分控制系统结构图

式中，K_p为比例系数，τ_i为积分时间常数，二者均为可调的参数。不过，调节τ_i只能影响积分控制分量，而调节K_p则同时对比例控制分量及积分控制分量均有影响。同样，为便于讨论，将K_p归算到系统的固有部分$G_0(s)$中，或令$K_p=1$，则

$$m(t)=e(t)+\frac{1}{\tau_i}\int_0^t e(t)\mathrm{d}t \qquad (6.2\text{-}4)$$

PI控制器的传递函数为

$$G_c(s)=\frac{M(s)}{E(s)}=1+\frac{1}{\tau_i s}=\frac{(\tau_i s+1)}{\tau_i s} \qquad (6.2\text{-}5)$$

式(6.2-5)表明：PI控制不但给系统引进一个纯积分环节，而且还引进一个开环零点。纯积分环节提高了系统的无差度阶数(即系统的型别)，从而有效地改善系统的稳态性能，但稳定性会有所下降。不过，由于附加的零点(相当于比例加微分控制)有助于改善系统的稳定性能，因此，$G_c(s)$的零点正好弥补了积分环节的副作用。综上所述，比例加积分控制可以在对系统的稳定性影响不大的前提下，有效地改善系统的稳态性能。

6.2.3　PD控制器

若控制器的输出$m(t)$既与误差$e(t)$成正比，又与$e(t)$的一阶导数成正比，则称这种控制器为比例微分控制器，简称PD控制器。采用PD控制器的系统称为比例微分控制系统。图6.2-3所示为一个典型的比例微分控制系统结构图，PD控制器的时域方程为

$$m(t)=K_p\left[e(t)+\tau_d\frac{\mathrm{d}e(t)}{\mathrm{d}t}\right] \qquad (6.2\text{-}6)$$

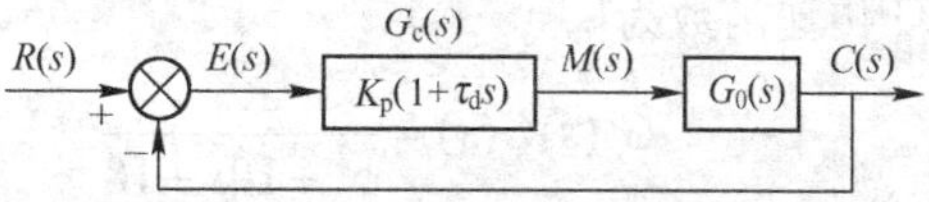

图6.2-3　比例加微分控制系统结构图

式(6.2-6)中，K_p为比例系数；τ_d为微分时间常数。K_p和τ_d均是可调的参数。为便于讨论，今把K_p归算到系统的固有部分$G_0(s)$中去，或令$K_p=1$，则式(6.2-6)可表示成

$$m(t)=e(t)+\tau_d\frac{\mathrm{d}e(t)}{\mathrm{d}t} \qquad (6.2\text{-}7)$$

作为校正装置的比例微分控制器，其传递函数为

$$G_c(s)=M(s)/E(s)=1+\tau_d s \qquad (6.2\text{-}8)$$

PD控制器可以提供超前相角，使系统的相角裕度增大。由于微分控制反映误差信号的变化趋势，具有“预测”能力，因此，它能在误差信号变化之前给出校正信号，防止系统出现过大的偏离和振荡，因而可以有效地改善系统的动态性能。

必须指出，由于微分(D)控制作用仅在$e(t)$变化的暂态过程中有效，而在$e(t)$不变化或变化极其缓慢的稳态情况下将完全失效(无输出)，因此单纯的微分控制器在任何情况下都不能单独与被控对象串联起来使用，通常总是和比例控制器组合在一起形成比例加微分控制的。

微分控制虽有“预见”信号变化趋势的优点，但存在着将高频干扰信号同时加以放大的缺点，在设计控制系统时，这个问题应引起重视。

6.2.4　PID控制器

若控制器的输出$m(t)$既与误差$e(t)$成正比，又与$e(t)$对时间的积分成正比，还与$e(t)$的一

阶导数成正比，则称这种控制器为比例积分微分控制器，简称 PID 控制器。采用 PID 控制器的系统称为比例积分微分控制系统。图 6.2-4 所示为一个典型的比例积分微分控制系统结构图。

PID 控制器的时域方程为

$$m(t)=K_{\mathrm{p}}e(t)+\frac{K_{\mathrm{p}}}{\tau_{\mathrm{i}}}\int_0^t e(t)\mathrm{d}t+K_{\mathrm{p}}\tau_{\mathrm{d}}\frac{\mathrm{d}e(t)}{\mathrm{d}t} \quad (6.2\text{-}9)$$

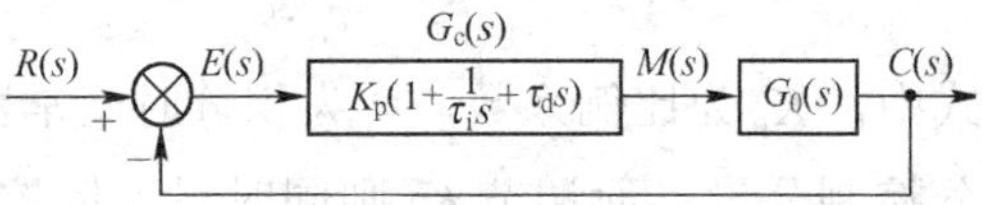

图 6.2-4　比例积分微分控制系统结构图

PID 控制器的传递函数为

$$G_{\mathrm{c}}(s)=K_{\mathrm{p}}\left(1+\frac{1}{\tau_{\mathrm{i}}s}+\tau_{\mathrm{d}}s\right) \quad (6.2\text{-}10)$$

PID 控制器有滞后-超前校正的功能。在低频段，PID 控制器通过积分控制作用，提高了系统的无差阶度，改善了系统的稳态性能；在中频段，PID 控制器通过微分控制作用，幅值穿越频率增大，系统的过渡过程时间缩短，快速性提高，相角裕度增大，系统稳定性提高，有效地提高了系统的动态性能。

【例 6-1】 已知单位反馈控制系统的开环传递函数为

$$G(s)=\frac{1}{s^2+10s+18}$$

试分析 P、PD、PI、PID 控制规律的作用。

解：（1）图 6.2-5 为未校正系统的单位阶跃响应，可见稳态误差太大，且响应太慢，所以需要设计控制器。

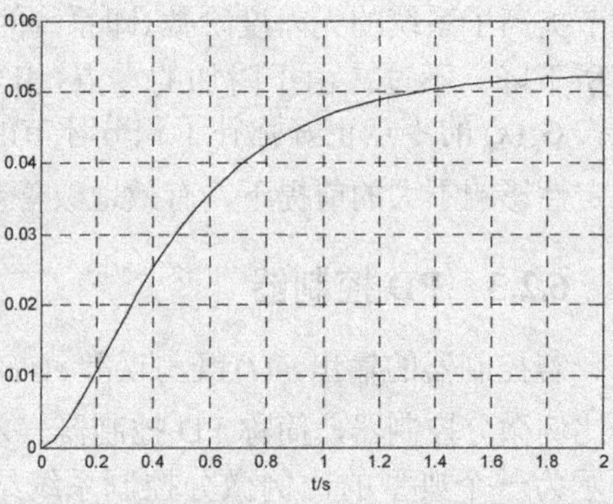

图 6.2-5　例 6-1 未校正系统的单位阶跃响应

（2）为了减小稳态误差，可以采用比例(P)控制，在前向通道中串接 P 控制器后系统的开环传递函数为

$$G_{\mathrm{c}}(s)G(s)=\frac{K_{\mathrm{P}}}{s^2+10s+18}$$

以 K_{P} 为参变量的根轨迹如图 6.2-6 所示。

由图可见，根轨迹在分离点的 $K_{\mathrm{P}}=7$，即当 $K_{\mathrm{P}}>7$ 时，根轨迹离开实轴进入复平面，由于根轨迹始终在 s 左半平面，所以系统是稳定的。为了减小系统的稳态误差，可取较大的增益，取 $K_{\mathrm{P}}=300$，系统的单位阶跃响应如图 6.2-7 所示。由图可见，系统的稳态误差和快速性都得到了明显的改善，但系统产生了较大的超调量，且仍然有稳态误差。

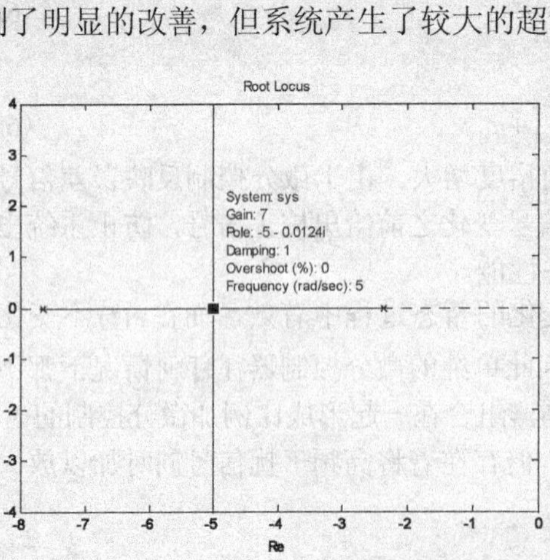

图 6.2-6　例 6-1　带 P 控制器系统的根轨迹

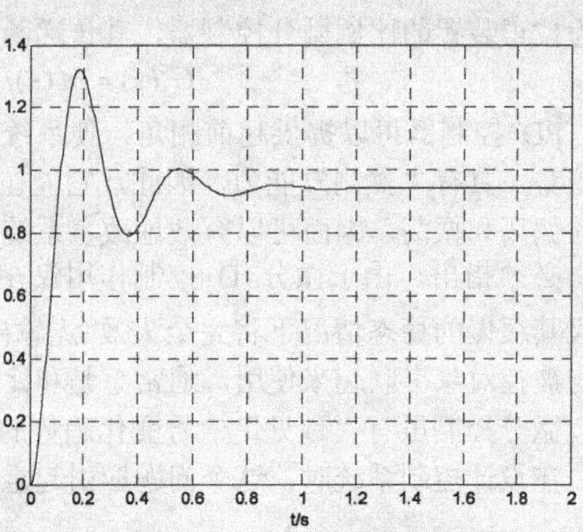

图 6.2-7　例 6-1 带 P 控制器系统的单位阶跃响应

（3）为了能够在减小稳态误差的同时避免产生过大的超调量，采用比例微分(PD)控制，在前向通道中串接 PD 控制器后系统的开环传递函数为

$$G_c(s)G(s)=\frac{K_P(1+\tau_d s)}{s^2+10s+18}$$

PD 控制器给系统增加了一个零点 $-1/\tau_d$，为了使系统具有快速响应，同时超调量又不大，选取 $\tau_d=0.03$，绘制以 K_P 为参变量的根轨迹如图 6.2-8 所示。由于根轨迹始终在 s 左半平面，所以系统是稳定的。为了减小稳态误差，仍取 $K_P=300$，系统的单位阶跃响应如图 6.2-9 所示。可见，PD 控制既改善了系统的稳态误差，同时又可以控制超调量，使系统具有较好的性能指标，但仍有稳态误差。

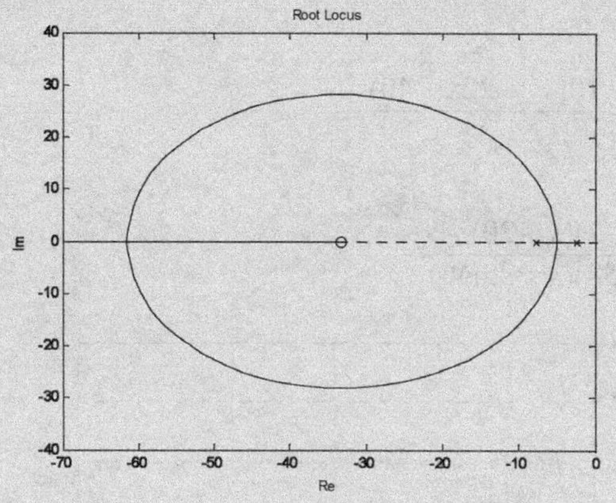

图 6.2-8　例 6-1 带 PD 控制器系统的根轨迹

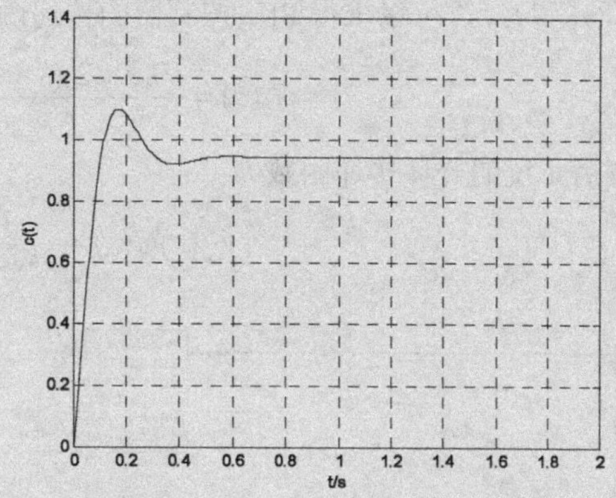

图 6.2-9　例 6-1 带 PD 控制器系统的单位阶跃响应

（4）为了消除稳态误差，可采用比例积分(PI)控制，在前向通道中串接 PI 控制器后系统的开环传递函数为

$$G_c(s)G(s)=\frac{K_P(1+\tau_i s)}{\tau_i s(s^2+10s+18)}=\frac{K_P(s+z)}{s^3+10s^2+18s}$$

式中，$z=1/\tau_i$。

PI 控制器给系统在原点处增加了一个极点，同时又增加了一个零点 $z=-1/\tau_i$，开环传递函数的极点为 $s_1=0$、$s_2=-2.354$ 和 $s_3=-7.646$。取零点 $z=-2$，绘制以 K_P 为参变量的根轨迹如图 6.2-10 所示。根轨迹分离点处的增益 $K_p=12.2$，当 $K_p>12.2$ 时，根轨迹离开实轴进入复平面，由于根轨迹始终在 s 左半平面，所以系统是稳定的。由于 PI 控制器的积分作用，可以使系统的稳态误差为零，满足稳态指标的要求，所以增益可以取得小一些，取 $K_p=30$，系统的单位阶跃响应如图 6.2-11 所示。由图可见，系统的稳态误差消除了，变为无差，但响应速度太慢。

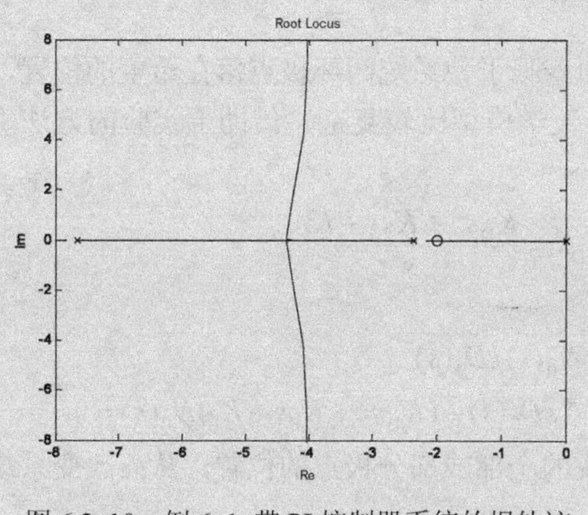

图 6.2-10　例 6-1 带 PI 控制器系统的根轨迹

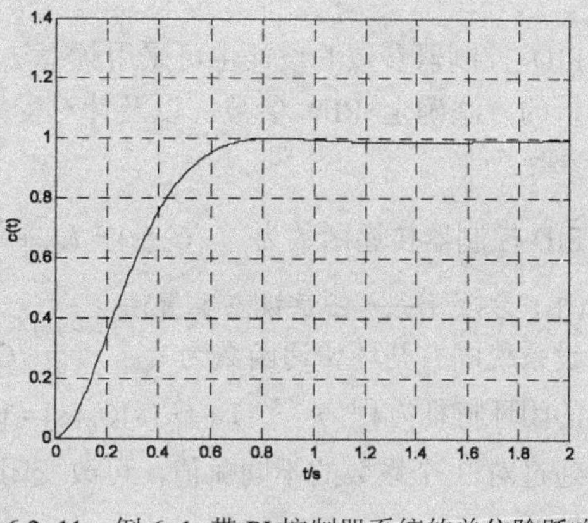

图 6.2-11　例 6-1 带 PI 控制器系统的单位阶跃响应

（5）为了同时满足稳态性能和动态性能，采用比例积分微分(PID)控制,在前向通道中串接 PID 控制器后系统的开环传递函数为

$$G_c(s)G(s)=\frac{K_P\left(\tau_d s^2+s+\dfrac{1}{\tau_i}\right)}{s(s^2+10s+18)}=\frac{K_P(s+z_1)(s+z_2)}{s^3+10s^2+18s}$$

对 PID 控制器的两个零点进行合理的配置来满足性能指标的要求，选取零点 z_1 在极点 s_2 的右侧，即 $z_1=-2$，零点 z_2 在极点 s_3 的左侧，即 $z_2=-20$，绘制以 K_P 为参变量的根轨迹如图 6.2-12 所示。可见，阻尼比 $\zeta=0.63$，取 $K_P=10$，系统的单位阶跃响应如图 6.2-13 所示。可见，消除了系统的稳态误差，同时系统又具有很好的响应速度和较小的超调量。根据 z_1、z_2 和 K_P，可以求得 PID 控制器的传递函数为

$$G_c(s)=\frac{10(s+2)(s+20)}{s}=\frac{10(s^2+22s+40)}{s}$$

校正后系统的开环传递函数为

$$G_c(s)G(s)=\frac{10(s+2)(s+20)}{s(s+2.354)(s+7.646)}$$

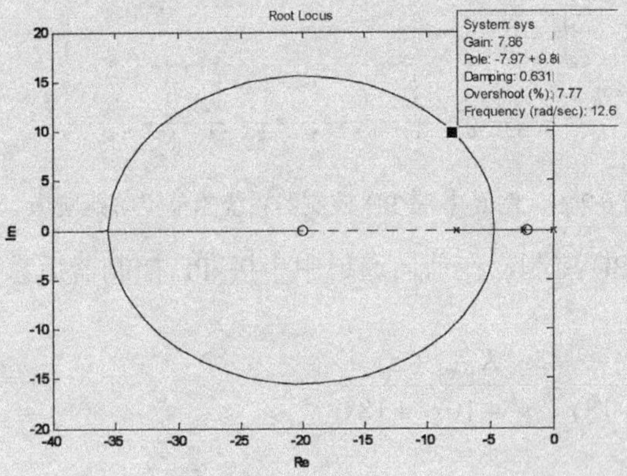

图 6.2-12　例 6-1 带 PID 控制器系统的根轨迹

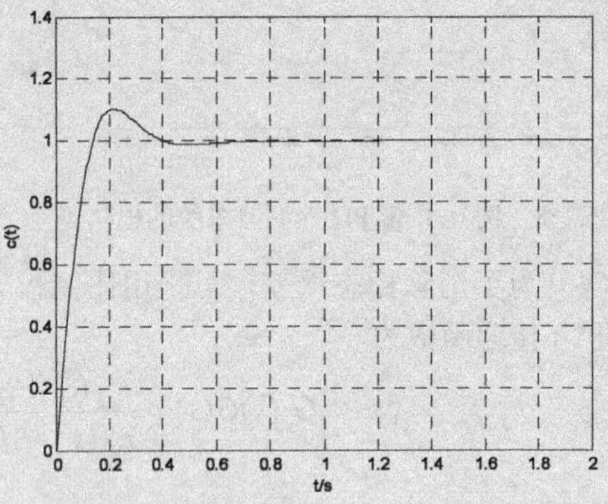

图 6.2-13　例 6-1 带 PID 控制器系统的单位阶跃响应

由此可见，PID 控制可以同时改善系统的稳态性能和动态性能，在工业控制中使用非常广泛。但是，PID 控制器的零点配置很灵活，包含了许多经验因素。目前已有多种 PID 参数整定方法，都是经验方法。

6.2.5　PID 控制器参数整定

PID 控制器参数的设计也可采用频率法。下面着眼于使系统闭环极点落在希望的位置，依靠解析的方法确定 PID 参数，以及针对受控对象数学模型比较复杂，借助于实验的方法确定 PID 参数。

PID 控制器传递函数为　$G_c(s)=K_P+\dfrac{K_I}{s}+K_D s=\dfrac{K_D s^2+K_P s+K_I}{s}$

（1）方法 1——任意极点配置法

设系统固有开环传递函数为　$G_0(s)=N_0(s)/D_0(s)$

系统的闭环特征方程为　$1+G_c(s)G_0(s)=0$　或　$sD_0(s)+(K_D s^2+K_P s+K_I)N_0(s)=0$

通过对 3 个系数的不同赋值，可改变闭环系统的全部或部分极点的位置，从而改变系统的动态性能。

由于 PID 调节器只有 3 个任意赋值的系数，因此只能对固有传递函数是一阶和二阶的系统进行极点位置的任意配置。对于一阶系统，只需采用局部的 PI 或 PD 校正即可实现任意极点配置。

设一阶系统开环固有传递函数和校正环节传递函数分别为

$$G_0(s)=\frac{1}{s+a}，\ G_c(s)=\frac{K_P s+K_I}{s}$$

则系统闭环传递函数为 $\dfrac{C(s)}{R(s)}=\dfrac{G_c(s)G_0(s)}{1+G_c(s)G_0(s)}=\dfrac{K_P s+K_I}{s^2+(K_P+a)s+K_I}$

为了使该系统校正后的阻尼比为ξ，无阻尼振荡频率为ω_n，选择$K_I=\omega_n^2, K_P=(2\xi\omega_n-a)$即可。

对于二阶系统，必须采用完整的 PID 校正才能实现任意极点配置。设二阶系统开环固有传递函数和校正环节传递函数分别为

$$G_0(s)=\frac{1}{s^2+a_1 s+a_0}，\ G_c(s)=\frac{K_D s^2+K_P s+K_I}{s}$$

则系统闭环传递函数为 $\dfrac{C(s)}{R(s)}=\dfrac{G_c(s)G_0(s)}{1+G_c(s)G_0(s)}=\dfrac{K_D s^2+K_P s+K_I}{s^3+(K_D+a_1)s^2+(K_P+a_0)s+K_I}$

假设得到的闭环传递函数三阶特征多项式可分解为

$$(s+\beta)(s^2+2\xi\omega_n s+\omega_n^2)=s^3+(2\xi\omega_n+\beta)s^2+(2\xi\omega_n\beta+\omega_n^2)s+\beta\omega_n^2$$

令对应项系数相等，有

$$K_D+a_1=2\xi\omega_n+\beta,\ \ K_P+a_0=2\xi\omega_n\beta+\omega_n^2, K_I=\beta\omega_n^2$$

（2）方法 2——高阶系统累试法

对于固有传递函数是高于二阶的高阶系统，PID 校正不可能做到全部闭环极点的任意配置，但可以控制部分极点，以达到系统预期的性能指标。根据相角裕度的定义，有

$$G_c(j\omega_c)G_0(j\omega_c)=1\angle(-180^\circ+\gamma) \tag{6.2-11}$$

则有

$$|G_c(j\omega_c)|=1/|G_0(j\omega_c)|$$

$$\varphi=\angle G_c(j\omega_c)=-180^\circ+\gamma-\angle G_0(j\omega_c) \tag{6.2-12}$$

则 PID 控制器在幅值穿越频率处的频率特性可表示为

$$K_P+j\left(K_D\omega_c-\frac{K_I}{\omega_c}\right)=|G_c(j\omega_c)|(\cos\varphi+j\sin\varphi) \tag{6.2-13}$$

由式(6.2-12)和式(6.2-13)，得

$$K_P=\cos\varphi/|G_0(j\omega_c)| \tag{6.2-14}$$

$$K_D\omega_c-\frac{K_I}{\omega_c}=\frac{\sin\varphi}{|G_0(j\omega_c)|} \tag{6.2-15}$$

由式(6.2-14)可独立解出比例增益K_P，而式(6.2-15)包含两个未知参数K_I和K_D，不是唯一解。当采用局部 PI 控制器或 PD 控制器时，由于减少一个未知数，可唯一解出K_I和K_D。当采用完整的 PID 控制器时，通常根据稳态误差要求，通过开环放大倍数，先确定积分增益K_I，然后由式(6.2-15)计算出微分增益K_D。同时通过数字仿真，反复试探，最后确定K_P、K_I和K_D三个参数。

【例 6-2】 设一单位反馈系统，其开环传递函数为$G_0(s)=\dfrac{4}{s(s+1)(s+2)}$，试设计 PID 控制器。实现系统幅值穿越频率$\omega_c=1.7\text{rad/s}$，相角裕度$\gamma=50^\circ$。

解：$G_0(\mathrm{j}1.7)=0.454\angle-189.9^\circ$

由式(6.2-12)，得 $\varphi=\angle G_c(\mathrm{j}\omega_c)=-180^\circ+50^\circ+189.9^\circ$

由式(6.2-14)，得 $K_P=\cos 59.9^\circ/0.454=1.10$

输入引起的系统误差像函数表达式为

$$E(s)=\frac{s^2(s+1)(s+2)}{s^4+s^3+2(2K_D+1)s^2+4K_Ps+4K_I}R(s)$$

令单位加速度输入的稳态误差 $e_{ss}=2.5$，利用上式，得 $K_I=0.2$。再利用式(6.2-15)，得

$$K_D=\frac{\sin 59.9^\circ}{1.7\times 0.454}+\frac{0.2}{(1.7)^2}=1.19$$

（3）*方法 3——试探法*

采用试探法，首先仅选择比例校正，使系统闭环后满足稳定性指标。然后，在此基础上根据稳态误差要求加入适当参数的积分校正。积分校正的加入往往使系统稳定裕度和快速性下降，此时再加入适当参数的微分校正，保证系统的稳定性和快速性。以上过程通常需要循环试探几次，方能使系统闭环后达到理想的性能指标。

（4）*方法 4——齐格勒-尼柯尔斯法*(Ziegler and Nichols)

对于受控对象比较复杂、数学模型难以建立的情况，在系统的设计和调试过程中，可以借助实验方法，采用齐格勒-尼柯尔斯法对 PID 调节器进行设计。

(1) 当开环受控对象阶跃响应没有超调时，其响应曲线为 S 形状，如图 6.2-14。采用齐格勒-尼柯尔斯第一法设定 PID 参数。对单位阶跃响应曲线上斜率最大的拐点 D 作切线，得参数 τ 和 T_0，则齐格勒-尼柯尔斯法参数设定如下：

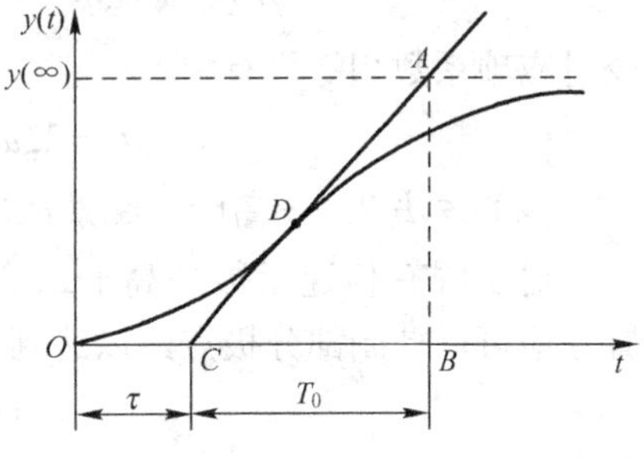

图 6.2-14 齐格勒-尼柯尔斯第一法参数定义

① P 控制器：$K_P=T_0/\tau$

② PI 控制器：$K_P=0.9T_0/\tau$，$K_I=\dfrac{K_P}{\tau/0.3}=0.27T_0/\tau^2$

③ PID 控制器：$K_P=1.2T_0/\tau$，$K_I=K_P/2\tau=0.6T_0/\tau^2$，$K_D=K_P\cdot 0.5\tau=0.6T_0$

(2) 对于低增益时稳定而高增益时不稳定会产生振荡发散的系统，采用齐格勒-尼柯尔斯第二法(即临界比例度法)设定参数。开始只加比例校正，系统先以低增益值工作，然后慢慢增加增益，直到闭环系统输出等幅度振荡为止，这表明受控对象处于临界稳定状态，此时测量并记录振荡周期 T_u 和比例增益值 K_u，则齐格勒-尼柯尔斯法参数设定如下：

① P 控制器：$K_P=0.5K_u$

② PI 控制器：$K_P=0.45K_u$，$K_I=1.2K_P/T_u=0.54T_u/T_u$

③ PID 控制器：$K_P=0.6K_u$，$K_I=K_P/0.5T_u=1.2T_u/T_u$，$K_D=0.125K_PT_u=0.075T_uK_u$

6.3 常用校正装置及其特性

校正装置是用来改善系统的动态和稳态品质的，在控制工程中常用无源和有源网络的电路作为校正装置。本节将介绍超前校正装置、滞后校正装置和滞后-超前校正装置的电路形式、传递函数、零极点分布和频率特性。

6.3.1 超前校正装置及其特性

图 6.3-1 所示为常用的无源超前校正装置电路图，其传递函数为

$$G_c(s)=\frac{U_c(s)}{U_r(s)}=\frac{1}{\alpha}\frac{1+\alpha Ts}{1+Ts} \tag{6.3-1}$$

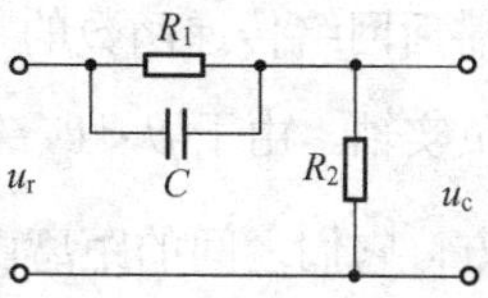

图 6.3-1 无源超前 RC 网络

式中，时间常数 $T=\dfrac{R_1R_2C}{R_1+R_2}$，分度系数 $\alpha=\dfrac{R_1+R_2}{R_2}$。

超前网络传递函数的零、极点分布如图 6.3-2 所示，都位于负实轴。由于 $\alpha>1$, 零点 $s=-\dfrac{1}{\alpha T}$ 总是位于极点 $s=-\dfrac{1}{T}$ 的右方，它们之间的距离由常数 α 决定。

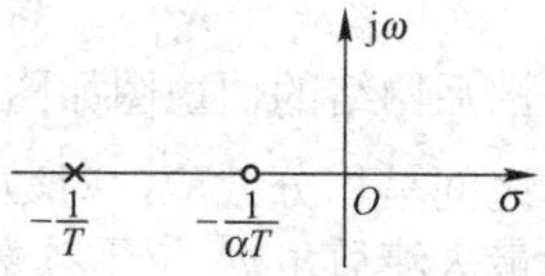

图 6.3-2 超前网络的零、极点分布

超前网络频率特性为 $$G_c(j\omega)=\frac{1}{\alpha}\frac{1+j\alpha T\omega}{1+jT\omega} \tag{6.3-2}$$

$$\begin{aligned}L(\omega)&=20\lg\left|\alpha G_c(s)\right|\\&=20\lg\sqrt{1+(\alpha T\omega)^2}-20\lg\sqrt{1+(T\omega)^2}\end{aligned} \tag{6.3-3}$$

$$\varphi(\omega)=\arctan\alpha T\omega-\arctan T\omega \tag{6.3-4}$$

超前校正装置的两个转折频率分别为 $\omega_{c1}=\dfrac{1}{\alpha T}$，$\omega_{c2}=\dfrac{1}{T}$。超前校正装置对数频率特性如图 6.3-3 所示。由于 $\alpha>1$，所以当 $0<\omega<\infty$ 时，$\varphi(\omega)>0$。这表示该校正装置输出信号的相位总是超前输入信号的相位，因而称其为超前校正装置。

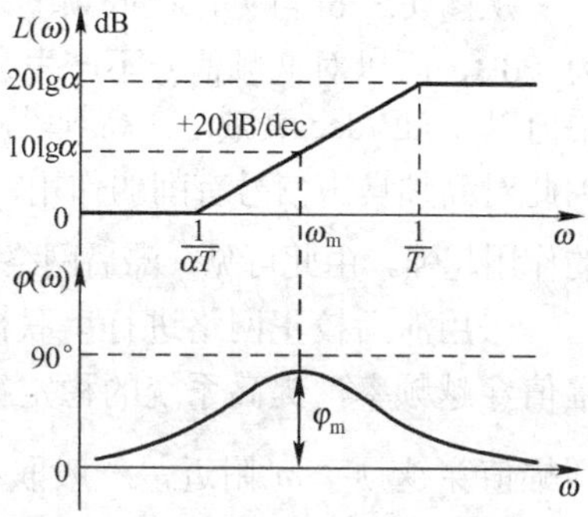

图 6.3-3 超前校正网络的伯德图

由图 6.3-3 可见，在 $\omega=\omega_m$ 时，$G_c(j\omega)$ 有最大相位超前角 φ_m。令 $\mathrm{d}\varphi(\omega)/\mathrm{d}\omega=0$，可得

$$\omega_m=\frac{1}{T\sqrt{\alpha}} \tag{6.3-5}$$

式(6.3-5)表明，最大超前角频率 ω_m 正好位于校正装置两个转折频率的几何中心。再将式(6.3-5)代入式(6.3-4)，可以推导出超前校正装置的最大相位超前角及对应关系式

$$\varphi_m=\arctan\frac{\alpha-1}{2\sqrt{\alpha}}=\arcsin\frac{\alpha-1}{\alpha+1} \tag{6.3-6}$$

$$\alpha=\frac{1+\sin\varphi_m}{1-\sin\varphi_m} \tag{6.3-7}$$

同时由式(6.3-3)得知，在 ω_m 处，当 $\alpha>1$ 时，对数幅频特性近似为

$$L(\omega_m)=20\lg\sqrt{\frac{1+(\alpha T\omega_m)^2}{1+(T\omega_m)^2}}\approx 20\lg\sqrt{\alpha}=10\lg\alpha \tag{6.3-8}$$

由式(6.3-6)可知，系数 α 增大使 φ_m 增大，可使校正后系统的相角裕度增加。但 α 取得太大时使校正装置的信噪比大大下降，所以 α 的取值一般不超过 20。这时超前校正装置的最大相位超前角一般不大于 65°。

由于采用无源超前网络进行串联校正时，整个系统的开环增益要下降 α 倍，因此常常加入放大器加以补偿。

6.3.2 滞后校正装置及其特性

图 6.3-4 所示为常用的无源滞后校正装置电路图，其传递函数为

$$G_c(s)=\frac{U_c(s)}{U_r(s)}=\frac{1+\beta Ts}{1+Ts} \tag{6.3-9}$$

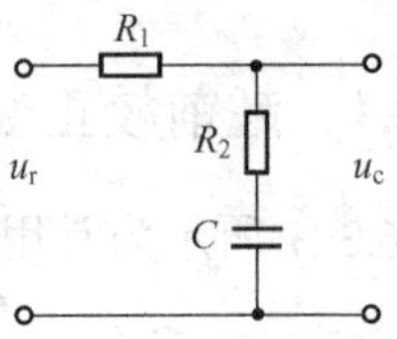

图 6.3-4　无源滞后 RC 网络

式中，时间常数 $T=(R_1+R_2)C$，分度系数 $\beta=\frac{R_2}{R_1+R_2}<1$。

滞后网络传递函数的零、极点分布如图 6.3-5 所示，都位于负实轴。由于 $\beta<1$，零点 $s=-\frac{1}{\beta T}$ 总是位于极点 $s=-\frac{1}{T}$ 的左方，它们之间的距离由常数 β 决定。

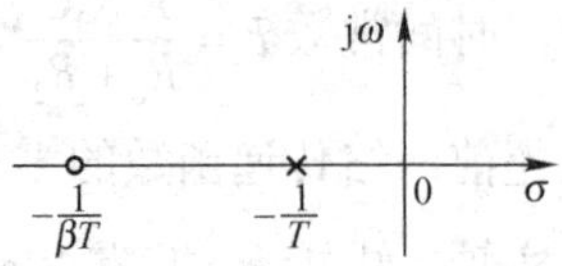

图 6.3-5　滞后网络的零、极点分布

滞后网络频率特性为

$$G_c(j\omega)=\frac{1+j\beta T\omega}{1+jT\omega} \tag{6.3-10}$$

滞后网络的伯德图如图 6.3-6 所示，其转折频率为 $\omega=1/T$ 和 $\omega=1/\beta T$。滞后网络在转折频率之间呈积分效应，对数幅频特性以-20dB/dec 衰减，而对数相频特性呈滞后特性。滞后网络的最大滞后角 φ_m 位于频率 $\omega=1/T$ 与 $\omega=1/\beta T$ 的几何中心，此处的频率为 ω_m。有

$$\omega_m=\frac{1}{\sqrt{\beta}T} \tag{6.3-11}$$

$$\varphi_m=\arcsin\frac{1-\beta}{1+\beta} \tag{6.3-12}$$

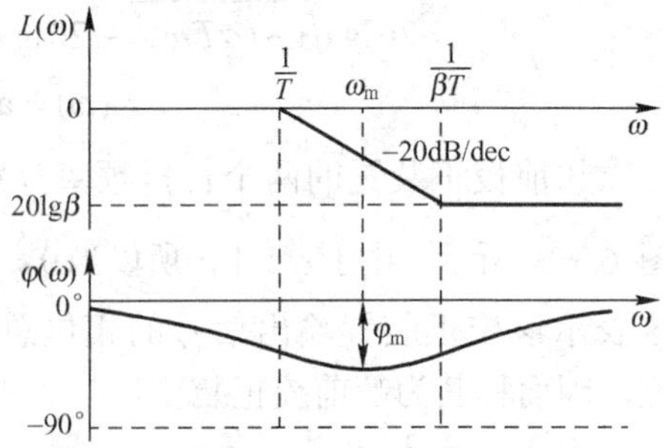

图 6.3-6　滞后校正网络的伯德图

从图 6.3-6 可见，在低频段，滞后网络的对数幅值为 0dB，所以对低频信号不产生衰减；在中频段，对数幅值以-20dB/dec 衰减；在高频段，对数幅值为 $20\lg\beta$，因此对高频噪声信号有削弱作用，β 值越小，抑制噪声的作用越强。由此可见，滞后网络是一个低通滤波器。

采用滞后校正网络进行串联校正时，主要是利用其高频幅值衰减特性，以降低系统的开环幅值穿越频率，提高系统的稳定裕度。但应该注意，要避免最大滞后相角发生在校正后系统开环幅值穿越频率 ω_c' 附近，一般取 $\frac{1}{\beta T}=\frac{\omega_c'}{10}$。

6.3.3　滞后-超前校正装置及其特性

图 6.3-7 所示为常用的无源滞后-超前校正装置电路图，其传递函数为

$$G_c(s)=\frac{R_2+\frac{1}{sC_2}}{\frac{R_1}{R_1C_1s+1}+R_2+\frac{1}{sC_2}}=\frac{(T_1s+1)(T_2s+1)}{T_1T_2s^2+(T_1+T_2+T_{12})s+1} \tag{6.3-13}$$

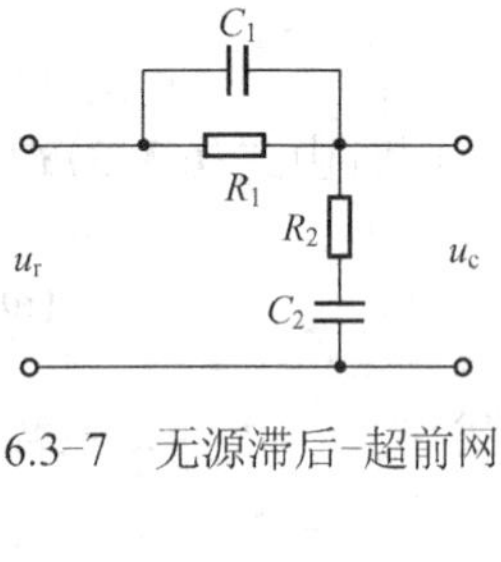

图 6.3-7　无源滞后-超前网络

式中，$T_1=R_1C_1$，$T_2=R_2C_2$，$T_{12}=R_1C_2$。

令式(6.3-13)的传递函数有两个不相等的负实数特征根，即 $s_1=-1/T_a$，$s_2=-1/T_b$，则式(6.3-13)可以写为

$$G_c(s)=\frac{(T_1s+1)(T_2s+1)}{(T_as+1)(T_bs+1)}=\frac{(T_1s+1)(T_2s+1)}{T_aT_bs^2+(T_a+T_b)s+1} \tag{6.3-14}$$

比较式(6.3-13)和式(6.3-14)，可得

$$T_aT_b=T_1T_2,\quad T_a+T_b=T_1+T_2+T_{12}$$

设

$$T_a<T_b,\quad \frac{T_1}{T_a}=\frac{T_b}{T_2}=\beta$$

其中 $\beta > 1$，则有
$$T_a = \frac{T_1}{\beta}, T_b = \beta T_2$$
将 T_a 和 T_b 代入式(6.3-14)，可得

$$G_c(s) = \frac{(T_1 s + 1)(T_2 s + 1)}{\left(\frac{T_1}{\beta} s + 1\right)(\beta T_2 s + 1)} \tag{6.3-15}$$

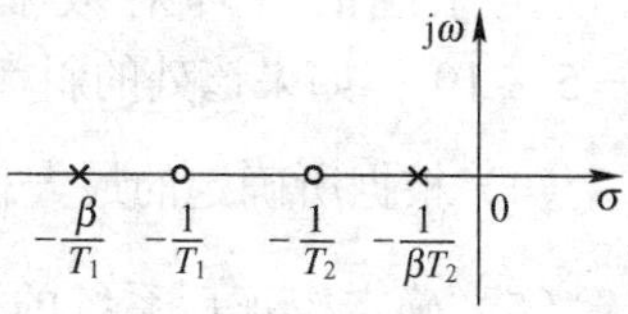

图 6.3-8　滞后-超前网络的零、极点分布

式中，$\frac{(T_1 s + 1)}{\left(\frac{T_1}{\beta} s + 1\right)}$ 部分产生超前网络的作用，$\frac{(T_2 s + 1)}{(\beta T_2 s + 1)}$ 部分产生滞后网络的作用。滞后-超前网络的零、极点分布如图(6.3-8)所示。

滞后-超前网络的的频率特性为

$$G_c(j\omega) = \frac{(jT_1\omega + 1)(jT_2\omega + 1)}{\left(j\frac{T_1}{\beta}\omega + 1\right)(j\beta T_2\omega + 1)} \tag{6.3-16}$$

滞后-超前网络的伯德图如图 6.3-9 所示。

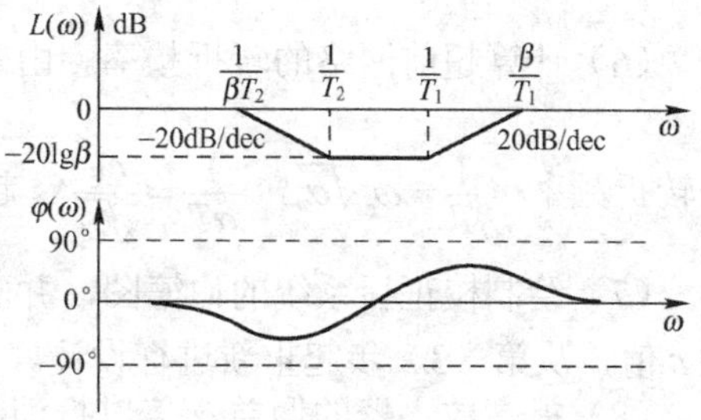

图 6.3-9　滞后-超前网络的伯德图

6.4　基于频率法的串联校正设计

用频率法对系统进行校正的基本思路是：通过增加校正装置，改变系统开环频率特性的形状，以达到满意的频域指标。它要求校正后的开环频率特性具有如下特点。

低频段：在斜率满足系统误差型别的前提下，要求开环增益足够大，以满足系统稳态精度的要求。

中频段：中频段幅频特性的斜率必须为-20dB/dec，并有较宽的中频带，使系统具有满意的动态性能。

高频段：要求高频段足够陡(最好-40dB/dec 以上)，使幅值能迅速衰减，可以尽量多地抑制高频噪声。

由于串联校正方式容易设计及实现，而且校正效果较好，所以串联校正方式得到广泛应用。又由于 PID 控制网络与超前、滞后网络有相近之处，实际应用的 PID 控制规律往往就是超前、滞后规律。本节主要介绍基于频率特性伯德图的超前、滞后校正的设计方法。

6.4.1　串联超前校正

用频率法进行超前校正的基本原理是利用超前校正装置产生的相角超前量补偿原系统中元件产生的相角滞后量，以增加系统的相角裕度，改善系统的动态特性。在设计超前校正装置时，校正时应使校正装置的最大相位超前角产生在系统的幅值穿越频率处。

应用频率法进行串联超前校正的步骤如下：

（1）根据对稳态误差的要求，确定系统开环增益 K。

（2）利用已确定的开环增益 K，绘制出未校正系统的伯德图，并计算未校正系统的相角裕度 γ_0 和幅值裕度 K_g。

（3）由给定的相角裕度 γ，计算超前校正装置需要提供的相位超前角 φ，即

$$\varphi = \varphi_m = \gamma_0 - \gamma + \varepsilon \tag{6.4-1}$$

式中，ε 用于补偿因超前校正装置引入后，系统幅值穿越频率增大而增加的相角滞后量。如果未校正系统的开环对数幅频特性曲线在幅值穿越频率处的斜率为-40dB/dec，一般取 $\varepsilon=5^\circ\sim10^\circ$；如果该处的斜率为-60dB/dec，则取 $\varepsilon=10^\circ\sim20^\circ$。

（4）根据所确定的最大相位超前角 φ_m，利用公式 $\alpha=\dfrac{1+\sin\varphi_m}{1-\sin\varphi_m}$，确定分度系数 α。

（5）确定校正后系统的开环幅值穿越频率 ω_c。为了充分利用校正装置的超前相角，将校正后系统的 ω_c 设置在校正装置提供最大超前相角 φ_m 的频率 ω_m 处，即 $\omega_c=\omega_m$，此时确定未校正系统的对数幅频特性的幅值等于-10lgα 时的频率，选择此频率作为校正后系统的 ω_c，有

$$20\lg|G(j\omega_c)|=-20\lg|G_c(j\omega_m)|=-10\lg\alpha \tag{6.4-2}$$

（6）计算超前网络的转折频率。由式(6.3-5)可以求出 $T=\dfrac{1}{\sqrt{\alpha}\omega_m}$，从而得到校正网络的两个转折频率：$\dfrac{1}{T}=\omega_c\sqrt{\alpha}$，$\dfrac{1}{\alpha T}=\dfrac{\omega_c}{\sqrt{\alpha}}$。超前校正网络传递函数为 $G_c(s)=\dfrac{1+\alpha Ts}{1+Ts}$。

（7）绘制校正后系统的伯德图，并验算相角裕度是否满足要求？如果不满足要求，则需增大 ε 值，从第（3）步起重新进行设计。

（8）提高放大器的增益 α 倍以抵消超前网络造成的 $1/\alpha$ 衰减，并选择无源网络或有源网络实现其相位超前特性，确定超前网络电路的元件值。

最后，引进一增益等于 α 的放大器，或者将现有放大器的增益增加 α 倍。

【例 6-3】 设一单位反馈控制系统的开环传递函数为 $G(s)=\dfrac{K}{s(0.5s+1)}$，试设计一超前校正装置，使校正后系统的静态速度误差系数 $K_v=20\text{s}^{-1}$，相角裕度 $\gamma=50^\circ$，增益裕度 $L_g=10\text{dB}$。

解：（1）根据误差系数的要求，确定开环增益 K：

$$K_v=\lim_{s\to0}sG(s)=K=20$$

所以系统的开环增益为 K=20。

（2）在 K =20 时，画出未校正系统的 Bode 图如图 6-4-1 所示。由图可见，未校正系统的幅值穿越频率 ω_c=6.2rad/s，相角裕度 γ=18°；相角穿越频率 ω_g=∞rad/s，L_g=∞dB。

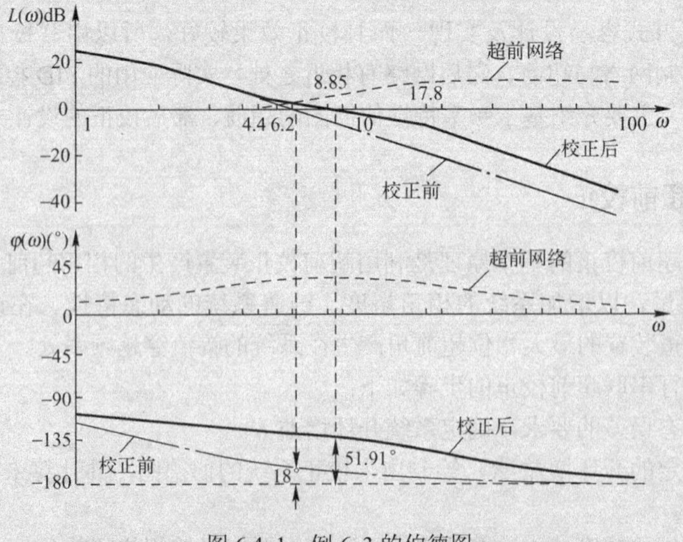

图 6.4-1 例 6-3 的伯德图

可见，在满足稳态性能指标的情况下，系统的相角裕度不满足性能指标要求。

（3）根据相角裕度的要求，确定超前校正装置的相位超前角 $\varphi_m = 50^\circ - 18^\circ + 5^\circ = 37^\circ$。

（4）计算分度系数 $\alpha = \dfrac{1+\sin 37^\circ}{1-\sin 37^\circ} = 4.02$。

（5）确定校正后系统的开环幅值穿越频率 ω_c。

超前网络产生最大相位超前角 φ_m 处的幅值为 $10\lg\alpha = 10\lg 4.02 = 6.04\text{dB}$，在频率为 ω_m 处，超前网络使系统的幅值增加 6.04dB。因此，在图 6.4-1 中查出未校正系统对数幅频特性的幅值为-6.04dB 处对应的频率就是 ω_m。选取校正后系统幅值穿越频率 $\omega_c = \omega_m$，从而得 $\omega_c = \omega_m = 8.85\text{rad/s}$。

（6）计算超前网络的转折频率。由式(6.3-5)求出校正网络的两个转折频率：

$$\frac{1}{T} = \omega_c\sqrt{\alpha} = 17.8\,,\quad \frac{1}{\alpha T} = \frac{\omega_c}{\sqrt{\alpha}} = 4.4$$

（7）将系统的放大器增益提高 $\alpha = 4.02$ 倍，超前校正网络的传递函数为

$$G_c(s) = \frac{\alpha Ts+1}{Ts+1} = \frac{0.227s+1}{0.056s+1}$$

校正后系统的开环传递函数为

$$G_c(s)G(s) = (4.02)\frac{s+4.4}{s+17.8}\cdot\frac{20}{s(0.5s+1)} = \frac{20(0.227s+1)}{s(0.5s+1)(0.056s+1)}$$

（8）检验校正后系统性能是否满足指标要求。由图 6.4-1 可见，校正后系统的相角裕度和增益裕度分别为 51.91° 和 $+\infty\text{dB}$，满足性能指标要求。

通过上面的例子和分析可知，串联超前校正有以下特点：

（1）超前校正主要是利用超前校正装置的相位超前特性对系统进行校正，使校正后系统的开环对数幅频特性中频段渐近线的斜率为-20dB/dec，并有足够的带宽。

（2）超前校正会使系统的瞬态响应的速度变快。由例 6-3 可知，系统的幅值穿越频率由校正前的 6.2rad/s 变为校正后的 8.85rad/s，这意味着校正后系统的频带变宽，瞬态响应的速度变快。

（3）超前校正一般虽能改善系统的动态性能,但当未校正系统的相频特性曲线在幅值穿越频率 ω_c 附近急剧下降时，若用单级超前校正网络去校正，一般收效不大。这是因为校正后系统的幅值穿越频率会向高频段移动，在新的幅值穿越频率处，由于未校正系统的相角滞后量过大，所以用单级的超前校正网络难以获得所要求的相角裕度。

6.4.2 串联滞后校正

滞后校正是利用滞后网络的高频幅值衰减，使校正后系统的幅值穿越频率减小，以使系统获得满意的相角裕度，改善系统动态性能。但是，由于系统校正后的带宽减小，响应速度变慢，所以，当系统对响应速度要求不高，而要求有较高的抑制高频噪声能力时，可以采用串联滞后校正。另外，如果系统的动态特性已满足性能指标要求，而稳态性能不满足要求，可以采用串联滞后校正来提高系统的稳态性能。

用频率响应法设计滞后校正装置的步骤如下：

（1）根据对稳态误差的要求，确定系统开环增益 K。

（2）利用已确定的开环增益 K，绘制出未校正系统的伯德图，并计算未校正系统的相角裕度 γ_0 和幅值裕度 L_g。

（3）确定校正后系统的开环幅值穿越频率 ω_c，方法是利用未校正系统的相角 $\varphi(\omega_c) =$

$-180^\circ+\gamma+(5^\circ\sim15^\circ)$ 求得，其中 γ 为校正后系统相角裕度，增加 $5^\circ\sim15^\circ$ 是为了补偿滞后校正装置的相角滞后。

（4）确定出未校正系统的对数幅频特性在 ω_c 处幅值下降到 0dB 时所必需的衰减量，使这一衰减量等于 $20\lg\beta$，从而可以确定 β 值，保证校正后系统的幅值穿越频率为 ω_c。

（5）为了减小校正装置的相角滞后对系统产生影响，滞后校正装置的转折频率 $\omega=\dfrac{1}{\beta T}$ 应选择低于校正后系统幅值穿越频率 ω_c 的 5~10 倍频程。一般选择滞后校正装置的转折频率 $\dfrac{1}{\beta T}=\dfrac{\omega_c}{10}$，从而可以求出另一个转折频率 $\omega=\dfrac{1}{T}$。

（6）确定滞后网络的传递函数 $G_c(s)=\dfrac{\beta Ts+1}{Ts+1}$。

（7）检验校正后系统的性能指标。如果不满足，则需要调整校正装置的转折频率，重复上述步骤。

【例 6-4】 设控制系统的开环传递函数为 $G(s)=\dfrac{K}{s(s+1)(0.5s+1)}$，试设计串联校正装置，使系统的稳态速度误差系数 $K_v\geqslant5\text{s}^{-1}$，相角裕度 $\gamma\geqslant40^\circ$，增益裕度 $L_g\geqslant10\text{dB}$。

解：（1）根据误差系数的要求，确定开环增益 K。

$$K_v=\lim_{s\to0}sG(s)=K=5$$

（2）在开环增益 $K=5$ 时，画出未校正系统的 Bode 图如图 6.4-2 所示。由图 6.4-2 可见，未校正系统的幅值穿越频率 $\omega_c=2.1\text{rad/s}$，相角裕度 $\gamma_0=-20^\circ$；相角穿越频率 $\omega_g=1.5\text{rad/s}$，幅值裕度 $L_g=-6$ dB。由此可见，系统是不稳定。

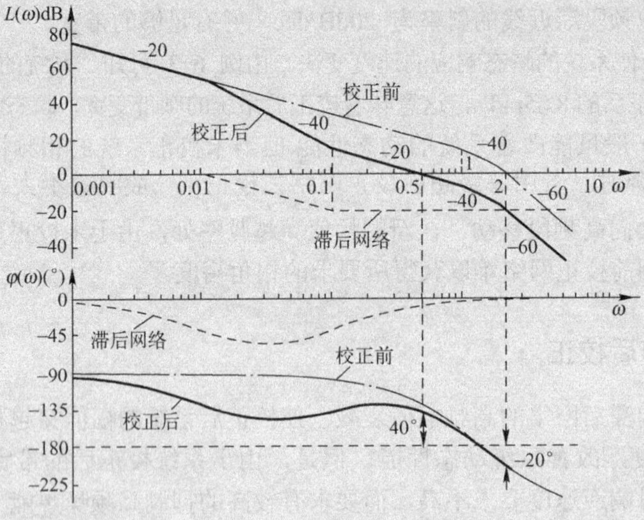

图 6.4-2　例 6-4 的伯德图

（3）确定校正后系统的幅值穿越频率 ω_c，在此频率点上，未校正系统的相角为

$$\varphi(\omega_c)=-180^\circ+\gamma+(5^\circ\sim12^\circ)=-180^\circ+40^\circ+12^\circ=-128^\circ$$

在相频特性曲线上找到-128°所对应的频率为0.5rad/s，即 $\omega_c=0.5\text{rad/s}$。

（4）确定参数 β。从未校正系统的伯德图上查得对应 ω_c 的对数幅频特性幅值为 20dB，则滞后校正网络需要提供的幅值为-20dB，即 $20\lg\beta=-20\text{dB}$，可以求得 $\beta=0.1$。

（5）确定滞后校正装置的转折频率。选择转折频率 $\omega=1/\beta T$ 低于 ω_c 的 5 倍频程，即

$\frac{1}{\beta T}=0.1$，可以求得另一个转折频率 $\frac{1}{T}=0.01$。

（6）滞后校正网络的传递函数为 $G_c(s)=\frac{\beta Ts+1}{Ts+1}=\frac{10s+1}{100s+1}$。

（7）检验校正后系统的性能指标。校正后系统的开环传递函数为

$$G_c(s)G(s)=\frac{5(10s+1)}{s(100s+1)(s+1)(0.5s+1)}$$

校正后系统的伯德图如图 6.4-2 中实线所示。校正后系统的幅值穿越频率 $\omega_c=0.5\text{rad/s}$，相角裕度 $\gamma=40°$，幅值裕度 $L_g=11\text{dB}$。由此可见，校正后系统的性能指标均满足要求。

由例 6-4 可看出，校正后系统的幅值穿越频率从 $\omega_c=2.1\text{rad/s}$ 降低到 $\omega_c=0.5\text{rad/s}$，这说明系统的带宽降低了，使系统的快速性降低，但是系统的相对稳定性和抑制高频噪声能力提高了。滞后网络实际上是一种低通滤波器，对低频信号具有较高的放大能力，改善了稳态性能，而对高频信号具有衰减特性，改善了系统的相角裕度。值得注意的是，在滞后校正中，利用的是滞后网络在高频段的衰减特性，而不是网络的相位滞后特性。

6.4.3 串联超前-滞后校正

如果未校正系统的稳态性能和动态性能都不能满足性能指标要求，可以采用滞后-超前校正。利用滞后-超前校正网络的相位超前部分改善系统的动态性能，提高响应速度和增大相角裕度；同时利用校正网络的相位滞后部分改善系统的稳态性能，减小稳态误差和提高抑制高频噪声的能力。

串联超前-滞后校正设计步骤如下：

（1）根据对稳态误差的要求，确定系统开环增益 K。

（2）利用已确定的开环增益 K，绘制出未校正系统的伯德图，并计算未校正系统的相角裕度 γ_0 和幅值裕度 L_g。

（3）选择校正后系统的幅值穿越频率 ω_c。一般选择将校正前系统的相位为$-180°$，作为校正后系统的幅值穿越频率。

（4）确定滞后-超前校正装置的转折频率。滞后部分的转折频率 $\omega=\frac{1}{T_2}=\frac{\omega_c}{10}$，另一个转折频率 $\omega=\frac{1}{\beta T_2}$。$\beta=\frac{1+\sin\varphi_m}{1-\sin\varphi_m}$，$\varphi_m$ 为由滞后-超前校正网络的相位超前部分提供的最大相位超前角。

超前部分的转折频率：根据未校正系统在 ω_c 处的幅值，为了实现该频率为校正后系统的幅值穿越频率，必须使该频率点的开环幅值降为 0dB，为此超前部分在 ω_c 处产生的幅值抵消未校正系统在 ω_c 处的幅值。即过点$(\omega_c,-L(\omega_c))$作一条斜率为 20dB/dec 的直线，该直线与 0dB 线和−20dB 水平线的相交点，为超前部分的两个转折频率 $\omega=1/T_1$ 和 $\omega=\beta/T_1$。

（5）将所求的滞后部分和超前部分组合在一起，作为滞后-超前校正装置的传递函数。

（6）校验已校正系统的性能指标。

【例 6-5】 设控制系统的开环传递函数为 $G(s)=\frac{K}{s(s+1)(0.5s+1)}$，试设计串联校正装置，使系统的稳态速度误差系数 $K_v=10\text{s}^{-1}$，相角裕度 $\gamma=50°$，增益裕度 $L_g\geqslant 10\text{dB}$。

解：（1）根据稳态速度误差系数的要求，确定系统开环增益 K。

$$K_v = \lim_{s\to 0} sG(s) = \lim_{s\to 0} \frac{sK}{s(s+1)(0.5s+1)} = K = 10$$

因此，取系统的开环增益 $K=10$。满足稳态性能后系统的开环传递函数为

$$G(s) = \frac{10}{s(s+1)(0.5s+1)}$$

（2）绘制未校正系统的伯德图如图 6.4-3 所示。由图可以求出未校正系统的相角裕度 $\gamma = -32^\circ$，说明系统是不稳定的。

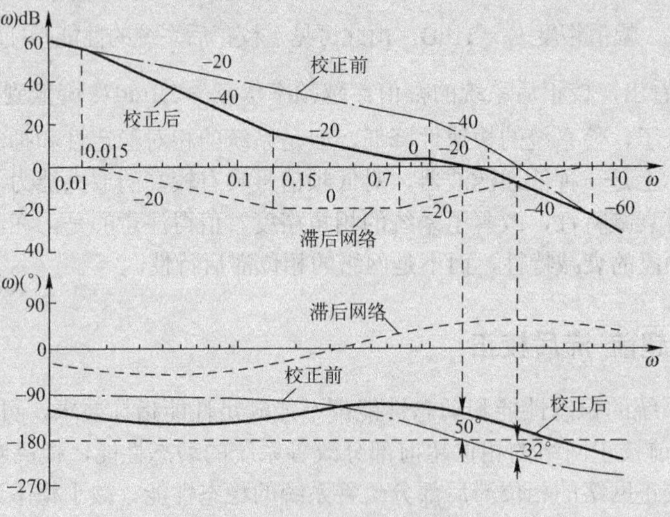

图 6.4-3　例 6-5 的伯德图

（3）确定校正后系统的幅值穿越频率 ω_c。由未校正系统的相频特性曲线可见，当 $\omega = 1.5\ \text{rad/s}$ 时，$\arg G(j\omega) = -180^\circ$。所以，选择校正后系统幅值穿越频率 $\omega_c = 1.5\text{rad/s}$ 易于实现，这样根据性能指标的要求在 $\omega = 1.5\ \text{rad/s}$ 时，需要的相位超前角约为 50°，由校正网络的相位超前部分补偿。

（4）确定滞后-超前校正装置的转折频率。当 ω_c 确定后，就可以确定校正网络的相位滞后部分的转折频率。选择转折频率 $\omega = 1/T_2 = \omega_c/10 = 0.15\text{rad/s}$，使滞后部分在 ω_c 处产生的滞后角非常小。

在超前校正网络中最大相位超前角 φ_m 由式(6.3-7)确定。这里由于 $\alpha = 1/\beta$，因而式(6.3-7)可改写为

$$\beta = \frac{1+\sin\varphi_m}{1-\sin\varphi_m}。$$

当选择 $\beta = 10$ 时，有 $\varphi_m = 54.9^\circ$，可以满足相角裕度的要求。

相位滞后部分的另一个转折频率 $\dfrac{1}{\beta T_2} = 0.015\text{rad/s}$。滞后-超前校正网络的相位滞后部分的传递函数为

$$\frac{s+0.15}{s+0.015} = 10 \times \frac{6.67s+1}{66.7s+1}。$$

选定校正后系统的幅值穿越频率 $\omega_c = 1.5\text{rad/s}$，所以从图 6.4-3 中可得未校正系统的对数幅频特性曲线在 $\omega = 1.5\text{rad/s}$ 处的幅值为 13dB。因此滞后-超前校正网络在 $\omega = 1.5\text{rad/s}$ 处产生-13dB，才能使校正后系统的幅值穿越频率 $\omega_c = 1.5\text{rad/s}$。根据这一要求，通过点(-13dB，1.5rad/s)可以画一条斜率为 20dB/dec 的直线，该直线与 0dB 线和-20dB 线的交

点，就确定了所求的转折频率。由此可得到相位超前部分的转折频率 $\frac{1}{T_1}=0.7\text{rad/s}$ 和 $\frac{\beta}{T_1}=7\text{rad/s}$。相位超前部分的传递函数为 $\frac{s+0.7}{s+7}=\frac{1}{10}\left(\frac{1.43s+1}{0.143s+1}\right)$。

（5）滞后-超前校正装置的传递函数为

$$G_c(s)=\left(\frac{s+0.7}{s+7}\right)\left(\frac{s+0.15}{s+0.015}\right)=\left(\frac{1.43s+1}{0.143s+1}\right)\left(\frac{6.67s+1}{66.7s+1}\right)$$

（6）求校正后系统的性能指标。校正后系统的开环传递函数为

$$G_c(s)G(s)=\frac{10(1.43s+1)(6.67s+1)}{s(0.143s+1)(66.7s+1)(s+1)(0.5s+1)}$$

校正后系统的伯德图如图 6.4-3 所示。由图可知，校正后系统的稳态速度误差系数 $K_v=10\text{s}^{-1}$，相角裕度 $\gamma=50°$，增益裕度 $L_g=16\text{dB}$，满足性能指标的要求。

6.4.4 按期望特性对系统进行串联校正

在许多控制系统如运动控制系统中进行串联校正时，还可以利用 PI 或 PID 控制器来抵消控制对象较大极点的方法，使系统具有如图 6.4-4 所示典型 I 型和典型 II 型的希望特性形式，这种方法也称为希望特性法。

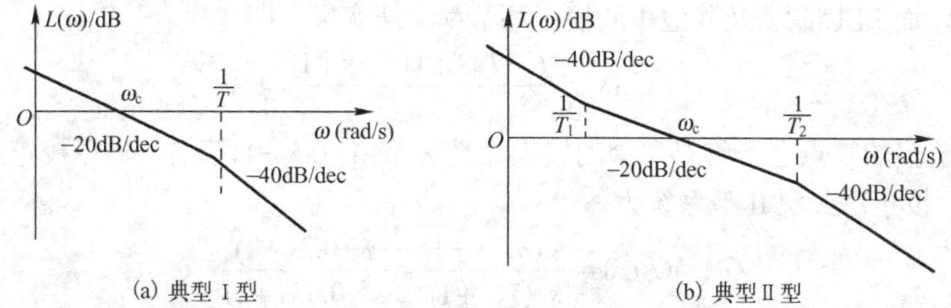

图 6.4-4 理想的开环幅频特性渐近线

1．希望特性法的校正原则

根据被控制对象的不同形式和要求选择使用 PI 或 PID 控制器，用其零点抵消对象的较大数值极点后，可以大大提高系统的响应速度，同时对系统的稳定性也有所改善。即使由于参数的不精确性使极、零点没有完全抵消，此时也会构成一个偶极子，它只会产生一个持续时间很长但幅值很小的瞬态响应分量。只要这对极、零点相差不大，该分量相当小，就对系统无多大影响。要注意的是，如果对象的不希望极点位于 s 右半平面，就不要采用这种方案，因为一旦由于参数的不精确造成不完全抵消，就会因为系统仍存在 s 右半平面极点而使系统不稳定。

2．系统的希望特性法及参数要求

对于典型 I 型

$$G_K(s)=\frac{K}{s(Ts+1)} \tag{6.4-3}$$

当其增益满足 $K=\omega_c=\frac{1}{2}\omega_1=\frac{1}{2T}$ 时，其阻尼比 $\zeta=0.707$，这时系统具有较好的动态性能指标（超调量为 4.3%），称为二阶最佳系统。

对于典型 II 型

$$G_K(s)=\frac{K(T_1s+1)}{s^2(T_2s+1)},\quad T_1>T_2 \tag{6.4-4}$$

其中频段宽度

$$h=\frac{\omega_2}{\omega_1}=\frac{1/T_2}{1/T_1} \tag{6.4-5}$$

当幅值穿越频率取两个转折频率的几何中点，即 $\omega_c = \frac{\omega_2}{\sqrt{h}} = \frac{1}{\sqrt{h}T_2}$ 时，开环增益 $K = \frac{1}{\sqrt{h}hT_2^2}$。此时系统具有最大的相角裕度，所以系统称为三阶最佳系统。频段宽度 h 一般为 4~10，通常取 h=6。

3．希望特性校正法的设计步骤

（1）根据实际系统提出的形式和稳态指标要求，确定校正后系统的典型结构形式及控制器的结构形式。定值系统通常取典型 I 型，随动系统通常取典型 II 型。

（2）根据上面所述的取值方法，确定校正后典型系统参数 K 及 h 的值，从而确定校正后系统的传递函数。为保证较好的系统性能，其较大的极点需由 PI 或 PID 控制器的零点抵消，校正后系统保留的极点应该为原对象中较小的极点。

（3）最后根据被控对象及校正后系统希望特性的传递函数，求取 PI 或 PID 控制器的传递函数，并对校正后系统进行验证。

【例 6-6】 未校正系统的传递函数为 $G_0(s) = \frac{20}{s(0.5s+1)(0.05s+1)}$，现要求系统在斜坡信号输入下的稳态误差为 0，且相角裕度≥45°，试选择合适的串联校正环节进行校正。

解： 由于要求系统在斜坡信号输入下的稳态误差为 0，只能选择 PID 控制器将系统校正为典型 II 型，而 PI 控制器及其他串联校正环节都无法实现。即选择

$$G_c(s) = \frac{K_c(T_{c1}s+1)(T_{c2}s+1)}{s} \tag{6.4-6}$$

利用调节器的零点之一将对象中的较大惯性环节 1/(0.5s+1)抵消，再令校正后系统中频段宽度 h=6，校正后典型 II 型系统为

$$G_0(s)G_c(s) = \frac{K(hT_2s+1)}{s^2(T_2s+1)} = \frac{K(0.3s+1)}{s^2(0.05s+1)}$$

选择开环增益为

$$K = \frac{1}{\sqrt{h}hT_2^2} = \frac{1}{\sqrt{6}\times 6\times(0.05)^2} \approx 27.2$$

由式(6.4-6)及 $G_0(s)$的表达式得控制器传递函数为

$$G_c(s) = \frac{K_c(T_{c1}s+1)(T_{c2}s+1)}{s} = \frac{1.36(0.5s+1)(0.3s+1)}{s}$$

因为幅值穿越频率 $\omega_c = \frac{1}{\sqrt{6}T_2} \approx 8.2\text{rad/s}$，代入典型 II 型系统后，求得相角裕度为

$$\gamma = \varphi(\omega_c) + 180^\circ = \arctan(0.3\omega_c) - \arctan(0.05\omega_c) \approx 45.6^\circ$$

满足系统要求。

无论是串联超前、滞后校正或是 PID 控制规律都是较为常用的控制系统校正方法，它们最大的优点是实现容易，造价较低，控制效果也比较好。但在一些特殊场合和要求较高的系统中，则需要采用将局部反馈、前馈等校正与串联校正结合起来使用的方法对系统进行校正。

6.5 反馈校正

为改善控制系统的性能，除了采用校正方案外，反馈校正也是广泛采用的校正方案之一。其结构图如图 6.5-1 所示。

通常反馈校正又可分为位置反馈和速度反馈。位置反馈校正环节常为比例环节，即 $G_c(s)=K_c$，它会使系统的动态性能和稳态性能都得到一定程度的改善。而速度反馈的主体是微分环节，即 $G_c(s)=K_cs$，它只能在系统的动态过程中起校正作用，而在稳态时，它形同开路，不起作用。

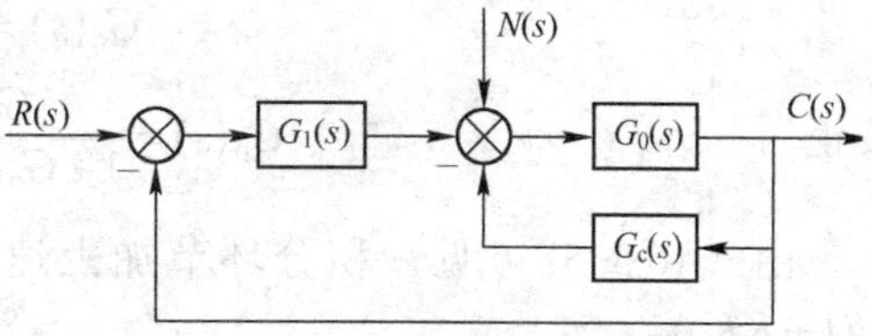

图 6.5-1　反馈校正结构图

6.5.1　利用反馈校正改变局部环节的结构与参数

反馈校正的作用之一是可以改变系统的结构和参数。分析图 6.5-1 中局部反馈校正前后对应传递函数的变化，可得到以下结论。

1．当被校正对象为惯性环节时

大惯性环节加上位置反馈，即

$$G_0(s)=\frac{K_0}{T_0s+1},\ G_c(s)=K_c$$

校正前

$$G_0(s)=\frac{K_0}{T_0s+1} \tag{6.5-1}$$

校正后

$$G_0'(s)=\frac{G_0(s)}{1+G_0(s)G_c(s)}=\frac{K_0}{1+(T_0/(1+K_0K_c))s} \tag{6.5-2}$$

由式(6.5-2)可见，大惯性环节加入比例反馈后，虽仍为惯性环节，但其时间常数减小了 $1+K_0K_c$ 倍。对于那些时间常数过大而影响系统动态性能的环节采用这种校正是一种很有效的方法。

当惯性环节加上微分反馈后，此时

$$G_0(s)=\frac{K_0}{T_0s+1},\ G_c(s)=K_cs$$

校正后

$$G_0'(s)=\frac{G_0(s)}{1+G_0(s)G_c(s)}=\frac{K_0}{1+(T_0+K_0K_c)s} \tag{6.5-3}$$

由式(6.5-3)可见，时间常数反而增大了，显然该反馈校正不能提高系统的动态品质。当遇到某些小惯性环节响应过快，容易振荡的系统，希望动态响应平缓一些，可以考虑应用。

2．当被校正对象为积分环节时

积分环节加上位置反馈，即

$$G_0(s)=K/s,\ G_c(s)=K_c$$

校正前

$$G_0(s)=K/s$$

校正后

$$G_0'(s)=\frac{G_0(s)}{1+G_0(s)G_c(s)}=\frac{1/K_c}{(1/KK_c)s+1} \tag{6.5-4}$$

由式(6.5-4)可见，积分环节加上位置反馈后变为惯性环节，这对改善系统的动态指标是有利的，但系统的误差型别降低，系统的稳态性能可能变差。例如在双闭环的电动机调速系统中，虽然内环电流调节器为 PI 调节器，也含有积分环节，但当它被电流负反馈包围后，则电流环的闭环传递函数中，便不再有积分环节。要实现转速无静差，还要依靠速度调节器中的积分环节起作用。

积分环节加上速度反馈，即

$$G_0(s)=K/s, G_c(s)=K_c s$$

校正后 $$G_0'(s)=\frac{G_0(s)}{1+G_0(s)G_c(s)}=\frac{K/(1+KK_c)}{s} \tag{6.5-5}$$

由式(6.5-5)可见，积分环节加上速度反馈后仍为积分环节，但其增益下降为原来的 $1/(1+KK_c)$。

3．当被校正对象为振荡环节时

校正前 $$G_0(s)=\frac{K\omega_n^2}{s^2+2\xi\omega_n s+\omega_n^2}$$

加入校正装置 $$G_c(s)=K_c s$$

校正后 $$G_0'(s)=\frac{G_0(s)}{1+G_0(s)G_c(s)}=\frac{K\omega_n^2}{s^2+2(\xi+0.5KK_c\omega_n)\omega_n s+\omega_n^2} \tag{6.5-6}$$

则 $$\xi'=\xi+0.5KK_c\omega_n$$

二阶振荡环节经过速度反馈后结构不变，但是其阻尼比 ξ 却可能增加。由此可以使系统的稳定性及快速性都得到改善。由以上分析可见，加入反馈校正可以改善被校正对象的性能。

6.5.2 利用负反馈可以消除系统不可变部分中的不希望有的特性

在如图(6.5-1)所示的反馈校正回路中，$G_0(s)$ 是不希望有的特性，反馈校正回路的总增益 $|G_0(j\omega)G_c(j\omega)|\gg 1$。若

$$G_0'(j\omega)=\frac{G_0(j\omega)}{1+G_0(j\omega)G_c(j\omega)} \tag{6.5-7}$$

则 $$G_0'(j\omega)=\frac{G_0(j\omega)}{1+G_0(j\omega)G_c(j\omega)}\approx\frac{G_0(j\omega)}{G_0(j\omega)G_c(j\omega)}=\frac{1}{G_c(j\omega)} \tag{6.5-8}$$

式(6.5-8)表明，由于反馈校正的作用，可以达到利用反馈校正环节 $G_0'(s)=1/G_c(s)$ 取代 $G_0(s)$ 的目的。反馈校正的这种作用，在系统设计中，常被用来改造某些严重影响系统性能的非线性环节和其他不希望有的环节。

6.5.3 利用反馈校正抑制一些严重扰动

控制系统中常常有一些对系统指标影响较大的严重扰动，如电动机转速系统的负载转矩扰动、锅炉水位系统的蒸汽流量扰动等。这些扰动只靠主回路的串联校正往往不能得到及时抑制。如果能采用局部反馈校正，将这些扰动纳入到局部反馈回路中，如图(6.5-1)所示，则未校正前输出扰动分量为 $G_n(s)=G_0(s)N(s)$，校正后输出扰动分量为 $G_n(s)=\left(\frac{1}{1+G_o(s)G_c(s)}\right)N(s)$，输出扰动分量得到大大抑制。

【例 6-7】 如图 6.5-2 所示的控制系统，求没有位置反馈时的阻尼比。若要求系统的阻尼比为 0.7，试确定合适的位置反馈系统的 K 值。

解：（1）没有位置反馈时，系统的闭环特征方程为

$$s^2+2\xi\omega_n s+\omega_n^2=0$$

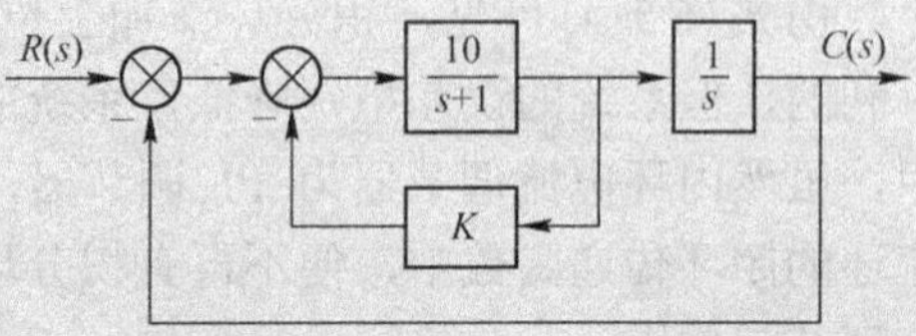

图 6.5-2 例 6-7 的控制系统结构图

则
$$s^2+s+10=0$$
可求出振荡频率$\omega_n=\sqrt{10}\text{rad/s}$，阻尼比$\xi\approx0.16$。系统的动态响应振荡强烈，如图 6.5-3(a)所示。

（2）加入位置反馈后，系统的闭环特征方程为
$$s^2+2\xi\omega_n s+\omega_n^2=0$$
则
$$s^2+(1+10K)s+10=0$$
可以看出此时的ω_n是不变的，但阻尼比ξ却可由 K 进行调整。如要求ξ变为 0.7，可以求得
$$2\xi\omega_n=1+10K \text{，即} K=(2\xi\omega_n-1)/10\approx0.342$$

此时系统校正后的阶跃响应如图 6.5-3(b)所示，超调量由 60%减少为 4.3%，调节时间也由 7s 减小至不到 2s，系统的稳定性和快速性都得到大大改善。

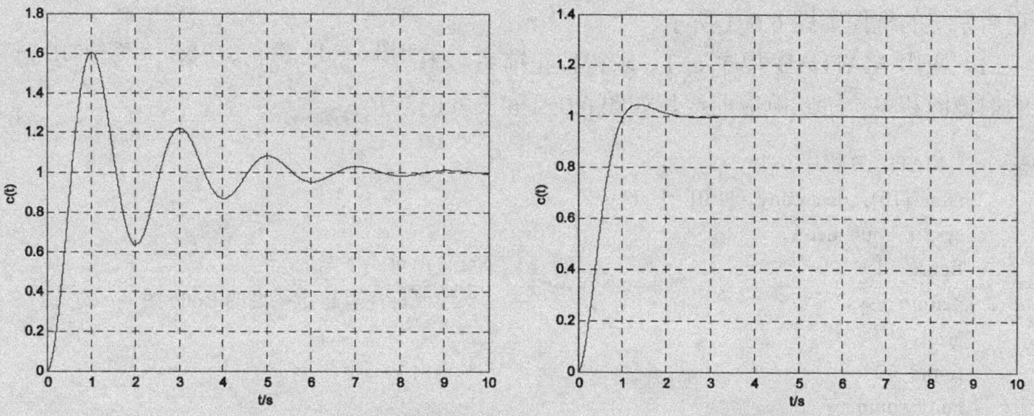

(a) 无反馈　　(b) 有反馈

图 6.5-3　例 6-7 系统阶跃响应对比

从图 6.5-3 可以看出，加入局部的位置反馈后，惯性环节时间常数减小，其特性得到改善，从而使整个系统的动态性能得到改善。

在一个自动控制系统中，串联校正一般是主回路校正，而反馈校正只是局部校正。反馈校正虽然可以抑制非线性影响、修正某些对系统会产生不利影响的环节，但它一般取代不了串联校正。反馈校正对整个系统动态特性的影响比较复杂，设计、调整都远比串联校正困难。又因为增加了局部变量的检测环节，使系统造价提高，故应恰当选择。

6.6　MATLAB 在控制系统校正中的应用

在设计控制系统的校正装置时，首先要分析校正前系统的性能，然后根据对系统性能指标的要求，设计相应的校正装置，最后验算校正后的系统能否达到设计所要求的性能指标。完成上述工作，都需花费一定的时间。若把 MATLAB 用于控制系统的校正，则不仅可免去大量的手工计算，直接获得系统的相角裕度、超调量等性能指标，而且通过校正前与校正后系统的仿真曲线，能直观地看到校正装置在改善系统性能中所起的作用。MATLAB 用于控制系统的校正有下列两种方法：（1）应用 MATLAB 提供的相关指令来实现；（2）应用 Simulink 建立系统的动态框图进行仿真。

6.6.1 MATLAB 指令在系统校正中的应用

【例 6-8】 已知一单位反馈系统的开环传递函数为 $G_0(s)=\dfrac{10}{s(s+1)}$，试设计一校正装置，使校正后的系统具有静态速度误差系数 $K_v=10s^{-1}$，幅值穿越频率 $\omega_c \geqslant 4$rad/s，相角裕度 $\gamma \geqslant 45°$。

解：经计算，求得校正前系统的阻尼比 $\zeta=0.16$，幅值穿越频率 $\omega_c=3.16\text{rad/s}$。这表示校正前系统的动态性能较差，由于要求校正后系统的 $\omega_c \geqslant 4$rad/s，因而需要用超前校正装置对系统进行校正。用例 6-3 中设计超前校正装置的方法，求得满足上述性能指标的超前校正装置的传递函数为

$$G_c(s)=\frac{0.456s+1}{0.114s+1}$$

校正后系统的框图如图 6.6-1 所示。

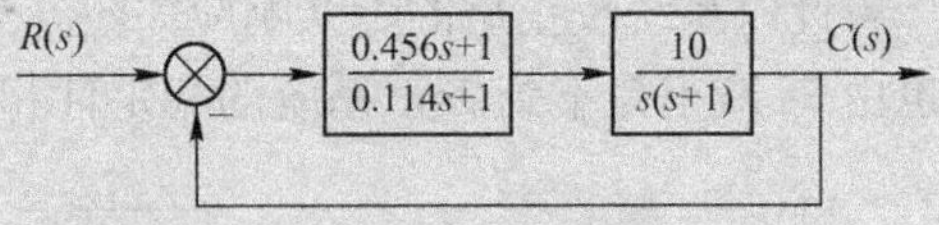

图 6.6-1 例 6-8 中校正后系统的框图

（1）应用 MATLAB 程序 6-1，求得校正前系统的伯德图和单位阶跃响应曲线，如图 6.6-2 和图 6.6-3 所示。

```
%MATLAB 程序 6-1
num=[10]; den=conv ([1 0], [1 1]);
sys=tf (num,den);
figure (1)                                  %输出第一个图形
margin (sys)                                %绘制标注有稳定裕度的 Bode 图
grid
figure (2)                                  %输出第二个图形
humb=num;
denb=[zeros (1, length (den) -length (num)) , num]+den; %生成闭环系统的分母多项式[1 1 10]
sysl=tf (nume, dent)
step (sysl);                                %绘制闭环系统的单位阶跃响应曲线
grid;
[gm, pm, wcp, wcg]=margin (sys)             %求系统的开环频域指标
```

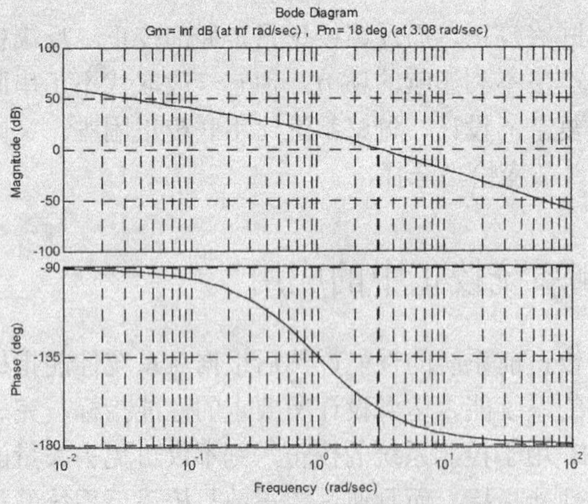

图 6.6-2 例 6-8 中校正前系统的伯德图

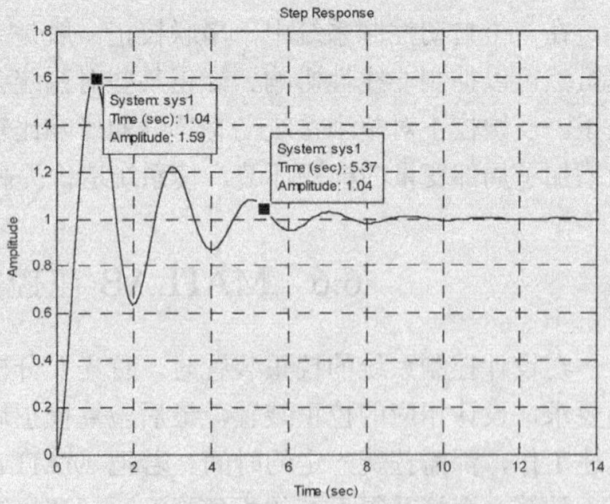

图 6.6-3 例 6-8 中校正后系统的单位阶跃响应曲线

Zeros 指令的作用是生成 0 矩阵，length 指令的作用是计算多项式向量的维数，故指令[zeros(1，length(den)-length(num))，num]的作用是生成多项式[1 1 10]。

由图 6.6-3 可知，校正前系统的频域指标为

```
Gm = inf          %校正前系统的幅值裕度为无穷大；
Pm = 18           %校正前系统的相角裕度为 18°；
Wcg=inf           %校正前系统的相角穿越频率为无穷大；
Wcp=3.0842        %校正前系统的幅值穿越频率为 3.08 rad/s。
```

由图 6-52 可知，校正前系统的超调量 M_P=60%，调节时间 t_s=5.35s。

（2）应用 MATLAB 程序 6-2，求得校正后系统的伯德图和单位阶跃响应曲线如图 6.6-4 和图 6.6-5 所示。

```
%MATLAB 程序 6-2
num=conv（[10]，[0.456 1]）;
den=conv（[0.114 1]，conv（[1 0]，[1 1]））;
sys=tf（num，den）;
figure（1）
margin（sys）
grid
figure（2）
numb=num;
denb=[zeros（1，length（den）-length（num）），num]+den;
sysl=tf（numb，dent）;
step（sysl）;
grid;
```

由图 6.6-4 和图 6.6-5 可知，校正后系统的幅值穿越频率 $\omega_c = 4.43\text{rad/s}$，相角裕度 γ =49.6°，超调量 M_P=23%，它们均满足设计的要求。

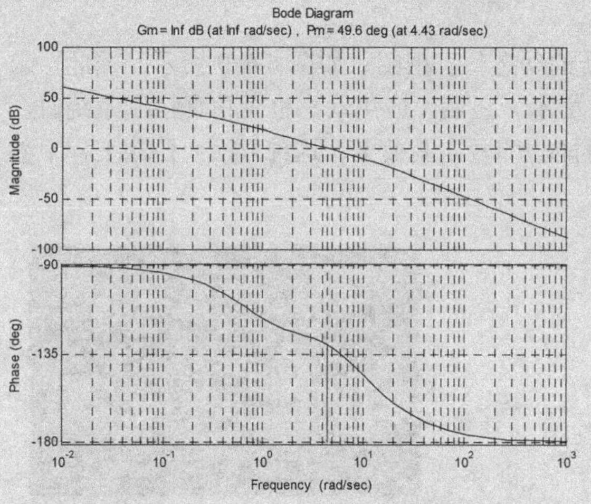

图 6.6-4　例 6-8 中校正后系统的伯德图

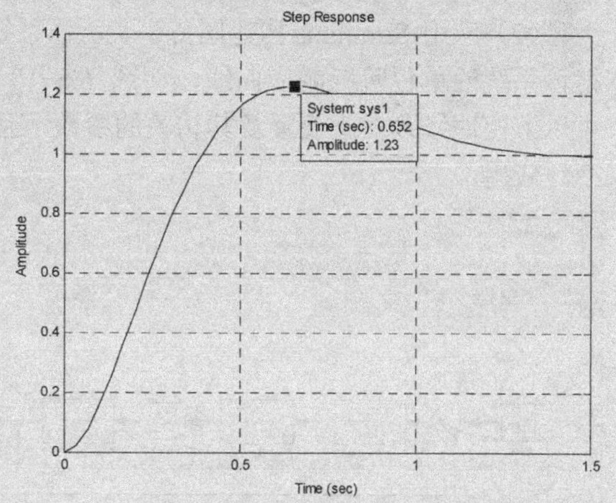

图 6.6-5　例 6-8 中校正后系统的单位阶跃响应曲线

6.6.2　Simulink 在系统校正中的应用

【例 6-9】 一单位反馈系统的开环传递函数为 $G_K(s)=\dfrac{30}{s(0.1s+1)(0.2s+1)}$，要求设计一校正装置，使校正后的系统具有静态速度误差系数 $K_v = 30\text{s}^{-1}$，相角裕度 $\gamma \geqslant 40°$，幅值穿

越频率 $\omega_c \geqslant 2.3\text{rad/s}$。

解：经计算求得校正前系统的临界增益为 15，这表示该系统不稳定。基于校正前系统的 $\omega_c \geqslant 11.45\text{rad/s}$，因本系统 ω_c 要求不高，因此可采用滞后校正装置对该系统进行校正。应用例 6-4 中所述的设计步骤，求得滞后校正装置的传递函数为

$$G_c(s)=\frac{3.65s+1}{41s+1}$$

校正后系统的框图如图 6.6-6 所示。

（1）应用 Simulink 构建校正前系统的动态仿真框图，如图 6.6-7 所示。据此，求得该系统的单位阶跃响应曲线，如图 6.6-8 所示。

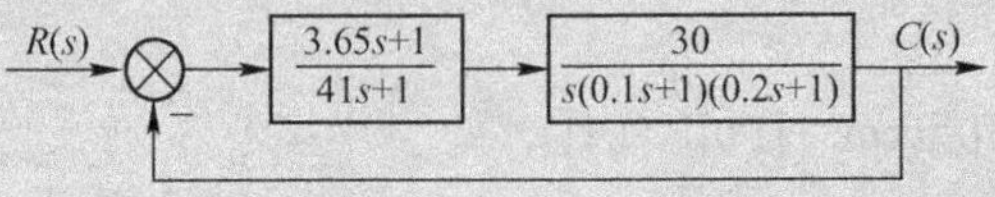

图 6.6-6　例 6-9 中校正后系统的动态框图

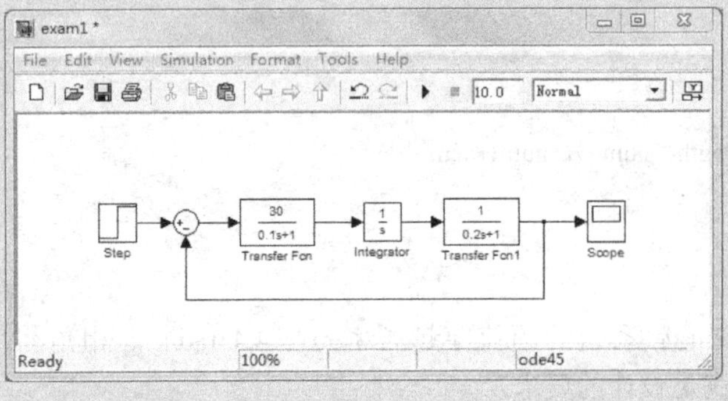

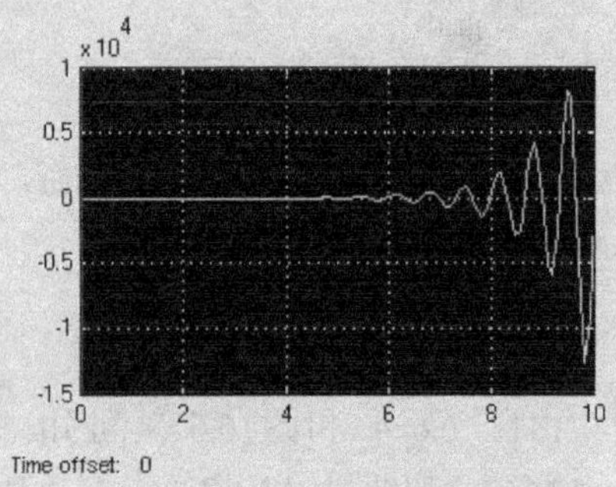

图 6.6-7　例 6-9 中校正前系统的动态仿真框图　　　图 6.6-8　例 6-9 中校正前系统的响应曲线

（2）应用 Simulink 构建图 6.6-6 所示系统的动态仿真框图，如图 6.6-9 所示。据此，求得该系统的单位阶跃响应曲线，如图 6.6-10 所示。显然，应用动态框图仿真控制系统时，可以方便地修改校正装置及其相关的参数，且能立即看出其效果，这种方法在控制工程中被广泛应用。

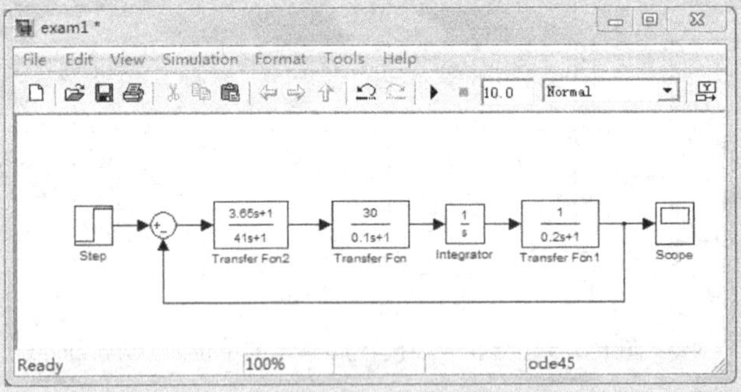

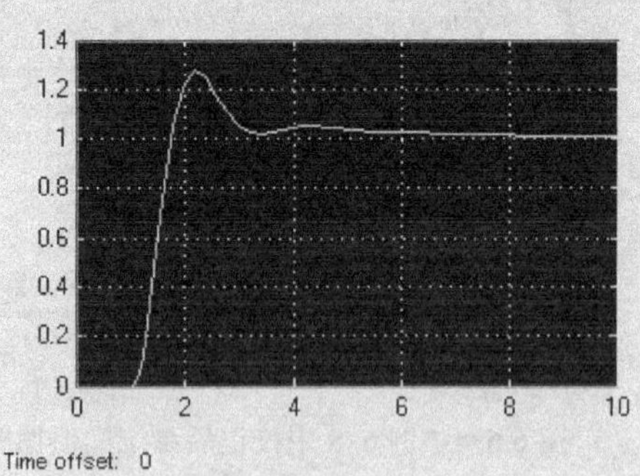

图 6.6-9　例 6-9 中校正后系统的动态仿真框图　　　图 6.6-10　例 6-9 中校正后系统的响应曲线

本 章 小 结

校正就是使用校正装置对性能指标不满足要求的控制系统进行修正，使之满足性能指

标要求。本章主要介绍了系统的校正方式、PID 控制规律、校正装置的特性和校正装置的设计方法。

（1）比例控制、积分控制和微分控制是线性系统的基本控制规律。由这三种控制作用构成的 PI、PD 和 PID 控制规律加在系统中，可以达到校正系统特性的目的。对于受控对象比较复杂、数学模型难以建立的情况，PID 控制器参数的整定在系统的设计和调试过程中，可以借助实验方法，采用齐格勒-尼柯尔斯法(Ziegler and Nichols)对 PID 调节器进行设计。对于固有传递函数高于二阶的高阶系统，PID 校正不可能做到对全部闭环极点的任意配置，但可应用高阶系统累试法控制部分极点，以达到系统预期的性能指标。

（2）按照校正装置在系统中的连接方式，可将校正方法分为串联校正、反馈校正和复合校正。根据校正装置特性的不同，校正方法分为超前校正、滞后校正、滞后-超前校正，而设计的具体实现则用频率特性伯德图法完成。

反馈校正是一种较为常用的方法，它主要用来改善被其包围的被控对象的不良特性，进而改善了整个系统性能。

复合校正能很好地处理系统中稳定性与稳态精度、抗干扰和系统跟踪之间的矛盾，使系统获得较高的动态和静态特性。

（3）设计校正装置的过程是多次试探的过程并且带有许多经验，计算机辅助设计控制系统的校正装置为我们提供了有效有手段。用 MATLAB 软件等仿真工具帮助完成校正设计，能获得满意的系统指标。

习题

6-1　单位反馈控制系统开环传递函数为 $G_k(s)=\dfrac{K}{s(0.1s+1)}$，为满足稳态性能指标，取 $K=200$。试设计一无源校正，使校正后系统的相角裕度 γ 不小于 45°，幅值穿越频率 ω_c 不低于 50rad/s。

6-2　单位反馈控制系统开环传递函数为 $G_k(s)=\dfrac{K}{s^2(0.2s+1)}$，试设计一串联校正网络，使校正后系统的 $K_a=10$，相角裕度 $\gamma \geqslant 35°$。

6-3　单位反馈控制系统的开环传递函数为 $G_k(s)=\dfrac{40}{s(0.2s+1)(0.0625s+1)}$，试设计一串联滞后校正网络，使校正后系统的相角裕度 $\gamma \geqslant 30°$，幅值裕度不低于 10dB。

6-4　单位反馈控制系统的开环传递函数为 $G_k(s)=\dfrac{7}{s(\frac{1}{2}s+1)(\frac{1}{6}s+1)}$，试设计一串联滞后校正网络，使校正后系统的相角裕度 $\gamma \geqslant 40°$，幅值裕度不低于 10dB，幅值穿越频率 $\omega_c \geqslant 1$ rad/s，且保持开环增益不变。

6-5　单位反馈控制系统的开环传递函数为 $G_k(s)=\dfrac{K}{s(0.1s+1)(0.01s+1)}$，试设计一串联滞后超前校正网络，使校正后系统的相角裕度 $\gamma \geqslant 40°$，幅值穿越频率 ω_c=20rad/s，静态速度误差系数 $K_v \geqslant 100\text{s}^{-1}$。

6-6　在图 T6-1 所示的位置随动系统中，由电动机和功率放大器组成的不变部分传递函数为

$$G_0(s)=\frac{\theta(s)}{U(s)}=\frac{250}{s(0.1s+1)}$$

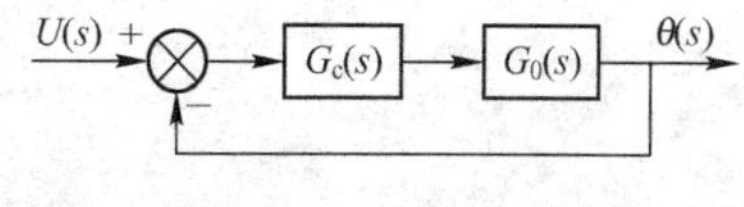

图 T6-1　习题 6-6 图

欲使系统相角裕度 $\gamma \geqslant 50°$，需设计一校正装置 $G_c(s)$，它可由以下 3 种方案完成：

（1）$G_c(s)$ 为可调增益衰减器；（2）$G_c(s)=\dfrac{0.8s+1}{50s+1}$；（3）$G_c(s)=\dfrac{s/30+1}{s/225+1}$

（1）画出上述 3 种方案校正后的 Bode 图；

（2）从稳态误差、过渡过程、抗干扰 3 个方面比较上述方案的优劣。

6-7　设开环传递函数 $G_k(s)=\dfrac{K}{s(s+1)(0.01s+1)}$，单位斜坡输入 $R(t)=t$，稳态误差 $e_{ss}<0.0625$。若使校正后相角裕度 γ 不小于 45°，幅值穿越频率 ω_c 不低于 2rad/s，设计校正装置。

6-8　某单位负反馈控制系统的受控对象为 $G(s)=\dfrac{400}{s(s+40)}$，校正装置取为比例-积分控制器，即 $G_c(s)=K_P+\dfrac{K_I}{s}$。若校正后的系统斜坡响应的稳态误差为零。

（1）当 $K_I=1$ 时，确定 K_P 的合适取值，使阶跃响应的超调量为 20%。

（2）计算校正后系统的调节时间（按 2%准则）。

第 7 章　线性离散控制系统

7.1 引　　言

前面各章所阐述的控制系统都是连续系统，用时域分析时系统的各个变量都是时间 t 的连续函数。随着被控系统复杂性的增加，对控制器的要求越来越高。加上数字技术的不断发展，数字控制器在许多系统中得到了广泛应用。近年来，随着微型计算机技术的迅猛发展，以计算机作为数字控制器也早已被广泛应用于控制系统中。

以计算机作为控制器的系统通常称为计算机控制系统。在这类系统中，除了连续的模拟信号外，还有若干部分的信号是数字或脉冲序列。由于数字或脉冲信号在时间上是离散的，因此这类系统又称为离散控制系统。当然模拟信号也可以是离散的，只要信号在时间上是采样得到的。模拟系统对应的是数字系统，而离散系统对应的是连续系统。当然，一般的数字控制系统都是离散系统，因为数字系统的输入输出信号都不可能连续得到，只有通过采样得到模拟信号再经过模数转换得到数字信号，这样才能进行数字控制。实际上，离散信号都是由连续函数经采样后形成的，所以它又称为采样控制系统。下面以图 7.1-1 所示的计算机控制系统为例，说明离散控制系统的特点。

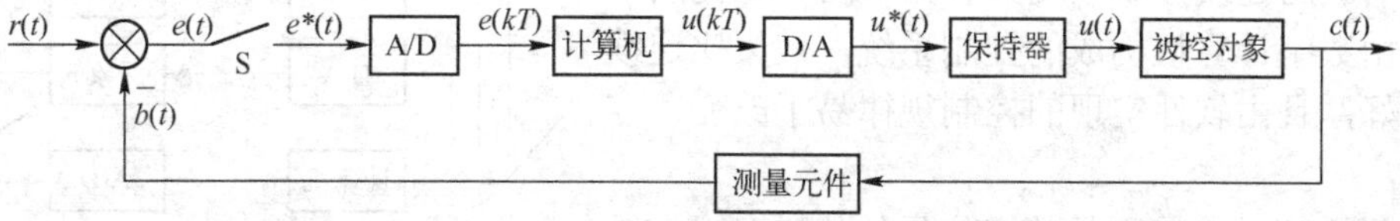

图 7.1-1　计算机控制系统

图 7.1-1 所示的计算机控制系统也是一个闭环控制系统，其中计算机作为控制器参与系统的工作。我们知道，计算机所能接受的是数字信号，数字信号必须由模拟信号进行模数转换，而被转换的模拟信号如果是连续的就必须进行采样离散化，因为模数转换器只能离散处理模拟信号转换。假设系统的给定量 $r(t)$ 和反馈量 $b(t)$ 都是连续的模拟信号，为了将它们的差值即系统误差 $e(t)$ 输入计算机，就必须把这个连续的模拟量用采样开关 S 转变为在时间上离散的模拟量，然后经模数(A/D)转换器将每个离散点上的模拟量数字化，这两项工作都是由 A/D 转换器来完成的。A/D 转换器的输出送入数字计算机运算，其输出仍是一个在时间上离散、量值是数字化的信号。显然，这个信号不能直接用于控制被控对象，否则被控对象就好像时而有控制信号，时而没有控制信号。所以必须由数模(D/A)转换器将它转换为连续的模拟量，相当于一个保持器，保持器的输出经放大器放大后驱动被控对象。

由上述分析可知，该系统中的信号是混合式的，即计算机的输入、输出信号是数字量，系统其他部分的信号都是模拟量。图中的 A/D 和 D/A 转换器起着模拟量与数字量之间的转换作用，假设这种转换具有足够的精度，即模拟量与数字量之间有着确定的比例关系。这样对系统而言，A/D 和 D/A 转换器相当于系统中的一个比例环节，因而可以把它们同其他元件的比例系数合并在一起。这样处理后，A/D 转换器相当于一个采样开关，D/A 转换器相当于一个保持器。于是图 7.1-1 就简化为图 7.1-2。

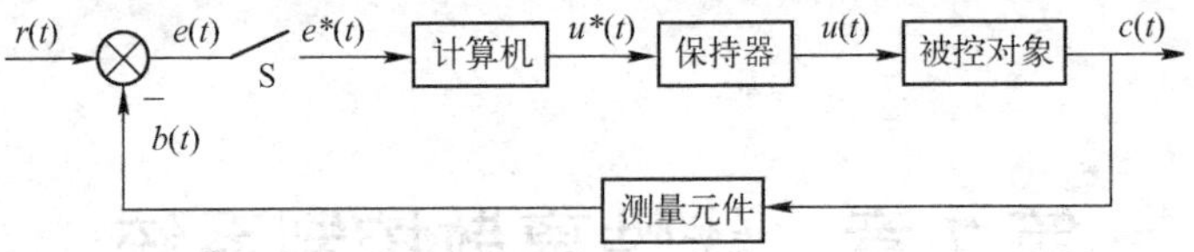

图 7.1-2　计算机控制系统的简化图

计算机的输出是在时间上离散的数字信号，为便于分析，一般把计算机本身视为与某种算式相对应的传递函数，它和采样开关组成一个等效的串联环节，这样图 7.1-2 就变为图 7.1-3，图中的采样开关 S_a 与 S_b 是同步的。必须说明，在实际的计算机控制系统中采样开关 S_b 并不都存在，只有当计算机用于多路控制系统时，S_b 才表示实际存在的多路控制切换开关，在这里它是一个虚拟开关。

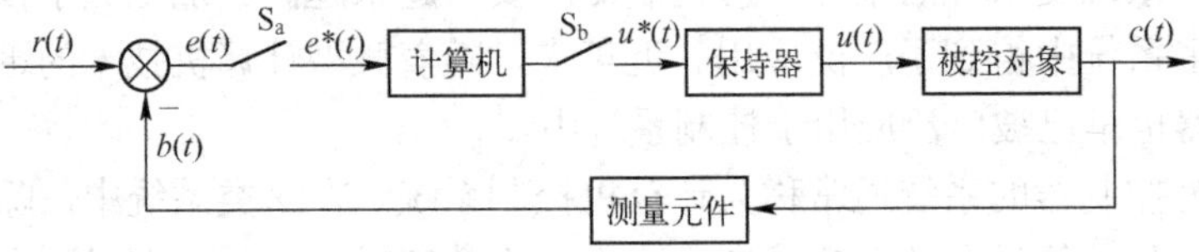

图 7.1-3　计算机控制系统

为了充分发挥计算机的功能，在实际使用中往往不是用一台计算机去控制一个对象，而是对若干个对象采取分时处理的方式，即实现用一台计算机控制多个被控对象。图 7.1-4 为分时处理的计算机多路控制系统框图。就图中的一路控制系统来看，其等效的框图就和图 7.1-3 所示的系统相类同。

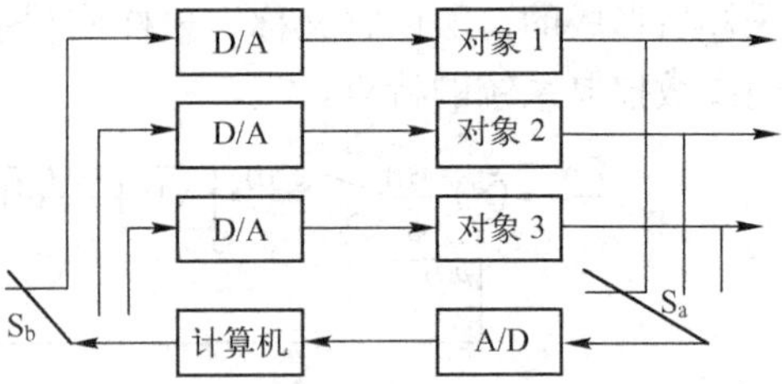

图 7.1-4　计算机多路控制系统

由于在采样控制系统中引入了计算机，因而使这类系统较一般的连续控制系统具有如下的一些优点：

（1）由数字计算机构成的控制系统，效果比连续控制系统好，且由软件实现的控制规律易于改变，控制灵活。

（2）采样信号，特别是数字信号的传递可以有效地抑制噪声，从而提高了系统的抗扰能力。

（3）允许采用高灵敏度的控制元件，以提高系统的控制精度。

（4）可用一台计算机分时控制若干个系统，提高了设备的利用率，经济性好。

（5）对于具有传输延迟，特别是大延迟的控制系统，可以引入采样的方式来稳定。

不难看出，离散控制系统也是一种动态系统，因而和连续控制系统一样，它的性能也由稳态和动态两个部分所组成。由于在这类系统中有采样脉冲或数字信号，如果仍然沿用连续系统中的拉氏变换方法来建立系统各个环节的传递函数，则在运算过程中会出现复变量 s 的超越函数。为了克服这个障碍，需要采用 z 变换法建立离散系统的数学模型。我们将会看到，通过 z 变换处理后的离散系统，可以把用于连续系统中的许多方法，例如稳定性分析、稳态误差计算、时间响应分析及系统校正方法等，经过适当改变后直接应用于离散系统的分析和设计。另一种是状态空间分析法。z 变换与线性定常离散系统的关系类似于拉氏变换与线性定常连续系统的关系；状态空间分析法是一种既适用于连续系统，又适用于离散系统的方法。

本章主要讨论信号的采样与保持、z 变换、脉冲传递函数、离散系统的动态和稳态性能分析、离散系统的时间响应、离散控制系统的校正，以及利用 MATLAB 进行离散控制系统分析。

7.2　采样与保持

离散系统的特点是，系统中一处或数处的信号是脉冲序列或数字序列。为了把连续信号变换为脉冲信号，需要对连续信号进行采样，实现采样的装置称为采样器；另一方面，为了控制连续式元部件，又需要把采样后的离散信号恢复为连续信号，实现这一功能的装置称为保持器。因此，为了定量研究离散系统，必须对信号的采样过程和保持过程用数学的方法加以描述。

7.2.1 采样过程

图 7.2-1 示意了一个连续信号 $f(t)$ 经采样开关采样后变为离散信号 $f_s^*(t)$ 的过程。图中采样的间隔时间 T 称为采样周期，采样持续的时间为 τ 。基于采样的持续时间远小于采样周期 T 和被控对象的时间常数，因而可近似地认为 τ 趋于零，即把实际的窄脉冲信号视为理想脉冲。这样，图 7.2-1 所示的窄脉冲序列 $f_s^*(t)$ 变为图 7.2-2 所示的理想脉冲序列 $f^*(t)$ 。由此可见，理想采样开关的输出 $f^*(t)$ 是一理想的脉冲序列，它是由一单位理想脉冲序列 $\delta_T(t)$ 与被采样信号 $f(t)$ 相乘后产生的。

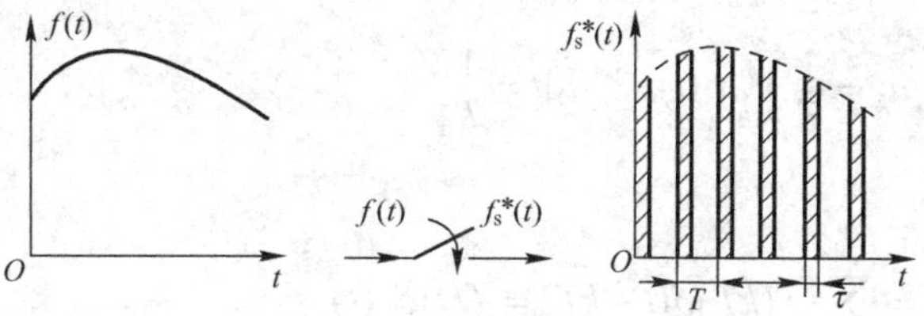

图 7.2-1　信号的采样

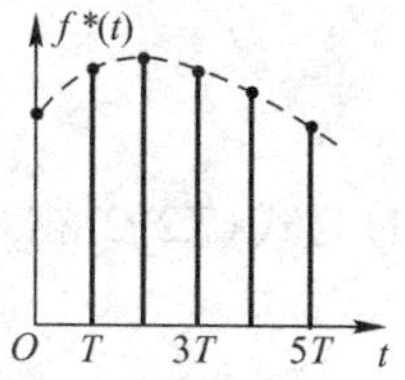

图 7.2-2　理想脉冲序列

即
$$f^*(t) = f(t)\delta_T(t) \tag{7.2-1}$$

式中， $\delta_T(t) = \sum_{k=-\infty}^{\infty} \delta(t-kT)$ ， kT 为单位理想脉冲出现的时刻；图 7.2-3(a)为单位理想脉冲离散序列。由于 $f^*(t)$ 只在脉冲出现的瞬间才有数值，故式(7.2-1)可改写为

$$f^*(t) = \sum_{k=-\infty}^{\infty} f(kT)\delta(t-kT) \tag{7.2-2}$$

这种理想的采样过程可以视为一个幅值的调制过程，如图 7.2-3(b)所示。其中采样开关相当于一个幅值的调制器，单位理想脉冲序列 $\delta_T(t)$ 作为调制器的载波信号， $f(t)$ 为被调制信号。考虑到当 $t<0$ 时， $f(t)=0$ 这一事实，式(7.2-2)可简化为

$$f^*(t) = \sum_{k=0}^{\infty} f(kT)\delta(t-kT) \tag{7.2-3}$$

式中， $\delta(t-kT)$ 表示脉冲产生的时刻(采样时刻)； $f(kT)$ 为 kT 时刻的脉冲强度。

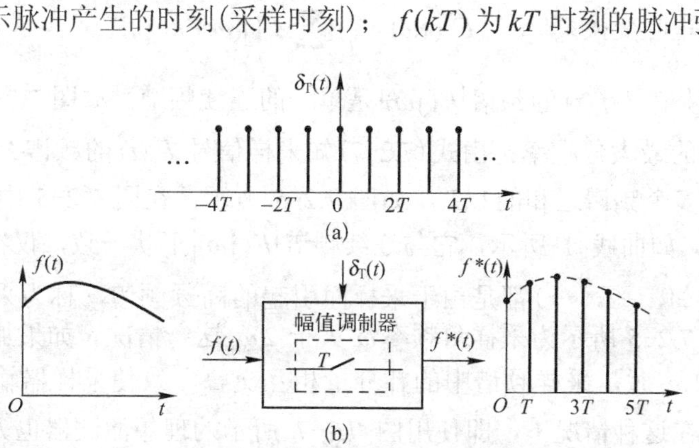

图 7.2-3　采样脉冲的调制过程

当然真正的理想脉冲信号是没有的，只有当采样的持续时间 τ 远小于采样周期 T 和系统中

被控对象的最小时间常数时，我们才可将采样后的信号当作理想脉冲序列来处理。实际上，现在的技术条件足以保证τ满足这两个条件。

7.2.2　理想采样过程

既便是采样的持续时间τ远小于采样周期T和系统中被控对象的最小时间常数时，如果采样周期T太大，也即采样频率过低，采样后的信号$f^*(t)$也不能准确地反映$f(t)$的变化，即不能复现连续信号$f(t)$。只有在采样频率满足一定条件时，才能由$f^*(t)$真正恢复$f(t)$。下面介绍的采样定理就能很好地解决采样频率应该满足的条件。

下面先对理想采样信号的频谱进行分析。

$$\delta_{\mathrm{T}}(t)=\sum_{k=-\infty}^{\infty}\delta(t-kT)=\sum_{k=-\infty}^{\infty}a_k\mathrm{e}^{\mathrm{j}k\omega_s t} \tag{7.2-4}$$

式中，$\omega_{\mathrm{s}}=2\pi/T$称为采样角频率。

$$a_k=\frac{1}{T}\int_{-\frac{T}{2}}^{\frac{T}{2}}\delta(t)\mathrm{e}^{-\mathrm{j}k\omega_s t}\mathrm{d}t=\frac{1}{T} \tag{7.2-5}$$

由式(7.2-1)与式(7.2-2)得

$$f^*(t)=\sum_{k=-\infty}^{\infty}f(kT)\delta(t-kT)=f(t)\delta_{\mathrm{T}}(t) \tag{7.2-6}$$

把式(7.2-4)与式(7.2-5)代入式(7.2-6)得

$$f^*(t)=\frac{1}{T}f(t)\sum_{k=-\infty}^{\infty}\mathrm{e}^{\mathrm{j}k\omega_s t}$$

因为
$$f(t)=\frac{1}{2\pi}\int_{-\infty}^{\infty}F(\mathrm{j}\omega)\mathrm{e}^{\mathrm{j}\omega t}\mathrm{d}\omega$$

所以
$$f^*(t)=\frac{1}{2\pi T}\int_{-\infty}^{\infty}F(\mathrm{j}\omega)\mathrm{e}^{\mathrm{j}\omega t}\mathrm{d}\omega\sum_{k=-\infty}^{\infty}\mathrm{e}^{\mathrm{j}k\omega_s t}=\frac{1}{2\pi T}\int_{-\infty}^{\infty}\sum_{k=-\infty}^{\infty}F(\mathrm{j}\omega)\mathrm{e}^{\mathrm{j}(\omega+k\omega_s)t}\mathrm{d}\omega$$

若令$\omega+k\omega_{\mathrm{s}}=u$，则得
$$f^*(t)=\frac{1}{2\pi T}\int_{-\infty}^{\infty}\sum_{k=-\infty}^{\infty}F[\mathrm{j}(u-k\omega_{\mathrm{s}})]\mathrm{e}^{\mathrm{j}ut}\mathrm{d}u$$

把u换成ω则
$$f^*(t)=\frac{1}{2\pi}\int_{-\infty}^{\infty}\frac{1}{T}\sum_{k=-\infty}^{\infty}F[\mathrm{j}(\omega+k\omega_{\mathrm{s}})]\mathrm{e}^{\mathrm{j}\omega t}\mathrm{d}\omega$$

于是得到$f^*(t)$的傅里叶变换
$$F^*(\mathrm{j}\omega)=\frac{1}{T}\sum_{k=-\infty}^{\infty}F[\mathrm{j}(\omega+k\omega_{\mathrm{s}})] \tag{7.2-7}$$

一般说来，连续信号$f(t)$的频谱$|F(\mathrm{j}\omega)|$是单一的连续频谱，如图 7.2-4 所示，其中ω_{h}为连续频谱$|F(j\omega)|$中的最大角频率；由式(7.2-7)知采样信号$f^*(t)$的频谱$F^*(\mathrm{j}\omega)$是以采样角频率ω_{s}为周期的无穷多个频谱之和的$1/T$，如图 7.2-5 所示。在图 7.2-5 中，$k=0$的频谱称为采样频谱的主分量，如曲线 1 所示，它与连续频谱$|F(\mathrm{j}\omega)|$形状一致，仅在幅值上变化了$1/T$倍；其余频谱（$k=\pm1$，±2，…）都是由于采样而引起的高频频谱，称为采样频谱的补分量，如曲线 2 所示。图 7.2-5 所示为采样角频率ω_{s}大于$2\omega_{\mathrm{h}}$这一情况。如果加大采样周期T，ω_{s}相应减小，当$\omega_{\mathrm{s}}<2\omega_{\mathrm{h}}$时，采样频谱中的补分量相互交叠，致使采样器输出信号发生畸变，如图 7.2-6 所示。在这种情况下，即使用图 7.2-7 所示的理想滤波器也无法恢复原来连续信号的频谱。因此不难看出，要想从$f^*(t)$中完全复现出采样前的连续信号$f(t)$，对ω_{s}应有一定的要求。

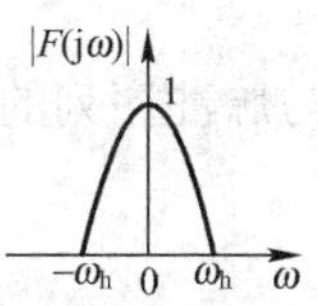

图 7.2-4 连续信号频谱

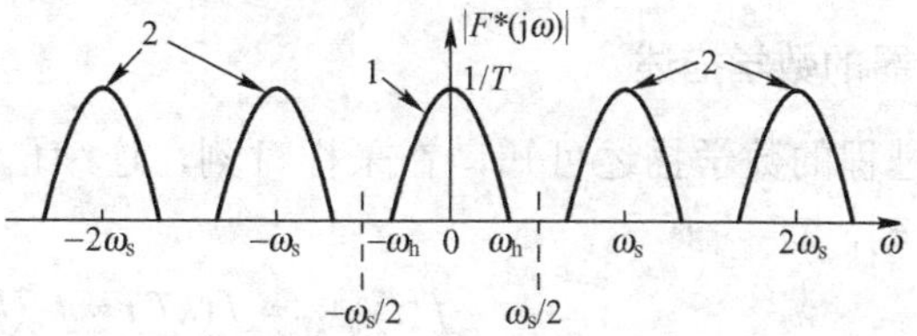

图 7.2-5 书采样信号频谱（$\omega_s > 2\omega_h$）

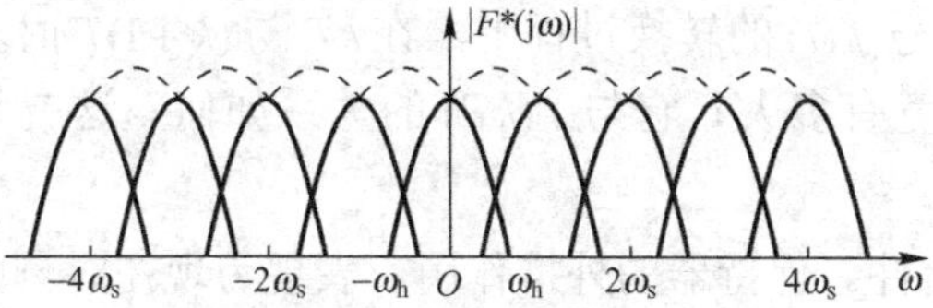

图 7.2-6 采样信号频谱（$\omega_s < 2\omega_h$）

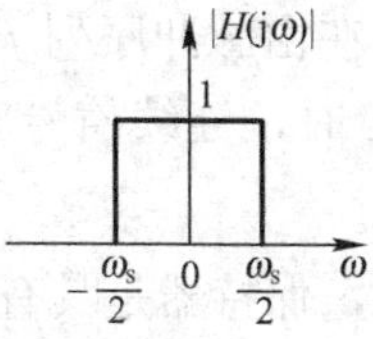

图 7.2-7 理想滤波器的频谱

在设计离散系统时，采样定理是必须遵守的一条准则，因为它指明了从采样信号中不失真地复现原连续信号所要求的理论上的最小采样周期T。

采样定理指出：如果采样器的输入信号$f(t)$具有有限带宽，并且有直到ω_h的频率分量，则使$f(t)$完满地从$f^*(t)$中恢复过来的采样周期T，满足下列条件

$$T \leqslant \frac{2\pi}{2\omega_h} = \frac{\pi}{\omega_h} \tag{7.2-8}$$

采样定理表达式(7.2-8)与$\omega_s \geqslant 2\omega_h$是等价的。由图 7.2-5 可见，在满足采样定理的条件下，要想不失真地复现采样器的输入信号，需要采用图 7.2-7 所示的理想滤波器，其频率特性的幅值$|H(j\omega)|$必须在$\omega = \omega_s/2$处突然截止，那么在理想滤波器的输出端便可以准确得到$|F(j\omega)|/T$的连续频谱，除了幅值变化$1/T$倍外，频谱形状没有畸变。在满足采样定理条件下，即$T \leqslant \pi/\omega_h$，理想采样过程如图 7.2-8 所示。

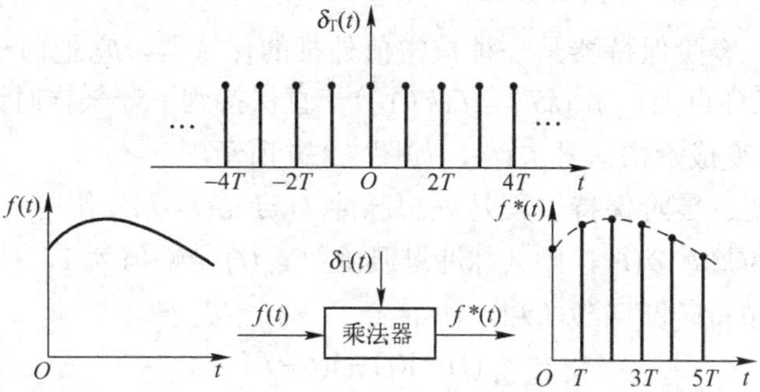

图 7.2-8 符合采样定理的理想采样过程（$T \leqslant \pi/\omega_h$，$\tau = 0$）

综上所述，在满足采样定理的条件下，采用理想脉冲采样过程，采样后信号的频谱信息不会重叠，通过理想滤波器可以恢复原信号的频谱，进而恢复原信号，这样的采样过程就是理想采样过程。

7.2.3 保持器

离散控制系统的输出都是离散信号，不能直接用来驱动相关的执行机构。只有把输出的离散信号转换成连续的输出信号以及经过信号转换或放大，才能驱动相关控制机构。这种把离散的信号转换成连续信号的装置称为保持器。从数学上讲，保持器的任务是解决各采样点之间的插值问题。

1．保持器的数学描述

由采样过程的数学描述可知，在采样时刻，连续信号的函数值与脉冲序列的脉冲强度相等。在 kT 时刻，有

$$f(t)\big|_{t=kT}=f(kT)=f^*(kT)$$

而在 $(k+1)T$ 时刻，则有 $$f(t)\big|_{t=(k+1)T}=f[(k+1)T]=f^*[(k+1)T]$$

然而，在由脉冲序列 $f^*(t)$ 向连续信号 $f(t)$ 的转换过程中，在 kT 与 $(k+1)T$ 时刻之间，即当 $0<\Delta t<T$ 时，连续信号 $f(kT+\Delta t)$ 究竟有多大？它与 $f(kT)$ 的关系如何？这就是保持器要解决的问题。

实际上，保持器是具有外推功能的元件。保持器的外推作用，表现为现在时刻的输出信号取决于过去时刻离散信号的外推。通常，采用如下多项式外推公式来描述保持器

$$f(kT+\Delta t)=a_0+a_1\Delta t+a_2\Delta t^2+\cdots+a_m\Delta t^m \tag{7.2-9}$$

式中，Δt 是以 kT 时刻为原点的坐标。式(7.2-9)表示：现在时刻的输出 $f(kT+\Delta t)$，取决于 $\Delta t=0,-T,-2T,\cdots,-mT$ 各过去时刻的离散信号 $f^*(kT)$，$f^*[(k-1)T]$，$f^*[(k-2)T]$，…，$f^*[(k-m)T]$ 的 $(m+1)$ 个值。外推公式中 $(m+1)$ 个待定系数 $a_i(i=0,1,\cdots,m)$，唯一地由过去各采样时刻 $(m+1)$ 个离散信号值 $f^*[(k-i)T]$ $(i=0,1,\cdots,m)$ 来确定，故系数 a_i 有唯一解。这样的保持器称为 m 阶保持器。取 $m=0$，称为零阶保持器；$m=1$，称为一阶保持器。在工程实践中，普遍采用零阶保持器，所以这里只讨论零阶保持器。

2．零阶保持器

零阶保持器的外推公式为 $$f(kT+\Delta t)=a_0 \tag{7.2-10}$$

显然，$\Delta t=0$，式(7.2-10)也成立。所以 $a_0=f(kT)$。从而，零阶保持器的数学表达式为

$$f(kT+\Delta t)=f(kT),\quad 0\leqslant\Delta t\leqslant T \tag{7.2-11}$$

式(7.2-11)说明，零阶保持器是一种按常值外推的保持器，它把前一采样时刻 kT 的采样值 $f(kT)$（因为在各采样点上，$f^*(kT)=f(kT)$）一直保持到下一采样时刻 $(k+1)T$ 到来之前，从而使采样信号 $f^*(t)$ 变成阶梯信号 $f_h(t)$，如图 7.2-9 所示。

式(7.2-11)还表明：零阶保持过程是理想脉冲 $f(kT)\delta(t-kT)$ 作用的结果。如果给零阶保持器输入一个理想单位脉冲 $\delta(t)$，则其脉冲过渡函数 $g_h(t)$ 是幅值为 1、持续时间为 T 的矩形脉冲，并可分解为两个单位阶跃函数的和，如下式

$$g_h(t)=1(t)-1(t-T)$$

零阶保持器输出特性如图 7.2-10 所示。如对脉冲过渡函数 $g_h(t)$ 取拉氏变换，可得零阶保持器的传递函数

$$G_h(s)=\frac{1}{s}-\frac{e^{-Ts}}{s}=\frac{1-e^{-Ts}}{s} \tag{7.2-12}$$

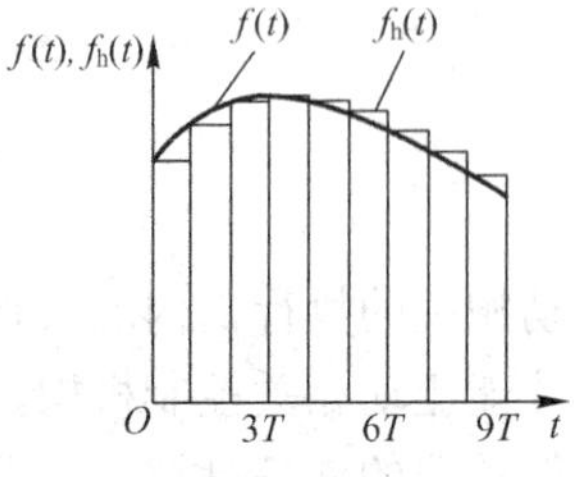

图 7.2-9　由零阶保持器恢复的 $f_h(t)$ 信号

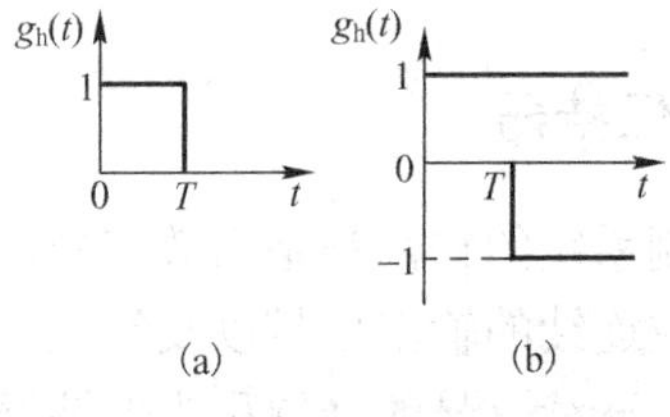

图 7.2-10　零阶保持器输出特性

在式(7.2-12)中，令$s = \mathrm{j}\omega$，得零阶保持器的频率特性

$$G_{\mathrm{h}}(\mathrm{j}\omega) = \frac{1-\mathrm{e}^{-\mathrm{j}\omega T}}{\mathrm{j}\omega T} = \frac{2\mathrm{e}^{-\mathrm{j}\omega T/2}(\mathrm{e}^{\mathrm{j}\omega T/2}-\mathrm{e}^{-\mathrm{j}\omega T/2})}{2\mathrm{j}\omega} = T\frac{\sin(\omega T/2)}{\omega T/2}\mathrm{e}^{-\mathrm{j}\omega T/2} \tag{7.2-13}$$

若以采样角频率$\omega_{\mathrm{s}} = 2\pi/T$来表示，则上式可表示为

$$G_{\mathrm{h}}(\mathrm{j}\omega) = \frac{2\pi}{\omega_{\mathrm{s}}}\frac{\sin(\pi\omega/\omega_{\mathrm{s}})}{\pi\omega/\omega_{\mathrm{s}}}\mathrm{e}^{-\mathrm{j}\pi\omega/\omega_{\mathrm{s}}} \tag{7.2-14}$$

根据上式，可画出零阶保持器的幅频特性$|G_{\mathrm{h}}(\mathrm{j}\omega)|$和相频特性$\angle G_{\mathrm{h}}(\mathrm{j}\omega)$，如图 7.2-11 所示。由图可见，零阶保持器具有如下特性。

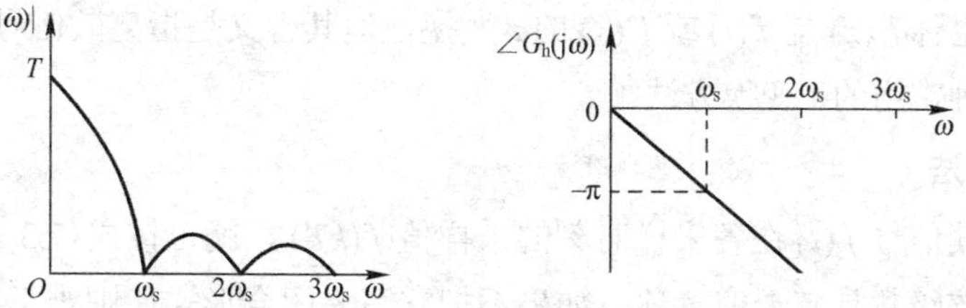

图 7.2-11　零阶保持器的幅频特性和相频特性

（1）低通特性。由于幅频特性的幅值随频率值的增大而迅速衰减，说明零阶保持器基本上是一个低通滤波器，但与理想滤波器特性相比，在$\omega = \omega_{\mathrm{s}}/2$时，其幅值只有初值的 63.7%，且截止频率不止一个，所以零阶保持器除允许主要频谱分量通过外，还允许部分高频频谱分量通过，从而造成数字控制系统的输出中存在纹波。

（2）相角滞后特性。由相频特性可见，零阶保持器要产生相角滞后，且随ω的增大而加大，在$\omega = \omega_{\mathrm{s}}$处，相角滞后可达-180°，从而使闭环系统的稳定性变差。

（3）时间滞后特性。零阶保持器的输出为阶梯信号$f_{\mathrm{h}}(t)$，其平均响应为$f(t-T/2)$，表明其输出比输入在时间上要滞后$T/2$，相当于给系统增加了一个延迟时间为$T/2$的延迟环节，使系统总的相角滞后增大，对系统的稳定性不利；此外，零阶保持器的阶梯输出也同时增加了系统输出中的纹波。当然零阶保持器的相位滞后量比一阶和二阶保持器都要小，且结构简单、易于实现，因而它在控制系统中被广泛应用。常用的零阶保持器有步进电动机、无源网络等。

7.3　z 变换

z 变换的思想来源于连续系统。线性连续控制系统的动态及稳态性能，可以应用拉氏变换的方法进行分析。与此相似，线性离散系统的性能，可以采用z变换的方法来获得。z变换是从拉氏变换直接引伸出来的一种变换方法，它实际上是采样函数拉氏变换的变形。因此，z变换又称为采样拉氏变换，是研究线性离散系统的重要数学工具。

7.3.1　时间函数的 z 变换

由式(7.2-3)得连续信号$f(t)$采样后的离散信号为

$$f^*(t) = \sum_{k=0}^{\infty} f(kT)\delta(t-kT)$$

对上式求拉氏变换后得

$$F^*(s) = \mathcal{L}[f^*(t)] = \sum_{k=0}^{\infty} f(kT)\mathrm{e}^{-kTs} \tag{7.3-1}$$

由于上式中的 e^{-Ts} 是 s 的初等超越函数，它不便于直接计算，为此引入一个新的变量 $z=e^{Ts}$，于是式(7.3-1)可改写为

$$F(z)=F^*(s)\Big|_{s=\frac{1}{T}\ln z}=\sum_{k=0}^{\infty}f(kT)z^{-k} \tag{7.3-2}$$

式(7.3-2)定义为离散信号 $f^*(t)$ 的 z 变换，并记为

$$F(z)=\mathscr{Z}[f^*(t)]\overset{\text{def}}{=}\sum_{k=0}^{\infty}f(kT)z^{-k} \tag{7.3-3}$$

必须注意，$F(z)$ 表示对 $f^*(t)$ 的 z 变换，它只表征连续信号在采样时刻的信息。由于习惯上的原因，人们也称 $F(z)$ 是 $f(t)$ 或 $F(s)$ 的 z 变换，但其含义是指离散信号 $f^*(t)$ 的 z 变换。

下面介绍 3 种常用的 z 变换方法。

1．级数求和法

如果已知连续信号 $f(t)$ 在各采样时刻的采样值 $f(kT)$，就可按式(7.3-3)写出其 z 变换的级数展开式。由于该级数具有无穷多项，如果不把它写为闭合形式，则难于应用。不过在一定的条件下，常用函数变换的级数展开式都能写为闭合形式。

【例 7-1】 求单位阶跃函数 $f(t)=1(t)$ 的 z 变换。

解： $k\geqslant 0$ 时，$f(kT)=1$。由式(7.3-3)得

$$F(z)=Z[1(t)]=\sum_{k=0}^{\infty}z^{-k}=1+z^{-1}+z^{-2}+z^{-3}+\cdots$$

如果 $|z|>1$，则上式为递减的等比级数，它的闭合形式为

$$F(z)=Z[1(t)]=\frac{1}{1-z^{-1}}=\frac{z}{z-1} \tag{7.3-4}$$

因为，$|z|=\left|e^{Ts}\right|=e^{T\sigma}$，所以 $|z|>1$，相当于 $\mathrm{Re}[s]=\sigma>0$，这是单位阶跃信号拉氏变换的存在条件。从数学的角度讲，z 变换仅是拉氏变换的一种变形，因此不会对 z 变换的存在提出不同的限制条件。

【例 7-2】 已知 $f(t)=e^{-at}$，求其 z 变换 $\mathscr{Z}[e^{-at}]$。

解： 根据式(7.2-3)，可知 e^{-at} 对应的离散信号为

$$f^*(t)=\sum_{k=0}^{\infty}e^{-akT}\delta(t-kT)$$

该信号的采样值如图 7.3-1 所示，其 z 变换计算如下

$$F(z)=\mathscr{Z}[e^{-at}]=\sum_{k=0}^{\infty}e^{-akT}z^{-k}=1+e^{-aT}z^{-1}+e^{-2aT}z^{-2}+e^{-3aT}z^{-3}+\cdots$$

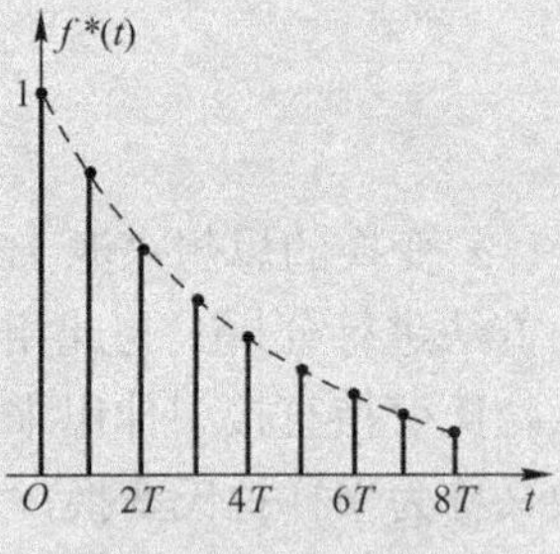

图 7.3-1 例 7-2 的 $f^*(t)$

如令 $\left|e^{-aT}z^{-1}\right|<1$，则上式所示的无穷级数是收敛的，其闭合形式为

$$F(z)=\mathscr{Z}[e^{-at}]=\frac{1}{1-e^{-aT}z^{-1}}=\frac{z}{z-e^{-aT}} \tag{7.3-5}$$

比较式(7.3-4)与式(7.3-5)，容易得出，当 $a\to 0$ 时，式(7.3-5)所得的结果就是式(7.3-4)的单位阶跃函数的 z 变换。

可以证明，任何 $f(kT)$ 序列的 z 变换都有一个由 $|z|>R$ 所规定的收敛区，其收敛半径 R 取决于序列 $f(kT)$。

2．部分分式法

因为 e^{-at} 的拉氏变换为 $1/(s+a)$，由式(7.3−5)可知 s 域 $F(s)=1/(s+a)$ 对应的 z 变换为 $z/(z-e^{-aT})$，我们可以把有理分式 $F(s)$ 化成部分分式 $k/(s+p)$ 和的形式，从而求得 $F(s)$ 的 z 变换。设 $F(s)$ 为

$$F(s)=\frac{b_0 s^m+b_1 s^{m-1}+\cdots+b_m}{a_0 s^n+a_1 s^{n-1}+\cdots+a_n},\quad n>m$$

上式在复数范围内总可以化成如下形式

$$F(s)=\sum_{i=1}^{n}\frac{k_i}{s+p_i}$$

其相应的时间域表示为 $f(t)=\sum_{i=1}^{n}k_i e^{-p_i t}$。这样就可以按式(7.3−5)求出 $f(t)$ 的 z 变换。

【例 7−3】 求 $F(s)=\dfrac{1}{(s+a)(s+b)}$，$b\neq a$ 的 z 变换。

解：

$$F(s)=\frac{1}{b-a}\left[\frac{1}{(s+a)}-\frac{1}{(s+b)}\right]$$

对上式求拉氏反变换得

$$f(t)=\frac{1}{b-a}(e^{-at}-e^{-bt})$$

则 $$F(z)=\mathcal{Z}[f(t)]=\frac{1}{b-a}\left[\frac{1}{1-e^{-aT}z^{-1}}-\frac{1}{1-e^{-bT}z^{-1}}\right]=\frac{(e^{-aT}-e^{-bT})z^{-1}}{(b-a)(1-e^{-aT}z^{-1})(1-e^{-bT}z^{-1})}$$

【例 7−4】 求 $f(t)=\cos at$ 的 z 变换。

解：因为

$$F(s)=\mathcal{L}[\cos at]=\frac{s}{s^2+a^2}$$

又

$$F(s)=\frac{1/2}{s-ja}+\frac{1/2}{s+ja}$$

所以

$$F(z)=\frac{1}{2}\left[\frac{1}{1-e^{jaT}z^{-1}}+\frac{1}{1-e^{-jaT}z^{-1}}\right]=\frac{1-\cos aTz^{-1}}{1-2\cos aTz^{-1}+z^{-2}}=\frac{z(z-\cos aT)}{z^2-2z\cos aT+1}$$

3．留数计算法

设连续函数 $f(t)$ 的拉氏变换为 $F(s)$，且其为真有理分式，令 P_k（$k=1,2\cdots,n$）为 $F(s)$ 的极点，则 $F(s)$ 的 z 变换可通过计算下列的留数而求得，即

$$F(z)=\sum_{k=1}^{n}\mathrm{Res}\left[F(s)\frac{z}{z-e^{Ts}}\right]_{s=p_k}=\sum_{k=1}^{n}R_k \tag{7.3-6}$$

式中，$R_k=\mathrm{Res}\left[F(s)\dfrac{z}{z-e^{Ts}}\right]_{s=p_k}$ 为 $F(s)\dfrac{z}{z-e^{Ts}}$ 在 $s=p_k$ 上的留数。

当 $F(s)$ 具有 $s=p$ 的一阶极点时，对应的留数为

$$R=\lim_{s\to p}\left[(s-p)F(s)\frac{z}{z-e^{Ts}}\right] \tag{7.3-7}$$

当 $F(s)$ 具有 $s=p$ 的 q 阶重极点时，则对应的留数为

$$R=\frac{1}{(q-1)!}\lim_{s\to p}\frac{d^{q-1}}{ds^{q-1}}\left[(s-p)^q F(s)\frac{z}{z-e^{Ts}}\right] \tag{7.3-8}$$

【例 7−5】 已知 $F(s)=\dfrac{s+3}{(s+1)(s+2)}$，求 $F(z)$。

解：$$F(z)=\left[(s+1)\frac{s+3}{(s+1)(s+2)}\frac{z}{z-\mathrm{e}^{Ts}}\right]_{s=-1}+\left[(s+2)\frac{s+3}{(s+1)(s+2)}\frac{z}{z-\mathrm{e}^{Ts}}\right]_{s=-2}$$
$$=\frac{2z}{z-\mathrm{e}^{-T}}-\frac{z}{z-\mathrm{e}^{-2T}}$$

表 7.3-1 为常用函数的 z 变换和拉氏变换对照表，供读者备查之用。

表 7.3-1　常用函数的 z 变换和拉氏变换对照表

序号	$F(s)$	$f(t)$	$F(z)$	序号	$F(s)$	$f(t)$	$F(z)$
1	1	$\delta(t)$	1	7	$\frac{\omega}{s^2+\omega^2}$	$\sin\omega t$	$\frac{z\sin\omega T}{z^2-2z\cos\omega T+1}$
2	e^{-kTs}	$\delta(t-kT)$	z^{-k}	8	$\frac{s}{s^2+\omega^2}$	$\cos\omega t$	$\frac{z(z-\cos\omega T)}{z^2-2z\cos\omega T+1}$
3	$\frac{1}{s}$	$1(t)$	$\frac{z}{z-1}$	9	$\frac{1}{(s+a)^2}$	$t\mathrm{e}^{-at}$	$\frac{Tz\mathrm{e}^{-aT}}{(z-\mathrm{e}^{-aT})^2}$
4	$\frac{1}{s^2}$	t	$\frac{Tz}{(z-1)^2}$	10	$\frac{\omega}{(s+a)^2+\omega^2}$	$\mathrm{e}^{-at}\sin\omega t$	$\frac{z\mathrm{e}^{-aT}\sin\omega T}{z^2-2z\mathrm{e}^{-aT}\cos\omega T+\mathrm{e}^{-2aT}}$
5	$\frac{1}{s+a}$	e^{-at}	$\frac{z}{z-\mathrm{e}^{-aT}}$	11	$\frac{s+a}{(s+a)^2+\omega^2}$	$\mathrm{e}^{-at}\cos\omega t$	$\frac{z^2-z\mathrm{e}^{-aT}\cos\omega T}{z^2-2z\mathrm{e}^{-aT}\cos\omega T+\mathrm{e}^{-2aT}}$
6	$\frac{a}{s(s+a)}$	$1-\mathrm{e}^{-at}$	$\frac{(1-\mathrm{e}^{-aT})z}{(z-1)(z-\mathrm{e}^{-aT})}$	12	$\frac{2}{s^3}$	t^2	$\frac{T^2z(z+1)}{(z-1)^3}$

【例 7-6】 试求 $F(s)=1/s^2$ 的 z 变换。

解：由于 $F(s)$ 在 $s=0$ 处有二重极点，则由式(7.3-8)得
$$R=\lim_{s\to 0}\frac{\mathrm{d}}{\mathrm{d}s}\left[s^2\frac{1}{s^2}\frac{z}{z-\mathrm{e}^{Ts}}\right]=\frac{Tz}{(z-1)^2}$$

7.3.2　z 变换的性质

z 变换有一些基本定理，可以使 z 变换的应用变得简单和方便，其性质与拉氏变换性质相似，熟悉这些性质，对于分析和设计离散系统是很有帮助的。

1．线性定理

设 $f_1(t)$ 和 $f_2(t)$ 的 z 变换分别为 $F_1(z)$ 和 $F_2(z)$，a_1 和 a_2 为常数，则有
$$\mathscr{Z}[a_1f_1(t)+a_2f_2(t)]=a_1F_1(z)+a_2F_2(z) \tag{7.3-9}$$
证明：由式(7.3-3)得
$$\mathscr{Z}[a_1f_1(t)+a_2f_2(t)]=\sum_{k=0}^{\infty}[a_1f_1(kT)+a_2f_2(kT)]z^{-k}=\sum_{k=0}^{\infty}a_1f_1(kT)z^{-k}+\sum_{k=0}^{\infty}a_2f_2(kT)z^{-k}$$
$$=a_1F_1(z)+a_2F_2(z)$$
式(7.3-9)表明，该变换是一种线性变换，其变换过程满足齐次性与叠加性。

2．时域位移定理

时移定理是指整个采样序列在时间轴上左右平移若干采样周期，其中向左平移为超前，向右平移为滞后。时移定理如下：

如果函数 $f(t)$ 是可拉氏变换的，其 z 变换为 $F(z)$，则有
$$\mathscr{Z}[f(t-kT)]=z^{-k}F(z) \tag{7.3-10}$$
以及
$$\mathscr{Z}[f(t+kT)]=z^{k}\left[F(z)-\sum_{n=0}^{k-1}f(nT)z^{-n}\right] \tag{7.3-11}$$

其中 k 为正整数。

证明：先证式(7.3-10)：由式(7.3-3)得

$$\mathscr{Z}[f(t-kT)]=\sum_{n=0}^{\infty}f(nT-kT)z^{-n}$$

$$=f(-kT)z^0+f(T-kT)z^{-1}+\cdots+f(0)z^{-k}+f(T)z^{-(k+1)}+\cdots+f(nT)z^{-(k+n)}+\cdots$$

考虑到 $n<k$ 时，$f(nT-kT)=0$ 这一事实，即上式中 $f(0)z^{-k}$ 前面的各项均为零，于是得

$$\mathscr{Z}[f(t-kT)]=z^{-k}[f(0)+f(T)z^{-1}+f(2T)z^{-2}+\cdots]=z^{-k}F(z)$$

下面证式(7.3-11)：

$$\begin{aligned}\mathscr{Z}[f(t+kT)]&=\sum_{n=0}^{\infty}f(nT+kT)z^{-n}=z^k\sum_{n=0}^{\infty}f(nT+kT)z^{-(k+n)}\\&=z^k[f(kT)z^{-k}+f(T+kT)z^{-(k+1)}+\cdots]\\&=z^k[f(0)+f(T)z^{-1}+\cdots+f(kT)z^{-k}+f[(k+1)T]z^{-(k+1)}+\cdots]-\\&\quad z^k[f(0)+f(T)Z^{-1}+\cdots+f[(k-1)T]z^{-(k-1)}]\\&=z^kF(z)-z^k\sum_{n=0}^{k-1}f(nT)z^{-n}=z^k\left[F(z)-\sum_{n=0}^{k-1}f(nT)z^{-n}\right]\end{aligned}$$

若 $f(0)=f(T)=f[(k-1)T]=0$，则式(7.3-11)可表示为

$$\mathscr{Z}[f(t+kT)]=z^kF(z)$$

式(7.3-10)代表的是滞后环节，它把输入脉冲延迟了 k 个采样周期，如图 7.3-2 所示。而式(7.3-11)代表的是超前环节，它把输入脉冲向前推移了 k 个采样周期。

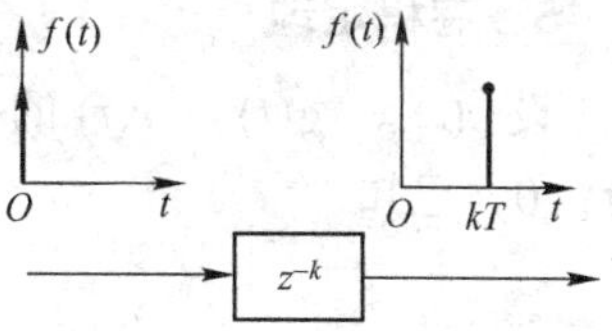

图 7.3-2　z^{-k} 的滞后特性

【例 7-7】 试求 $f(t)=e^{-a(t-T)}$ 的 z 变换。

解：因为 $\mathscr{Z}\left[e^{-at}\right]=\dfrac{z}{z-e^{-aT}}$，由式(7.3-10)得

$$F(z)=\mathscr{Z}\left[e^{-a(t-T)}\right]=z^{-1}\left(\frac{z}{z-e^{-aT}}\right)=\frac{1}{z-e^{-aT}}$$

3．终值定理

设 $f(t)$ 的 z 变换为 $F(z)$，且 $F(z)$ 不含有 $z=1$ 的二重及以上的极点和单位圆外的极点，则 $f(t)$ 的终值为

$$\lim_{t\to\infty}f(t)=\lim_{n\to\infty}f(nT)=\lim_{z\to 1}(z-1)F(z)\qquad(7.3\text{-}12)$$

证明：
$$\mathscr{Z}\{f[(k+1)T]-f(kT)\}=\lim_{m\to\infty}\sum_{k=0}^{m}\{f[(k+1)T]-f(kT)\}z^{-k}$$

由式(7.3-11)的时移超前定理得

$$zF(z)-zf(0)-F(z)=\lim_{m\to\infty}\sum_{k=0}^{m}\{f[(k+1)T]-f(kT)\}z^{-k}$$

对上式取 $z\to 1$ 的极限，则

$$\begin{aligned}\lim_{z\to 1}(z-1)F(z)&=f(0)+\lim_{z\to 1}\lim_{m\to\infty}\sum_{k=0}^{m}\{f[(k+1)T]-f(kT)\}z^{-k}\\&=f(0)+\lim_{m\to\infty}\sum_{k=0}^{m}\{f[(k+1)]T-f(kT)\}=f(\infty)\end{aligned}$$

4．复数位移定理

设 $f(t)$ 的 z 变换为 $F(z)$，则

$$\mathcal{Z}[f(t)\mathrm{e}^{\mp at}]=F(z\mathrm{e}^{\pm aT}) \tag{7.3-13}$$

证明：　由式(7.3-3)的 z 变换定义得

$$\mathcal{Z}[f(t)\mathrm{e}^{\mp at}]=\sum_{k=0}^{\infty}f(kT)\mathrm{e}^{\mp akT}z^{-k}=\sum_{k=0}^{\infty}f(kT)\left(z\mathrm{e}^{\pm aT}\right)^{-k}$$

令 $z_1=z\mathrm{e}^{\pm aT}$，则上式可改写为

$$\mathcal{Z}[f(t)\mathrm{e}^{\mp at}]=\sum_{k=0}^{\infty}f(kT)z_1^{-k}=F(z_1)=F(z\mathrm{e}^{\pm aT})$$

【例 7-8】 试用复数位移定理计算 $t\mathrm{e}^{-at}$ 的 z 变换。

解：已知 $\mathcal{Z}[t]=\dfrac{Tz}{(z-1)^2}$，由式(7.3-13)的复数位移定理得

$$\mathcal{Z}[t\mathrm{e}^{-at}]=\frac{Tz\mathrm{e}^{-aT}}{(z-\mathrm{e}^{-aT})^2}$$

5．卷积定理

设 $c(t)$、$g(t)$、$r(t)$ 的 z 变换分别为 $C(z)$、$G(z)$、$R(z)$，且当 $t<0$ 时，$c(t)=g(t)=r(t)=0$。已知

$$c(kT)=\sum_{n=0}^{k}g[(k-n)T]r(nT)$$

其中 $\sum\limits_{n=0}^{k}g[(k-n)T]r(nT)$ 为 $g(kT)$ 与 $r(kT)$ 的卷积，记为：$g(kT)*r(kT)$。所以得卷积定理如下

$$C(z)=\mathcal{Z}[c(t)]=\mathcal{Z}[g(t)]\cdot Z[r(t)]=G(z)R(z) \tag{7.3-14}$$

证明：
$$C(z)=\sum_{k=0}^{\infty}c(kT)z^{-k}=\sum_{k=0}^{\infty}\sum_{n=0}^{k}g[(k-n)T]r(nT)z^{-k}$$

因为 $k<n$ 时，$g[(k-n)T]=0$，所以上式可变换成

$$C(z)=\sum_{k=0}^{\infty}\sum_{n=0}^{\infty}g[(k-n)T]r(nT)z^{-k}$$

令 $k-n=j$，当 $k=0$ 时，$j=-n$，于是得

$$C(z)=\sum_{n=0}^{\infty}r(nT)\sum_{j=-n}^{\infty}g(jT)z^{-(j+n)}=\sum_{n=0}^{\infty}r(nT)z^{-n}\sum_{j=0}^{\infty}g(jT)z^{-j}=G(z)R(z)$$

7.3.3　z 反变换

上述把采样信号 $f^*(t)$ 变换为 $F(z)$ 的过程称为 z 变换；反之，把 $F(z)$ 变换为 $f^*(t)$ 的过程叫做 z 的反变换，并记为 $\mathcal{Z}^{-1}[F(z)]$。显然，由 z 反变换求得的时间函数 $f(kT)$ 是离散的，而不是连续函数。且当 $k<0$ 时，$f(kT)=0$。求 z 反变换常用的方法有以下 3 种。

1．长除法

$F(z)$ 一般可以写出如下的有理分式形式

$$F(z)=\frac{b_0z^m+b_1z^{m-1}+\cdots+b_m}{a_0z^n+a_1z^{n-1}+\cdots+a_n},\quad n\geqslant m \tag{7.3-15}$$

用式(7.3-15)的分子多项式除以分母多项式，使 $F(z)$ 变换为一个关于 z^{-1} 的多项式，并按 z^{-1} 的升幂排列形成关于 z^{-1} 级数展开式，然后求 z 反变换，从而得相应采样函数的脉冲序列。

【例 7-9】 求 $F(z)=\dfrac{z^3+2z^2+1}{z^3+5z^2+2z}$ 的反变换 $f^*(t)$。

解：把 $F(z)$ 的分子分母都写成 z^{-1} 的升幂形式，即

$$F(z)=\frac{1+2z^{-1}+z^{-3}}{1+5z^{-1}+2z^{-2}}$$

用长除法使上式的分子除以分母得

$$F(z)=1-3z^{-1}+13z^{-2}-58z^{-3}+264z^{-4}+\cdots$$

对上式求 z 的反变换，则得

$$f^*(t)=\delta(t)-3\delta(t-T)+13\delta(t-2T)-58\delta(t-3T)+264\delta(t-4T)+\cdots$$

由例 7-9 可知，虽然长除法可以得到采样脉冲序列具体分布，但它通常难以得到 $f^*(t)$ 的具体数学表示式即闭合式，因而不便于对系统进行分析研究。

2．部分分式法

用部分分式法求 z 反变换，与用部分分式法求拉氏反变换的思路相类同。由于 $F(z)$ 的分子中通常含有因子 z，为方便起见，通常先把 $F(z)$ 除以 z，然后再将 $F(z)/z$ 展开为部分分式形式。由式(7.3-15)总可以得到下面的形式

$$\frac{F(z)}{z}=\sum_{i=0}^{n}\frac{A_i}{z-z_i} \tag{7.3-16}$$

由表 7.3-1 的第 5 个 z 变换对可得 $\qquad f(kT)=\sum\limits_{i=0}^{n}A_i z_i^k$

由式(7.3-15)所示的 $F(z)$，用部分分式法求取 z 反变换的步骤为：

（1）将式(7.3-15) 中 $F(z)$ 的分母多项式在复数范围内分解为因式。

（2）把 $F(z)$ 展开为式(7.3-16)的形式，使所求部分分式的各项能在表 7.3-1 中查到相应的反变换即 $f(t)$。

（3）求各部分分式项的 z 反变换之和。

【例 7-10】 已知 z 变换函数 $F(z)=\dfrac{z(1-e^{-aT})}{(z-1)(z-e^{-aT})}$，试求其 z 反变换。

解：
$$\frac{F(z)}{z}=\frac{1-e^{-aT}}{(z-1)(z-e^{-aT})}=\frac{1}{z-1}-\frac{1}{z-e^{-aT}}$$

所以
$$F(z)=\frac{z}{z-1}-\frac{z}{z-e^{-aT}}$$

求 z 反变换，得
$$f(kT)=1-e^{-akT}，\quad k=0,1,2,\cdots$$

也可以写成
$$f^*(t)=\sum_{k=0}^{\infty}(1-e^{-akT})\delta(t-kT)$$

3．反演积分法

反演积分法又称留数法，可以证明 $F(z)$ 的 z 反变换序列 $f(kT)$ 就等于 $F(z)z^{k-1}$ 在 $F(z)$ 所有极点处的留数之和，即

$$f(kT)=\sum_{i=1}^{n}\operatorname*{Res}_{z_i}\left[F(z)z^{k-1}\right] \tag{7.3-17}$$

【例 7-11】 求$F(z)=\dfrac{z^2}{(z-1)(z-2)(z-3)}$的 z 反变换。

解：
$$f(kT)=\sum_{i=1}^{n}\underset{z_i}{\mathrm{Res}}\left[\frac{z^2}{(z-1)(z-2)(z-3)}z^{k-1}\right]=\sum_{i=1}^{3}\underset{z_i}{\mathrm{Res}}\left[\frac{z^{k+1}}{(z-1)(z-2)(z-3)}\right]$$
$$=\left.\frac{(z-1)z^{k+1}}{(z-1)(z-2)(z-3)}\right|_{z=1}+\left.\frac{(z-2)z^{k+1}}{(z-1)(z-2)(z-3)}\right|_{z=2}+\left.\frac{(z-3)z^{k+1}}{(z-1)(z-2)(z-3)}\right|_{z=3}$$
$$=\frac{1}{2}-2^{k+1}+\frac{1}{2}\times 3^{k+1}$$

即
$$f^*(t)=\sum_{k=0}^{\infty}\left(\frac{1}{2}-2^{k+1}+\frac{1}{2}\times 3^{k+1}\right)\delta(t-kT)$$

7.4 脉冲传递函数

与线性连续系统传递函数的定义相类似，离散系统脉冲传递函数的定义是：在零初始条件下，输出离散时间信号 $c^*(t)$ 的 z 变换 $C(z)$ 与输入离散时间信号 $r^*(t)$ 的 z 变换 $R(z)$ 之比，即
$$G(z)=C(z)/R(z) \tag{7.4-1}$$
对应于式(7.4-1)的框图如图 7.4-1 所示。如果已知 $R(z)$ 和 $G(z)$，根据式(7.3-14)就可以求得系统输出的脉冲序列为
$$c^*(t)=\mathscr{Z}^{-1}[C(z)]=\mathscr{Z}^{-1}[R(z)G(z)]$$
由上式可知，求 $c^*(t)$ 的关键在于如何求取系统的脉冲传递函数 $G(z)$。

然而，对大多数实际系统来说，其输出往往是连续信号 $c(t)$，而不是采样信号 $c^*(t)$，如图 7.4-2 所示。此时，可以在系统输出端虚设一个理想采样开关，如图中虚线所示，它与输入采样开关同步工作，并具有相同的采样周期。如果系统的实际输出 $c(t)$ 比较平滑，且采样频率较高，则可用 $c^*(t)$ 近似描述 $c(t)$。必须指出，虚设的采样开关是不存在的，它仅表明脉冲传递函数所能描述的，只是输出连续信号 $c(t)$ 在采样时刻上的离散值 $c^*(t)$。

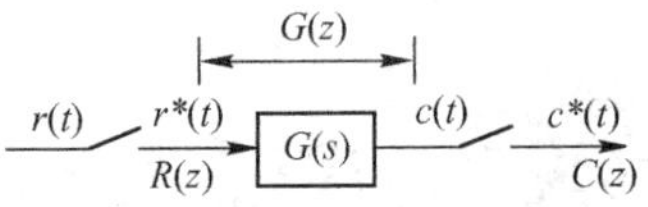

图 7.4-1 脉冲传递函数

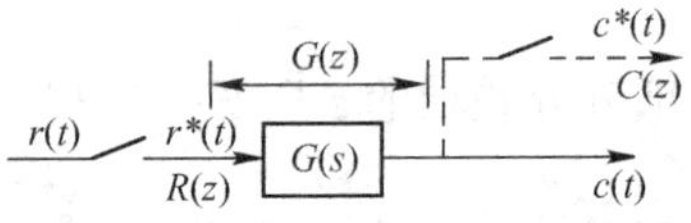

图 7.4-2 带虚拟开关的实际脉冲传递函数

7.4.1 脉冲传递函数的推导与计算

为了从概念上阐明脉冲传递函数的物理意义，下面从系统单位脉冲响应的角度出发来导出系统的脉冲传递函数。

设线性系统的输入为如下的脉冲序列
$$r^*(t)=\sum_{n=0}^{\infty}r(nT)\delta(t-nT)=r(0)\delta(t)+r(T)\delta(t-T)+r(2T)\delta(t-2T)+\cdots$$
根据线性系统的叠加原理，系统的输出为下列的脉冲响应之和
$$c(t)=r(0)g(t)+r(T)g(t-T)+r(2T)g(t-2T)+\cdots+r(nT)g(t-nT)+\cdots$$
式中 $g(t)$ 为系统的单位理想脉冲响应。在 $t=kT$ 时刻，系统的输出为
$$c(kT)=r(0)g(kt)+r(T)g[(k-1)T]+\cdots+r(kT)g(0)$$

$$=\sum_{n=0}^{k}g[(k-n)T]r(nT) \tag{7.4-2}$$

由于 $t<0$ 时，$g(t)=0$，因而当 $n>k$ 时，上式的 $g[(k-n)]=0$。这就是说，在 $t=kT$ 时刻以后的输入脉冲，如 $r[(k+1)T]$、$r[(k+2)T]$、… 不会对 $t=kT$ 时刻的输出值产生任何影响。这样，式(7.4-2)可改写为

$$c(kT)=\sum_{n=0}^{\infty}g[(k-n)T]r(nT)$$

由卷积定理得

$$C(z)=G(z)R(z)$$

式中，$C(z)$、$G(z)$、$R(z)$ 分别为 $c^*(t)$、$g^*(t)$ 和 $r^*(t)$ 的 z 变换。由此可知，离散系统的脉冲传递函数就是系统单位脉冲响应函数采样值的 z 变换，即

$$G(z)=\sum_{n=0}^{\infty}g(nT)z^{-n}$$

当已知图 7.4-2 中的传递函数 $G(s)$ 时，先用拉氏反变换求出系统的单位脉冲响应函数 $g(t)$，然后对 $g(t)$ 进行 z 变换，就可得到系统的脉冲传递函数 $G(z)$。

【例 7-12】 设图 7.4-2 所示传递函数为 $G(s)=\dfrac{a}{s(s+a)}$，试求该系统相应的脉冲传递函数 $G(z)$。

解:

$$G(s)=\frac{1}{s}-\frac{1}{s+a}$$

查表 7.3-1 得

$$G(z)=\frac{(1-\mathrm{e}^{-aT})z}{(z-1)(z-\mathrm{e}^{-aT})}$$

和连续系统的传递函数一样，脉冲传递函数也是表征离散系统的固有特性，它不会因系统的输入输出信号不同而改变。当然，它除了与系统的结构、参数(包括采样周期)有关外，还与采样开关在系统中的具体位置有关。这是因为采样开关本身就是离散系统的一部分，开关位置的改变有可能改变整个离散系统。

7.4.2 开环脉冲传递函数

当开环离散系统由几个环节串联组成时，其脉冲传递函数的求法与连续系统情况不完全相同。即使两个开环离散系统的组成环节完全相同，但由于采样开关的数目和位置不同，求出的开环脉冲传递函数也会截然不同。为了便于求出开环脉冲传递函数，需要了解采样函数拉氏变换 $G^*(s)$ 的有关性质。

1. 采样拉氏变换的两个重要性质

(1) 采样函数的拉氏变换具有周期性，即

$$G^*(s)=G^*(s+\mathrm{j}k\omega_{\mathrm{s}}) \tag{7.4-3}$$

其中，ω_s 为采样角频率。由于离散信号的频谱具有周期性的特点，所以离散信号的拉氏变换也具有与式(7.4-3)类似的性质，也可证明如下。

证明：因为 $\delta_{\mathrm{T}}(t)$ 可展开成傅里叶级数，即 $\delta_{\mathrm{T}}(t)=\dfrac{1}{T}\sum\limits_{n=-\infty}^{\infty}\mathrm{e}^{\mathrm{j}n\omega_s t}$，由式(7.2-1)得

$$g^*(t)=\frac{1}{T}\sum_{n=-\infty}^{\infty}g(t)\mathrm{e}^{\mathrm{j}n\omega_s t}$$

所以由拉氏变换的复频移性质可得

$$G^*(s)=\frac{1}{T}\sum_{n=-\infty}^{\infty}G(s+\mathrm{j}n\omega_s) \tag{7.4-4}$$

其中T为采样周期。因此，令$s=s+\mathrm{j}k\omega_s$必有

$$G^*(s+\mathrm{j}k\omega_s)=\frac{1}{T}\sum_{n=-\infty}^{\infty}G[s+\mathrm{j}(n+k)\omega_s]$$

在上式中，令$m=n+k$,可得

$$G^*(s+\mathrm{j}k\omega_s)=\frac{1}{T}\sum_{m=-\infty}^{\infty}G(s+\mathrm{j}m\omega_s)$$

由于求和与符号无关，再令$n=m$，证得

$$G^*(s+\mathrm{j}k\omega_s)=\frac{1}{T}\sum_{n=-\infty}^{\infty}G(s+\mathrm{j}n\omega_s)=G^*(s)$$

（2）若采样函数的拉氏变换$F^*(s)$与连续函数的拉氏变换$G(s)$相乘后再离散化，则$F^*(s)$可以从离散符号中提出来，即

$$[G(s)F^*(s)]^*=G^*(s)F^*(s) \tag{7.4-5}$$

证明：根据式(7.4-4)，有 $[G(s)F^*(s)]^*=\frac{1}{T}\sum_{n=-\infty}^{\infty}[G(s+\mathrm{j}n\omega_s)F^*(s+\mathrm{j}n\omega_s)]$

再由式(7.4-4)知 $F^*(s+\mathrm{j}n\omega_s)=F^*(s)$

所以 $[G(s)F^*(s)]^*=\frac{1}{T}\sum_{n=-\infty}^{\infty}[G(s+\mathrm{j}n\omega_s)F^*(s)]=F^*(s)\cdot\frac{1}{T}\sum_{n=-\infty}^{\infty}G(s+\mathrm{j}n\omega_s)=G^*(s)F^*(s)$

2．串联环节的开环系统脉冲传递函数

如果开环离散系统由两个串联环节构成，则开环系统脉冲传递函数的求法与连续系统情况不完全相同。这是因为在两个环节串联时，有两种不同的情况。

（1）串联环节之间有采样开关。设开环离散系统如图7.4-3(a)所示，在两个串联连续环节$G_1(s)$和$G_2(s)$之间，有理想采样开关隔开。根据脉冲传递函数定义，由图7.4-3(a)可得

$$X(z)=G_1(z)R(z)\,,\qquad C(z)=G_2(z)X(z)$$

其中，$G_1(z)$和$G_2(z)$分别为$G_1(s)$和$G_2(s)$的脉冲传递函数。于是有

$$C(z)=G_2(z)G_1(z)R(z)$$

因此，开环系统脉冲传递函数为

$$G(z)=C(z)/R(z)=G_1(z)G_2(z) \tag{7.4-6}$$

式(7.4-6)表明，有理想采样开关隔开的两个线性连续环节串联时的脉冲传递函数，等于这两个环节各自的脉冲传递函数之积。这一结论，可以推广到类似的n个环节相串联时的情况。

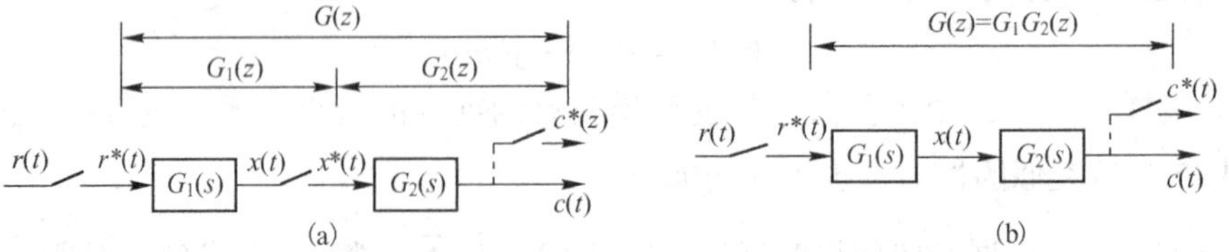

图7.4-3 环节串联时的开环离散系统

（2）串联环节之间无采样开关。设开环离散系统如图7.4-3(b)所示，在两个串联连续环节$G_1(s)$和$G_2(s)$之间，没有理想采样开关隔开。显然，系统连续信号的拉氏变换为

$$C(s)=G_1(s)G_2(s)R^*(s)$$

式中，$R^*(s)$ 为 $r^*(t)$ 的拉氏变换。对输出 $C(s)$ 离散化，并根据式(7.4−5)所表示的采样拉氏变换性质可得

$$C^*(s)=[G_1(s)G_2(s)R^*(s)]^*=[G_1(s)G_2(s)]^*R^*(s)=G_1G_2^*(s)R^*(s) \tag{7.4-7}$$

式中 $$[G_1(s)G_2(s)]^*=G_1G_2^*(s)$$

一般情况下 $$G_1^*(s)G_2^*(s)\neq G_1G_2^*(s)$$

对式(7.4−7)取 z 变换得 $$C(z)=G_1G_2(z)R(z)$$

式中，$G_1G_2(z)$ 定义为 $G_1(s)G_2(s)$ 的 z 变换。所以可得到开环脉冲传递函数

$$G(z)=C(z)/R(z)=G_1G_2(z) \tag{7.4-8}$$

式(7.4−8)表明，串联系统之间没有采样开关时的脉冲传递函数，等于这两个环节传递函数乘积后的相应 z 变换。这一结论也可以推广到类似的 n 个环节相串联时的情况。

显然，式(7.4−6)与(7.4−8)是不等的，即 $G_1(z)G_2(z)\neq G_1G_2(z)$。从这种意义上说，$z$ 变换无串联性。下例可以说明这一点。

【例 7-13】 设开环离散系统如图 7.4−3(a)及(b)所示，其中 $G_1(s)=1/s$，$G_2(s)=a/(s+a)$，输入信号 $r(t)=1(t)$，试求图(a)和(b)所示系统的脉冲传递函数 $G(z)$ 和输出 $C(z)$。

解：因为 $R(z)=\dfrac{z}{z-1}$，对于图(a)系统

$$G_1(z)=\mathscr{Z}\left[\frac{1}{s}\right]=\frac{z}{z-1}，\quad G_2(z)=\mathscr{Z}\left[\frac{a}{s+a}\right]=\frac{az}{z-\mathrm{e}^{-aT}}$$

所以 $$G(z)=G_1(z)G_2(z)=\frac{az^2}{(z-1)(z-\mathrm{e}^{-aT})}$$

$$C(z)=G(z)R(z)=\frac{az^3}{(z-1)^2(z-\mathrm{e}^{-aT})}$$

对于图(b)系统 $$G_1(s)G_2(s)=\frac{a}{s(s+a)}$$

$$G(z)=G_1(z)G_2(z)=\mathscr{Z}\left[\frac{a}{s(s+a)}\right]=\frac{z(z-\mathrm{e}^{-aT})}{(z-1)(z-\mathrm{e}^{-aT})}$$

$$C(z)=G(z)R(z)=\frac{z^2(z-\mathrm{e}^{-aT})}{(z-1)^2(z-\mathrm{e}^{-aT})}$$

显然，在串联环节之间有无同步采样开关时，其总的脉冲传递函数 $G(z)$ 和输出 $C(z)$ 是不相同的。但是，不同之处仅表现在其零点不同，极点仍然一样。这也是离散系统特有的现象。

（3）有零阶保持器时的开环系统脉冲传递函数。设有零阶保持器的开环离散系统如图 7.4−4(a)所示。图中，$G_h(s)$ 为零阶保持器传递函数，$G_p(s)$ 为连续部分传递函数。

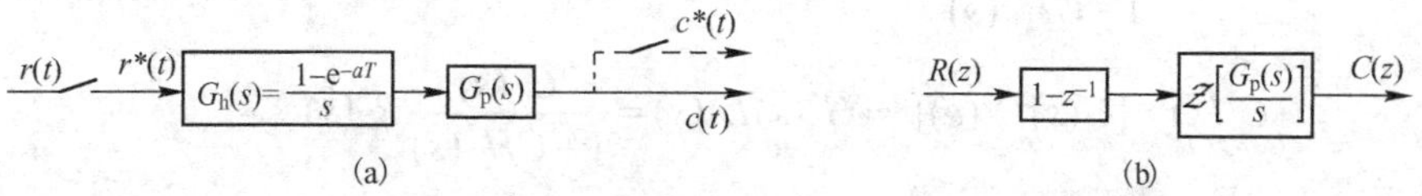

图 7.4−4　有零阶保持器的开环离散系统

【例 7-14】 设离散系统如图 7.4−4(a)所示，其中 $G_p(s)=\dfrac{a}{s(s+a)}$，试求系统的脉冲传递函数 $G(z)$。

解：根据脉冲传递函数的定义，图 7.4-4(a)所示脉冲传递函数由下式给出

$$\mathscr{Z}[G_h(s)G_p(s)]=\mathscr{Z}\left[\frac{1-e^{-Ts}}{s}G_p(s)\right]=\mathscr{Z}\left[\frac{G_p(s)}{s}-\frac{G_p(s)e^{-Ts}}{s}\right]$$

令 $\mathcal{L}^{-1}\left[\frac{G_p(s)}{s}\right]=g_1(t)$，则由拉氏变换的时移性质知 $\mathcal{L}^{-1}\left[\frac{G_p(s)e^{-Ts}}{s}\right]=g_1(t-T)$，再利用 z 变换的时移性质得

$$\mathscr{Z}\left[\frac{G_p(s)e^{-Ts}}{s}\right]=\mathscr{Z}[g_1(t-T)]=z^{-1}\mathscr{Z}[g_1(t)]=z^{-1}\mathscr{Z}\left[\frac{G_p(s)}{s}\right]$$

所以
$$\mathscr{Z}[G_h(s)G_p(s)]=(1-z^{-1})\mathscr{Z}\left[\frac{G_p(s)}{s}\right] \tag{7.4-9}$$

这样，图 7.4-4(a)就可以由图 7.4-4(b)来表示。又因为

$$\frac{G_p(s)}{s}=\frac{a}{s^2(s+a)}=\frac{1}{s^2}-\frac{1}{a}\left(\frac{1}{s}-\frac{1}{s+a}\right)$$

查表 7.3-1 得
$$\mathscr{Z}\left[\frac{G_p(s)}{s}\right]=\frac{Tz}{(z-1)^2}-\frac{1}{a}\left(\frac{z}{z-1}-\frac{z}{z-e^{-aT}}\right)$$

所以
$$G(z)=(1-z^{-1})\mathscr{Z}\left[\frac{G_p(s)}{s}\right]=\frac{\left[(e^{-aT}+aT-1)z+(1-aTe^{-aT}-e^{-aT})\right]}{a(z-1)(z-e^{-aT})}$$

与例 7-13 比较，两者的极点是相同的，仅零点不同。所以零阶保持器不影响离散系统脉冲传递函数的极点。

7.4.3 闭环系统脉冲传递函数

由于采样开关在离散闭环系统中可以有多种配置的可能性，因此闭环离散系统没有唯一的结构图形式，其传递函数也没有一般的计算公式，而要根据系统的实际结构来求取。和求连续系统的闭环传递函数一样，它的求取步骤是：根据系统的结构列写出各变量之间的关系式，然后消去中间变量，求得系统输出量的 z 变换与输入量的 z 变换之比。

图 7.4-5 是一种常见的闭环离散控制系统。图中以虚线画出的采样开关是为了便于分析而虚设的，所有采样开关都以相同的周期 T 同步地工作。由图 7.4-5 得

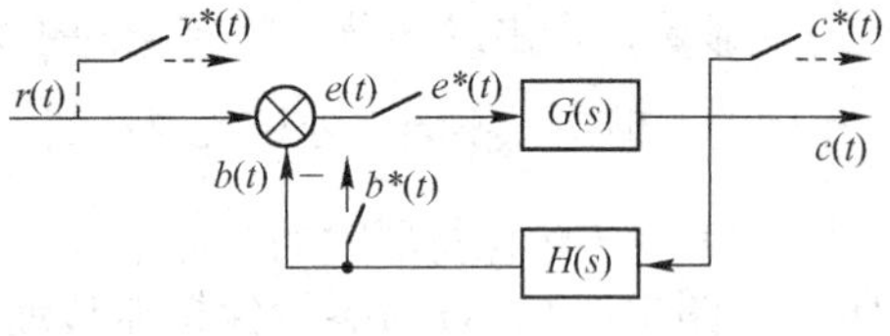

图 7.4-5　闭环离散控制系统

$$C(s)=G(s)E^*(s)，\quad E(s)=R(s)-C(s)H(s)$$

所以
$$E(s)=R(s)-G(s)H(s)E^*(s)$$

等式两边离散化后得
$$E^*(s)=R^*(s)-GH^*(s)E^*(s)$$

整理得
$$E^*(s)=\frac{R^*(s)}{1+GH^*(s)} \tag{7.4-10}$$

又因为
$$C^*(s)=[G(s)E^*(s)]^*=G^*(s)E^*(s)=\frac{G^*(s)}{1+GH^*(s)}R^*(s) \tag{7.4-11}$$

对式(7.4-10)与式(7.4-11)取 z 变换得

$$E(z)=\frac{1}{1+GH(z)}R(z) \tag{7.4-12}$$

$$C(z)=\frac{G(z)}{1+GH(z)}R(z) \tag{7.4-13}$$

由式(7.4-12)与式(7.4-13) 分别定义

$$\Phi_{\mathrm{e}}(z)=\frac{E(z)}{R(z)}=\frac{1}{1+GH(z)} \tag{7.4-14}$$

$$\Phi(z)=\frac{C(z)}{R(z)}=\frac{G(z)}{1+GH(z)} \tag{7.4-15}$$

式(7.4-14)与式(7.4-15)分别为图 7.4-5 所示闭环离散系统的闭环误差脉冲传递函数与闭环脉冲传递函数。

必须指出，闭环系统的脉冲传递函数不能从闭环传递函数 $\Phi(s)$ 与 $\Phi_{\mathrm{e}}(s)$ 直接求它们的 z 变换得到，即

$$\Phi(z)\neq \mathscr{Z}[\Phi(s)]，\ \Phi_{\mathrm{e}}(z)\neq \mathscr{Z}[\Phi_{\mathrm{e}}(s)]$$

采用与上面类似的方法，还可以推导出采样器为不同配置形式的其他闭环系统的脉冲传递函数。图 7.4-6 是一个具有数字控制器的离散系统，其闭环脉冲传递函数的推导过程如下。

由图 7.4-6 得 $$C(s)=G(s)U^*(s)，\ U(s)=D(s)E^*(s)$$

对 $U(s)$ 离散化，得 $$U^*(s)=D^*(s)E^*(s)，\ C(s)=G(s)D^*(s)E^*(s)$$

因为 $$E(s)=R(s)-C(s)H(s)=R(s)-G(s)H(s)D^*(s)E^*(s)$$

离散化后得 $$E^*(s)=R^*(s)-GH^*(s)D^*(s)E^*(s)$$

整理得 $$E^*(s)=\frac{R^*(s)}{1+GH^*(s)D^*(s)}$$

又因为 $$C^*(s)=[G(s)D^*(s)E^*(s)]^*=G^*(s)D^*(s)E^*(s)=\frac{G^*(s)D^*(s)}{1+GH^*(s)D^*(s)}R^*(s)$$

对上式取 z 变换得图 7.4-6 所示脉冲传递函数为

$$\Phi(z)=\frac{C(z)}{R(z)}=\frac{G(z)D(z)}{1+GH(z)D(z)}$$

但是，只要误差信号 e(t)处没有采样开关，输入采样信号 $r^*(t)$ （包括虚构的 $r^*(t)$）便不存在，此时不可能求出闭环离散系统对于输入量的脉冲传递函数，而只能求出输出采样信号的 z 变换 $C(z)$ 。如图 7.4-7 所示就是这样的系统，其脉冲传递函数的推导如下。

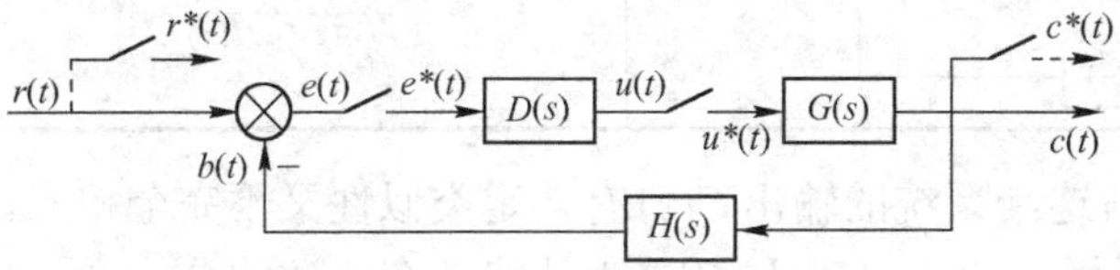

图 7.4-6　带数字控制器的离散系统

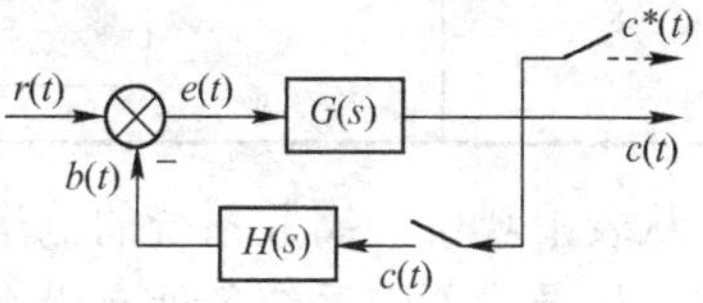

图 7.4-7　误差无采样开关的离散系统

由图 7.4-7 得 $$C(s)=G(s)E(s)，\ E(s)=R(s)-H(s)C^*(s)$$

所以 $$C(s)=G(s)R(s)-G(s)H(s)C^*(s)$$

等式两边离散化得 $$C^*(s)=GR^*(s)-GH^*(s)C^*(s)$$

整理得 $$C^*(s)=\frac{GR^*(s)}{1+GH^*(s)}$$

对上式取 z 变换得 $$C(z)=\frac{GR(z)}{1+GH(z)}$$

由于从上式得不出 $C(z)/R(z)$ ，因此求不出闭环脉冲传递函数，但可以求出闭环系统的采样输出信号 $C(z)$ 。

对于采样器在闭环系统中具有各种配置的闭环离散系统典型结构图，及其输出采样信号的 z 变换函数 $C(z)$，可参见表 7.4-1。

表 7.4-1　几种常见的离散系统

序号	系统结构图	$C(z)$ 计算式
1	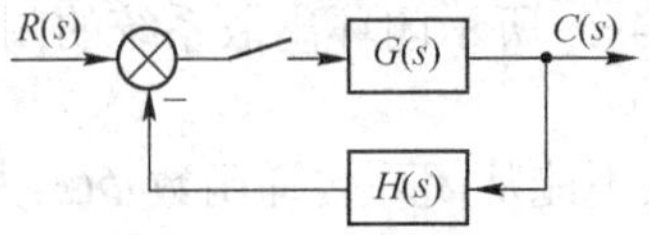	$\frac{G(z)R(z)}{1+GH(z)}$
2	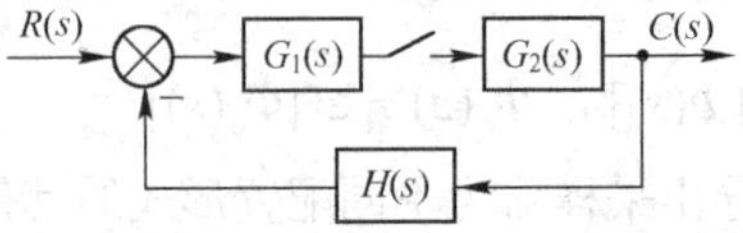	$\frac{RG_1(z)G_2(z)}{1+G_2HG_1(z)}$
3	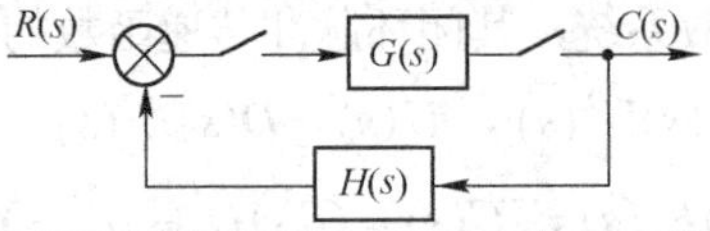	$\frac{G(z)R(z)}{1+G(z)H(z)}$
4	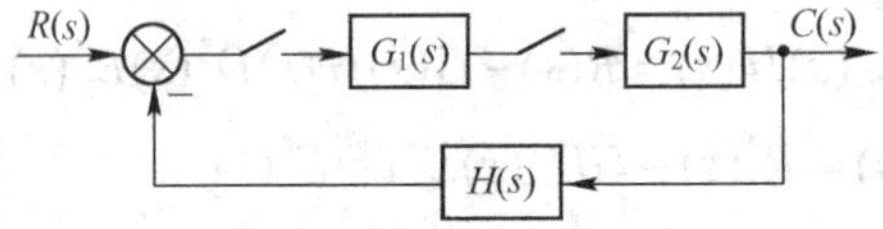	$\frac{G_1(z)G_2(z)R(z)}{1+G_1(z)G_2H(z)}$
5	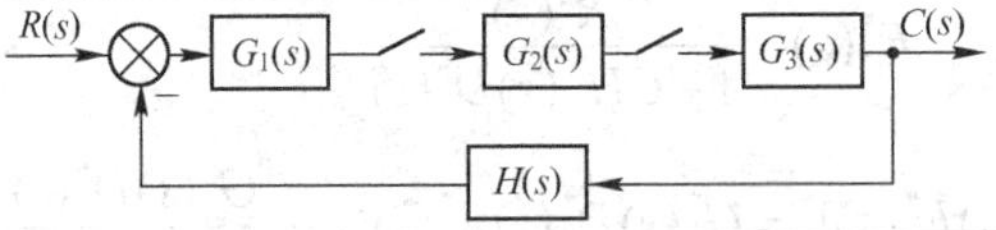	$\frac{RG_1(z)G_2(z)G_3(z)}{1+G_2(z)G_1G_3H(z)}$
6	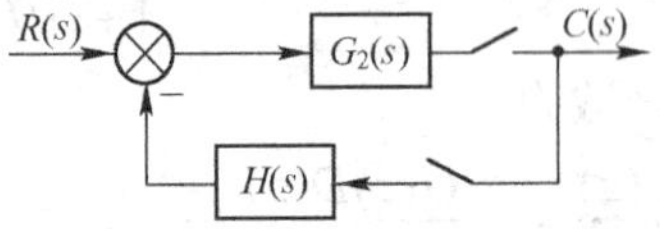	$\frac{RG(z)}{1+GH(z)}$
7	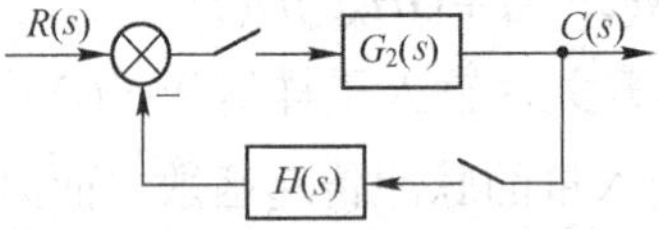	$\frac{G(z)R(z)}{1+G(z)H(z)}$
8	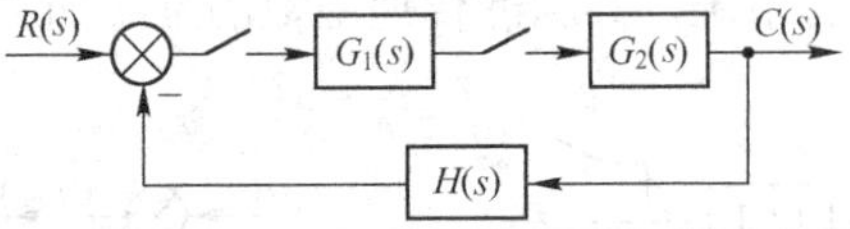	$\frac{G_1(z)G_2(z)R(z)}{1+G_1(z)G_2H(z)}$

从表中观察，离散系统的输出 $C(z)$ 与连续系统的输出 $C(s)$ 有一定类似性又不完全相同。相同之处是：不管系统各处有没有设置采样开关，$C(z)$ 与 $C(s)$ 表达式都有一致的分式及字母顺序。不同之处是：对于各系统的采样开关的设置不同，有些式子表现为几个乘积后的 z 变换，而有些是取了 z 变换的乘积。如果表现为几个环节乘积后的 z 变换，则说明这几个环节之间没有采样开关。如果表现为取了 z 变换的乘积，那么说明这几个环节相连接的地方都有采样开关。所以只要求出没有采样开关对应连续系统的输出 $C(s)$，就可以观察离散系统的采样开关的位置，直接由 $C(s)$ 直接写出 $C(z)$。

以表 7.4-1 中第 4 个系统为例，容易得到该离散系统对应的连续系统的输出为

$$C(s)=\frac{G_1(s)G_2(s)R(s)}{1+G_1(s)G_2(s)H(s)}$$

观察系统的结构知 R、G_1、G_2 之间都有采样开关，G_1 与 G_2、H 之间也有采样开关隔离，只有 G_2 与 H 没有采样开关，所以得

$$C(z)=\frac{G_1(z)G_2(z)R(z)}{1+G_1(z)G_2H(z)}$$

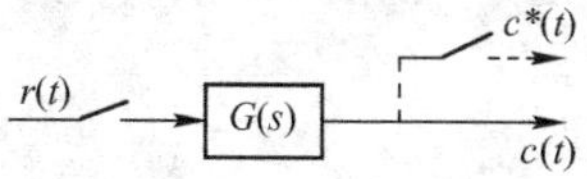

图 7.4-8　离散控制系统

结果与表 7.4-2 是一致的。

对图 7.4-8 所示离散控制系统，若系统的输入 $r(t)=\delta(t)$，则 $C(s)=G(s)$。根据拉氏变换的初值定理，得

$$c(0_+)=\lim_{s\to\infty}sC(s)=\lim_{s\to\infty}sG(s)$$

设 $G(s)=U(s)/V(s)$，其中 $U(s)$ 中 s 的最高阶次为 m，$V(s)$ 中 s 的最高阶次为 n。

如果 $n-m\geqslant 2$，则上式右方的极限值等于零；反之，若 $n-m<2$，且在采样信号后没有零阶保持器，则用上述方法求出 $C(z)$，再用 z 反变换法求出的 $c^*(t)$ 将与实际输出的连续信号 $c(t)$ 有很大的差异，这是用 z 变换法分析离散系统的一个局限之处。对此，举例说明如下。

【例 7-15】 设图 7.4-8 中 $G(s)=\frac{1}{s+1}$，$r(t)=1(t)$，采样周期 $T=1\,\text{s}$，试求 $c^*(t)$ 与 $c(t)$ 并进行比较。

解：因为 $G(z)=\frac{z}{z-\mathrm{e}^{-T}}=\frac{z}{z-0.368}$，$R(z)=\frac{z}{z-1}$，由表 7.4-1 中序号 1 所表示的离散系统知

$$C(z)=G(z)R(z)=\frac{z^2}{z^2-1.368z+0.368}=1+1.368z^{-1}+1.5z^{-2}+1.55z^{-3}+1.56z^{-4}+\cdots$$

上式取 z 反变换，得输出采样信号为

$$c^*(t)=\delta(t)+1.368\delta(t-1)+1.5\delta(t-2)+1.55\delta(t-3)+1.56\delta(t-4)+\cdots$$

于是可以画出 $c(t)$ 在采样瞬间的值 $c(kT)$（$T=1$，$k=0,1,2,\ldots$），如图 7.4-9 (a) 所示。

由式 7.3-1 得

$$R^*(s)=\mathcal{L}[r^*(t)]=\sum_{k=0}^{\infty}r(kT)\mathrm{e}^{-kTs}=\sum_{k=0}^{\infty}\mathrm{e}^{-ks}$$

$$C(s)=G(s)R^*(s)=\frac{1}{s+1}\sum_{k=0}^{\infty}\mathrm{e}^{-ks}$$

$$c(t)=\sum_{k=0}^{\infty}\mathrm{e}^{-(t+k)}$$

所示的输出相当于无穷多个 $\mathrm{e}^{-(t+k)}$ 信号叠加，其中 $k=0$ 对应的是 e^{-t}，$k=1,2,\cdots$ 分别是信号 e^{-t} 延迟 1s，2s，…的结果，输出波形如图 7.4-9 (b) 所示。

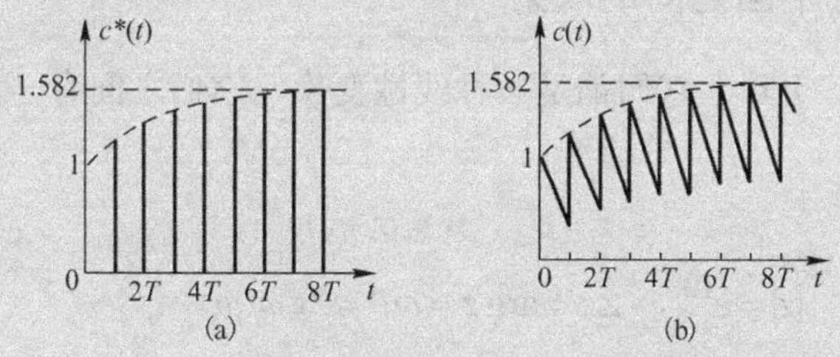

图 7.4-9　例 7-15 采样输出与连续输出

图 7.4-9 (a) 和 (b) 为同一个一阶系统的采样输出与离散输出，$c^*(t)$ 与 $c(t)$ 有很大差别。这是因为 $G(s)=U(s)/V(s)$ 中 $U(s)$ 的 s 最高阶次为 m 与 $V(s)$ 的 s 最高阶次为 n 不满足 $n-m\geqslant 2$，且在采样信号后没有零阶保持器造成的。若在采样信号后加上零阶保持器，就不会有这种情况。零阶保持器的传递函数为 $\frac{1-\mathrm{e}^{-Ts}}{s}$，如图 7.4-10 所示。

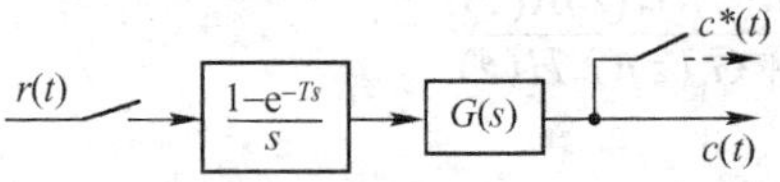

图 7.4-10　采样输入后带零阶保持器的离散系统

【例 7-16】　设图 7.4-10 中 $G(s)=\dfrac{1}{s+1}$，$r(t)=1(t)$，采样周期 $T=1\text{s}$，试求 $c^*(t)$ 与 $c(t)$ 并进行比较。

解：由式(7.4-9)知　$\mathscr{Z}\left[\dfrac{1-\mathrm{e}^{-aT}}{s}G(s)\right]=(1-z^{-1})\mathscr{Z}\left[\dfrac{G(s)}{s}\right]=\dfrac{z-1}{z}\left(\dfrac{z}{z-1}-\dfrac{z}{z-0.368}\right)$

$$=\frac{0.632(z-1)}{z^2-1.368z+0.368}$$

所以　$$C(z)=\frac{0.632z}{z^2-1.368z+0.368}=0.632z^{-1}+0.865z^{-2}+0.950z^{-3}+0.982z^{-4}+\cdots$$

从而　$$c^*(t)=0.632\ \delta(t-1)+0.865\ \delta(t-2)+0.950\ \delta(t-3)+0.982\ \delta(t-4)+\cdots \tag{7.4-16}$$

$$C(s)=\frac{1-\mathrm{e}^{-s}}{s}G(s)R^*(s)=\left(\frac{1}{s}-\frac{1}{s+1}\right)(1-\mathrm{e}^{-s})\sum_{k=0}^{\infty}\mathrm{e}^{-ks}=\left(\frac{1}{s}-\frac{1}{s+1}\right)\sum_{k=0}^{\infty}(\mathrm{e}^{-ks}-\mathrm{e}^{-(k+1)s})$$

$$=\frac{1}{s}-\frac{1}{s+1}$$

则　$$c(t)=1-\mathrm{e}^{-t} \tag{7.4-17}$$

比较式(7.4-16)与式(7.4-17)知，$c^*(t)$ 采样点的值都在 $c(t)$ 上，这说明在例 7-15 中的系统采样输入后加上零阶保持器，采样输出与连续输出具有一致性。

7.5　离散控制系统的稳定性分析

与连续系统一样，稳定性同样是离散控制系统的重要特征。本节主要讨论如何在 z 域和 w 域中分析离散系统的稳定性，同时给出计算离散系统稳态误差的方法。

为了把连续系统在 s 平面上分析稳定性的结果应用到在 z 平面上分析离散系统的稳定性，首先需要研究 s 平面与 z 平面的映射关系。

7.5.1　s 平面与 z 平面之间的映射

从 s 变换到 z 变换，实际上它们都是一种线性变换，它们之间有一定联系，即相互的映射关系。因为

$$z=\mathrm{e}^{Ts},\quad s=\sigma+\mathrm{j}\omega \tag{7.5-1}$$

则得　$$|z|=\mathrm{e}^{T\sigma},\quad \angle z=\arg z=\omega T=2\pi\omega/\omega_{\mathrm{s}} \tag{7.5-2}$$

从式(7.5-1)可以看出 s 是复数，z 也是复数，$z=\mathrm{e}^{Ts}$ 实际上是一种复数到复数映射关系。在 s 左半平面内，由于 $\sigma<0$，因而 z 的模值对应在 0 和 1 之间变化，对应的正好是 z 的单位圆内。s 平面的虚轴，即 $\sigma=0$，对应于 z 的模值为 1，也就是对应 z 平面上单位圆的圆周。s 平面的右半平面，即 $\sigma>0$，对应于 z 的模值大于 1，也就是对应 z 平面上单位圆的外面。令 $\sigma=0$，相当于取 s 平面的虚轴，当 ω 从 $-\infty$ 变到 ∞ 时，由式(7.5-2)知，映射到 z 平面的单位圆上。只是当 s 平面上的点沿虚轴从 $-\infty$ 移到 ∞ 时，z 平面上的相应点已经沿着单位圆逆时针转过了无穷多圈而已。容易看出，当虚轴上的代表点 $\omega=-\omega_{\mathrm{s}}/2$ 上移动到 $\omega=\omega_{\mathrm{s}}/2$，而 s 实部

$\sigma=0$不变时，则其在z平面上的映射围绕单位圆逆时针转了一圈。而当s平面上的点在虚轴上从$\omega_s/2$移动到$3\omega_s/2$时，z平面上的相应点又将逆时针沿单位圆转过一圈。依此类推，当代表点的ω值每增加一个ω_s量，则其在z平面上的映射都是增加一个重叠的单位圆。

由上述分析可以清楚地看出，s左半平面上每—条宽度为ω_s的条形带都映射到z平面上的的单位圆内，如图 7.5-1 所示。把ω由$-\omega_s/2\sim\omega_s/2$之间的条形带称为主要带，其余的条形带都称为次要带，由于实际系统的频带宽度总是有限的，其截止频率一般远低于采样频率ω_s，因而在分析和设计离散系统时，最为重要的是与主要带相对应的第一个单位圆。

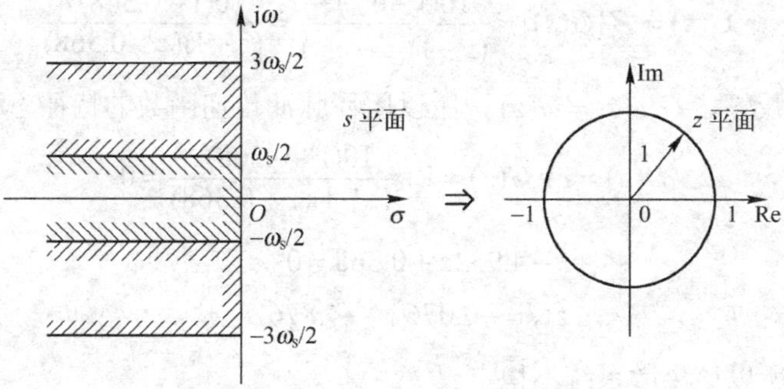

图 7.5-1　s 平面向 z 平面的映射

7.5.2　z 平面上的稳定性分析方法

设离散系统的闭环传递函数为$\Phi^*(s)$,令$z=\mathrm{e}^{Ts}$可得相应的脉冲传递函数$\Phi(z)$。由连续系统的稳定性分析的结论可知，$\Phi^*(s)$代表的系统稳定的充分必要条件是其极点$s=p_i\,(i=1,2,\cdots,n)$全部分布在s平面的左半平面。由于从$\Phi^*(s)$到$\Phi(z)$是一种复映射，由$z=\mathrm{e}^{Tp_i}\,(i=1,2,\cdots,n)$可得到$\Phi(z)$的极点。$p_i$的实部都小于零，等价于$|z|<1$，$\Phi(z)$稳定的充分必要条件是$\Phi(z)$的极点全部在$z$平面上以原点为圆心的单位圆内。

由离散系统的脉冲响应也可以得到同样的结论。设系统的输入、输出关系为

$$C(z)=\Phi(z)R(z) \tag{7.5-3}$$

其中，$\Phi(z)$为系统的闭环脉冲传递函数，它一般为关于z的有理分式，即可表示为

$$\Phi(z)=\frac{\sum_{i=0}^{m}b_i z^{m-i}}{\sum_{i=0}^{n}a_i z^{n-i}}=\sum_{i=1}^{n}\frac{A_i}{z-z_i}$$

上式中，z_i为闭环脉冲传递函数的极点。令输入$r(t)=\delta(t)$，则$R(z)=1$，故得

$$C(z)=\Phi(z)=\sum_{i=1}^{n}\frac{A_i}{z-z_i} \tag{7.5-4}$$

对式(7.5-4)取z反变换得

$$c(kT)=\sum_{i=1}^{n}A_i z_i^{k-1}\,,\quad k=0,1,2,\cdots \tag{7.5-5}$$

由式(7.5-5)可知，若$|z_i|<1$，$i=1,2,\cdots,n$，则系统的所有极点都位于z平面上以坐标原点为圆心的单位圆内。在这样的情况下，当$k\to\infty$时，$c(kT)$最终会衰减为零，即

$$c(\infty)=\lim_{k\to\infty}c(kT)=\lim_{k\to\infty}\sum_{i=1}^{n}A_i z_i^{k-1}=0$$

由此得出离散系统稳定的充分必要条件与上述一致，即闭环脉冲传递函数 $\Phi(z)$ 的极点全部在 z 平面上以原点为圆心的单位圆内。

【例 7-17】 设离散系统如图 7.4-5 所示，其中 $G(s)=\dfrac{10}{s(s+1)}$，$H(s)=1$，$T=1$。试分析该系统的稳定性。

解：因为 $$G(z)=\mathscr{Z}[G(s)]=\frac{10(1-e^{-1})z}{(z-1)(z-e^{-1})}=\frac{10(1-0.368)z}{(z-1)(z-0.368)}$$

又因为是单位反馈，$GH(z)=G(z)$，所以闭环脉冲传递函数的特征方程为

$$D(z)=1+G(z)=1+\frac{10(1-0.368)z}{(z-1)(z-0.368)}=0$$

即 $$z^2+4.952z+0.368=0$$

解得 $$z_{1,2}=-0.076,\ -4.876$$

因为 $|z_2|>1$，所以该离散系统不稳定。

当闭环脉冲传递函数的特征方程是高次方时，难以直接求解出特征方程的根，所以我们要寻求其他更方便的方法判断其稳定性。

7.5.3 双线变换性

如前所述，直接解出闭环脉冲传递函数的极点较为困难，希望能够采用类似劳斯判据的方法来判断闭环脉冲传递函数的极点是否在 z 平面以原点为圆心的单位圆内，进而判断其稳定性。显然劳斯判据实际上也是一种判断高次方程是否全部具有负实部根的一种方法。而对于闭环脉冲传递函数的特征方程，需要判断的是其特征根是否在单位圆内。通过一种线性复变换，使 z 平面上以原点为圆心的单位圆正好映射到另一复平面的左半平面，这样就可以用劳斯判据来判断其稳定性了。同样奈氏判据也可以用于离散控制系统。

实现上述要求的一种常用的变换就是双线性变换，又名 w 变换。令

$$z=\frac{w+1}{w-1} \tag{7.5-6}$$

或

$$w=\frac{z+1}{z-1} \tag{7.5-7}$$

其中复数 $w=u+\mathrm{j}v$。由式(7.5-6)观察可知，当 $\mathrm{Re}(w)=u<0$ 时，则 $|\mathrm{Re}(w)+1|<|\mathrm{Re}(w)-1|$，而 $\mathrm{Im}(w+1)=\mathrm{Im}(w-1)=v$，所以有

$$|w+1|<|w-1|,\quad \mathrm{Re}(w)<0$$

同理可得 $$|w+1|=|w-1|,\quad \mathrm{Re}(w)=0$$

$$|w+1|>|w-1|,\quad \mathrm{Re}(w)>0$$

所以有 $$|z|<1,\quad \mathrm{Re}(w)<0 \tag{7.5-8}$$

$$|z|=1,\quad \mathrm{Re}(w)=0 \tag{7.5-9}$$

$$|z|>1,\quad \mathrm{Re}(w)>0 \tag{7.5-10}$$

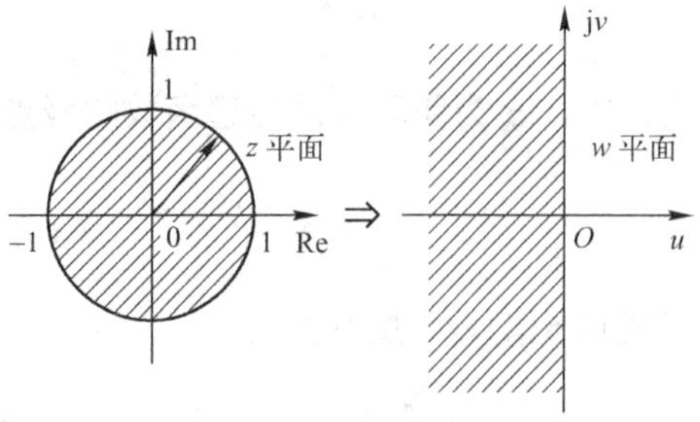

图 7.5-2　z 平面到 w 平面的映射

式(7.5-8)、式(7.5-9)和式(7.5-10)表明，z 平面以原点为圆心单位圆内的部分映射到 w 平面的左半平面，圆周映射到 w 平面的虚轴上，圆外部分映射到 w 平面的右半平面，如图 7.5-2 所示。

7.5.4 w 平面上的稳定性分析方法

由上述的分析可知，通过式(7.5-6)，可将线性定常离散系统在 z 平面上的特征方程 $D(z)=1+GH(z)=0$，转换为在 w 平面上的特征方程 $F(w)=0$。于是，离散系统稳定的充分必要条件，由特征方程 $1+GH(z)=0$ 的所有根位于 z 平面上的单位圆内，转换为特征方程 $F(w)=0$ 的所有根位于左半 w 平面。这后一种情况正好与在 s 平面上应用劳斯稳定判据的情况一样，所以根据 w 域中的特征方程系数，可以直接应用劳斯表判断离散系统的稳定性，并相应称为 w 域中的劳斯稳定判据。

【例 7-18】 一离散控制系统如图 7.5-3 所示。已知采样周期 $T=0.2\text{s}$，试用 w 平面上的稳定性分析方法分析该系统稳定的 K 值范围。

解： 系统的开环传递函数为

$$G(z)=\mathscr{Z}\left[\frac{K}{s(s+3)}\right]=\mathscr{Z}\left[\frac{K}{3}\left(\frac{1}{s}-\frac{1}{s+3}\right)\right]=\frac{K}{3}\left(\frac{z}{z-1}-\frac{z}{z-\mathrm{e}^{-3T}}\right)=\frac{K(1-\mathrm{e}^{-3T})z}{3(z-1)(z-\mathrm{e}^{-3T})}$$

对应的闭环特征方程为

$$1+G(z)=(z-1)(z-\mathrm{e}^{-3T})+\frac{K(1-\mathrm{e}^{-3T})z}{3}=0$$

将 $T=0.2\text{s}$ 代入上式，经整理后得

$$z^2+(0.150K-1.549)z+0.549=0$$

令 $z=\dfrac{w+1}{w-1}$，代入上式，经整理后得

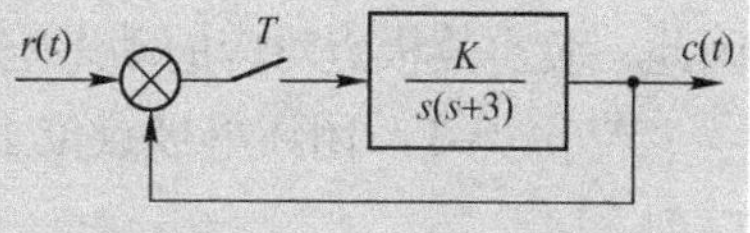

图 7.5-3 离散控制系统

$$0.150Kw^2+0.902w+2-0.150K=0$$

劳斯表为

w^2	$0.150K$	$2-0.150K$
w	0.902	
w^0	$2-0.150K$	

要使系统稳定，要求劳斯表第一列的系数全为正，所以得 $13.3>K>0$。

如果去掉采样开关，则是一个典型二阶连续系统，只要 $K>0$，系统总是稳定的，由此可见，采样具有降低系统稳定性的作用。

7.6 离散控制系统的时间响应

7.6.1 闭环极点与冲激响应的关系

前面用迭代法或 z 变换法求取了离散系统的瞬态响应。下面以系统的冲激响应为例，说明闭环极点与瞬态响应之间的关系。设系统的闭环脉冲传递函数为

$$\Phi(z)=C(z)/R(z)=U(z)/V(z)$$

当系统输入为 $\delta(t)$ 时，其输出为

$$C(z)=U(z)/V(z) \tag{7.6-1}$$

为使分析简单起见，假设 $\Phi(z)$ 无重极点，则式(7.6-1)可改写为

$$C(z)=\frac{U(z)}{V(z)}=\frac{\sum_{i=0}^{m}b_i z^{m-i}}{\sum_{i=0}^{n}a_i z^{n-i}}=\frac{b_0\prod_{i=1}^{m}(z-z_i)}{a_0\prod_{i=1}^{n}(z-p_i)}=\sum_{i=1}^{n}\frac{A_i}{z-p_i}$$

对上式取 z 反变换得

$$c(kT)=\sum_{i=1}^{n}A_i p_i^{k-1}，\quad k=0,1,2,\cdots \tag{7.6-2}$$

式中，p_i 为闭环极点，$\sum_{i=1}^{n}A_i p_i^{k-1}$ 为响应的 n 个瞬态分量。

1．正实轴上的闭环单极点

设 p_i 为正实数，正实轴上的闭环极点对应指数规律变化的动态过程形式。

若 $p_i>1$，闭环单极点位于 z 平面上单位圆外的正实轴上，其各瞬态分量是按指数规律发散的脉冲序列；

若 $p_i=1$，闭环单极点位于右半 z 平面上的单位圆周上，其各瞬态分量分量为等幅脉冲序列；

若 $p_i<1$，闭环单极点位于 z 平面上单位圆内的正实轴上，其各瞬态分量是按指数规律收敛的脉冲序列，且 p_i 越接近原点，各分量衰减越快。

2．负实轴上的闭环单极点

设 p_i 为负实数，由式(7.6-2)可见，当 k 为奇数时 $c(kT)$ 为正；当 k 为偶数时 $c(kT)$ 为负。因此，负实数极点对应的动态响应 $c(kT)$ 是交替变号的双向脉冲序列。

若 $p_i<-1$，闭环单极点位于 z 平面单位圆外的负实轴上，则 $c(kT)$ 为交替变号的发散脉冲序列；

若 $p_i=-1$，闭环单极点位于左半 z 平面的单位圆周上，则 $c(kT)$ 为交替变号的等幅脉冲序列；

若 $p_i>-1$，闭环单极点位于 z 平面上单位圆内的负实轴上，则 $c(kT)$ 为交替变号的衰减脉冲序列，且 p_i 离原点越近，$c(kT)$ 衰减越快。

综上所述，若闭环实数极点位于右半 z 平面，则输出动态响应形式为单向正脉冲序列。实极点位于单位圆内，脉冲序列收敛，且实极点越接近原点，收敛越快；实极点位于单位圆上，脉冲序列等幅变化；实极点位于单位圆外，脉冲序列发散。

若闭环实数极点位于左半 z 平面，则输出动态响应形式为双向交替脉冲序列。实极点位于单位圆内，双向脉冲序列收敛；实极点位于单位圆上，双向脉冲序列等幅变化；实极点位于单位圆外，双向脉冲序列发散。

3．共轭闭环极点

设一对共轭极点为 p_i 和 $\bar{p}_i$，用极坐标表示为 $p_i=|p_i|\mathrm{e}^{\mathrm{j}\theta_i}$，$\bar{p}_i=|p_i|\mathrm{e}^{-\mathrm{j}\theta_i}$，由它们产生的瞬态响应为

$$c_i(kT)=A_i p_i^{\,k}+\bar{A}_i\bar{p}_i^{\,k}=A_i|p_i|^k\mathrm{e}^{\mathrm{j}k\theta_i}+\bar{A}_i|p_i|^k\mathrm{e}^{-\mathrm{j}k\theta_i}$$

因为 $c_i(kT)$ 是实数，所以系数 A_i 和 $\overline{A}$ 应是共轭的。令 $A_i=|A_i|e^{j\phi_i}$，$\overline{A}_i=|A_i|e^{-j\phi_i}$，代入上式得

$$c_i(k)=|A_i||p_i|^k e^{j(k\theta_i+\phi_i)}+|A_i||p_i|^k e^{-j(k\theta_i+\phi_i)}=2|A_i||p_i|^k\cos(k\theta_i+\phi_i) \tag{7.6-3}$$

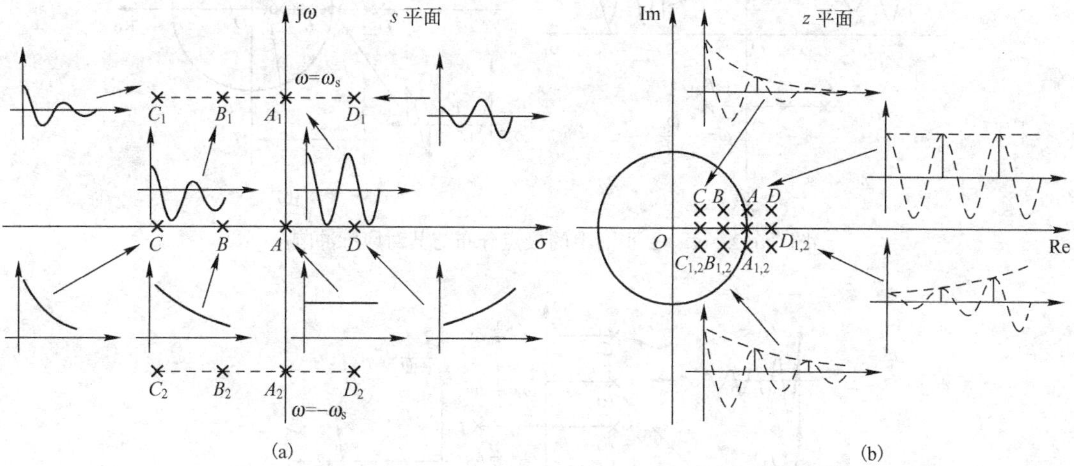

图 7.6-1　s、z 平面上的极点分布及其对应的脉冲响应

由式(7.6-3)可知，一对共轭极点所产生的瞬态分量呈振荡形式；当 $|p_i|<1$，即极点位于单位圆内时，则对应的瞬态分量是一衰减的振荡函数。极点 p_i 距坐标原点越近，瞬态分量衰减得越快。若 $|p_i|\geqslant 1$，则对应的瞬态分量呈等幅或发散状态，此时系统为临界稳定或不稳定。

根据 s 平面与 z 平面的映射关系，下面进一步分析 s 平面上不同的闭环极点与其脉冲响应的对应关系；

（1）$s=\delta+j\omega_s$，在图 7.6-1(a)中表示出了实部不同，虚部 ω_s 均为 4 对共轭极点和 4 个实数极点。由于 $\omega_s=2\pi/T$，$z=e^{Ts}=e^{T\sigma}\angle 2\pi$，因而图中所示的极点均映射到 z 平面的正实轴上，如图 7.6-1(b)所示。显然，这 4 对共轭极点所对应的脉冲响应都具有振荡性质，但经过采样后，都变成了一个单调的变化过程，这是由于振荡频率与采样频率相等之故。所以，在一个完整的振荡周期内只采样一次，获得一个采样值，从而使采样后的脉冲序列不能反映原有脉冲响应的变换规律。

（2）$s=\delta+j\omega_s/2$，图 7.6-2(a)中给出了 4 对共轭极点和它们对应的脉冲响应。由于这些共轭极点的振荡频率 $\omega=\omega_s/2$，即 $z=e^{T\sigma}\angle T\omega=e^{T\sigma}\angle\pi$，因而它们都映射到 z 平面的负实轴上，如图 7.6-2(b)所示。因为 $\omega_s=2\omega$，表示信号在一个完整的振荡周期内，每隔 180° 被采样一次，共获得两个采样值，所以采样后的输出为正负交替的脉冲序列。

（3）$s_A=-\sigma\pm j\omega_s/8$，$s_B=-\sigma\pm j\omega_s/4$，$s_C=-\sigma\pm j\omega_s/3$，$s_D=\sigma\pm j\omega_s/8$，图 7.6-3(a)中给出了 3 对实部为同一负值、虚部为不同的共轭极点及 1 对实部为正的共轭极点以及它们对应的脉冲响应。这些极点映射到 z 平面上的位置，如图 7.6-3(b)所示。因为振荡频率分别为 $\omega_s/8$、$\omega_s/4$ 和 $\omega_s/3$，所以在一个完整的振荡周期内采样的次数分别为 8、4 和 3 次，即一个周期内分别获得 8、4 和 3 个采样值。

综上所述，为了实现系统瞬态响应的快速性和在一个完整的振荡周期内获得较多的采样值，必须把闭环极点尽可能地配置在 z 平面上单位圆内正实轴的附近，且距坐标原点的距离较小。

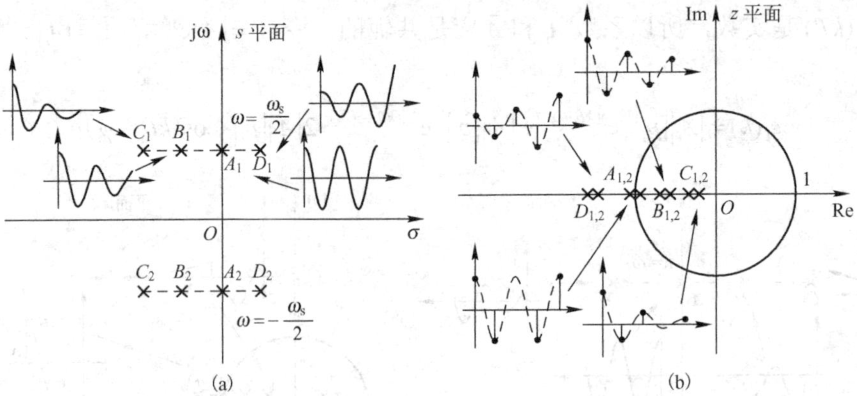

图 7.6-2　s 、z 平面上的极点分布与其对应脉冲响应

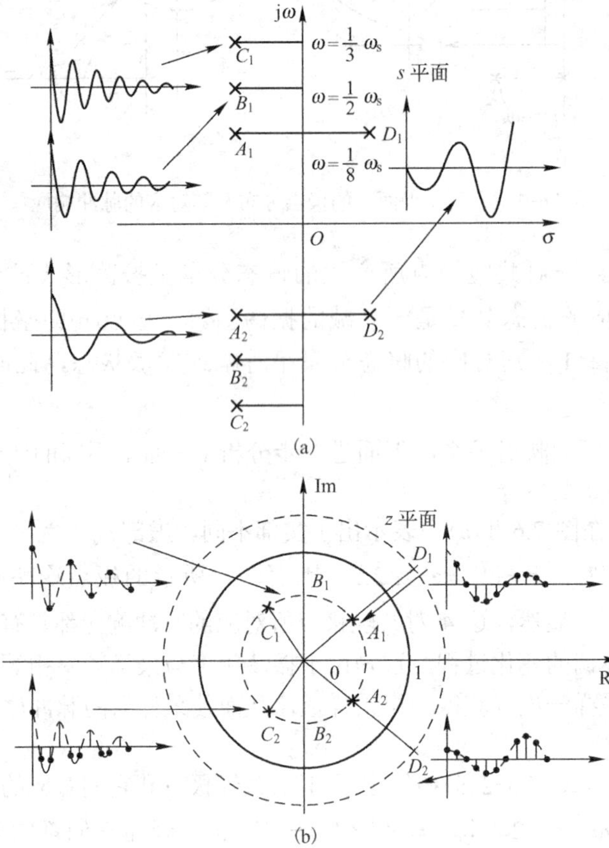

图 7.6-3　s 、z 平面上的极点分布与其脉冲响应的对应关系

7.6.2　离散系统的动态响应指标

应用 z 变换法分析线性定常离散系统的动态性能，通常有时域法、根轨迹法和频域法，其中时域法最简便。下面主要介绍在时域中如何求取离散系统的时间响应及其动态性能指标。

1. 离散系统的动态响应

在已知离散系统结构和参数情况下，应用 z 变换法分析系统动态性能时，通常假定外作用为单位阶跃函数 $1(t)$ 。且设离散系统闭环脉冲函数为 $\Phi(z)=C(z)/R(z)$ ，则输出为

$$C(z)=\Phi(z)R(z)=\frac{z}{z-1}\Phi(z)$$

将上式展成幂级数，通过 z 反变换，可以求出输出信号的脉冲序列 $c^*(t)$ 。

$c^*(t)$ 代表线性定常离散系统在单位阶跃输入作用下的响应过程。由于离散系统时域指标的定义与连续系统相同，故根据单位阶跃响应曲线 $c^*(t)$ 可以方便地分析离散系统的动态性能指标。

如果无法求出离散系统的闭环脉冲传递函数 $\Phi(z)$ ，但从表 7.4-1 可知， $C(z)$ 的表达式总是可以写出的，因而也可以求取 $c^*(t)$ 并求取其动态性能指标。

【例 7-19】 设有零阶保持器的离散系统如图 7.6-4 所示，其中 $r(t)=1(t)$ ， $T=1\text{s}$ ， $K=1$ 。试分析该系统的动态性能。

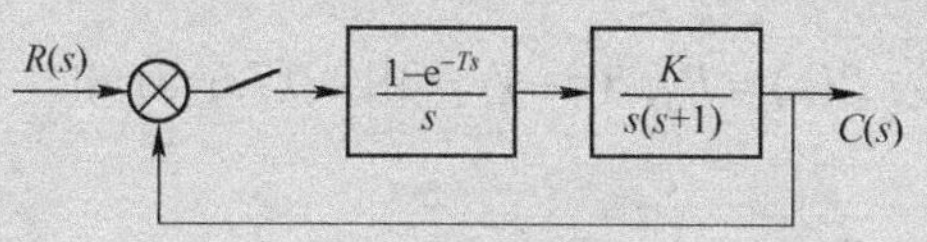

图 7.6-4 带零阶保持器的离散系统

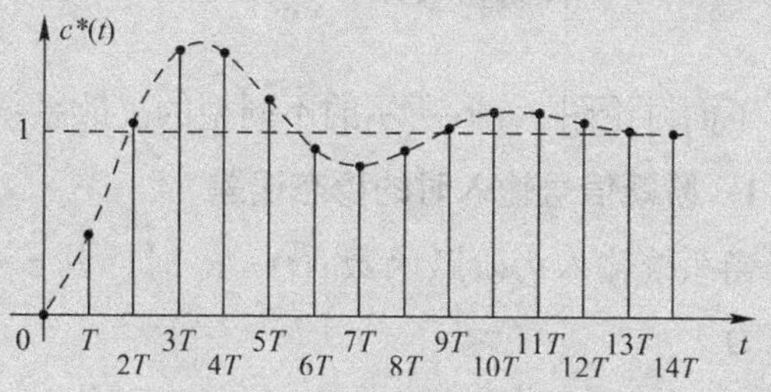

图 7.6-5 离散系统的脉冲序列

解：先求开环脉冲传递函数 $G(z)$ 。因为

$$G(z)=(1-z^{-1})\mathscr{Z}\left[\frac{1}{s^2(s+1)}\right]=\frac{0.368z+0.264}{z^2-1.368z+0.368}$$

所以 $$C(z)=\frac{G(z)}{1+G(z)}R(z)=\frac{0.368z+0.264}{z^2-z+0.632}\cdot\frac{z}{z-1}=\frac{0.368z^2+0.264z}{z^3-2z^2+1.632z-0.632}$$

$$=0.368z^{-1}+z^{-2}+1.4z^{-3}+1.4z^{-4}+1.147z^{-5}+0.895z^{-6}+0.802z^{-7}+0.868z^{-8}+\cdots$$

基于 z 变换定义，由上式求得系统在单位阶跃输入作用下的输出序列 $c(kT)$ 为 $c(0T)=0$ ， $c(1T)=0.368$ ， $c(2T)=1$ ， $c(3T)=1.4$ ， $c(4T)=1.4$ ， $c(5T)=1.147$ ， $c(6T)=0.895$ ， $c(7T)=0.802$ ， $c(8T)=0.868$ ， $c(9T)=0.993$ ， $c(10T)=1.077$ ， $c(11T)=1.081$ ， $c(12T)=1.032$ ， $c(13T)=0.981$ ， $c(14T)=0.961$ ，…。

根据上述 $c(kT)$ ($k=0,1,2,\cdots$)的值，可以绘出离散系统的单位阶跃响应 $c^*(t)$ ，如图 7.6-5 所示。由图可以求得给定离散系统的近似性能指标：上升时间 $t_r=2\text{s}$ ，峰值时间 $t_p=4\text{s}$ ，调节时间 $t_s=12\text{s}$ ，超调量 $M_p\%=40\%$ 。

必须指出，由于离散系统的时域性能指标只能按采样周期整数倍的采样值来计算，所以是近似的。

7.6.3 离散系统的稳态误差

在连续系统中，稳态误差的计算可以采用两种方法进行：一种方法是建立在拉氏变换终值定理基础上的，可以求出系统的稳态误差；另一种方法是从系统误差传递函数出发的动态误差系数法，可以求出系统动态误差的稳态分量。以上两种方法在一定条件下都可以推广到离散系统。

由于离散系统没有唯一的典型结构图形式，所以误差脉冲传递函数 $\Phi_e(z)$ 也给不出一般的计算公式。这里介绍利用终值定理方法，采取与连续系统类似的方法求取离散系统的稳态误

差。不失一般性，设离散系统的框图如图 7.6-6 所示。该系统的误差为

$$E(z)=\frac{1}{1+GH(z)}R(z) \tag{7.6-4}$$

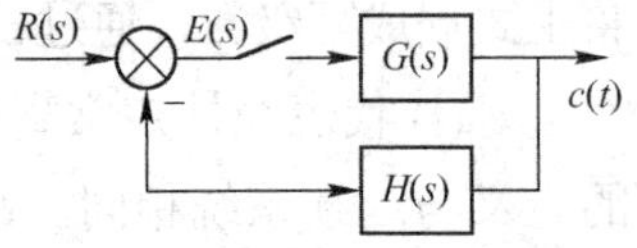

图 7.6-6 离散控制系统

式中，$R(z)$ 为输入 $r(t)$ 的 z 变换，$GH(z)$ 为开环脉冲传递函数。假设系统是稳定的，则由 z 变换的终值定理可得

$$e_{ss}=\lim_{z\to 1}\left[(z-1)\frac{1}{1+GH(z)}R(z)\right] \tag{7.6-5}$$

与连续系统类似，定义 $$GH(z)=W(z)/(z-1)^{v}$$

式中 $W(z)$ 是关于 z 的有理分式，且其没有 $z=1$ 的极点，若 v 等于几，就称图 7.6-6 中的离散系统为几型系统，或称 v 型系统。$v=0,1,2,\cdots$ 的系统，分别称为 0 型、Ⅰ型、Ⅱ型、…系统。

下面讨论图 7.6-6 所示的不同型的离散系统在三种典型输入信号作用下的稳态误差。

1．阶跃信号输入时的稳态误差

当系统输入为阶跃函数 $r(t)=R_0$ 时，其 z 变换为 $R(z)=R_0z/(z-1)$，由式(7.6-5)知，稳态误差为

$$e_{ss}=\lim_{z\to 1}\left[(z-1)\frac{1}{1+GH(z)}\frac{R_0z}{z-1}\right]=\frac{R_0}{1+\lim\limits_{z\to 1}GH(z)}=\frac{R_0}{1+K_p} \tag{7.6-6}$$

式中，$K_p\overset{\text{def}}{=}\lim\limits_{z\to 1}[GH(z)]$ 定义为系统的静态位置误差系数。若 $GH(z)$ 为 0 型系统，K_p 为常数，从而 e_{ss} 为一常数 $\frac{R_0}{1+K_p}$；若 $GH(z)$ 为Ⅰ型或Ⅰ型以上的系统，则 $K_p=\infty$，从而 $e_{ss}=0$。

2．斜坡信号输入时的稳态误差

当系统输入为斜坡函数 $r(t)=v_0t$ 时，其 z 变换为 $R(z)=Tv_0z/(z-1)^2$，由式(7.6-5)知，稳态误差为

$$e_{ss}=\lim_{z\to 1}\left[(z-1)\frac{1}{1+GH(z)}\frac{Tv_0z}{(z-1)^2}\right]=\frac{v_0}{\frac{1}{T}\lim\limits_{z\to 1}[(z-1)GH(z)]}=\frac{v_0}{K_v} \tag{7.6-7}$$

式中，$K_v\overset{\text{def}}{=}\frac{1}{T}\lim\limits_{z\to 1}[(z-1)GH(z)]$ 定义为系统的静态速度误差系数。若 $GH(z)$ 为 0 型系统，由于它的开环 $GH(z)$ 没有 $z=1$ 的极点，所以 $K_v=0$，从而 $e_{ss}=\infty$。若系统为Ⅰ型系统，K_v 为常数值，对应的 e_{ss} 也为一常数。对于Ⅱ型及Ⅱ型以上的系统，因为 $K_v=\infty$，从而 $e_{ss}=0$。

3．抛物线信号输入时的稳态误差

当系统输入为抛物线函数 $r(t)=\frac{1}{2}a_0t^2$ 时，其 z 变换为 $R(z)=\frac{T^2a_0z(z+1)}{2(z-1)^3}$，由式(7.6-5)知，稳态误差为

$$e_{ss}=\lim_{z\to 1}\left[(z-1)\frac{1}{1+GH(z)}\frac{T^2a_0z(z+1)}{2(z-1)^3}\right]=\frac{a_0}{\frac{1}{T^2}\lim\limits_{z\to 1}[(z-1)^2GH(z)]}=\frac{a_0}{K_a} \tag{7.6-8}$$

式中，$K_a\overset{\text{def}}{=}\frac{1}{T^2}\lim\limits_{z\to 1}[(z-1)^2GH(z)]$ 定义为系统的静态加速度误差系数。若 $GH(z)$ 为 0 型或Ⅰ型系

统，由于 $K_a=0$，从而 $e_{ss}=\infty$。若系统为Ⅱ型系统，K_a 为常数值，对应的 e_{ss} 也为一常数。对于Ⅲ型及Ⅲ型以上的系统，因为 $K_a=\infty$，从而 $e_{ss}=0$。

表 7.6-1 列出了图 7.6-6 所示系统中，输入为上述三种典型输入信号时的稳态误差。

表 7.6-1　以静态误差系数表示的稳态误差

系统类型 \ 静态误差 \ 输入	$r(t)=R_0$	$r(t)=v_0t$	$r(t)=\frac{1}{2}a_0t^2$
0 型	$\frac{R_0}{1+K_p}$	∞	∞
Ⅰ型	0	v_0/K_v	∞
Ⅱ型	0	0	a_0/K_a
Ⅲ型	0	0	0

容易看出，上述所得在形式上与连续系统的稳态误差完全相同。离散系统的稳态误差除了与系统的结构、参数和输入信号有关外，还与系统的采样周期 T 的大小有关。减小采样周期 T，可以使系统的稳态误差减小。

7.7　离散控制系统的校正

线性离散系统的设计方法，主要有模拟化设计和离散化设计两种。模拟化设计方法是按照第 6 章中所述连续系统的设计方法设计校正装置 $D(s)$，并把它变换为离散形式的 $D(z)$。为了使 $D(z)$ 的特性接近于 $D(s)$，应选取较小的采样周期 T。离散化设计方法，又称直接数字法，其设计思路是把系统中连续部分的数学模型离散化，然后在 z 域中设计相应的数字控制器 $D(z)$。由于离散化设计方法比较简便，已能实现较复杂的控制规律，所以被广泛采用。

本节主要介绍直接数字设计法，研究数字控制器的脉冲传递函数 $D(z)$，最少拍控系统的设计以及数字校正装置的实现。

7.7.1　数字控制器的脉冲传递函数

设离散系统如图 7.7-1 所示。图中，$D(z)$ 为数字控制器（数字校正装置）的脉冲传递函数，$G(s)$ 为零阶保持器与被控对象的广义传递函数，$H(s)$ 为反馈测量装置的传递函数。设 $H(s)=1$，$G(s)$ 的 z 变换为 $G(z)$，由图可以求出系统的闭环脉冲传递函数

$$\Phi(z)=\frac{C(z)}{R(z)}=\frac{D(z)G(z)}{1+D(z)G(z)} \tag{7.7-1}$$

以及误差脉冲传递函数

$$\Phi_e(z)=\frac{E(z)}{R(z)}=\frac{1}{1+D(z)G(z)} \tag{7.7-2}$$

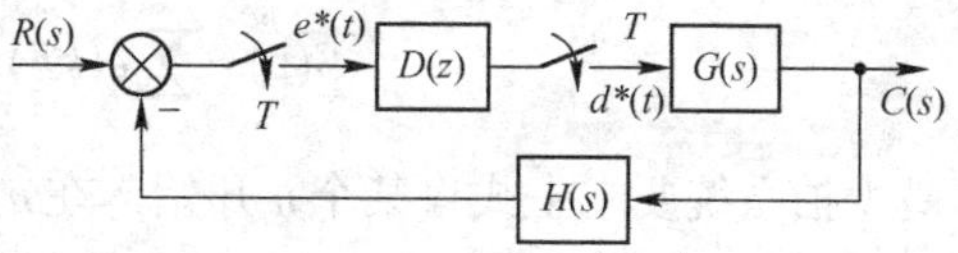

图 7.7-1　具有数字控制器的离散系统

则由式(7.7-1)和式(7.7-2)可以分别求出数字控制器的脉冲传递函数为

$$D(z)=\frac{\Phi(z)}{G(z)[1-\Phi(z)]} \tag{7.7-3}$$

或者

$$D(z)=\frac{1-\Phi_e(z)}{G(z)\Phi_e(z)} \tag{7.7-4}$$

由式(7.7-1)和(7.7-2)也可得到

$$\Phi_e(z)=1-\Phi(z) \tag{7.7-5}$$

离散系统的数字校正步骤是：根据对离散系统性能指标的要求，确定闭环脉冲传递函数 $\Phi(z)$ 或误差脉冲传递函数 $\Phi_e(z)$，然后利用式(7.7-3)或式(7.7-4)确定数字控制器的脉冲传递函数 $D(z)$，并加以实现。

上述仅是从理论上求出的数字控制器，要使所求的 $D(z)$ 能在实际中付诸实施，还必须满

足下列条件：

（1）$D(z)$ 必须是稳定的，即其极点均位于 z 平面上的单位圆内。

（2）$D(z)$ 必须满足物理上可实现的条件：其极点数 n 要大于或等于其零点数 m，即 $n \geqslant m$。这一条件表示系统当前时刻的输出值只与当前时刻的输入量和过去时刻的输入量、输出量有关，与系统未来的输入量无关。

7.7.2 最少拍系统设计

在采样过程中，通常称一个采样周期为一拍。所谓最少拍系统，是指在典型信号输入作用下，能以有限拍结束响应过程，且在采样时刻上无稳态误差的离散系统。

最少拍系统的设计，是针对典型输入作用进行的。常见的典型输入有单位阶跃函数、单位速度函数和单位加速度函数，其 z 变换分别为

$$\mathscr{Z}[1(t)]=\frac{z}{z-1}=\frac{1}{1-z^{-1}}, \quad \mathscr{Z}[t]=\frac{Tz}{(z-1)^2}=\frac{Tz^{-1}}{(1-z^{-1})^2}, \quad \mathscr{Z}[\frac{1}{2}t^2]=\frac{T^2z(z+1)}{2(z-1)^3}=\frac{T^2z^{-1}(1+z^{-1})}{2(1-z^{-1})^3}$$

因此，典型输入可表示为如下一般形式：

$$R(z)=A(z)/(1-z^{-1})^l \tag{7.7-6}$$

其中，$A(z)$ 是不含 $(1-z^{-1})$ 因子的 z^{-1} 多项式。例如：$r(t)=1(t)$ 时，$l=1$，且 $A(z)=1$；$r(t)=t$ 时，$l=2$，且 $A(z)=Tz^{-1}$；$r(t)=t^2/2$ 时，$l=3$，$A(z)=T^2[(z^{-1})^2+z^{-1}]/2$。

最少拍系统的设计原则是：若系统广义被控对象 $G(z)$ 无延迟且在 z 平面单位圆上及单位圆外无零极点，要求选择闭环脉冲传递函数 $\varPhi(z)$，使系统在典型输入作用下，经最少采样周期后能使输出序列在各采样时刻的稳态误差为零，达到完全跟踪的目的，从而确定所需要的数字控制器的脉冲传递函数 $D(z)$。

根据设计原则，需要求出稳态误差 e_{ss} 的表达式。由于误差信号 $e(t)$ 的 z 变换为

$$E(z)=\varPhi_e(z)R(z)=\frac{\varPhi_e(z)A(z)}{(1-z^{-1})^l} \tag{7.7-7}$$

由 z 变换定义，上式可写为

$$E(z)=\sum_{k=0}^{\infty}e(kT)z^{-k}=e(0)+e(T)z^{-1}+e(2T)z^{-2}+\cdots$$

最少拍系统要求上式自某个 n 开始，在 $n \geqslant k$ 时，有

$$e(nT)=e[(n+1)T]=e[(n+2)T]=\cdots=0$$

此时系统的动态过程在 $t=nT$ 时结束，其调节时间 $t_s=nT$。

根据 z 变换的终值定理，离散系统的稳态误差为

$$e_{ss}=\lim_{z\to1}(1-z^{-1})E(z)=\lim_{z\to1}(1-z^{-1})\frac{A(z)}{(1-z^{-1})^l}\varPhi_e(z)$$

上式表明，使 e_{ss} 为零的条件是 $\varPhi_e(z)$ 中包含有 $(1-z^{-1})^l$ 的因子，即

$$\varPhi_e(z)=(1-z^{-1})^lW(z) \tag{7.7-8}$$

式中，$W(z)$ 为不含 $(1-z^{-1})$ 因子的多项式。为了使求出的 $D(z)$ 简单，阶数最低，可取 $W(z)=1$，于是得

$$\varPhi_e(z)=(1-z^{-1})^l \tag{7.7-9}$$

下面讨论最少拍系统在不同典型输入作用下，$D(z)$ 的确定方法。

1．单位阶跃输入

由于 $r(t)=1(t)$ 时，$l=1$，$A(z)=1$，由式(7.7-8)及式(7.7-5)可得

$$\Phi_e(z)=1-z^{-1},\qquad \Phi(z)=z^{-1}$$

于是，由式(7.7-3)求出
$$D(z)=\frac{z^{-1}}{(1-z^{-1})G(z)}$$

由式(7.7-7)知
$$E(z)=\frac{A(z)}{(1-z^{-1})^l}\Phi_e(z)=1$$

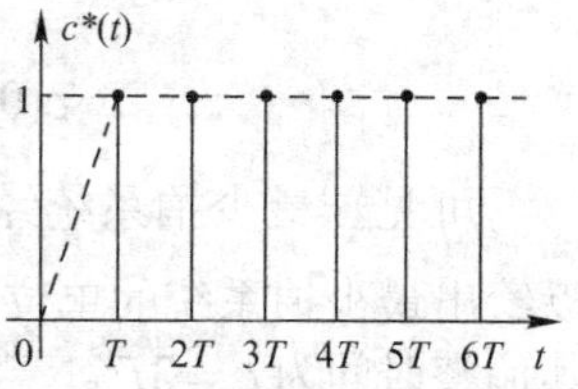

图 7.7-2　最少拍系统单位阶跃响应序列

表明：$e(0)=1$，$e(T)=e(2T)=\cdots=0$。可见，最少拍系统经过一拍便可完全跟踪输入 $r(t)=1(t)$，如图 7.7-2 所示。上述设计的离散系统就称为一拍系统，其调整时间为 $t_s=T$。

2．单位斜坡输入

因为 $r(t)=t$ 时，$l=2$，$A(z)=Tz^{-1}$，所以

$$\Phi_e(z)=(1-z^{-1})^l W(z)=(1-z^{-1})^2$$
$$\Phi(z)=1-\Phi_e(z)=2z^{-1}-z^{-2}$$

于是
$$D(z)=\frac{\Phi(z)}{G(z)\Phi_e(z)}=\frac{z^{-1}(2-z^{-1})}{(1-z^{-1})^2G(z)}$$

且由式(7.7-7)知
$$E(z)=\frac{A(z)}{(1-z^{-1})^l}\Phi_e(z)=Tz^{-1}\qquad(7.7\text{-}10)$$

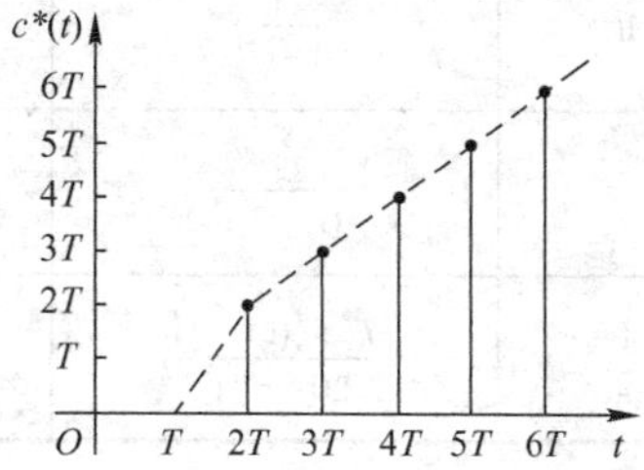

图 7.7-3　最少拍系统单位斜坡响应序列

式(7.7-10)表明：$e(0)=0$，$e(T)=T$，$e(2T)=e(3T)=\cdots=0$。可见，最少拍系统经过 2 拍就可以完全跟踪输入为 $r(t)=t$ 的信号，如图 7.7-3 所示。这样的离散系统称为二拍系统，其调整时间为 $t_s=2T$。

图 7.7-3 所示的单位斜坡响应序列也可求得，因为

$$C(z)=(2z^{-1}-z^{-2})\frac{Tz^{-1}}{(1-z^{-1})^2}=2Tz^{-2}+3Tz^{-3}\quad+\cdots+kTz^{-k}+\cdots$$

所以得　$c(0)=0$，$c(T)=0$，$c(2T)=2T$，$c(3T)=3T$，…，$c(kT)=kT$，…

3．单位加速的输入

$r(t)=\frac{1}{2}t^2$ 时，有 $l=3$，$A(z)=\frac{1}{2}T^2z^{-1}(1+z^{-1})$，可得闭环脉冲传递函数

$$\Phi_e(z)=(1-z^{-1})^l W(z)=(1-z^{-1})^3$$
$$\Phi(z)=1-\Phi_e(z)=3z^{-1}-3z^{-2}+z^{-3}$$

所以其数字控制器脉冲传递函数为

$$D(z)=\frac{\Phi(z)}{G(z)\Phi_e(z)}=\frac{z^{-1}(3-3z^{-1}+z^{-2})}{(1-z^{-1})^3G(z)}$$

误差脉冲序列及其输出脉冲序列的 z 变换分别由式(7.7-7)和式(7.4-15)得

$$E(z)=\frac{A(z)}{(1-z^{-1})^l}\Phi_e(z)=\frac{1}{2}T^2z^{-1}(1+z^{-1})$$

$$C(z)=\Phi(z)R(z)=\frac{3}{2}T^2z^{-2}+\frac{9}{2}T^2z^{-3}+\cdots+\frac{k^2}{2}T^2z^{-k}+\cdots$$

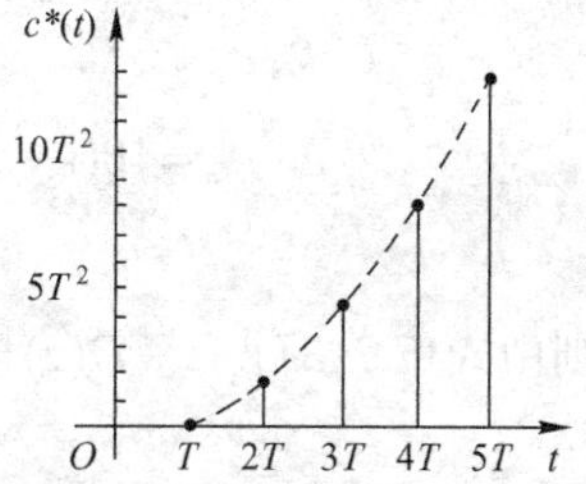

图 7.7-4　最少拍系统单位加速度响应序列

可得 $e(0)=0$，$e(T)=\frac{1}{2}T^2$，$e(2T)=\frac{1}{2}T^2$，$e(3T)=e(4T)=\cdots=0$

$$c(0)=c(T)=0，c(2T)=1.5T^2，c(3T)=4.5T^2，\ldots$$

可见，最少拍系统经过三拍就可以完全跟踪输入为 $r(t)=t^2/2$ 的信号，根据 $c(kT)$ 的值可以绘出最少拍系统的单位加速的响应序列，如图 7.7-4 所示。这样的离散系统称为三拍系统，其调整时间为 $t_s=3T$。

综上所述，最少拍系统对于不同的典型输入信号，对其闭环脉冲传递函数和相应的数字控制器的要求见表 7.7-1。

表 7.7-1 最少拍系统的设计结果

典型输入		闭环脉冲传递函数		$D(z)$	t_s
$r(t)$	$R(z)$	$\Phi_e(z)$	$\Phi(z)$		
$1(t)$	$\frac{1}{1-z^{-1}}$	$1-z^{-1}$	z^{-1}	$\frac{z^{-1}}{(1-z^{-1})G(z)}$	T
t	$\frac{Tz^{-1}}{(1-z^{-1})^2}$	$(1-z^{-1})^2$	$2z^{-1}-z^{-2}$	$\frac{z^{-1}(2-z^{-1})}{(1-z^{-1})^2G(z)}$	$2T$
$\frac{1}{2}t^2$	$\frac{T^2z^{-1}(1+z^{-1})}{2(1-z^{-1})^3}$	$(1-z^{-1})^3$	$3z^{-1}-3z^{-2}+z^{-3}$	$\frac{z^{-1}(3-3z^{-1}+z^{-2})}{(1-z^{-1})^3G(z)}$	$3T$

应当指出，最少拍系统的调整时间，只与所选择的 $\Phi(z)$ 的形式有关，而与典型输入信号的形式无关。例如，针对单位斜坡输入设计的最少拍系统，可选择 $\Phi(z)=2z^{-1}-z^{-2}$，则不论在何种输入形式作用下，系统均是二拍的调整时间 $t_s=2T$。

【例 7-20】 已知一离散控制系统如图 7.7-5 所示，其中，$K=10$，$T_m=1\text{s}$，采样周期 $T=1\text{s}$。要求该系统在 $r(t)=t$ 输入时，实现最少拍控制。试求 $D(z)$ 并分析该系统输出信号中有纹波的原因。

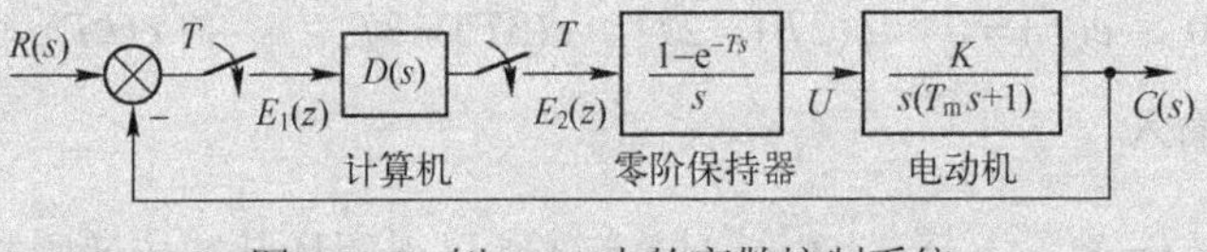

图 7.7-5 例 7-20 中的离散控制系统

解：由表 7.7-1 可知 $\Phi(z)=2z^{-1}-z^{-2}$

而带零阶保持器的被控对象的脉冲传递函数为

$$G(z)=(1-z^{-1})\mathcal{Z}\left[\frac{10}{s^2(s+1)}\right]=(1-z^{-1})\mathcal{Z}\left[\frac{10}{s^2}-\frac{10}{s}+\frac{10}{s+1}\right]$$

$$=10(1-z^{-1})\left[\frac{Tz^{-1}}{(1-z^{-1})^2}-\frac{1}{1-z^{-1}}+\frac{1}{1-e^{-T}z^{-1}}\right]=\frac{3.68z^{-1}(1+0.717z^{-1})}{(1-z^{-1})(1-0.368z^{-1})}$$

则由式(7.7-3)得 $$D(z)=\frac{(2z^{-1}-z^{-2})(1-z^{-1})(1-0.368z^{-1})}{3.68(1+0.717z^{-1})(1-z^{-1})^2}=\frac{0.543(1-0.5z^{-1})(1-0.368z^{-1})}{(1-z^{-1})(1+0.717z^{-1})}$$

误差 $e_1(t)$ 的 z 变换为 $$E_1(z)=\Phi_e(z)R(z)=(1-z^{-1})^2\frac{Tz^{-1}}{(1-z^{-1})^2}=Tz^{-1}$$

零阶保持器的输入为 $E_2(z)=D(z)E_1(z)=\dfrac{0.543Tz^{-1}(1-0.368z^{-1})(1-0.5z^{-1})}{(1-z^{-1})(1+0.717z^{-1})}$

$$=0.543Tz^{-1}-0.317Tz^{-2}+0.4Tz^{-3}-0.114Tz^{-4}+0.255Tz^{-5}-0.01Tz^{-6}+0.21Tz^{-7}-0.008Tz^{-8}+\cdots$$

即

$$e_2^*(t)=0.543T\,\delta(t-T)-0.317T\,\delta(t-2T)+0.4T\,\delta(t-3T)-0.114T\,\delta(t-4T)+0.255T\,\delta(t-5T)-0.01T\,\delta(t-6T)+\cdots$$

由上式可见，经过两拍后，零阶保持器的输入序列 $e_2(kT)$ 并不是一个常值脉冲，而是围绕着零值做正、负衰减性的波动，其输出电压 U 跟着做相应变化，从而导致电动机的转速时高时低。该系统相关点的波形如图 7.7-6 所示。由图可知，欲使系统输出信号中不含有纹波，必须要求 $e_2(kT)$ 在有限个采样周期后呈定值。要达到这一目的，除了要满足前述最少拍控制系统设计的相关条件外，还需对被控对象 $G(s)$ 及 $\Phi(z)$ 提出相应的要求。有关这方面的内容，感兴趣的读者可参阅相关的教材与文献。

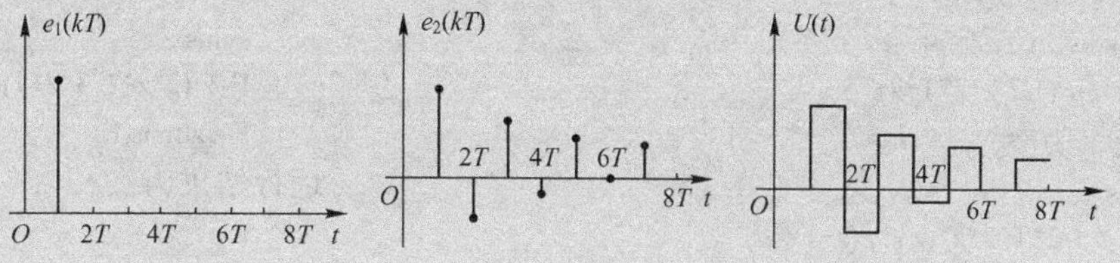

图 7.7-6　例 7-20 中的各点波形

7.7.3　数字校正装置的实现

最少拍控制系统的设计与输入信号 $R(z)$ 的形式、广义对象的脉冲传递函数 $G(z)$ 以及对输出有无纹波的要求有关。为了能设计出稳定的物理上可实现的最少拍控制系统的数字控制器 $D(z)$，必须按如下要求去选择 $\Phi(z)$ 和 $\Phi_e(z)$。由式(7.7-3)得

$$\Phi(z)=D(z)G(z)\Phi_e(z) \tag{7.7-11}$$

根据式(7.7-11)，提出下列要求：

（1）为了保证系统稳定，$\Phi(z)$ 和 $\Phi_e(z)$ 不能含有 z 平面上单位圆上和单位圆外的极点。如果 $D(z)$ 中含有上述极点，则需选择 $\Phi_e(z)$ 的零点与之完全相同。

（2）若 $G(z)$ 中含有延迟因子 z^{-r}，则需选择 $\Phi(z)$ 的分子部分要含有与 $G(z)$ 完全相同的延迟因子 z^{-r}。不然将导致所求的 $D(z)$ 表达式中出现物理上不能实现的超前因子 z^{r}。

（3）$\Phi(z)$ 需把 $G(z)$ 在单位圆上和单位圆外的零点作为自己的零点，以保证 $D(z)$ 的稳定性。

（4）$D(z)$ 的极点数必须大于或等于其零点数，这是 $D(z)$ 可实现的条件之一。

7.8　利用 MATLAB 进行离散控制系统分析

通过解析方法对离散系统进行分析与设计，这是一件颇费时间的工作，特别是对高阶离散系统稳定性的判别与性能的估计，更是不易。而用 MATLAB 对离散系统进行分析与设计，则有如下的优点：

（1）离散系统稳定性的判别可由 MATLAB 直接求出闭环系统特征方程式的根，或在 z 平面上直接画出闭环极点来判断。

（2）应用 Simulink 直接对离散系统进行参数的调整与仿真，通过输出响应曲线可直观地看

到系统校正前后性能的变化。显然，用这种方法有利于设计出性能优良的离散系统。

7.8.1 数学模型的处理

1．求 z 变换和 z 反变换

在 MATLAB Toolbox 工具箱中，求时间函数 $f(t)$ 的 z 变换可用指令

F=ztrans(f);

求 $F(z)$ 的反变换可用指令

F=Iztrans(F);

【例 7-21】（1）求单位抛物线函数 $f(t)=t^2/2$ 的 z 变换；（2）求 $F(z)=\dfrac{z}{2z^2-3z+1}$ 的 z 反变换。

解：（1）程序或命令如下：

```
syms   t T;
ztrans(1/2*t^2*T^2)
```

运行结果为

```
ans =
     1/2*T^2*z*(z+1)/(z-1)^3
```

（2）程序或命令如下：

```
syms z;
F=z/(2*z^2-3*z+1);
F=iztrans(F)
```

运行结果为

```
F =
   1-(1/2)^n
```

2．模型转换

将连续系统模型 $G(s)$ 转换为离散系统模型 $G(z)$，可用以下指令实现

Sysd=c2d(sys,T)　或　Sysd=c2d(svs,T,method)

前一种格式表示对连续对象 sys 离散化，且有零阶保持器，采样周期为 T。后一种格式比前一种格式多了用“method”定义离散化的力法，“method”可为以下字符串之一：

'zoh'——零阶保持器　'foh'——一阶保持器

'tustin'——双线性逼近（tusin）方法　'prewarp'——采用改进的 tusin 方法

反之，要实现由离散系统模型转换为连续系统的模型，可以使用指令

Sys=d2c(sysd,T,method)

【例 7-22】 已知 $G(s)=\dfrac{3}{s(s+3)}$，$T=1\text{s}$，求 $G(z)$。

解：命令如下：

```
sys=tf([3],[1,3,0]);
c2d(sys,1)
```

运行结果为

```
Transfer function:
    0.6833 z + 0.267
    ------------------------
    z^2 - 1.05 z + 0.04979
    Sampling time: 1
```

【例 7-23】 已知 $G(z)=\dfrac{0.6833z+0.267}{z^2-1.05z+0.04979}$，$T=1\text{s}$，求 $G(s)$。

解：命令如下：

```
ys=tf([0.6833,0.267],[1,-1.05,0.04979],1);
d2c(sys)
```

运行结果为

```
Transfer function:
     -5.762e-005 s + 3
     ------------------
     s^2 + 3 s - 0.000663
```

上述运行结果与$\dfrac{3}{s(s+3)}$近似相等。

7.8.2 离散系统的输出响应

1．输入函数的 MATLAB 表示

（1）单位阶跃输入：$u(k)=1$，$k=0,1,2,\cdots$若令$k=100$，$T=1\mathrm{s}$，则在 MATLAB 中表示为

u(k)=[1,ones(1,100)]；　或　u=ones(1,101);

（2）单位斜坡输入：$u(k)=kT$，$k=0,1,2,\cdots$若取$k=50$，$T=0.5\mathrm{s}$，则在 MATLAB 中表示为

k=0:50;u=0.5*k;

（3）单位加速度函数输入：$u(k)=\dfrac{1}{2}(kT)^2$，$k=0,1,2,\cdots$若取$k=10$，$T=0.2$，则在 MATLAB 中表示为

k=0:10;u=0.5*(0.2*k)^2;

2．求离散系统的输出响应

设离散系统的闭环脉冲传递函数为$\dfrac{C(z)}{R(z)}=\dfrac{\mathrm{num}(z)}{\mathrm{den}(z)}$，令输入信号为$r$，则可用命令

y=filter(num,den,r)

求取系统的输出响应。

【例 7-24】 设某单位反馈离散控制系统的开环脉冲传递函数为$G(z)=\dfrac{0.264z}{z2-1.368z+0.368}$，试求：（1）系统的闭环极点；（2）系统的单位阶跃响应。

解： 程序如下：

```
numq=0.264;denq=[1,-1.368,0.368];
numf=1;denf=1;
[numb,denb]=feedback(numq,denq,numf,denf);
subplot(1,2,1);
dstep(numb,denb);
title('例 7-24 离散系统阶跃响应');
[z,p,k]=tf2zp(numb,denb);
subplot(1,2,2);
zplane(z,p);
title('例 7-24 离散系统的零极点图');
[z,p,k]=tf2zp(numb,denb)
```

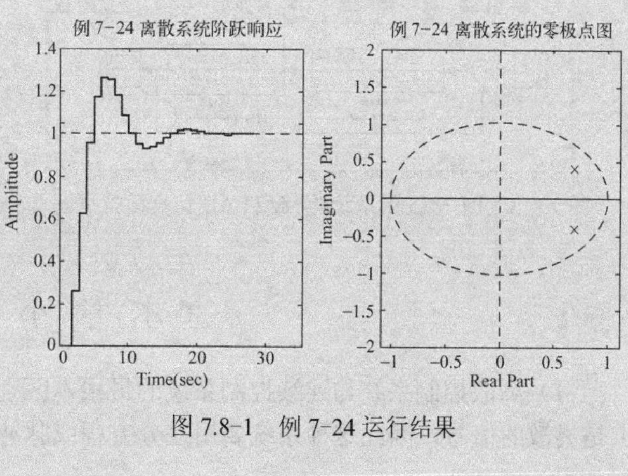

图 7.8-1　例 7-24 运行结果

运行结果为

```
z =
   Empty matrix: 0-by-1
p =
```

```
        0.6840 + 0.4051i
        0.6840 - 0.4051i
    k =
        0.2640
```

如图 7.8-1 所示。

7.8.3 用 Simulink 对离散系统进行仿真

进入 Simulink 环境后．单击 Discrete 库，选取相应的离散模型，并按照与连续系统模型相同的系统构建方法，设置其相关的系数。当构建好离散系统的模型结构图后，据此就可以对该系统进行仿真研究了。

【例 7-25】 已知一离散控制系统如图 7.8-2 所示，图中含零阶保持器在内的广义对象脉冲传递函数为 $G(z)=\dfrac{0.105z+0.0925}{z^2-1.605z+0.605}$，按输入 $r(t)=t$，所设计的最少拍系统数字控制器的脉冲传递函数为 $D(z)=\dfrac{2z^2-2.21z+0.605}{0.105z^2-0.0125z-0.0925}$，试求系统的输出响应。

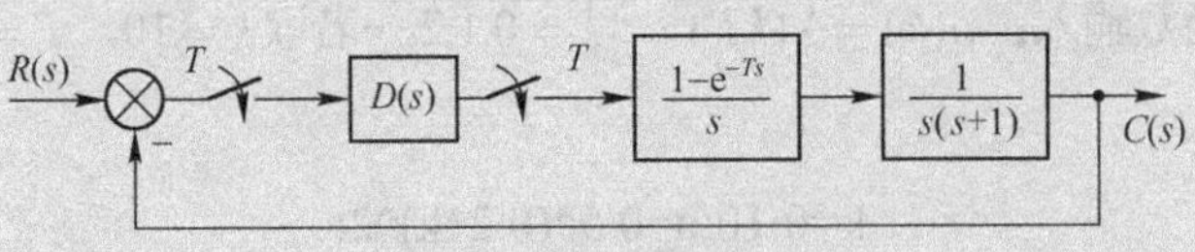

图 7.8-2　例 7-25 中的离散控制系统

解： 在 MATLAB 的命令窗口输入 simulink 或单击 MATLAB 主窗口工具栏上的 Simulink 命令按钮，启动并进入 Simulink 仿真环境下。新建一个 Model 文件，在 Simulink 模块库的 Sources 中找到 Ramp 模块，拖入文件中；在 Math Operations 库中找到 Sum 模块，拖入文件中；在 Discrete 库中把 Discrete Transfer Fcn 拖入文件中两次；并设定好响应脉冲传递函数分子、分母的系数；然后把 Commonly Used Blocks 中的示波器 Scope 拖入文件中，用模块连接的方法把它们连接好，如图 7.8-3 所示。运行后，通过双击文件中的 Scope 模块观察仿真结果如图 7.8-4 所示。

由图 7.8-4 可见，上述系统仅以两拍时间无误差地跟踪单位斜坡输入信号。

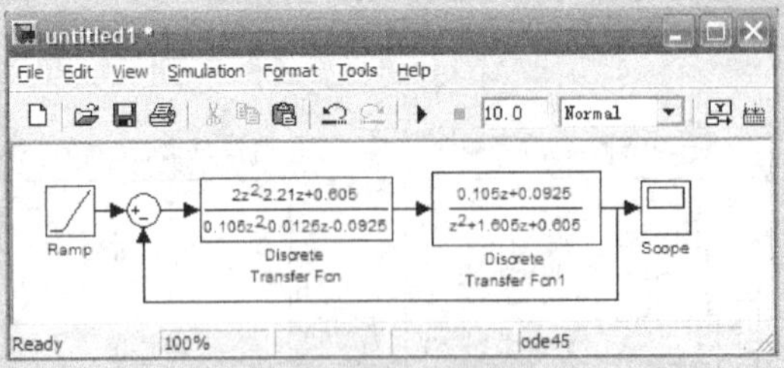

图 7.8-3　例 7-25 中系统的 MATLAB 仿真模拟框图

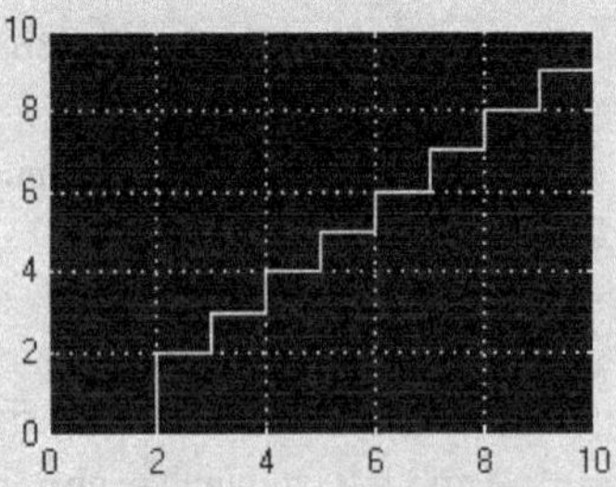

图 7.8-4　例 7-25 中系统仿真的输出响应

本 章 小 结

（1）离散控制系统与连续控制系统的最根本区别是，前者的系统中至少有 1 个以上在时间上是离散的信号，因此这种系统要用差分方程或脉冲传递函数来描述。

（2）由于 z 变换只能反映在采样时刻的信息，因此用这种方法来分析系统，只有当采样周期 T 很小时，才能使 $c^*(t)$ 与 $c(t)$ 基本相一致。采样定理只是给出能不失真地复现连续信号的最低要求，在实际应用中，采样角频率 ω_s 一般比信号的最高频率 ω_h 要高得多。

（3）为使离散控制系统的输出 $c^*(t)$ 能真实地反映 $c(t)$ 的变化规律，一般还要求系统中的连续部分 $G(s)$ 分母的 s 阶次比其分子的 s 阶次至少要高出二阶，即满足 $\lim_{s\to\infty} sG(s)=0$ 的条件。如果不满足上述条件，且在采样信号后又不设置零阶保持器，则用 z 变换法求得的 $c^*(t)$ 与 $c(t)$ 将有较大的差异，这是用 z 变换法分析离散控制系统的一个不足之处。

（4）离散控制系统稳定的充要条件是其闭环特征根全部位于 z 平面上以原点为圆心的单位圆内。通过双线性变换，把 z 变量变为 w 变量后，就可以应用连续系统中所用的劳斯稳定判据或奈奎斯特稳定判据来分析和设计离散控制系统。

（5）离散控制系统常见的校正方法有两种：一种是仿照连续系统的设计方法，另一种是数字化设计方法。由于后者比前者具有设计简便和精度高的优点，故对离散控制系统一般均采用数字化设计力法。

（6）最少拍系统的设计方法简便，系统的结构也较简单。所得的结果能在计算机上实现。但这种系统对输入信号的形式和外界环境(温度等)变化的适应性较差。

习题

7-1　试根据定义 $F^*(s)=\sum_{k=0}^{\infty} f(kT)\mathrm{e}^{-kTs}$，确定下列函数的 $F^*(s)$ 和闭合形式的 $F(z)$。

（1）$f(t)=\sin\omega t$；　（2）$F(s)=\dfrac{1}{(s+a)(s+b)(s+c)}$。

7-2　试求下列函数的 z 变换。

（1）$f(t)=a^k$；　（2）$f(t)=t^2\mathrm{e}^{-3t}$；（3）$f(t)=\dfrac{1}{3!}t^3$；（4）$F(s)=\dfrac{s+1}{s^2}$；（5）$F(s)=\dfrac{1-\mathrm{e}^{-s}}{s^2(s+1)}$。

7-3　试用长除法、部分分式法、反演积分法，求下列函数的 z 反变换。

（1）$F(z)=\dfrac{z}{(z-1)(z-2)}$；　（2）$F(z)=\dfrac{-3+z^{-1}}{1-2z^{-1}+z^{-2}}$。

7-4　试求下列函数的脉冲序列 $f^*(t)$。

（1）$F(z)=\dfrac{z}{(z+1)(3z^2+1)}$；　（2）$F(z)=\dfrac{z}{(z-1)(z+0.5)^2}$。

7-5　试确定下列函数的终值。

（1）$F(z)=\dfrac{Tz^{-1}}{(1-z^{-1})^2}$；　（2）$F(z)=\dfrac{z^2}{(z-0.8)(z-1)}$。

7-6　已知 $F(z)=\mathscr{Z}[f(t)]$，试证明下列关系成立：

（1）$\mathscr{Z}[a^k f(t)]=F\left[\dfrac{z}{a}\right]$；　（2）$\mathscr{Z}[tf(t)]=-Tz\dfrac{\mathrm{d}F(z)}{\mathrm{d}z}$，$T$ 为采样周期。

7-7　设开环离散系统如图 T7-1 所示，试求开环脉冲传递函数 $G(z)$。

7-8　试求图 T7-2 所示闭环离散系统的脉冲传递函数 $\Phi(z)$ 或输出 z 变换 $C(z)$。

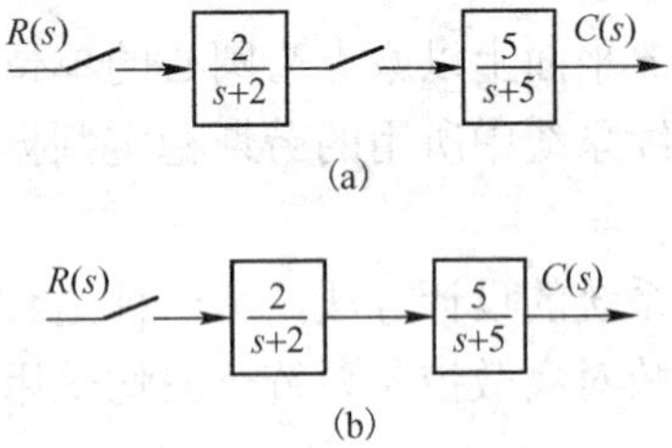

图 T7-1　习题 7-7 图

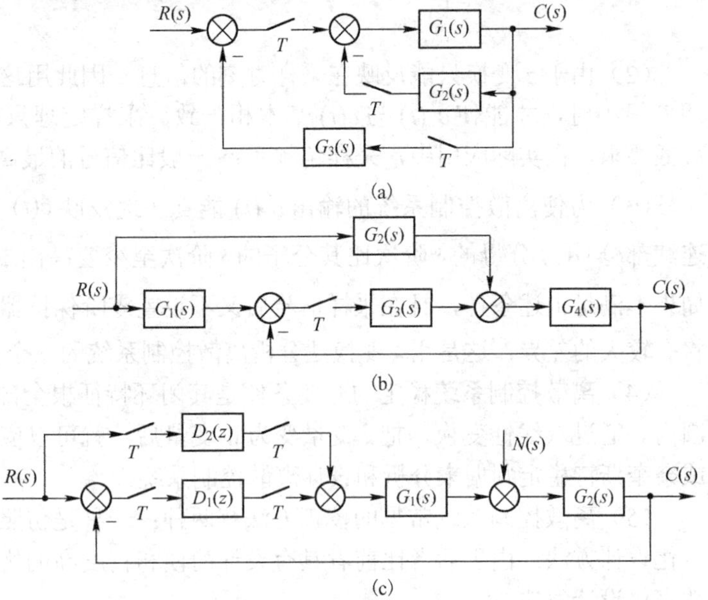

图 T7-2　习题 7-8 图

7-9　已知脉冲传递函数 $G(z)=\dfrac{C(z)}{R(z)}=\dfrac{0.53+0.1z^{-1}}{1-0.37z^{-1}}$，其中，$R(z)=\dfrac{z}{z-1}$，试求 $c(kT)$。

7-10　已知开环离散系统如图 T7-3 所示，其中 $r(t)=1(t)$，采样周期 $T=2\mathrm{s}$，试比较 $c^*(t)$ 与 $c(t)$。

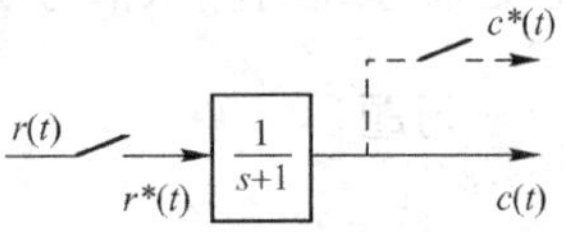

图 T7-3　习题 7-10 图

7-11　设有单位反馈误差采样的离散系统，连续部分传递函数为 $G(s)=\dfrac{1}{s(s+1)}$，输入 $r(t)=1(t)$，采样周期 $T=1\mathrm{s}$，试求：（1）输出 z 变换 $C(z)$；（2）采样瞬时的输出响应 $c^*(t)$；（3）输出响应的终值 $c(\infty)$。

7-12　试判断下列离散系统的稳定性。

（1）已知闭环离散系统的特征方程为 $D(z)=(z+1)(z+0.5)(z+2)=0$。

（2）已知闭环离散系统的特征方程为 $D(z)=z^3-0.2z^2-0.25z+0.05=0$。

（3）已知误差采样的单位反馈离散系统，采样周期为 $T=1\mathrm{s}$，开环传递函数为 $G(s)=\dfrac{22.57}{s^2(s+1)}$。

7-13　设离散系统如图 T7-4 所示，采样周期为 $T=1\mathrm{s}$，$G_{\mathrm{h}}(s)$ 为零阶保持器，其中 $G(s)=\dfrac{K}{s(0.2s+1)}$。（1）当 $K=5$ 时，分别在 z 域和 w 域分析系统的稳定性；（2）确定使系统稳定的 K 值范围。

7-14　设离散系统如图 T7-5 所示，其中采样周期为 $T=0.2\mathrm{s}$，$K=10$，$r(t)=1+t+t^2/2$，试用终值定理法计算稳态误差。

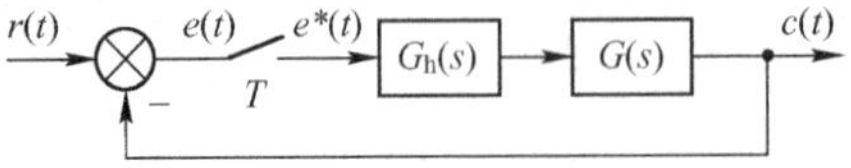

图 T7-4　习题 7-13 图

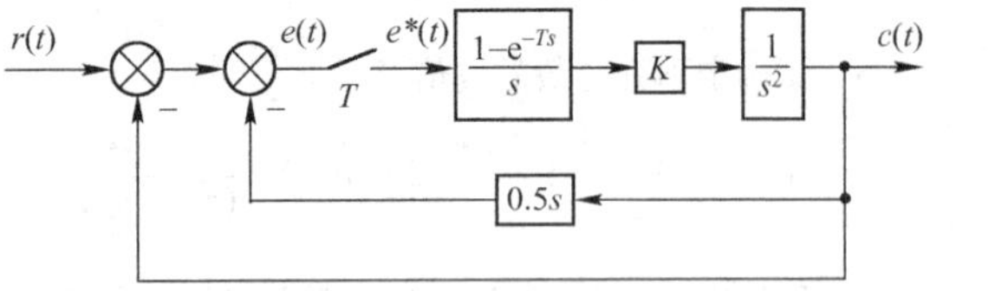

图 T7-5　习题 7-14 图

7-15　设离散系统如图 T7-6 所示，其中 $T=0.1\mathrm{s}$，$K=1$，$r(t)=t$，试求该离散系统的静态误差系数 K_{p}，K_{v}，K_{a}，并求其稳态误差 e_{ss}。

7-16　已知离散系统如图 T7-7 所示，其中 ZOH 为零阶保持器，$T=0.25\mathrm{s}$，$r(t)=2+t$ 时，欲使稳态误

差小于 0.1，试求 K 的值。

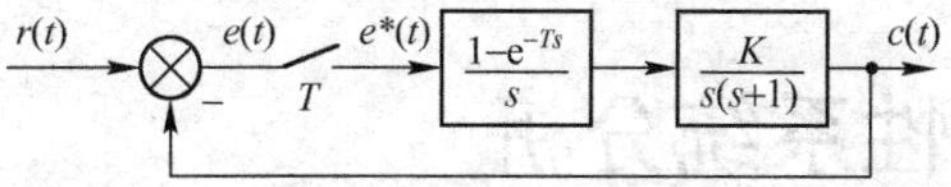

图 T7-6　习题 7-15 图

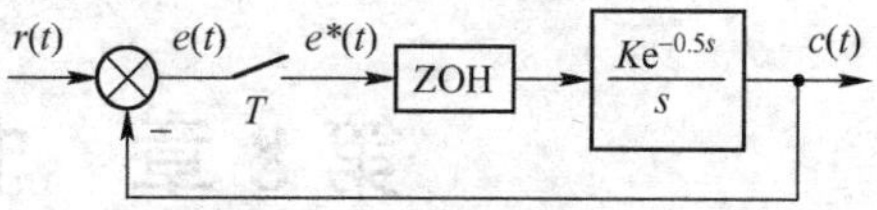

图 T7-7　习题 7-16 图

7-17　已知离散系统如图 T7-8 所示，其中采样周期 $T=1\text{s}$，连续部分传递函数为 $G(s)=\dfrac{1}{s(s+1)}$，试求当 $r(t)=1(t)$ 时，系统无稳态误差、过渡过程在最少拍内结束的数字控制器 $D(z)$。

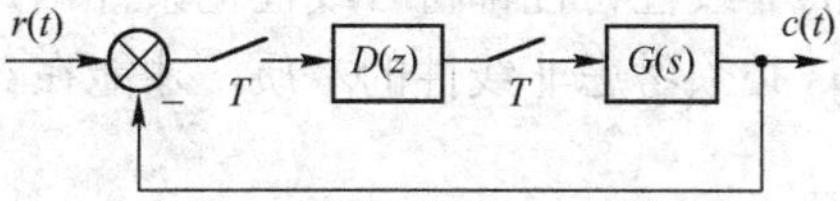

图 T7-8　习题 7-17 图

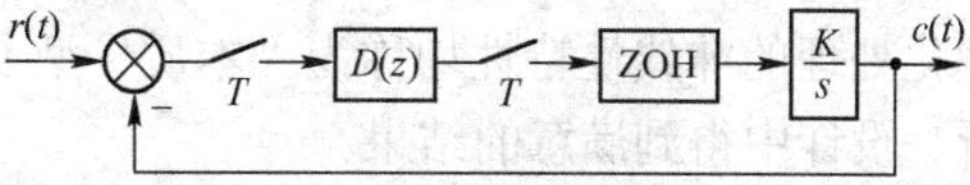

图 T7-9　习题 7-18 图

7-18　设离散系统如图 T7-9 所示，其中采样周期 $T=1\text{s}$，试求当 $r(t)=R_1 t$ 时，系统无稳态误差、过渡过程在最少拍内结束的 $D(z)$。

第 8 章　非线性系统分析

前几章主要介绍了线性系统的分析和设计。事实上，理想的线性系统是不存在的，因为组成系统的所有元件都有不同程度的非线性特性。如果系统中元件输入输出静特性的非线性程度不严重，并满足第 2 章中所述的线性化条件，则这种非线性可进行线性化处理，从而可以用线性控制理论对系统进行分析和研究。然而，并非所有的非线性特性都符合线性化条件，凡不能做线性化处理的非线性特性均称为“本质”型非线性，必须考虑非线性的本质，才能在对系统的分析、设计中得到满意的结果。

非线性系统本身所包含的现象非常复杂，至今没有非线性系统分析、设计的通用方法。针对一些特殊的、基本的系统而言，代表性的方法有描述函数法和相平面法。

8.1　非线性系统的概述

控制系统中元件的非线性特性有很多种，最常见的有饱和、死区、间隙和继电特性等。熟悉这些典型非线性特性和它们对系统性能的影响，将有助于了解非线性系统的特点。

8.1.1　典型的非线性特性

1．饱和特性

饱和特性如图 8.1-1 所示，数学表达式为

$$y=\begin{cases} kx, & |x| \leqslant x_0 \\ y_{\mathrm{m}}\mathrm{sign}x, & |x| > x_0 \end{cases} \tag{8.1-1}$$

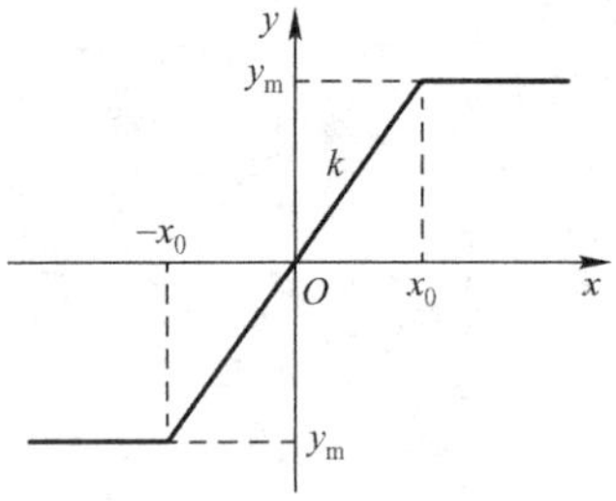

图 8.1-1　饱和特性

式中：x_0 为线性区宽度；k 为线性区特性的斜率。

在一般情况下，系统因存在具有饱和特性的元件，它的开环增益会有所下降，从而导致系统过渡过程时间的增加和稳态误差的增大。但在有些控制系统中，出于对某些性能的特殊要求，人们有目的地引入饱和非线性环节。例如在具有转速和电流调节器的双闭环直流调速系统中，把速度调节器和电流调节器设计成具有饱和特性，以改善系统的动态性能和限制系统的最大电流。

2．间隙特性

间隙特性表现为正向与反向特性不是重叠在一起，而是其输入-输出曲线为闭合环路。其静特性曲线如图 8.1-2 所示，其中 b 值不固定。其数学表达式为

$$y=\begin{cases} k(x-a\mathrm{sign}x), & \dot{y}\neq 0 \\ b\mathrm{sign}x, & \dot{y}=0 \end{cases} \tag{8.1-2}$$

式中，a 为间隙宽度，k 为间隙特性的斜率。

这类特性表示，当输入信号小于 a 时，输出为零。只有当 $\dot{x}>a$ 后，输出随输入而线性变化。当输入反向时，其输出则保持

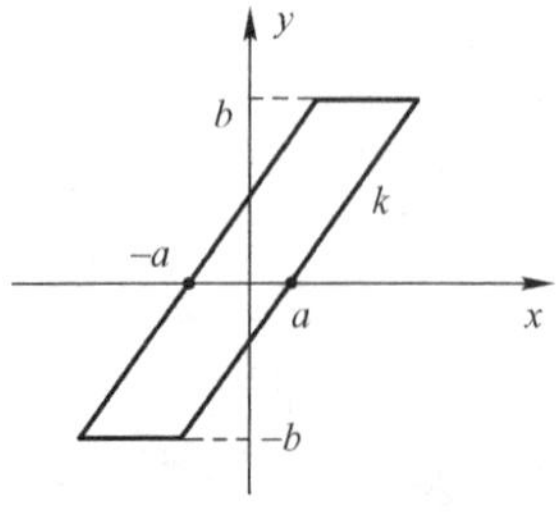

图 8.1-2　间隙特性

在方向发生变化时的输出值上，直到输入反向变化 $2a$ 后，输出才线性变化。例如，铁磁元件的磁滞、齿轮传动中的齿隙等均可形成这类特性。

若系统中包含间隙特性，其影响之一是增大系统稳态误差，影响之二是系统振荡加剧，动态特性变差，稳定性变差。

3．死区特性

死区特性如图 8.1-3 所示，数学表达式为

$$y=\begin{cases}0, & |x|\leqslant \Delta \\ k(x-\Delta \mathrm{sign}x), & |x|>\Delta\end{cases} \tag{8.1-3}$$

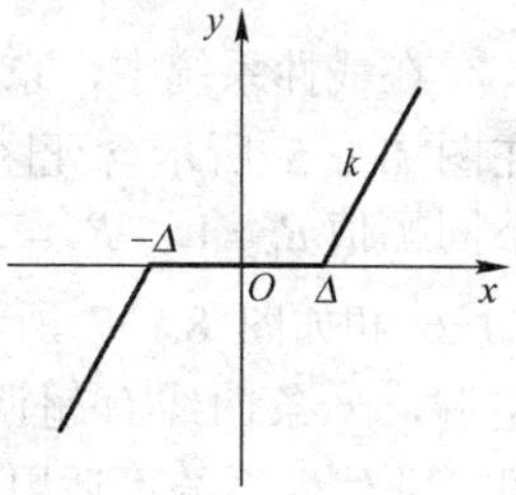

图 8.1-3　死区特性

式中，Δ 为死区宽度；k 为线性区特性的斜率。

当输入信号在零位附近变化时，系统没有输出。当输入信号大于某一数值时才有输出，且与输入呈线性关系。具有死区非线性的元件：调节器和执行机构的死区；测量变送装置的不灵敏区；弹簧预紧力。

死区非线性特性对系统的主要影响：

（1）使系统的稳态误差增大，特别是测量元件的死区对系统的稳态性能的影响更大。

（2）死区能滤去从输入端引入的小幅值干扰信号，提高系统抗扰动的能力。

（3）当系统的输入信号为阶跃、斜坡等信号时，死区引起系统的输出在时间上滞后。

4．继电器特性

图 8.1-4(a)为理想继电器特性。对于实际的继电器，当流经其线圈中的电流大到某一定值时，即线圈两端所加的电压大到某一数值后，方能使继电器的衔铁吸合，因而继电器特性一般都有死区存在,如图 8.1-4(b)所示。此外，鉴于继电器的吸合电压一般都大于其释放电压，故继电器还具有滞环的特性，如图 8.1-4(c)所示。综上所述，实际的继电器特性是既有死区，又有滞环，如图 8.1-4(d)所示，数学表达式为

$$y=\begin{cases}0; -ma<x<a, & \dot{x}>0 \\ 0; -a<x<ma, & \dot{x}<0 \\ b\mathrm{sign}x; & |x|\geqslant a \\ b; x\geqslant ma, & \dot{x}<0 \\ -b; x\leqslant -ma, & \dot{x}>0\end{cases} \tag{8.1-4}$$

式中，a 为继电器的吸合电压；ma 为继电器的释放电压；b 为继电器的饱和输出。

继电器非线性特性一般会使系统产生自持振荡，甚至导致系统不稳定，并且也会使系统的稳态误差增大。

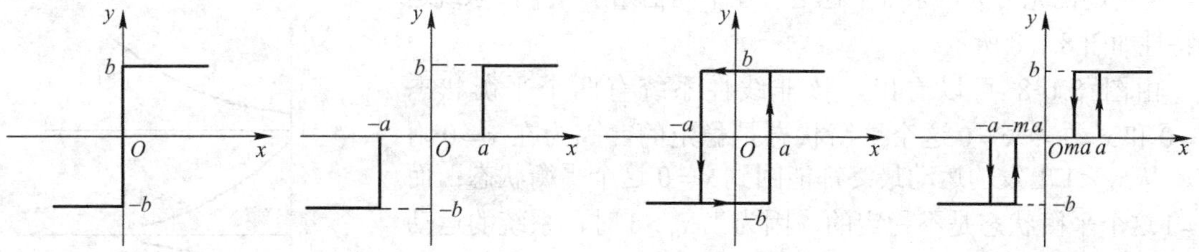

图 8.1-4　继电器特性

8.1.2 非线性系统的特点

与线性系统相比，非线性系统有以下特点。

1．系统输出动态响应曲线形状与输入信号大小和系统初始条件有关

在线性系统中，系统输出的动态响应曲线形状与输入信号大小无关，也与初始条件无关。在图 8.1-5 所示含死区非线性系统中，死区 $\Delta = 0.8$，阶跃输入不同幅值 $R_1 = 1$，$R_2 = 2$ 时，对应非线性系统输出响应曲线如图 8.1-6 和如图 8.1-7 所示，响应曲线形状完全不同，一条曲线无超调，一条曲线有超调，稳态误差在 0～0.8 范围内。由此可见，非线性系统不适用叠加原理。

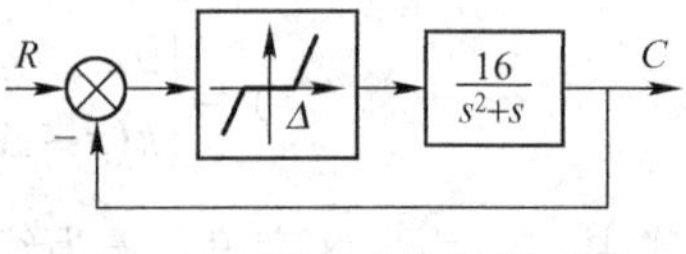

图 8.1-5　死区非线性的系统

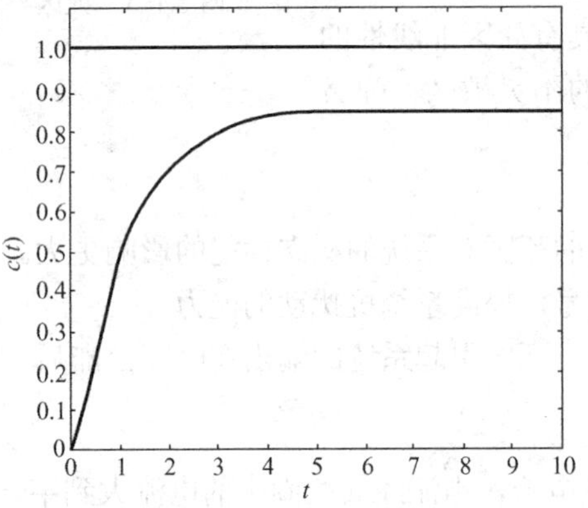

图 8.1-6　$R_1 = 1$ 时非线性系统阶跃响应曲线

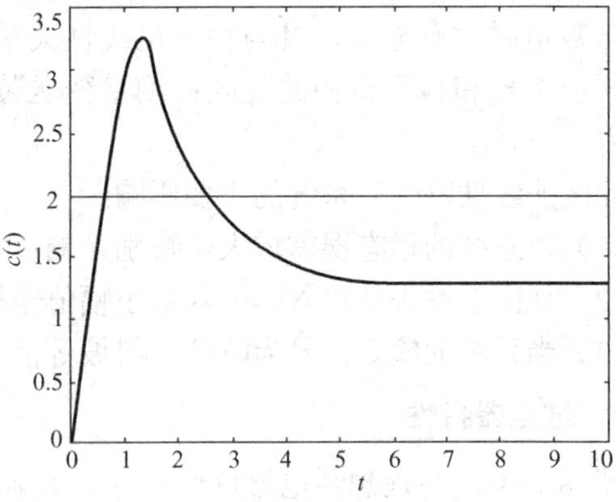

图 8.1-7　$R_2 = 2$ 时非线性系统阶跃响应曲线

2．系统的稳定性与初始条件有关

对线性系统，其稳定性决定于系统结构和参数，与输入信号大小及初始条件无关。对非线性系统，其稳定性则可能与输入信号大小及初始条件有关。不同的初始条件，系统的稳定性情况不同。

例如，一个非线性系统的微分方程为 $\dot{x} + (1 - x)x = 0$，其初始条件 $x(0) = x_0$，试讨论非线性系统的稳定性。

该非线性系统的响应为 $x(t) = \dfrac{x_0 \mathrm{e}^{-t}}{1 - x_0(1 - \mathrm{e}^{-t})}$，由此可看出：（1）当初始条件 $0 < x_0 < 1$ 时，系统的动态过程按指数规律衰减，运动收敛于 $x(t) = 0$，系统是稳定的；（2）当初始条件 $x_0 < 0$ 时，系统运动收敛于 $x(t) = 0$，系统是稳定的；（3）当初始条件 $x_0 > 1$ 时，系统在有限时间 $\ln \dfrac{x_0}{x_0 - 1}$ 内，运动趋向无穷大，系统不稳定。在不同初始条件下，系统运动特性如图 8.1-8 所示。

由图 8.1-8 可以看出，该非线性系统有两个平衡状态 $x = 0$ 和 $x = 1$。$x = 0$ 这个平衡状态是稳定的，因为在 $x = 0$ 附近，从 $x_0 < 1$ 出发的运动最终都能回到 $x = 0$ 这个平衡状态；而 $x = 1$ 这个平衡状态是不稳定的，因为当 $x_0 > 1$ 时，系统的运动发散到无穷远处，当 $x_0 < 1$ 时，系统运动最终都能回到 $x = 0$ 处，它们都不再回到 $x = 1$ 这个平衡状态。

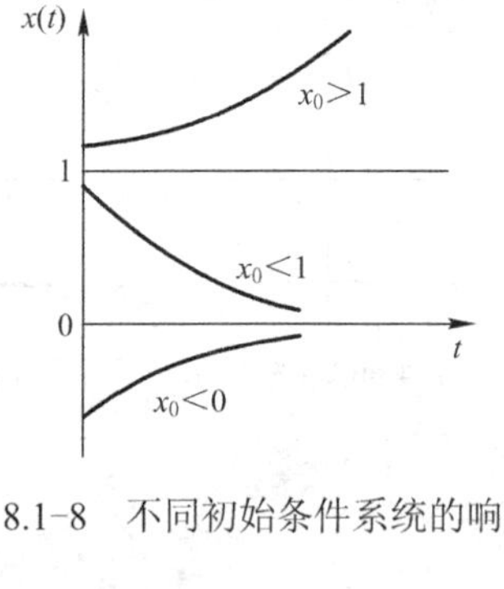

图 8.1-8　不同初始条件系统的响应

3．自持振荡问题

一个线性系统在没有外作用的情况下，如果产生周期运动，在物理上是不能实现的。例如，临界稳定的二阶线性系统自由运动$x(t)=A\sin(\omega t+\varphi)$，为周期运动形式，但这种周期运动一旦在系统受到扰动时就被破坏，从而使系统运动或趋向于稳定，或趋向于不稳定，因此实际上该周期运动不稳定，是不能实现的。

非线性系统在外作用为零的情况下，完全可能产生一定频率和振幅的周期运动，且在系统受到扰动时，该周期运动仍然稳定，这种稳定的周期运动称为自持振荡，简称自振，相应的相轨迹为极限环，它是非线性系统理论研究的重要问题。

例如，著名的范德波尔振荡器是一个具有非线性电阻的 RLC 电路，为典型的非线性系统，其自由运动$x(t)$可用二阶非线性微分方程描述：$\ddot{x}-2\rho(1-x^2)\dot{x}+x=0$（其中$\rho>0$），这就是著名的范德波尔方程。该方程可以表示为$\ddot{x}+2\rho(x^2-1)\dot{x}+x=0$，与二阶线性系统微分方程$\ddot{x}+2\xi\omega_n\dot{x}+\omega_n^2x=0$相比较，非线性系统的等效阻尼比为$\rho(x^2-1)$。当$|x|<1$时，$\rho(x^2-1)<0$，表明系统在运动过程从外界得到能量，因此具有发散的运动形式；当$|x|>1$时，$\rho(x^2-1)>0$，表明系统在运动过程中消耗能量，因此具有收敛的运动形式。由于非线性阻尼比随着x值而变化，使得上述两种运动形式交替进行，致使$x(t)$的运动既不能无限发散，也不能无限收敛，所以呈现出稳定的周期运动的形式，即自持振荡。

4．非线性系统的畸变现象

在线性系统中，当输入信号为正弦函数时，稳态输出信号也是相同频率的正弦函数，两者仅在幅值和相位上不同，因此可以用频率特性来表示系统的固有特性。但是在非线性系统中，当输入信号为正弦函数时，稳态输出信号通常是包含高次谐波的非正弦周期函数，其周期与输入信号相同。有时还会出现跳跃谐振、倍频和分频振荡等现象。

由以上分析可知，非线性系统的运动形式比线性系统要复杂得多。由于描述非线性系统的数学模型是非线性微分方程式，到现在为止，求解非线性微分方程式还没有一种通用和成熟的方法，因而给这类系统的分析与研究带来很大的困难。目前对非线性系统的研究方法主要有如下 3 种：

（1）描述函数法。在一定的条件下，用非线性元件的基波信号代替在正弦信号作用下的非正弦输出，使非线性元件近似于一个线性环节，从而可以应用奈奎斯特稳定判据对系统的稳定性进行判别。这种方法主要用于研究非线性系统的稳定性和自持振荡问题。如系统产生自持振荡，应如何确定它的振荡频率和振幅，以及寻求消除自持振荡的方法等。

（2）相平面法。相平面是根据绘制的$x-\dot{x}$相轨迹图，来研究非线性系统的稳定性和动态性能。这种方法只适用于二阶非线性系统。

（3）李雅普诺夫第二法。这是一种对线性和非线性系统都适用的方法，根据非线性系统动态方程的特征，用相关的方法求出李雅普诺夫函数$V(x)$，然后根据$V(x)$和$\dot{V}(x)$的性质来判别非线性系统的稳定性。

本章只讨论用描述函数法对非线性系统的分析。

8.2 描述函数分析法

8.2.1 描述函数的基本概念

非线性系统通常包含常见的非线性环节。当非线性系统满足一定的假设条件时，非线性环节在正弦信号作用下的输出可用一次谐波分量表示，由此可得非线性环节的近似等效频率特性，即描述函数。此时，非线性环节就可用一个线性环节来近似代替，从而就可以用线性系统的频域分析法来近似分析非线性系统的性能，这种方法称为描述函数法。

1．应用描述函数法的基本条件

（1）非线性系统应简化为一个非线性环节 N 和一个线性部分 $G(s)$串联的典型结构，如 图 8.2-1 所示。

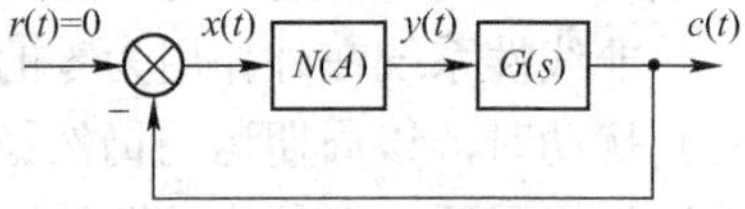

图 8.2-1　非线性系统典型结构

（2）非线性环节 N 应满足奇对称性，即 $y(x)=-y(-x)$，以保证非线性环节的正弦响应不含有直流分量，通常典型的非线性环节均满足此特性。

（3）系统的线性部分 $G(s)$ 具有较好的低通滤波特性。实际系统一般都能满足此特性，且 $G(s)$ 阶次越高，低通滤波性能越好。该特性可以保证非线性环节的输出 $y(t)$ 中高次谐波分量被充分衰减，从而可近似认为 $y(t)$ 只有基波分量通过。

2．描述函数的定义

设非线性环节输入输出描述为

$$y=f(x) \tag{8.2-1}$$

当输入信号 $x(t)$ 为正弦信号时，即

$$x(t)=A\sin\omega t \tag{8.2-2}$$

则其输出信号 $y(t)$一般为非正弦的周期信号，将其展开为傅里叶级数，即

$$y(t)=A_0+\sum_{n=1}^{\infty}(A_n\cos n\omega t+B_n\sin n\omega t)=A_0+\sum_{n=1}^{\infty}Y_n\sin(n\omega t+\varphi_n) \tag{8.2-3}$$

式中，A_0 为直流分量；$Y_n\sin(n\omega t+\varphi_n)$ 为第 n 次谐波分量，且

$$A_0=\frac{1}{2\pi}\int_0^{2\pi}y(t)\,\mathrm{d}(\omega t) \tag{8.2-4}$$

$$A_n=\frac{1}{\pi}\int_0^{2\pi}y(t)\cos n\omega t d(\omega t)\qquad n=1,2,\cdots \tag{8.2-5}$$

$$B_n=\frac{1}{\pi}\int_0^{2\pi}y(t)\sin n\omega t d(\omega t)\qquad n=1,2,\cdots \tag{8.2-6}$$

$$Y_n=\sqrt{A_n^2+B_n^2}\ ,\quad \varphi_{\rm n}=\arctan\frac{A_n}{B_n} \tag{8.2-7}$$

根据描述函数法基本条件（2），非线性环节 N 为奇对称，则 $A_0=0$。又根据描述函数法基本条件（3），系统的线性部分 $G(s)$具有良好的低通滤波特性，则非线性环节输出 $y(t)$中的高次谐波分量被大幅度衰减，因此 $y(t)$可以近似用它的一次谐波分量 y_1(t)代替，即

$$y(t)\approx y_1(t)=A_1\cos\omega t+B_1\sin\omega t=Y_1\sin(\omega t+\varphi_1) \tag{8.2-8}$$

式（8.2-8）表明，当非线性环节输入为正弦信号时，其输出为与输入信号同频率的正弦信号，不同表现在幅值和相角上。

类似线性系统频率特性的概念，定义在正弦信号作用下，非线性环节稳态输出信号的一次谐波分量和输入信号的复数比为描述函数，它一般为输入正弦信号幅值 A 的函数，用 $N(A)$表示，其数学表达式为

$$N(A)=|N(A)|e^{j\angle N(A)}=\frac{Y_1}{A}e^{j\varphi_1}=\frac{\sqrt{A_1^2+B_1^2}}{A}\angle\arctan\frac{A_1}{B_1} \tag{8.2-9}$$

式中，A 为非线性环节输入正弦信号的幅值；Y_1 为非线性环节输出信号的一次谐波分量幅值；φ_1 为非线性环节输出信号的一次谐波分量与输入正弦信号的相位差，且

$$A_1=\frac{1}{\pi}\int_0^{2\pi}y(t)\cos\omega td(\omega t) \tag{8.2-10}$$

$$B_1=\frac{1}{\pi}\int_0^{2\pi}y(t)\sin\omega td(\omega t) \tag{8.2-11}$$

应当指出，如果非线性环节不包含储能元件，则描述函数 N 只与输入正弦信号的幅值 A 有关，记为 $N(A)$；若非线性环节包含储能元件，则描述函数 N 为输入正弦信号的幅值 A 和频率 ω 的函数，记为 $N(A,\omega)$。

8.2.2 典型非线性环节的描述函数

1. 死区特性

非线性系统的死区特性及输入 $x=A\sin\omega t$ 与输出 $y(t)$ 波形如图 8.2-2 所示。由图 8.2-2 可得

$$y(t)=\begin{cases}0, & 0<\omega t<\varphi_1\\ k(A\sin\omega t-\varDelta), & \varphi_1<\omega t<\pi-\varphi_1\\ 0, & \pi-\varphi_1<\omega t<\pi\end{cases}$$

式中，$\varDelta$ 为死区范围；k 为线性区特性的斜率；$\varphi_1=\arcsin\dfrac{\varDelta}{A}$。

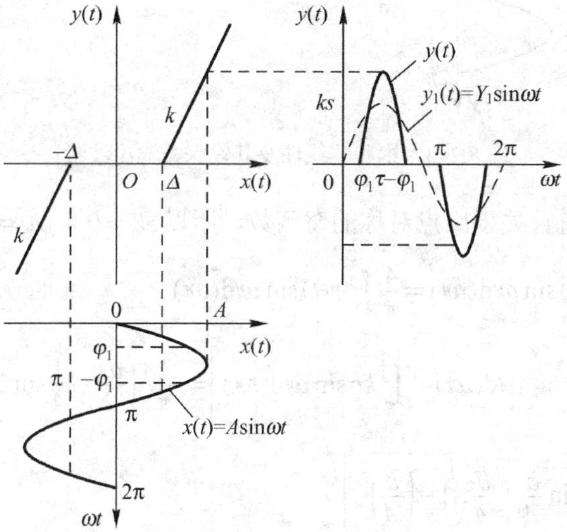

图 8.2-2 死区非线性及其输入、输出波形

由于死区特性为单值奇对称函数，所以 $A_0=0$，$A_1=0$。

计算得 $$B_1=\frac{1}{\pi}\int_0^{2\pi}y(t)\sin\omega t\mathrm{d}(\omega t)=\frac{4}{\pi}\int_0^{\frac{\pi}{2}}y(t)\sin\omega t\mathrm{d}(\omega t)=\frac{4}{\pi}\int_{\varphi_1}^{\frac{\pi}{2}}k(A\sin\omega t-\varDelta)\sin\omega t\mathrm{d}(\omega t)$$

$$=\frac{2kA}{\pi}\left[\frac{\pi}{2}-\arcsin\frac{\varDelta}{A}-\frac{\varDelta}{A}\sqrt{1-\left(\frac{\varDelta}{A}\right)^2}\right]$$

于是死区特性的描述函数为

$$N(A)=\frac{Y_1}{A}\angle\varphi_1=\frac{B_1}{A}=\frac{2k}{\pi}\left[\frac{\pi}{2}-\arcsin\frac{\Delta}{A}-\frac{\Delta}{A}\sqrt{1-\left(\frac{\Delta}{A}\right)^2}\right],\quad A>\Delta \tag{8.2-12}$$

这个描述函数是输入振幅 A 的实函数。注意，当 $\Delta/A>1$ 时，输出为零，从而描述函数的值也为零。

2．饱和特性

非线性系统的饱和特性及输入 $x=A\sin\omega t$ 与输出 $y(t)$ 波形如图 8.2-3 所示。由图 8.2-3 可得

$$y(t)=\begin{cases}kA\sin\omega t, & 0<\omega t<\varphi_1\\ kb, & \varphi_1<\omega t<\pi-\varphi_1\\ kA\sin\omega t, & \pi-\varphi_1<\omega t<\pi\end{cases}$$

式中，b 为线性区域范围；k 为饱和特性线性区特性的斜率；$\varphi_1=\arcsin\dfrac{b}{A}$。

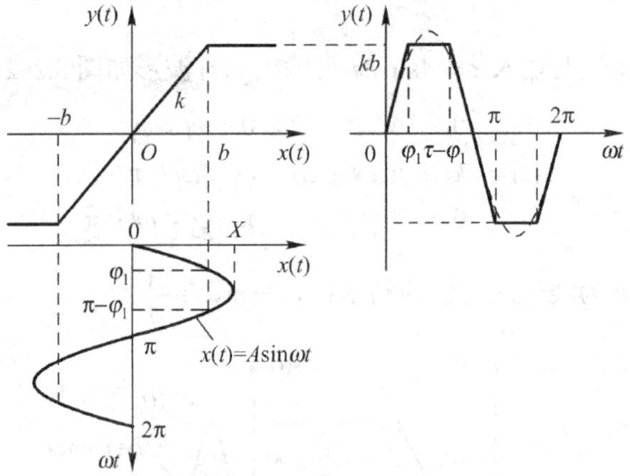

图 8.2-3　饱和非线性及其输入、输出波形

由于饱和特性为单值且关于原点对称的奇函数，所以 $A_0=0$，$A_1=0$。

计算得 $B_1=\dfrac{1}{\pi}\displaystyle\int_0^{2\pi}y(t)\sin\omega t\,\mathrm{d}(\omega t)=\dfrac{4}{\pi}\int_0^{\frac{\pi}{2}}y(t)\sin\omega t\,\mathrm{d}(\omega t)$

$$=\frac{4}{\pi}\left[\int_0^{\varphi_1}kA\sin^2\omega t\,\mathrm{d}(\omega t)+\int_{\varphi_1}^{\frac{\pi}{2}}kb\sin\omega t\,\mathrm{d}(\omega t)\right]=\frac{2kA}{\pi}\left(\frac{\omega t}{2}-\frac{1}{4}\sin 2\omega t\right)\Bigg|_0^{\varphi_1}+\frac{4kb}{\pi}(-\cos\omega t)\Bigg|_{\varphi_1}^{\frac{\pi}{2}}$$

$$=\frac{2kA}{\pi}\left[\arcsin\frac{b}{A}+\frac{b}{A}\sqrt{1-\left(\frac{b}{A}\right)^2}\right]$$

于是，饱和特性的描述函数为

$$N(A)=\frac{Y_1}{A}\angle\varphi_1=\frac{B_1}{A}=\frac{2k}{\pi}\left[\arcsin\frac{b}{A}+\frac{b}{A}\sqrt{1-\left(\frac{b}{A}\right)^2}\right],\quad A\geqslant b \tag{8.2-13}$$

饱和元件的描述函数是输入振幅 A 的实函数。$A<b$ 时，$N(A)=1$。

3．继电器特性

具有死区和滞环的继电器特性以及它对正弦输入的输出波形如图 8.2-4 所示。由图 8.2-4 可得

$$y(t)=\begin{cases}0\text{，}0<\omega t<\varphi_1\\M\text{，}\varphi_1<\omega t<\varphi_2\\0\text{，}\varphi_2<\omega t<\pi\end{cases}$$

式中，M 为继电器的输出幅值，$\varphi_1=\arcsin\dfrac{\Delta}{A}$，$\varphi_2=\pi-\arcsin\dfrac{\Delta}{A}$。

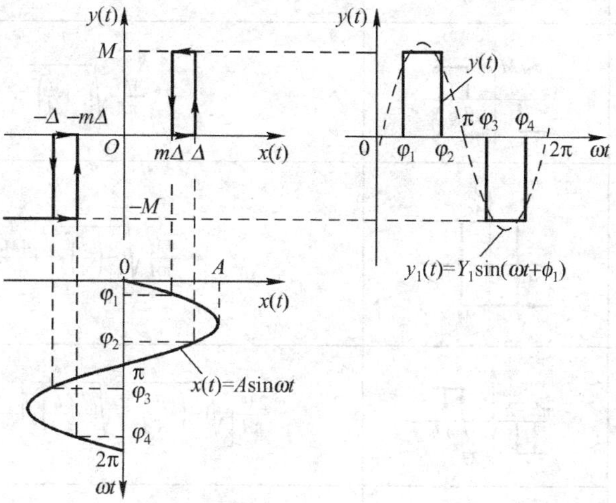

图 8.2-4 具有死区和滞环的继电特性及其输入、输出波形

由于具有死区和滞环的继电特性为多值奇对称函数，故 $A_0=0$。

计算得
$$A_1=\frac{1}{\pi}\int_0^{2\pi}y(t)\cos\omega td(\omega t)=\frac{2}{\pi}\int_0^{\pi}y(t)\cos\omega td(\omega t)$$
$$=\frac{2}{\pi}\int_{\varphi_1}^{\varphi_2}M\cos\omega td(\omega t)=\frac{2M\Delta}{\pi A}(m-1)$$

$$B_1=\frac{1}{\pi}\int_0^{2\pi}y(t)\sin\omega td(\omega t)=\frac{2}{\pi}\int_{\varphi_1}^{\varphi_2}y(t)\sin\omega td(\omega t)=\frac{2}{\pi}\int_{\varphi_1}^{\varphi_2}M\sin\omega td(\omega t)$$
$$=\frac{2M}{\pi}\left[\sqrt{1-\left(\frac{m\Delta}{A}\right)^2}+\sqrt{1-\left(\frac{\Delta}{A}\right)^2}\right]$$

于是，具有死区和滞环的继电特性的描述函数为

$$N(A)=\frac{2M}{\pi A}\left[\sqrt{1-\left(\frac{m\Delta}{A}\right)^2}+\sqrt{1-\left(\frac{\Delta}{A}\right)^2}\right]+\mathrm{j}\frac{2M\Delta}{\pi A^2}(m-1)\text{，}\quad A\geqslant\Delta \tag{8.2-14}$$

当 $\Delta=0$ 时，得理想继电特性描述函数为

$$N(A)=\frac{4M}{\pi A} \tag{8.2-15}$$

当 $m=1$ 时，得带死区的继电特性描述函数为

$$N(A)=\frac{4M}{\pi A}\sqrt{1-\left(\frac{\Delta}{A}\right)^2}\text{，}\quad A\geqslant\Delta \tag{8.2-16}$$

当 $m=-1$ 时，得带滞环的继电特性描述函数为

$$N(A)=\frac{4M}{\pi A}\sqrt{1-\left(\frac{\Delta}{A}\right)^2}-\mathrm{j}\frac{4M\Delta}{\pi A^2}\text{，}\quad A\geqslant\Delta \tag{8.2-17}$$

常见的非线性特性及描述函数如表 8.2-1 所示。

表 8.2-1　典型的非线性特性及描述函数

非线性类型	非线性特性曲线	描述函数 $N(A)$
理想继电器特性	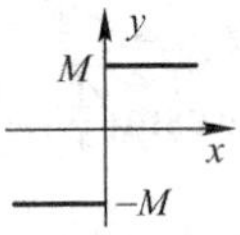	$\dfrac{4M}{\pi A}$
理想继电器特性	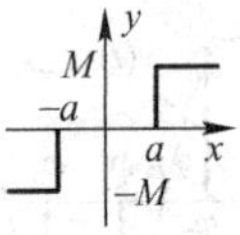	$\dfrac{4M}{\pi A}\sqrt{1-\left(\dfrac{a}{A}\right)^2}$，$A\geqslant a$
滞环继电器特性	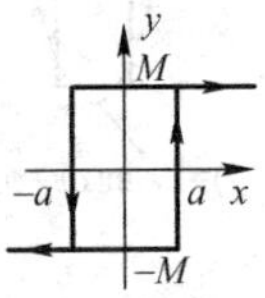	$\dfrac{4M}{\pi A}\sqrt{1-\left(\dfrac{a}{A}\right)^2}-\mathrm{j}\dfrac{4Ma}{\pi A^2}$，$A\geqslant a$
死区加滞环继电器特性	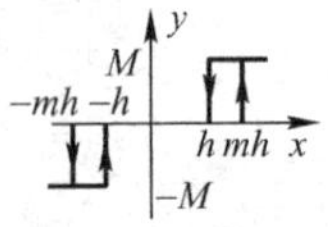	$\dfrac{2M}{\pi A}\left[\sqrt{1-\left(\dfrac{mh}{A}\right)^2}+\sqrt{1-\left(\dfrac{h}{A}\right)^2}\right]+\mathrm{j}\dfrac{2Mh}{\pi A^2}(m-1)$，$A\geqslant h$
饱和特性	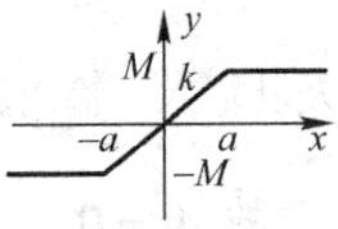	$\dfrac{2k}{\pi}\left[\arcsin\dfrac{a}{A}+\dfrac{a}{A}\sqrt{1-\left(\dfrac{a}{A}\right)^2}\right]$，$A\geqslant a$
死区特性	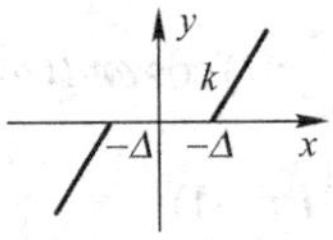	$\dfrac{2k}{\pi}\left[\dfrac{\pi}{2}-\arcsin\dfrac{\Delta}{A}-\dfrac{\Delta}{A}\sqrt{1-\left(\dfrac{\Delta}{A}\right)^2}\right]$，$A\geqslant \Delta$
死区加饱和特性	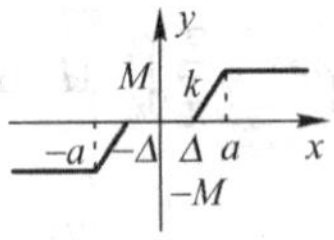	$\dfrac{2k}{\pi}\left[\arcsin\dfrac{a}{A}-\arcsin\dfrac{\Delta}{A}+\dfrac{a}{A}\sqrt{1-\left(\dfrac{a}{A}\right)^2}+\dfrac{\Delta}{A}\sqrt{1-\left(\dfrac{\Delta}{A}\right)^2}\right]$，$A\geqslant a$
间隙特性	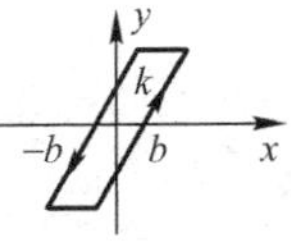	$\dfrac{k}{\pi}\left[\dfrac{\pi}{2}+\arcsin\left(1-\dfrac{2b}{A}\right)+2\left(1-\dfrac{2b}{A}\right)\sqrt{\dfrac{b}{A}-\left(1-\dfrac{b}{A}\right)}\right]+\mathrm{j}\dfrac{4kb}{\pi A}\left(\dfrac{b}{A}-1\right)$　$A\geqslant b$

8.2.3　非线性系统的简化

应用描述函数法分析非线性系统时，假设其典型结构为一个非线性环节 N 和一个线性部分 $G(s)$ 的串联形式，但实际非线性系统并非完全符合这样的要求。当存在多个非线性环节和多个线性部分组合而成的形式时，必须通过结构图等效变换的方法将系统化为典型结构，等效变换的原则是保证非线性环节的输入输出关系不变。

描述函数一般用于研究非线性系统的稳定性和自持振荡，即系统的内部运动，并不考虑外作用，所以在进行结构图的等效变换时可令输入 $r(t)=0$。

1．非线性环节的串联

当存在多个非线性环节串联时，可以先将串联的多个非线性环节等效为一个非线性环节，然后再求取描述函数。如图 8.2-5 所示，将具有死区特性和死区饱和特性的两个非线性环节串联。

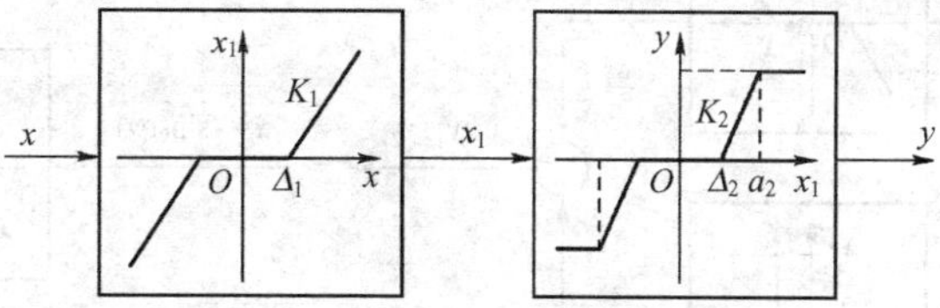

图 8.2-5　两个非线性环节的串联

先将两个非线性特性环节按图 8.2-6(a)和(b)的形式放置，按输出端非线性环节的变化点 Δ_2 和 a_2 确定输入对应点 Δ 和 a，得到图 8.2-6(c)所示等效非线性特性。最后确定等效非线性环节的参数。

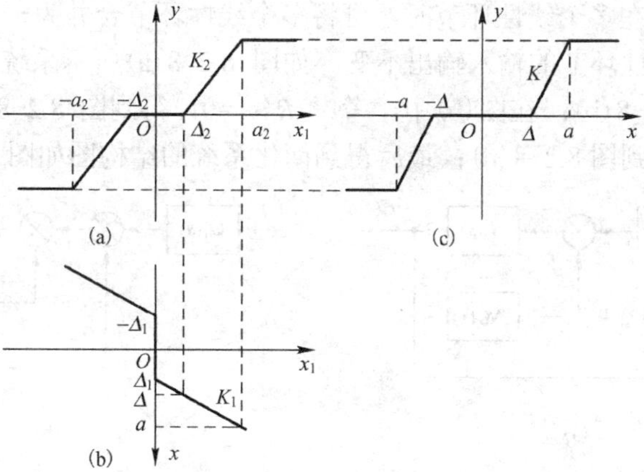

图 8.2-6　非线性特性串联的简化图解法

由 $K_1(\Delta-\Delta_1)=\Delta_2$，得 $\Delta=\Delta_1+\dfrac{\Delta_2}{K_1}$。由 $K_1(a-\Delta_1)=a_2$，得 $a=\Delta_1+\dfrac{a_2}{K_1}$。

等效的非线性特性为

$$\begin{cases} y=0, & |x|\leqslant\Delta \\ y=K_2(a_2-\Delta_2), & |x|\geqslant a \\ y=K(x-\Delta), & \Delta<|x|<a \end{cases} \tag{8.2-18}$$

式中，K 为等效非线性特性的线性斜率。

在 $\Delta<|x|<a$ 线性区内，由于 $K(x-\Delta)=K_2(x_1-\Delta_2)$，可得 $K=K_2\dfrac{x_1-\Delta_2}{x-\Delta}$。

由于 $K_1=\dfrac{a_2-\Delta_2}{a-\Delta}$，当 $x=a$ 时，$x_1=a_2$，所以 $K_1=\dfrac{x_1-\Delta_2}{x-\Delta}$，因而 $K=K_1K_2$。

多个非线性环节串联时，可按上述两个非线性环节串联的简化方法，依次由前向后顺序逐一加以简化。简化过程中，不可调换非线性环节的次序。

2．非线性环节的并联

图 8.2-7 所示为具有死区特性和死区继电特性的并联的情况，可先将两个非线性进行叠加，然后再对叠加后的非线性特性求描述函数 $N(A)$。也可分别求出各非线性特性的描述函数，然后叠加得到总的描述函数 $N(A)$，即

$$N(A)=N_1(A)+N_2(A) \tag{8.2-19}$$

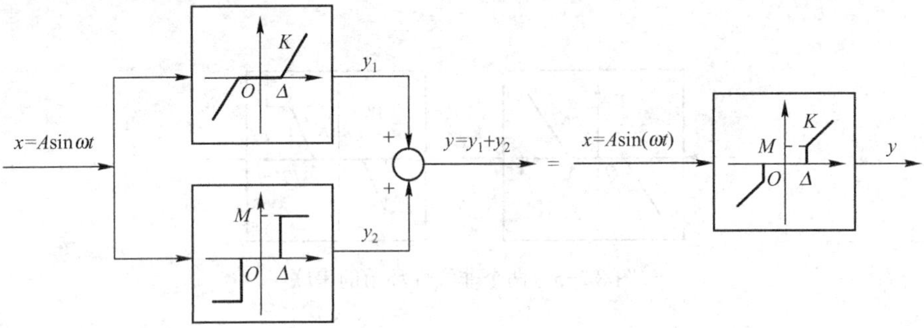

图 8.2-7　非线性环节并联连接的等效变换

3．线性部分等效变换

当非线性系统中存在多个线性环节时，可将多个线性环节合并为一个等效线性环节。等效变换的原则是保证非线性环节的输入输出不变。如图 8.2-8(a)所示系统，将第一个综合点移到 $G_1(s)$后面，得到图 8.2-8(b)；在图(b)中，考虑 $R(s)=0$，得到图 8.2-8(c)；在图(c)中，将两个综合点位置互换，得到图 8.2-8(d)；最后得到简化系统的结构图如图 8.2-8(e)所示。

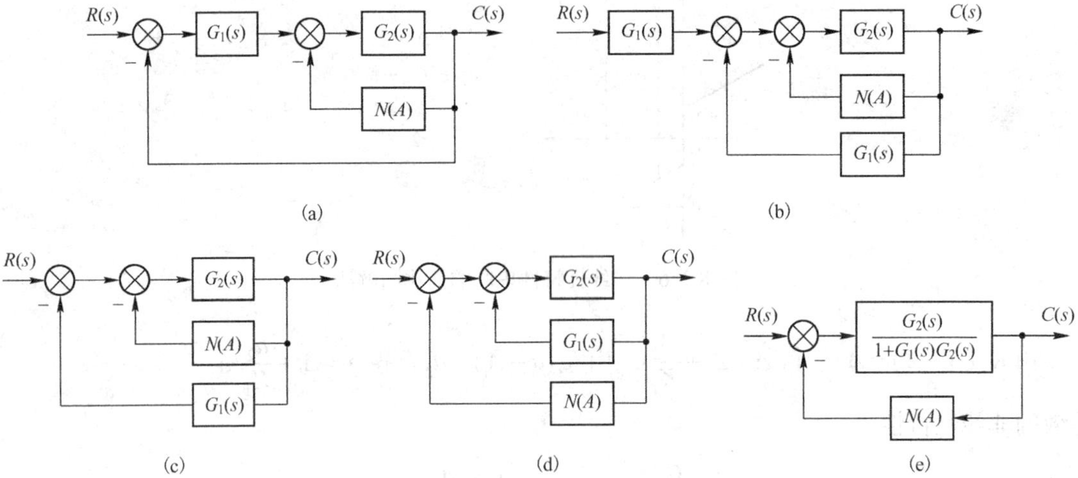

图 8.2-8　非线性系统的结构图

8.2.4　基于描述函数法的非线性系统的分析

若非线性系统的结构如图 8.2-9 所示，$N(A)$为非线性环节的描述函数，$G(s)$为线性部分的传递函数。由于非线性环节可以看成一个具有复数放大系数的放大器，所以整个系统就相当于一个等效的线性系统，可以用线性系统的频域响应法来判断系统的稳定性，并分析产生自持振荡的条件。

该闭环系统的特征方程为　　$1+N(A)G(s)=0$

用频率特性表示为　　$1+N(A)G(\mathrm{j}\omega)=0$

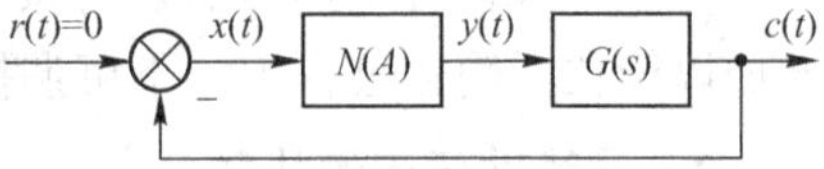

图 8.2-9　非线性系统等效为线性系统

1．系统的稳定性分析

（1）线性系统的稳定性分析

当 $N(A)=1$ 时，设 $G(s)$ 为最小相位系统，系统的频率特性可以表示为

$$1+G(\mathrm{j}\omega)=0 \quad 或 \quad G(\mathrm{j}\omega)=-1 \tag{8.2-20}$$

由奈奎斯特判据可知，当开环幅相曲线 $G(j\omega)$ 曲线不包围(−1，j0)点时，闭环系统是稳定的。当开环幅相曲线 $G(j\omega)$ 包围(−1，j0)点时，闭环系统是不稳定的。当开环幅相曲线 $G(j\omega)$ 穿过(−1，j0)点时，闭环系统临界稳定，产生等幅振荡。

（2）非线性系统的稳定性分析

当 $N(A)\neq 1$ 时，闭环系统的特征方程为

$$1+N(A)G(j\omega)=0 \quad 或 \quad G(j\omega)=-1/N(A) \tag{8.2-21}$$

式中，$-1/N(A)$ 称为非线性特性的负倒描述函数，对比式(8.2-21)和式(8.2-20)可知，负倒描述函数相当于线性系统的临界点(−1, j0)。

对于线性系统，产生等幅振荡的临界点(−1, j0)是固定的，奈奎斯特判据是根据 $G(j\omega)$ 曲线与临界点(−1, j0)的相对位置来判断闭环系统稳定性的。而对于非线性系统，产生等幅振荡的临界点是一条随 A 变化的负倒描述函数曲线，可以在复平面上同时作出线性部分的频率特性曲线 $G(j\omega)$ 和非线性部分负倒描述函数曲线 $-1/N(A)$，并在 $-1/N(A)$ 曲线上用箭头表示随 A 增大 $-1/N(A)$ 变化的方向，然后可由它们的相对位置来判断非线性系统的稳定性，这就是奈奎斯特判据在非线性系统中的推广应用。

设线性部分 $G(s)$ 为最小相位系统，判断非线性系统稳定性的方法如下：

（1）若 $G(j\omega)$ 曲线不包围 $-1/N(A)$ 曲线，如图 8.2-10(a)所示，则非线性系统稳定。

（2）若 $G(j\omega)$ 曲线包围 $-1/N(A)$ 曲线，如图 8.2-10(b)所示，则非线性系统不稳定。

（3）若 $G(j\omega)$ 曲线与 $-1/N(A)$ 曲线相交，如图 8.2-10(c)所示，则非线性系统产生周期运动。若周期运动是稳定的，则系统出现自持振荡，且该周期运动的频率和振幅可由交点处 $G(j\omega)$ 曲线上对应的 ω 和 $-1/N(A)$ 曲线上相应的 A 值来表示。

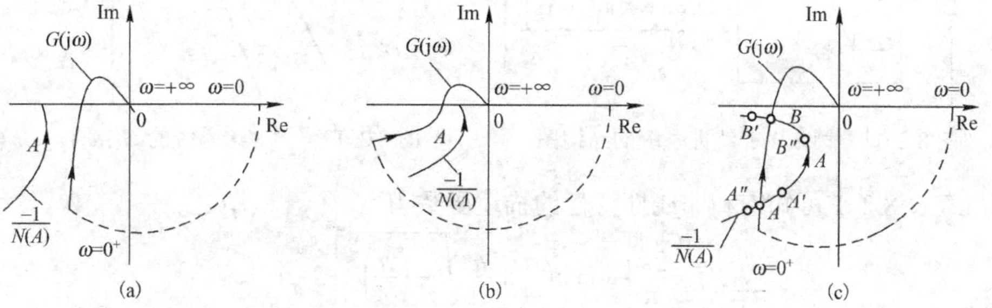

图 8.2-10 非线性系统稳定性分析及周期运动的稳定性判断

2. 周期运动的稳定性分析

当 $G(j\omega)$ 曲线与 $-1/N(A)$ 曲线相交时，每个交点对应一个周期运动。但并非每个周期运动都是稳定存在的，只有稳定的周期运动才是非线性系统的自持振荡，并能够观察到。稳定的周期运动是指系统在受到外界小扰动作用下偏离原来的周期运动，当该扰动消失后，系统仍能恢复到原来的周期运动。不稳定的周期运动是指系统在受到外界小扰动作用下，系统不能重新回到原来的周期运动。

图 8.2-10(c)所示系统，$G(j\omega)$ 曲线与 $-1/N(A)$ 曲线有两个交点 A 和 B，分别对应于两个不同振幅和频率的周期运动，这两个周期运动是否稳定，下面来具体分析。

（1）分析 A 点的情况

设 A 点处的周期运动为 $A_1\sin\omega_1 t$。假设此时系统受到外界干扰，使振幅 A_1 略有增大，工作点将沿 $-1/N(A)$ 曲线移到 A' 点，此时 $G(j\omega)$ 曲线包围 A' 点，系统不稳定，振荡过程发散，振幅将继续增大，工作点将沿 $-1/N(A)$ 曲线远离 A' 点。反之，若干扰使 A_1 略有减小，工作点将沿 $-1/N(A)$ 曲线移到 A'' 点，此时 $G(j\omega)$ 曲线不包围 A'' 点，系统稳定，振荡过程收敛；使振

幅减小，工作点将沿 $-1/N(A)$ 曲线远离 A''。这说明，A 点对应的周期运动 $A_1\sin\omega_1 t$ 只要受到干扰使振幅稍微的变化，就不能回到 A 点，所以 A 点对应的周期运动是不稳定的。

（2）分析 B 点的情况

设 B 点处的周期运动为 $A_2\sin\omega_2 t$。假设此时系统受到外界干扰，使振幅 A_2 略有增大，工作点将沿 $-1/N(A)$ 曲线移到 B' 点，此时 $G(\mathrm{j}\omega)$ 曲线不包围 B' 点，系统稳定，振荡过程收敛；使振幅减小，工作点将沿 $-1/N(A)$ 曲线由 B' 点回到 B 点。反之，若干扰使 A_2 略有减小，工作点将沿 $-1/N(A)$ 曲线移到 B'' 点，此时 $G(\mathrm{j}\omega)$ 曲线包围 B'' 点，系统不稳定，振荡过程发散；使振幅增大，工作点将沿 $-1/N(A)$ 曲线由 B'' 点回到 B 点。这说明，B 点对应的周期运动 $A_2\sin\omega_2 t$ 只要受到干扰使振幅稍微的变化，就能回到 B 点，所以 B 点对应的周期运动是稳定的。

如果非线性系统产生自持振荡，则振荡的振幅和频率可以采用图解法求得，即振荡频率由 $G(\mathrm{j}\omega)$ 在交点处的频率确定，振荡的振幅由 $-1/N(A)$ 在交点处的 A 值确定。也可用下式确定

$$\begin{cases} |N(A)G(\mathrm{j}\omega)| = 1 \\ \angle N(A)G(\mathrm{j}\omega) = -\pi \end{cases} \tag{8.2-22}$$

例 8-1　具有饱和非线性的控制系统如图 8.2-11 所示，试求：

（1）K=15 时系统的自由运动状态。

（2）欲使系统稳定地工作，不出现自振荡，K 的临界稳定值是多少？

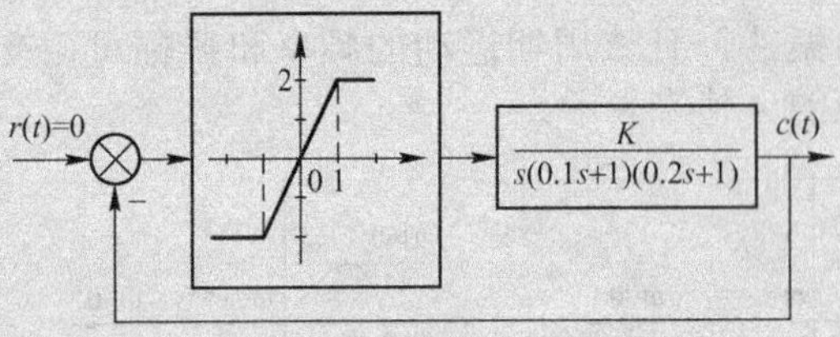

图 8.2-11　例 8-1 非线性系统的结构图

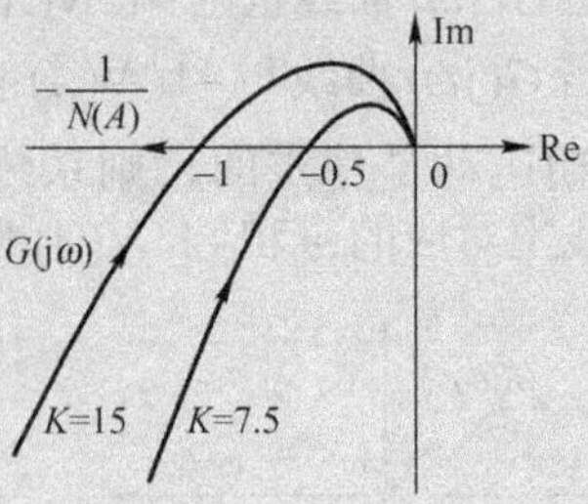

图 8.2-12　例 8-1 系统的 $G(\mathrm{j}\omega)$和$-1/N(A)$曲线

解：查表 8.2-1 可知饱和非线性特性的描述函数为

$$N(A) = \frac{2k}{\pi}\left[\arcsin\frac{a}{A} + \frac{a}{A}\sqrt{1-\left(\frac{a}{A}\right)^2}\right],\quad A \geqslant a$$

其中 k=2，a=1，于是

$$-\frac{1}{N(A)} = -\frac{\pi}{4\left[\arcsin\dfrac{1}{A} + \dfrac{1}{A}\sqrt{1-\left(\dfrac{1}{A}\right)^2}\right]}$$

起点 A=1 时，$-1/N(A)$=-0.5。当 $A\to\infty$ 时，$-1/N(A)=-\infty$。因此$-1/N(A)$曲线位于-0.5～$-\infty$ 这段负实轴上。

系统线性部分的频率特性为

$$G(\mathrm{j}\omega) = \frac{K}{s(0.1s+1)(0.25+1)}\bigg|_{s=\mathrm{j}\omega} = \frac{K[-0.3\omega - \mathrm{j}(1-0.02\omega^2)]}{\omega[0.0004\omega^4 + 0.05\omega^2 + 1]}$$

令 $\mathrm{Im}[G(\mathrm{j}\omega)]=0$，即 $1-0.02\omega^2=0$，得 $G(\mathrm{j}\omega)$曲线与负实轴交点的频率为 $\omega=\sqrt{1/0.02}=7.07\mathrm{rad/s}$，可求得 $G(\mathrm{j}\omega)$曲线与负实轴的交点为

$$\mathrm{Re}[G(\mathrm{j}\omega)] = \frac{-0.3K}{0.0004\omega^4 + 0.05\omega^2 + 1}\bigg|_{\omega=7.07} = -\frac{0.3K}{4.5}$$

（1）将 K=15 代入上式，得 $\mathrm{Re}[G(\mathrm{j}\omega)]=-1$。图 8.2-12 绘出了 K=15 时的 $G(\mathrm{j}\omega)$曲线与 $-1/N(A)$曲线，两曲线交于(−1，j0)点。显然，交点对应的是一个稳定的自振荡，根据交点处的幅值相等，即

$$-\frac{\pi}{4[\arcsin\frac{1}{A}+\frac{1}{A}\sqrt{1-\left(\frac{1}{A}\right)^2}}=-1$$

求得与交点对应的振幅 A=2.5。因此当 K=15 时系统的自由运动状态为自振荡状态，其振幅和频率分别为 A=2.5，ω=7.07rad/s。

（2）欲使系统稳定地工作，不出现自振荡，由于 $G(s)$极点均在左半 s 平面，故根据奈氏判据知，应使 $G(\mathrm{j}\omega)$曲线不包围$-1/N(A)$曲线，即 $-\frac{0.3K}{4.5}\geqslant -0.5$，故 K 的临界稳定值为 $K_{\mathrm{MAX}}=\frac{0.5\times 0.4}{0.3}=7.5$。

例 8-2 非线性系统如图 8.2-13 所示，试用描述函数法分析周期运动的稳定性，并确定自振荡的振幅和频率。

解：由图 8.2-13 可知，系统的结构图不是描述函数应用时的典型结构，因此首先变换成典型结构。由于在用描述函数分析稳定性和自振荡时，不考虑 $r(t)$的作用，故设 $r(t)$=0。再根据结构图中信号间的相互关系，故图 8.2-13 可变换成图 8.2-14 的典型结构。由结构图知，非线性特性是滞环继电特性：M=1，h=0.2，故

$$N(A)=\frac{4M}{\pi A}\sqrt{1-\left(\frac{h}{A}\right)^2}-\mathrm{j}\frac{4Mh}{\pi A^2}=\frac{4}{\pi A}\sqrt{1-\left(\frac{0.2}{A}\right)^2}-\mathrm{j}\frac{0.8}{\pi A^2},\ A\geqslant h=0.2$$

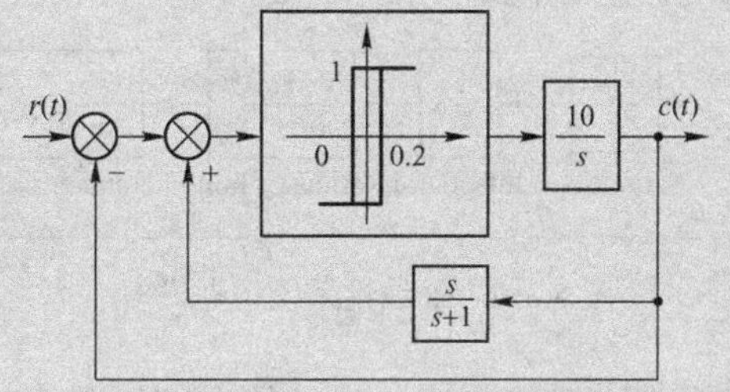

图 8.2-13　例 8-2 非线性系统的结构图

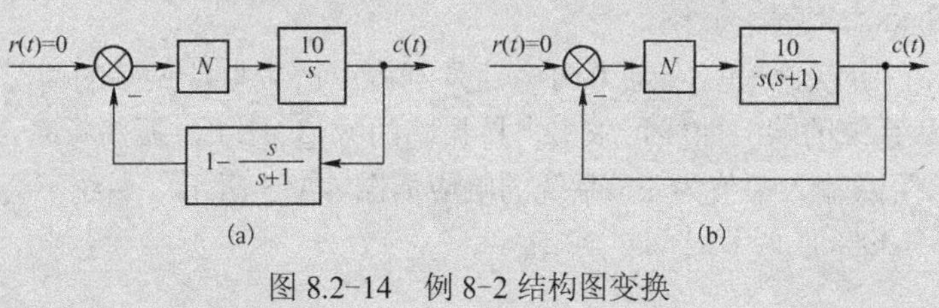

图 8.2-14　例 8-2 结构图变换

画出$-1/N(A)$曲线与 $G(\mathrm{j}\omega)$曲线如图 8.2-15 所示，$-1/N(A)$曲线是一条虚部为$-\mathrm{j}\pi h/4M=-\mathrm{j}0.157$ 的直线。显然两曲线的交点处是一个稳定的自振荡。

因为　$$G(\mathrm{j}\omega)=\frac{10}{\mathrm{j}\omega(\mathrm{j}\omega+1)}=-\frac{10}{1+\omega^2}-\frac{\mathrm{j}10}{\omega(1+\omega^2)}$$

令　$$\mathrm{Im}[G(\mathrm{j}\omega)]=-\frac{10}{\omega(1+\omega^2)}=-0.157$$

用试探法解方程：　$0.0157\omega(1+\omega^2)=1$

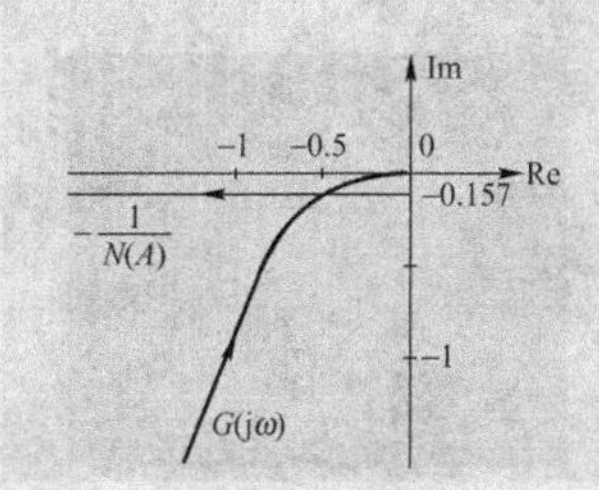

图 8.2-15　例 8-2 系统的 $G(\mathrm{j}\omega)$和 $-1/N(A)$曲线

得$\omega\approx$4rad/s。将ω=4 代入 Re[G(jω)]：$-\dfrac{10}{1+\omega^2}=0.588$

令 Re[G(jω)] = Re[−1/N(A)]得

$$-0.588=-\frac{\pi}{4}\sqrt{A^2-0.2^2}$$

得 A=0.775。故自振荡的振幅 A=0.775，频率ω=4rad/s。

8.3 基于 MATLAB/Simulink 的非线性系统分析

例 8-3 图 8.3-1 所示为具有饱和非线性的控制系统。饱和非线性参数为 $s=1$，k=1。设 $G(s)=\dfrac{K}{s(0.1s+1)(0.2s+1)}$，用 Simulink 仿真分析下列情况时系统的响应：（1）$K=30$，阶跃输入幅值为 0.001；（2）$K=15.1$，阶跃输入幅值为 0.01；（3）$K=5$，阶跃输入幅值为 1。

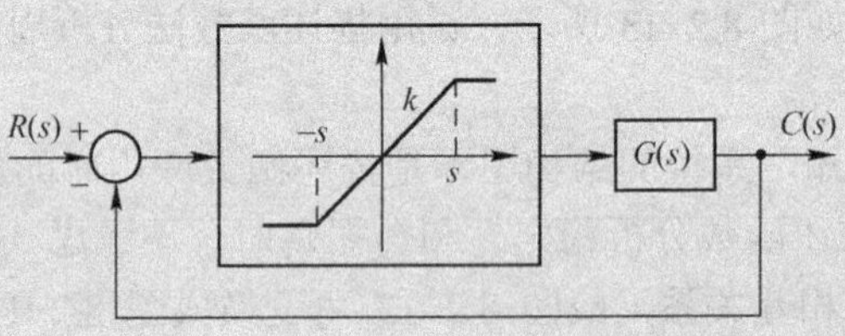

图 8.3-1 具有饱和非线性的控制系统

解：启动 MATLAB 后，单击 MATLAB 主窗口的 Simulink 按钮可启动 Simulink。使用 Simulink 建立非线性控制系统，仿真模型如图 8.3-2 所示。

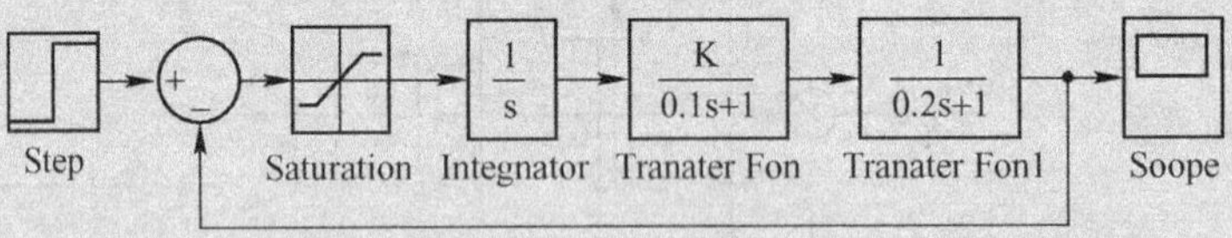

图 8.3-2 非线性系统仿真模型

（1）$K=30$，阶跃输入幅值为 0.001 时，系统的响应如图 8.3-3 所示。系统出现自持振荡。振荡周期为 0.888，振幅为 2.5。

（2）$K=15.1$，阶跃输入幅值为 0.01。这是刚可以产生自持振荡的情况。系统的响应如图 8.3-4 所示。从系统的响应曲线可求出自持振荡的幅值 $A\approx1$，振荡频率 $\omega=7.07\text{rad/s}$。

（3）$K=5$，阶跃输入幅值为 1。系统的响应如图 8.3-5 所示。系统不会出现自持振荡，系统超调量 $\text{M}_\text{p}\%=39\%$，调节时间 $t_\text{s}=3.5\text{s}$。

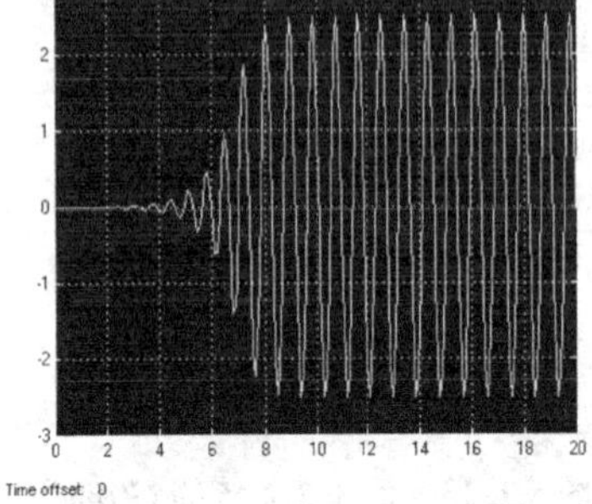

图 8.3-3 K=30，系统的阶跃响应

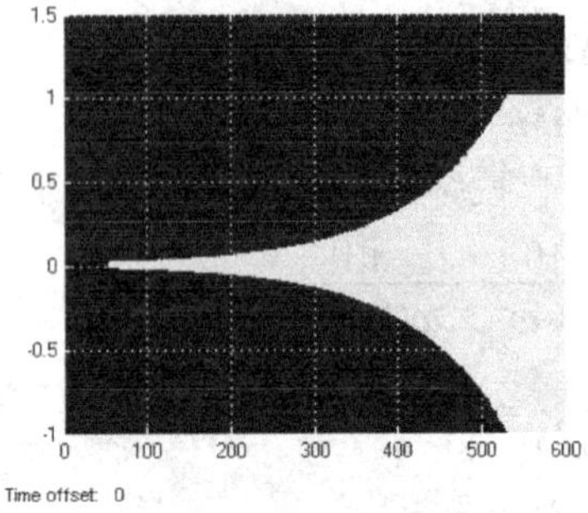

图 8.3-4 K=15.1，系统的阶跃响应

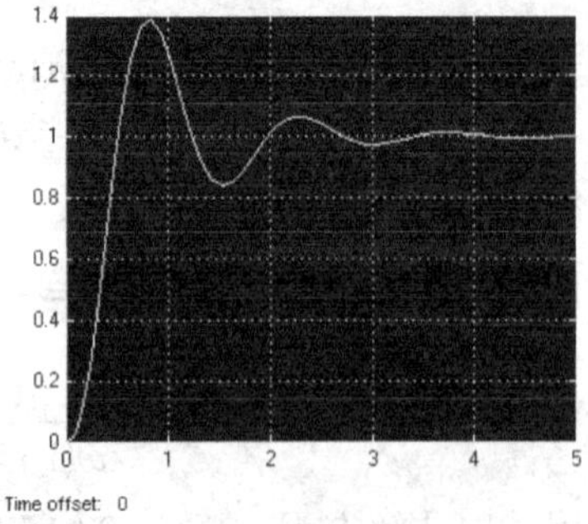

图 8.3-5 K=5，系统的阶跃响应

本章小结

本章主要研究描述函数法在非线性系统分析中的应用。首先介绍了非线性系统的特点，其次介绍了一些常见的非线性特性并分析了它们对系统性能的影响。描述函数法是一种工程近似方法，是线性理论频域法的推广。它通过对非线性特性建立数学模型即描述函数，然后采用线性系统的频域响应方法来近似分析非线性系统稳定性和自持振荡的振幅和频率。最后介绍了采用 MATLAB 编程进行非线性系统仿真。

习题

8-1　已知某非线性系统结构如图 T8-1 所示，非线性环节描述函数为 $N(A)=\dfrac{A+6}{A+2}$, $A>0$, 试用描述函数法确定：

（1）使该非线性系统稳定、不稳定以及产生周期运动时，线性部分的 K 值范围。

（2）判断周期运动的稳定性，并计算稳定周期运动的振幅 A 和频率 ω 。

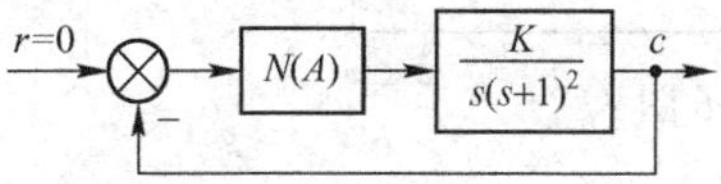

图 T8-1　习题 8-1 图

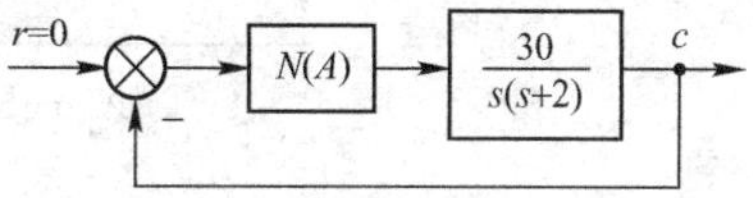

图 T8-2　习题 8-2 图

8-2　已知某非线性系统结构如图 T8-2 所示，非线性环节描述函数为 $N(A)=\dfrac{1}{A}\mathrm{e}^{-\mathrm{j}\frac{\pi}{4}}$，试用描述函数法确定：（1）系统是否存在自持振荡。（2）若存在自持振荡，求自持振荡振幅 A 和频率 ω 。（3）定性分析开环增益变化对自持振荡的影响。

8-3　已知三个非线性系统的非线性环节一样，线性部分分别为

（1）$G(s)=\dfrac{1}{s(0.1s+1)}$　（2）$G(s)=\dfrac{2}{s(s+1)}$　（3）$G(s)=\dfrac{2(1.5s+1)}{s(s+1)(0.1s+1)}$

试问：用描述函数法分析时，哪个系统分析的准确度高？

8-4　将图 T8-3 所示非线性系统简化成环节串联的典型结构形式，并写出等效线性部分的传递函数 $G(s)$ 。

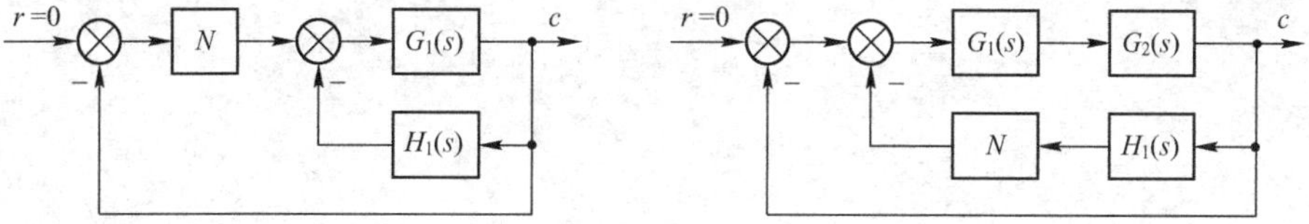

图 T8-3　习题 8-4 图

8-5　判断图 T8-4 中各非线性系统是否稳定，$-1/N(A)$ 曲线与 $G(\mathrm{j}\omega)$ 曲线的交点是否为自持振荡点，图中 $G(\mathrm{j}\omega)$ 为最小相位系统的幅相曲线。

8-6　已知某非线性系统如图 T8-5 所示，描述该系统的动态方程如下：

$$\mathrm{e}(t)=r(t)-c(t)\text{；}\quad \frac{\mathrm{d}x(t)}{\mathrm{d}t}+x(t)=\mathrm{e}(t)\text{；}$$

$$y(t)=\begin{cases}1, & x>0\\ -1, & x<0\end{cases}\text{；}\quad \frac{\mathrm{d}^2c(t)}{\mathrm{d}t^2}+4\frac{\mathrm{d}c(t)}{\mathrm{d}t}=ky(t)\text{，}\quad k>0$$

（1）试求 $G_1(s)$ 和 $G_2(s)$，画出非线性环节的输入输出特性关系曲线。

（2）用描述函数法分析系统的稳定性，若存在自持振荡，求出振幅 A 和频率 ω 。

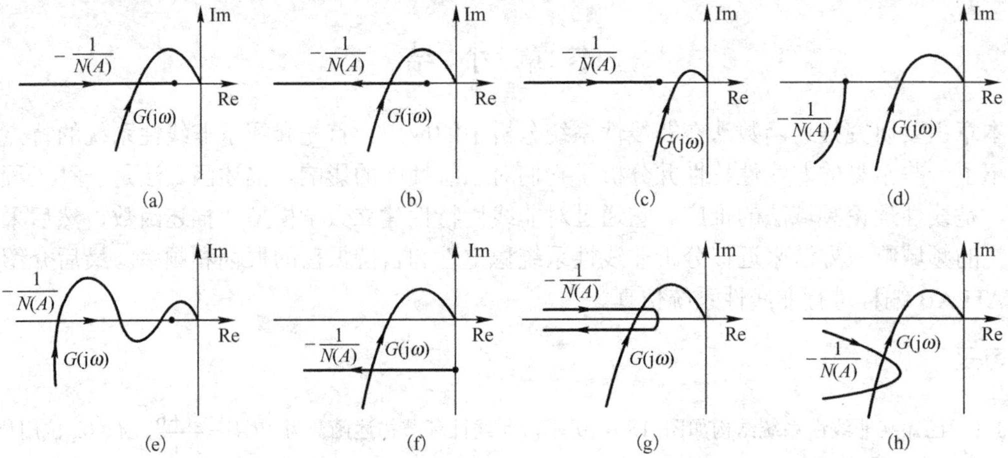

图 T8-4 习题 8-5 图

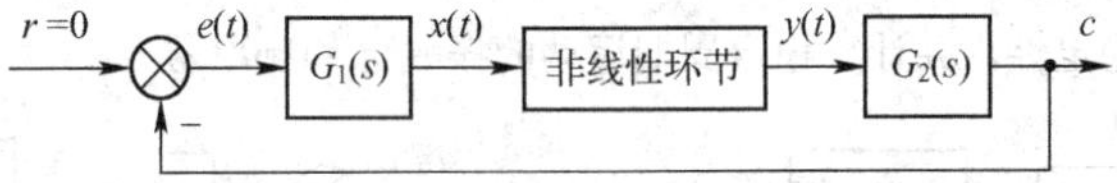

图 T8-5 习题 8-6 图

附录 A　习题参考答案

第 2 章

2-1（1）$\dfrac{C(s)}{R(s)}=\dfrac{2s+3}{s^3+5s^2+4s+1}$　（2）$\dfrac{C(s)}{R(s)}=\dfrac{s}{2s^3+2s^2+s+1}$　（3）$\dfrac{C(s)}{R(s)}=\dfrac{e^{-s}}{s^2+10s+5}$

2-2 传递函数为 $\dfrac{C(s)}{R(s)}=\left(\dfrac{3s+2}{s(s+2)(s+1)}\right)\Big/\left(\dfrac{1}{s}\right)=\dfrac{3s+2}{(s+2)(s+1)}$

脉冲响应 $g(t)=4\mathrm{e}^{-2t}-\mathrm{e}^{-t}$

2-3 $c(t)=\dfrac{2}{3}+\dfrac{1}{2}\mathrm{e}^{-t}-\dfrac{1}{6}\mathrm{e}^{-3t}$

2-4（1）$\dfrac{U_{\mathrm{c}}(s)}{U_{\mathrm{r}}(s)}=\dfrac{R_2+sL}{R_1LCs^2+R_1R_2Cs+Ls+R_1+R_2}$　（2）$\dfrac{U_{\mathrm{c}}(s)}{U_{\mathrm{r}}(s)}=\dfrac{R_1R_2C_1s+R_2}{R_1R_2C_1s+R_1+R_2}$

（3）$\dfrac{U_{\mathrm{c}}(s)}{U_{\mathrm{r}}(s)}=\dfrac{R_2}{R_2LCs^2+R_1R_2Cs+R_1+R_2}$

2-5（1）$\dfrac{U_{\mathrm{c}}(s)}{U_{\mathrm{r}}(s)}=-\dfrac{R_2Cs+1}{R_1Cs}$　（2）$\dfrac{U_{\mathrm{c}}(s)}{U_{\mathrm{r}}(s)}=-\dfrac{R_3R_2C_1C_2s^2+R_2C_1s+R_3C_1s}{R_1C_1s+1}$

2-6 电网络相应的传递函数 $\dfrac{U_{\mathrm{c}}(s)}{U_{\mathrm{r}}(s)}=\dfrac{(R_1C_1s+1)(R_2C_2s+1)}{(R_1C_1s+1)(R_2C_2s+1)+R_1C_2s}$

机械位移系统相应的传递函数为 $\dfrac{Y_{\mathrm{c}}(s)}{Y_{\mathrm{r}}(s)}=\dfrac{\left(\dfrac{f_1}{k_1}s+1\right)\left(\dfrac{f_2}{k_2}s+1\right)}{\left(\dfrac{f_1}{k_1}s+1\right)\left(\dfrac{f_2}{k_2}s+1\right)+\dfrac{f_2}{k_1}s}$

两个传递函数具有相同的形式，故为相似系统。

2-7 ΔF 的线性化方程为 $\Delta F\approx 12.11\Delta y$

2-8 铁芯线圈的微分方程为 $K_1C_1\dfrac{\mathrm{d}i}{\mathrm{d}t}+iR=u_{\mathrm{r}}$

线圈的磁通变化率为 K_1，磁通 Ψ 与电流 i 的非线性关系在平衡点处的切线斜率为 C_1。

2-9 $\Delta i_{\mathrm{d}}=0.084\Delta u_{\mathrm{d}}$

2-10（1）转速调节器 ASR：$K_{\mathrm{n}}\dfrac{\tau_{\mathrm{n}}s+1}{\tau_{\mathrm{n}}s+1}$，$K_{\mathrm{n}}=\dfrac{R_{\mathrm{n}}}{R_0}$，$\tau_{\mathrm{n}}=R_{\mathrm{n}}C_{\mathrm{n}}$

电流调节器 ACR：$K_{\mathrm{i}}\dfrac{\tau_{\mathrm{i}}s+1}{\tau_{\mathrm{i}}s+1}$，$K_{\mathrm{i}}=\dfrac{R_{\mathrm{i}}}{R_0}$，$\tau_{\mathrm{i}}=R_{\mathrm{i}}C_{\mathrm{i}}$

（2）系统的方块图见附图 2-1。

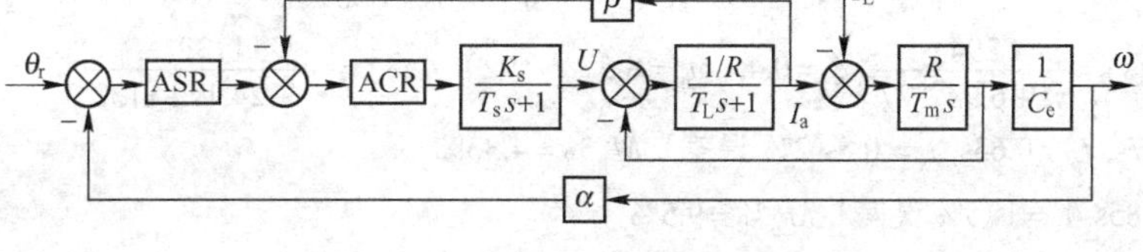

附图 2-1　题 2-10 解图

（3）$\dfrac{\Omega(s)}{U_{\mathrm{n}}(s)}=\dfrac{\dfrac{K_{\mathrm{n}}K_{\mathrm{i}}K_{\mathrm{s}}}{\tau_{\mathrm{n}}\tau_{\mathrm{i}}T_{\mathrm{m}}C_{\mathrm{e}}}(\tau_{\mathrm{n}}s+1)(\tau_{\mathrm{i}}s+1)}{s^3(T_{\mathrm{L}}s+1)(T_{\mathrm{s}}s+1)+\dfrac{1}{T_{\mathrm{m}}}s^2(T_{\mathrm{s}}s+1)+\dfrac{\beta K_{\mathrm{i}}K_{\mathrm{s}}}{R\tau_{\mathrm{i}}}s^2+\dfrac{K_{\mathrm{n}}K_{\mathrm{i}}K_{\mathrm{s}}\alpha}{\tau_{\mathrm{n}}\tau_{\mathrm{i}}T_{\mathrm{m}}C_{\mathrm{e}}}}$

2-11 （1）$\dfrac{C(s)}{R(s)}=\dfrac{G_1G_3+G_2G_3}{1+G_3H_1+G_1G_3}$

（2）$\dfrac{C(s)}{R(s)}=\dfrac{G_1G_2G_3+G_1G_4}{1+G_1G_2G_3H_3+G_2G_3H_2+G_4H_2+G_1G_4H_3+G_1G_2H_1}$

2-12 （1）$\dfrac{C(s)}{R(s)}=\dfrac{G_1G_3}{1+G_3H_1+G_1G_3}$，$\dfrac{C(s)}{D(s)}=\dfrac{1+G_2G_3}{1+G_1G_3+G_3H_1}$

（2）$\dfrac{C(s)}{R(s)}=\dfrac{Ks}{(1-2K)s+2(1-K)}$，$\dfrac{C(s)}{D_1(s)}=\dfrac{s(s+2)}{(1-2K)s+2(1-K)}$，$\dfrac{C(s)}{D_2(s)}=\dfrac{2K}{(1-2K)s+2(1-K)}$

2-13 $\dfrac{C(s)}{R(s)}=\dfrac{G_1G_3G_4+G_2G_3G_4}{1+G_1H_1+G_4H_2+G_3G_4H_3-G_3+G_1H_1G_4H_2}$

2-14 $\dfrac{C(s)}{R(s)}=\dfrac{bcde+ade+a+aeg+bc+bceg}{1+cf+eg+bcdeh+adeh+cfeg}$，$\dfrac{C(s)}{D(s)}=\dfrac{em+emcf-meha-mehbc}{1+cf+eg+bcdeh+adeh+cfeg}$

2-15 （1）$\dfrac{y_2}{y_1}=\dfrac{acdef+abef}{1+cg+eh+cdei+bei+cgeh}$　（2）$\dfrac{y_2}{y_1}=\dfrac{ac(1+eh)}{1+cg+eh+cdei+bei+cgeh}$

2-16 （1）$\dfrac{C(s)}{R(s)}=\dfrac{-\dfrac{R_1}{R_0}K-\dfrac{K}{R_0C_0s}+\dfrac{KR_1C_1}{R_0C_0}}{1+R_1C_1s+K+\dfrac{R_1}{R_0}+\dfrac{1}{R_0C_0s}+KR_1C_1s+\dfrac{R_1C_1}{R_0C_0}}$　（2）$\dfrac{y_2}{y_1}=\dfrac{abc}{1-bg-ch-f-abcd-bce}$

2-17 $\dfrac{C(s)}{R(s)}=\dfrac{36s^2+81s+62}{6s^2+26s+8}$

2-18 $\dfrac{C(s)}{R(s)}=\dfrac{G_1G_4G_5G_7G_8+G_2G_4G_5G_7G_8+G_3G_5G_7G_8+G_2G_4G_6G_8+G_1G_4G_6G_8-G_3H_1G_4G_6G_8}{1+G_4H_1+G_7G_8H_2+G_1G_4G_5G_7G_8H_3+G_1G_4G_6G_8H_3+G_4H_1G_7G_8H_2}$

2-19 见附图 2-2。根据经验公式可得：$\tau=50\text{s}$，$T=139\text{s}$。

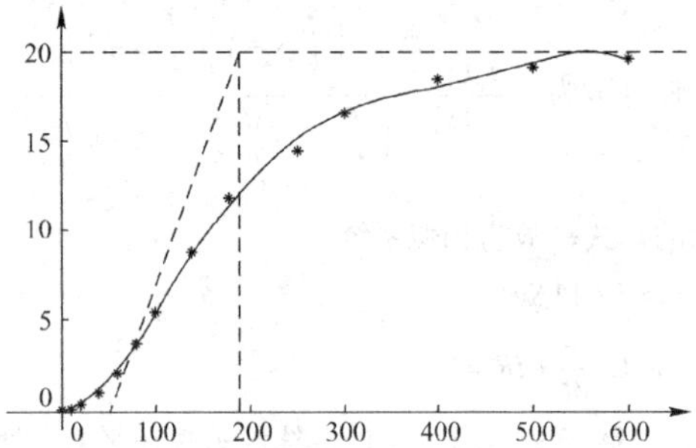

附图 2-2　题 2-19 解图

第 3 章

3-1 该温度计的稳态误差为 2.5°

3-2 （1）$t_p=1.96s$，$t_s=2.5s$(5% 误差)，$M_p\%=9.5\%$　（2）$\Phi(s)=\dfrac{40}{s^2+2.4s+4}$，$\zeta=0.6$，$\omega_n=2$

3-3 （1）$g(t)=-12e^{-60t}+12e^{-10t}$；　（2）$\Phi(s)=\dfrac{600}{s^2+70s+600}$，$\zeta=1.43$，$\omega_n=24.5$

3-4 （1）$\Phi(s)=\dfrac{294}{s^2+6.9s+77}$，$\zeta=0.4$，$\omega_n=8.57$　（2）$\Phi(s)=\dfrac{1132}{s^2+24.1s+1132}$，$\zeta=0.358$，$\omega_n=33.65$

3-5 $t_r=0.47\text{s}$，$t_p=0.63\text{s}$，$t_s=0.8\text{s}$(2% 误差)，$M_p\%=4.33\%$

3-6 $t_p=0.785\text{s}$，$t_s=1\text{s}$(5% 误差)，$M_p\%=9.5\%$

3-7 $K=1.32$，$\tau=0.263$

3-8 $a=0$，$\zeta=0$，$\omega_n=2\sqrt{2}$；$a=4/9$

3-9 （1）$\zeta=0$，$\omega_n=1$，$t_s=\infty$，$M_p\%=100\%$　（2）$\zeta=0.5$，$\omega_n=1$，$t_s=6s$，$M_p\%=16.3\%$

（3）$\zeta=0.5$，$\omega_n=1$，$t_s=6.29\text{s}$，$M_p\%=35.1\%$

3-10 闭环主导极点-0.8814+ 1.08479i，-0.8814-1.0848i； $t_s = 4.39\text{s}$ 和 $M_p\% = 7.71\%$

3-11 系统不稳定，有两个不稳定的闭环极点

3-12 （1）系统稳定； （2）系统不稳定，有两个不稳定的闭环极点；

（3）系统不稳定，有两个不稳定的闭环极点；

（4）系统不稳定，有两个 s 右半面的闭环极点，两个虚轴上的闭环极点；

（5）系统临界稳定，两个虚轴上的闭环极点。

3-13 $a = 0.75,\ K = 2$

3-14 $K > 0,\ \tau > \dfrac{2K-3}{3K}$

3-15 $\tau > 0.1$

3-16 有 0 个根的负实部都在 0 与-2 之间。

3-17 （1） $K_p = \infty$，$K_v = 5,\ K_a = 0$ （2） $K_p = \infty$，$K_v = \infty$，$K_a = 1.4$

3-18 （1） $K_p = 50,\ K_v = 0,\ K_a = 0,\ e_{ss}(\infty)\big|_{r(t)=1(t)} = \dfrac{1}{51},\ e_{ss}(\infty)\big|_{r(t)=t} = \infty,\ e_{ss}(\infty)\big|_{r(t)=0.5t^2} = \infty$

（2） $K_p = \infty$，$K_v = K,\ K_a = 0$； $e_{ss}(\infty)\big|_{r(t)=1(t)} = 0;\ e_{ss}(\infty)\big|_{r(t)=t} = \dfrac{1}{K},\ e_{ss}(\infty)\big|_{r(t)=0.5t^2} = \infty$

（3） $K_p = \infty$，$K_v = \infty$，$K_a = 0.1$； $e_{ss}(\infty)\big|_{r(t)=1(t)} = 0,\ e_{ss}(\infty)\big|_{r(t)=t} = 0,\ e_{ss}(\infty)\big|_{r(t)=0.5t^2} = 10$

3-19 $e_{ss}(\infty) = 0.5$

3-20 $e_{ssr}(\infty) = 4/15,\ e_{ssd}(\infty) = 1/6,\ e_{ss}(\infty) = e_{ssr}(\infty) + e_{ssd}(\infty)$

3-21 $e_{ssr}(\infty) = 0,\ e_{ssd1}(\infty) = -1/K_1,\ e_{ssd1}(\infty) = 0,\ e_{ss}(\infty) = -1/K_1$

增加 $D_1(s)$ 作用点前的前向通道的积分环节个数和增大增益 K_1

3-22 $G_c(s) = -\dfrac{K_3(T_1 s + 1)}{K_1 K_2}$

3-23 $a = 0.03,\ b = 0.1$

第 4 章

4-1 见附图 4-1

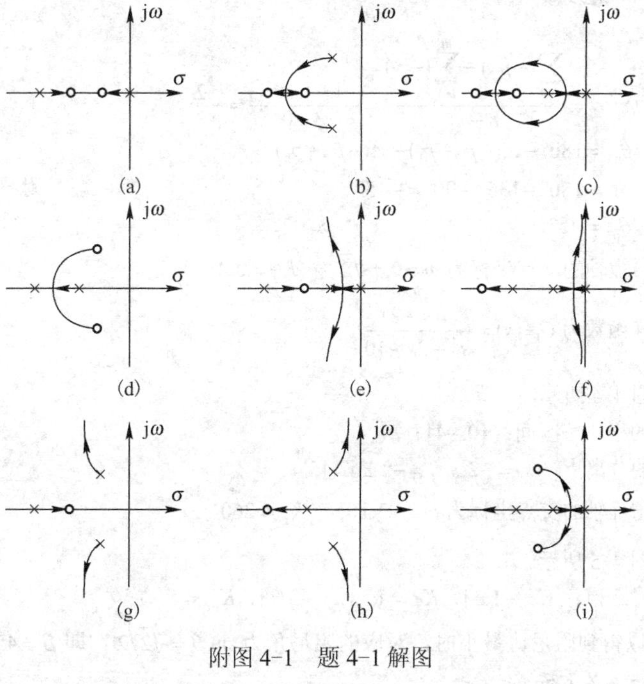

附图 4-1 题 4-1 解图

4-2 （1）实轴上的根轨迹区间：$[-3,-1]$;根轨迹如附图 4-2 所示。

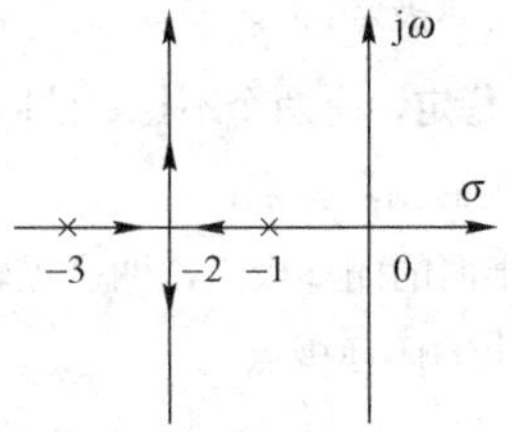

附图 4-2　题 4-2（1）解图

（2）根轨迹有三条分支，实轴上的根轨迹区间：$(-\infty,0]$；

根轨迹的渐近线倾角：$\varphi=\dfrac{\pm180°(2k+1)}{n-m}=\pm60°,180°$

与实轴的交点：$\sigma=\dfrac{\sum_{j=1}^{n}(-p_j)-\sum_{i=1}^{m}(-z_i)}{n-m}=\dfrac{-1-1+\mathrm{j}3-1-\mathrm{j}3}{3-0}=-1$

出射角：$\theta_{\mathrm{p}2}=180°-\angle(-p_2+p_1)-\angle(-p_2+p_3)$
$=180°-108.4°-90°=-18.4°$

$\theta_{\mathrm{p}3}=18.4°$

根轨迹与虚轴的交点：$\omega=\pm\sqrt{10}$，根轨迹如附图 4-3 所示。

（3）根轨迹有三条分支，实轴上的根轨迹区间：$[-5,-3],[-1,0]$；

根轨迹的渐近线倾角：$\varphi=\dfrac{\pm180°(2k+1)}{n-m}=\pm90°$

与实轴的交点：$\sigma=\dfrac{\sum_{j=1}^{n}(-p_j)-\sum_{i=1}^{m}(-z_i)}{n-m}=\dfrac{0-1-3-(-4)}{3-1}=0$

根轨迹的分离点：$s_1=-0.486$

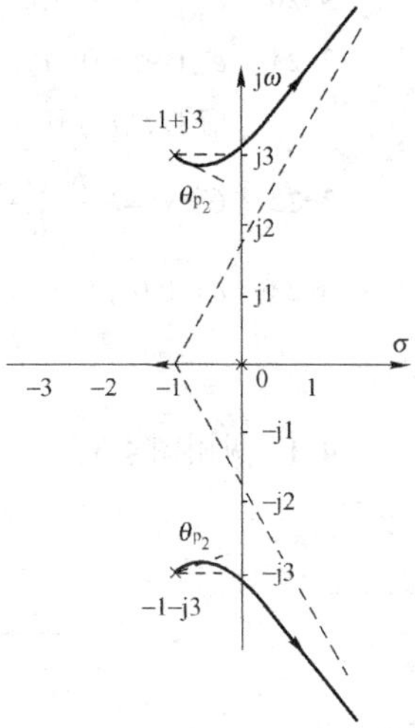

附图 4-3　题 4-2（2）解图

4-3 （1）根轨迹有三条分支，实轴上的根轨迹区间：$(-\infty,0]$；

（2）根轨迹的渐近线倾角：$\varphi=\dfrac{\pm180°(2k+1)}{n-m}=\pm60°,180°$

与实轴的交点：$\sigma=\dfrac{\sum_{j=1}^{n}(-p_j)-\sum_{i=1}^{m}(-z_i)}{n-m}=\dfrac{-1+\mathrm{j}-1-\mathrm{j}}{3-0}=-\dfrac{2}{3}$

（3）出射角：$\theta_{\mathrm{p}2}=180°-\angle(-p_2+p_1)-\angle(-p_2+p_3)$
$=180°-135°-90°=-45°$

$\theta_{\mathrm{p}3}=45°$

（4）根轨迹与虚轴的交点坐标为 $\omega=0,\pm\sqrt{2}$，　$K_{\mathrm{g}}=0,4$

4-4 等效开环传递函数为 $G_{\mathrm{k}2}(s)=\dfrac{a(s+2)}{s^2+2s+10}$，

根轨迹如附图 4-4 所示。

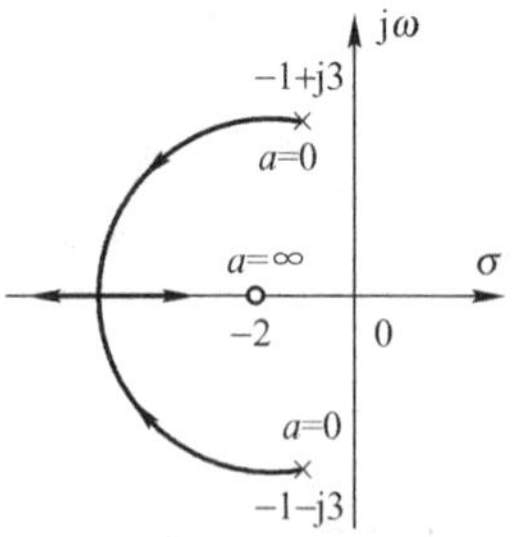

附图 4-4　题 4-4 解图

4-5 （1）实轴上的根轨迹区间：$[0,-4]$；

（2）根轨迹的分离点：$s_1=-2, s_{2,3}=-2\pm\mathrm{j}2.45$

（3）根轨迹与虚轴的交点坐标为 $\omega=\pm3.16$，　$K_{\mathrm{g}}=260$

根轨迹如附图 4-5 所示。

4-6 （1）闭环主导极点：$s_1=-1\pm\mathrm{j}$，$K_{\mathrm{g}1}=1$；$s_2=-3\pm\mathrm{j}$，$K_{\mathrm{g}2}=5$

（2）由图可以得到阻尼比最小时，对应的阻尼角为 $\sin\beta=\sqrt{2}/2$，即 $\beta=45°$，所以最小阻尼比为 $\xi=0.707$，有 $0.707\leqslant\xi\leqslant1$。

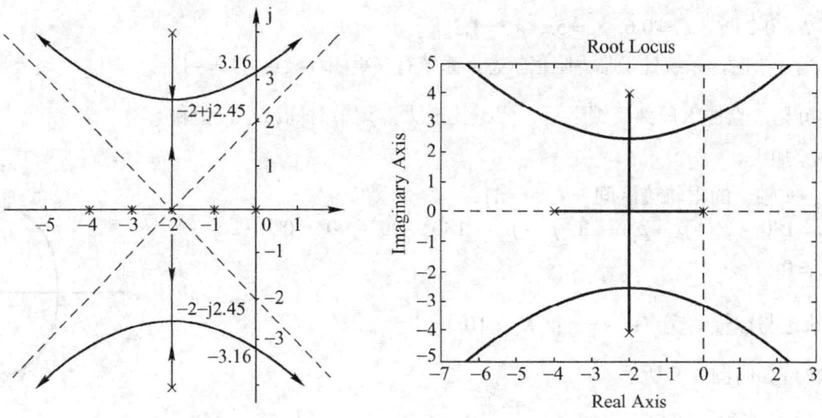

（a）$1+\dfrac{K^*}{s(s+4)(s^2+4s+20)}=0$
概略根轨迹图

（b）$1+\dfrac{K^*}{s(s+4)(s^2+4s+20)}=0$
根轨迹图 (MATLAB)

附图 4-5　题 4-5 解图

4-7　（1）系统根轨迹如附图 4-6 所示。

（2）根轨迹的分离点为：$s_1=-2.5$，$K_{g1}=31.25$；$s_2=-4$，$K_{g2}=32$

当闭环极点均为负实根时增益 K_g 的取值范围：$31.25<K_{g2}<32$

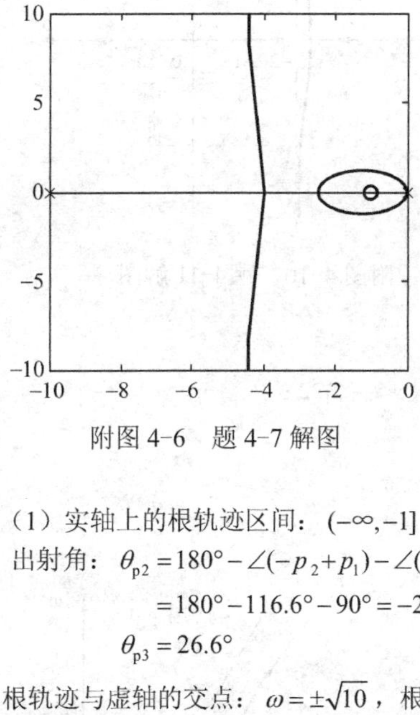

附图 4-6　题 4-7 解图

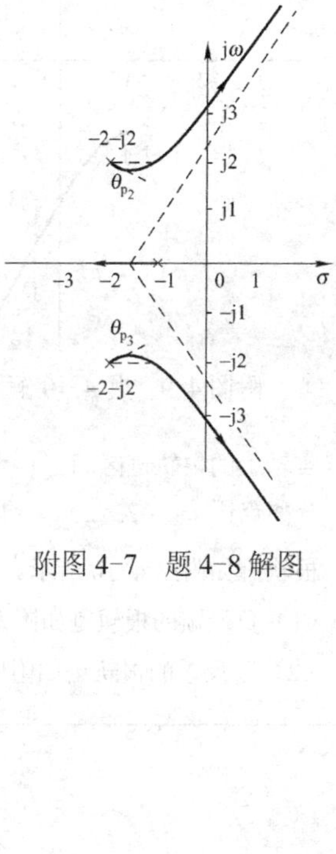

附图 4-7　题 4-8 解图

4-8　（1）实轴上的根轨迹区间：$(-\infty,-1]$；

出射角：$\theta_{p2}=180°-\angle(-p_2+p_1)-\angle(-p_2+p_3)$

$=180°-116.6°-90°=-26.6°$

$\theta_{p3}=26.6°$

根轨迹与虚轴的交点：$\omega=\pm\sqrt{10}$，根轨迹如附图 4-7 所示。

（2）$s_3=-3$，$|G_k(s_3)|=\left|\dfrac{2K}{(-3+1)(9-6+8)}\right|=1\Rightarrow K=11$

闭环极点均在 $s=-1$ 的左边时，K 的取值范围的取值范围：$0<K<11$

4-9　等效开环传递函数 $G_{k2}(s)=\dfrac{as}{s^2+s+1}$

两个等效开环极点为 $-1/2\pm j\sqrt{3}/2$，一个等效开环零点为 0，根据根轨迹绘制法则，可求得分离点 $(-1,j0)$，出射角 $\varphi_{p_{1,2}}=\pm150°$。参数根轨迹如附图 4-8 所示。

（1）无局部反馈时(a=0)，$\zeta=0.5$，$\omega_n=1$，$t_s=6s(\Delta=0.05)$，$e_{ss}=1$。

（2） $a=0.2$ 时，$\zeta=0.6$, $t_s=5s$, $e_{ss}=1.2$ 。

（3）当 a=1 时，系统处于临界阻尼状态，系统有二重闭环极点 $s_{1,2}=-1$ 。

比较可见，当加入局部反馈之后，阻尼比变大，调节时间减小，但稳态误差加大。

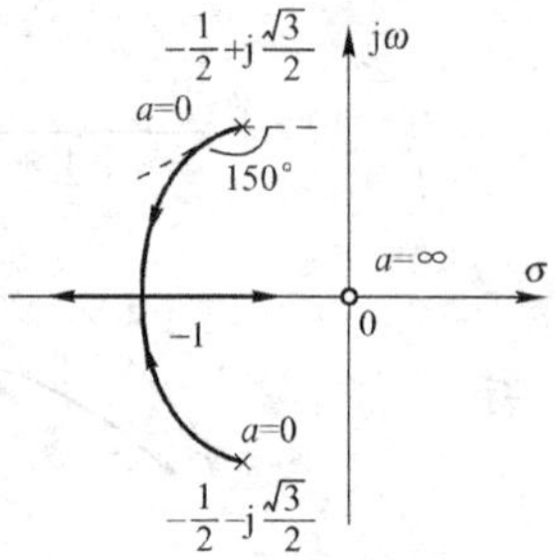

附图 4-8　题 4-9 解图

4-10 （1）实轴上的根轨迹区间：$(-\infty,-1]$；

$$\theta_{p2}=180°-\angle(-p_2+p_1)-\angle(-p_2+p_3)=180°-90°-90°=0°$$

$$\theta_{p3}=0°$$

根轨迹与虚轴的交点：$s=\pm j2, K_g=10$

根轨迹如附图 4-9 所示。

（2）闭环极点阻尼角为 60°，$\left|G_k(s_3)\right|=\left|\dfrac{K_g}{\left(-\dfrac{2}{3}+1\right)\left(\dfrac{4}{9}-\dfrac{4}{3}+2\right)}\right|=1\Rightarrow K_g=\dfrac{10}{27}$

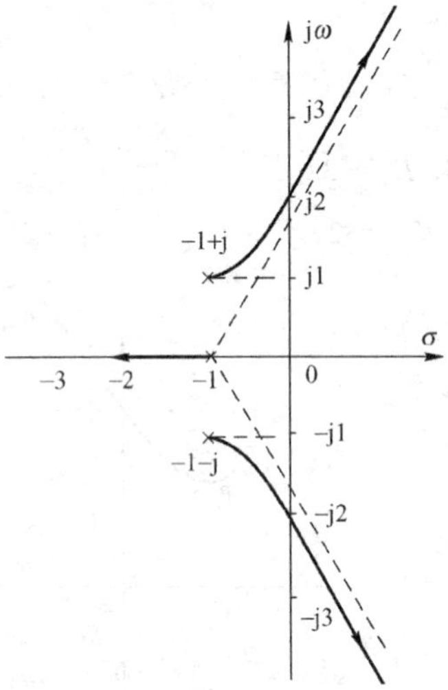

附图 4-9　题 4-10 解图

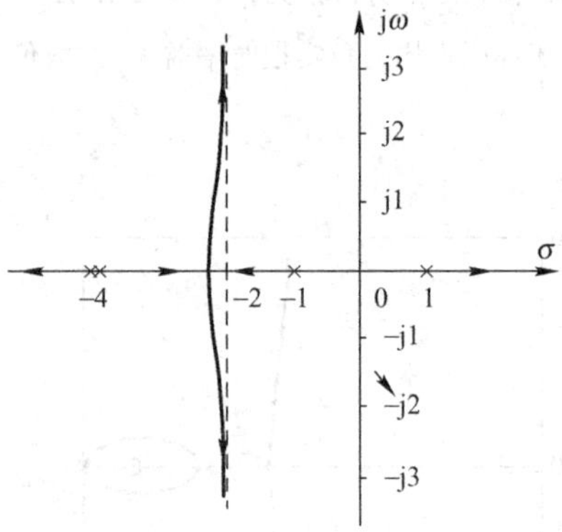

附图 4-10　题 4-11 解图

4-11 实轴上的根轨迹区间：$(-\infty,-1],[+1,+\infty)$；

分离点：$s_1=-2.22, s_2=-4, s_3=0.22$，所以分离点取 $s_1=-2.22$；

根轨迹如附图 4-10 所示。

4-12 （1）负反馈的根轨迹如附图 4-11 所示。

（2）正反馈的根轨迹如附图 4-12 所示。

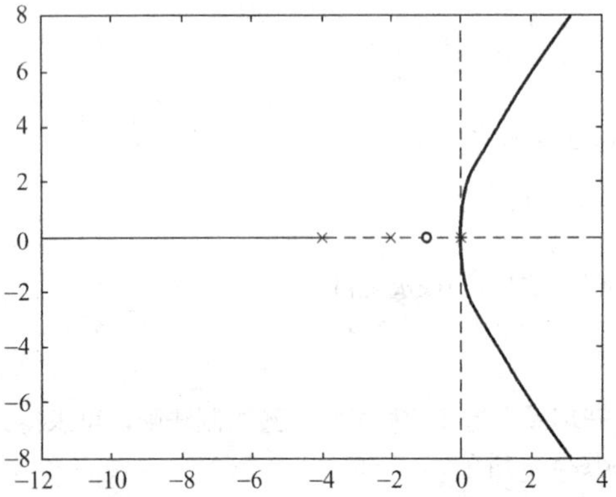

附图 4-11　题 4-12（1）解图

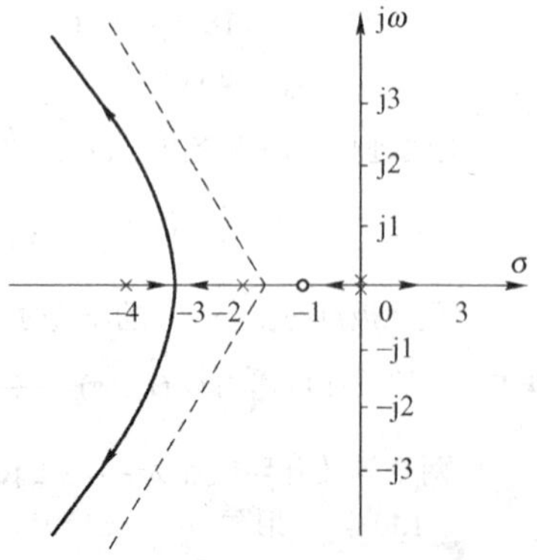

附图 4-12　题 4-12（2）解图

4-13 （1）系统的根轨迹如附图 4-13(a)所示。其中从开环极点 $-p_1=-p_2=0$ 出发的两条根轨迹总位于右半平面，故系统总是不稳定的。

（2）给系统增加一个开环零点 $s=-a(0<a<2)$，作出新的根轨迹如附图 4-13(b)所示。三条根轨迹一直位于右半平面，故系统总是稳定的。

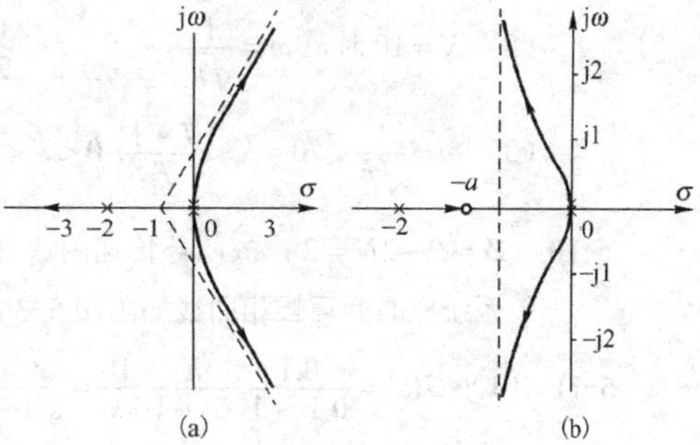

附图 4-13 题 4-13 解图

4-14 （1）系统稳定时：$23.3<K_g<35.7$

（2）MATLAB 程序为：

```
>> num=[1 1];
>> den=conv([1 -1 0],[1 4 16]);
>> rlocus(num,den);
>> v=[-5 2 -5 5];axis(v);
```

第 5 章

5-1 $G(\mathrm{j}\omega)=\dfrac{36}{(\mathrm{j}\omega+4)(\mathrm{j}\omega+9)}$

5-2 $e_{ss}(t)=0.63\sin(t+48.43^\circ)-0.79\sin(2t+63.43^\circ)$

5-3 当 $\omega=0_+$ 时，$G(\mathrm{j}0_+)H(\mathrm{j}0_+)=\dfrac{-K(\tau\mathrm{j}0_+ +1)}{0_+^{\ 2}(T\mathrm{j}0_+ +1)}=\infty$，$\varphi(0_+)=-180^\circ$

当 $\omega=+\infty$ 时，$G(\mathrm{j}\infty)H(\mathrm{j}\infty)=\dfrac{-K(\tau\mathrm{j}\infty+1)}{\infty^2(T\mathrm{j}\infty+1)}=0$，$\varphi(\infty)=-180^\circ$

由于 $G(\mathrm{j}\omega)H(\mathrm{j}\omega)=\dfrac{-K(\tau\mathrm{j}\omega+1)}{\omega^2(T\mathrm{j}\omega+1)}=\dfrac{-K(\tau T\omega^2+1)+\mathrm{j}K\omega(T-\tau)}{\omega^2(T^2\omega^2+1)}$，所以有

当 $\tau>T$ 时，开环幅相曲线始终处于第三象限，如附图 5-1(a)所示；

当 $T>\tau$ 时，开环幅相曲线始终处于第二象限，如附图 5-1(b)所示。

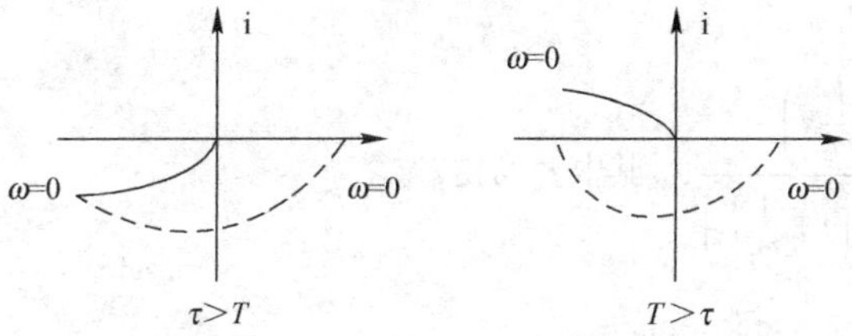

(a) 开环幅相曲线　(b) 开环幅相曲线

附图 5-1 题 5-3 解图

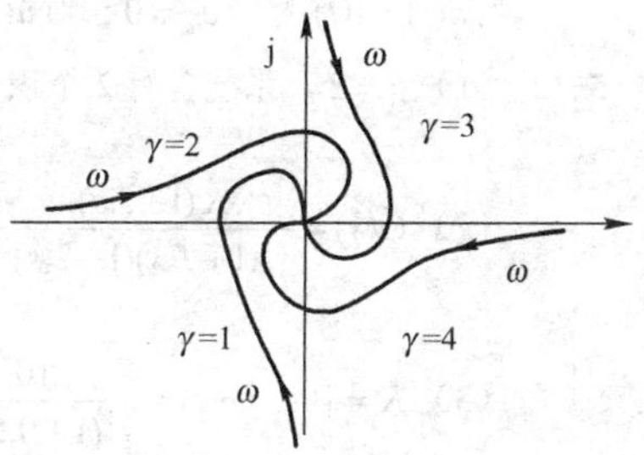

附图 5-2 题 5-4 解图

5-4 系统概略开环幅相曲线如附图 5-2 所示。

5-5 当 $\omega=0.5$ 时，$G(\mathrm{j}\omega)H(\mathrm{j}\omega)=\dfrac{10(2\omega^4-2.5\omega^2)-10\mathrm{j}(\omega-2\omega^3)}{(2\omega^4-2.5\omega^2)^2+(\omega+2\omega^3)^2}\Big|_{\omega=0.5}=16-8\mathrm{j}$

$$A(\omega)=\sqrt{16^2+8^2}=17.89,\ \varphi(\omega)=\arctan\frac{-8}{16}=-26.57^\circ$$

当 $\omega=2$ 时，$G(\mathrm{j}\omega)H(\mathrm{j}\omega)=\dfrac{10(2\omega^4-2.5\omega^2)-10\mathrm{j}(\omega-2\omega^3)}{(2\omega^4-2.5\omega^2)^2+(\omega+2\omega^3)^2}\Big|_{\omega=2}=0.32+\mathrm{j}0.21$

$$A(\omega)=\sqrt{0.32^2+0.21^2}=0.38,\ \varphi(\omega)=\arctan\frac{0.21}{0.32}=33.27^\circ$$

5-6 略

5-7 $\omega_c=\sqrt{50}\mathrm{rad/s}$

5-8 $\omega_c=49\mathrm{rad/s}$

5-9 （1）$T=2$ 时，$\omega=\dfrac{\sqrt{2}}{2}$，　$0<K<\dfrac{3}{2}$；

（2）$K=10$ 时，$\omega=\dfrac{1}{\sqrt{T}}$，　$0<T<\dfrac{1}{9}$；

（3）$\omega=\dfrac{1}{\sqrt{T}}$，$0<K<\dfrac{T+1}{T}$, $0<T<\dfrac{1}{K-1}$

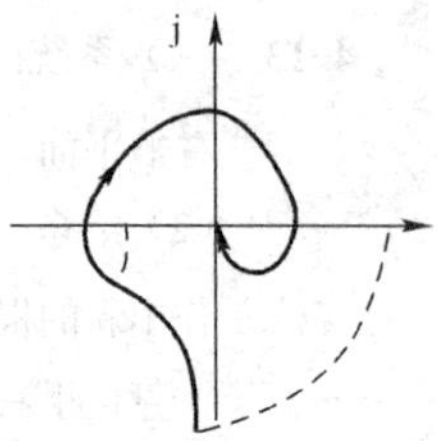

附图 5-3　题 5-10 解图

5-10 $Z=P-2N=2$，故闭环传递函数有 2 个极点在复数平面的右半平面。系统概略开环幅相曲线如附图 5-3 所示。

5-11 （1）$G(s)=\dfrac{0.1}{0.1s+1}\cdot\dfrac{K}{3s+1}\cdot\dfrac{10}{s}=\dfrac{10}{s(1+3s)(1+0.1s)}$　　（2）$\varphi(\omega)=0-90^\circ-\arctan 3\omega-\arctan 0.1\omega$

（3）$A(\omega)=\dfrac{K}{-\omega\sqrt{1+9\omega^2}\sqrt{1+0.01\omega^2}}$；$\omega\to 0$，$A(0)=\infty$；$\omega\to\infty$，$A(\infty)=0$

与实轴的交点　$\omega_x=1/\sqrt{0.1\times 3}=1.826$；

$G(j\omega_x)H(j\omega_x)=\mathrm{Re}[G(j\omega_x)H(j\omega_x)]=-\dfrac{K3\times 0.1}{3+0.1}=-\dfrac{0.3K}{3.1}$

当 $G(j\omega_x)H(j\omega_x)=1$ 时，系统临界稳定，得 $K_c=10$, $\omega_c=\omega_x=1.826$

系统概略开环幅相曲线如附图 5-4(a)所示。当 $-0.3K/3.1>-1$ 时，$Z=P-2N=0-0=0$，系统稳定；

系统概略开环幅相曲线如附图 5-4(b)所示。当 $-0.3K/3.1<-1$ 时，$Z=P-2N=0-(0-1)=1$，系统不稳定；

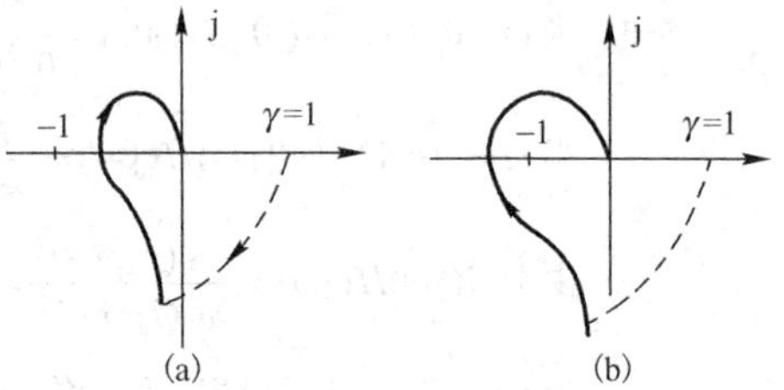

附图 5-4　题 5-11 解图

当 $u(t)=1(t)$ 时，$e_{ss}=0$；当 $u(t)=t$ 时，$e_{ss}=R/K=0.1$

5-12 （1）$\gamma=2$，系统含有 2 个积分环节。

（2）$G(s)=\dfrac{K(1+T_1s)}{s^2(1+T_2s)(1+T_3s)}=\dfrac{K\left(1+\dfrac{1}{\omega_1}s\right)}{s^2\left(1+\dfrac{1}{\omega_2}s\right)\left(1+\dfrac{1}{\omega_3}s\right)}$，其中 K 待定。

（3）$K=10$，$G(s)=\dfrac{10(1+2s)}{s^2(1+0.5s)(1+0.2s)}$

5-13 $\left|G(j\omega_c)\right|=\dfrac{\sqrt{(a\omega_c)^2+1}}{\omega_c^2}=\dfrac{\sqrt{2}}{\omega_c^2}\Rightarrow\omega_c=1.19\Rightarrow a=\dfrac{1}{\omega_c}=0.84$

5-14 $54.7^\circ\leqslant\gamma\leqslant 72.2^\circ, 39.02\leqslant\omega_c\leqslant 65.35$

5-15 $39.1^\circ\leqslant\gamma\leqslant 58.6^\circ$，$\gamma=180^\circ+\angle G(j\omega_c)=\arctan(2\zeta(\sqrt{4\zeta^2+1}-2\zeta^2)^{-\frac{1}{2}})$

$\omega_b=\omega_n((1-2\zeta^2)+\sqrt{(1-2\zeta^2)+1})^{\frac{1}{2}}$，且 $\omega_n=10$

$11.61\leqslant\omega_b\leqslant 14.11$

5-16 调整后的 T 值为：$[\tan(26.57^\circ+45^\circ)]/\omega_c=0.6$，$K$ 值不做调整。

5-17 （1）$\gamma=180^\circ+\varphi(\omega_c)=53.1^\circ$　　（2）$h=\dfrac{1}{\left|G(j\omega_x)\right|}=33.3$

5-18 $\omega=2.45,\ K=\sqrt{2.45^2+1}=2.65$，　K 的取值范围为 $0<K<2.65$

5-19 $\omega_1=1.618,\ \omega_2=0.618$（舍去）；$0<\tau<1.37$

第6章

6-1 $G_c(s)=\dfrac{0.0319s+1}{0.007847s+1}$

6-2 $G_c(s)=0.018s+1$

6-3 $G_c(s)=\dfrac{2.427s+1}{17.61s+1}$

6-4 $G_c(s)=\dfrac{7.937s+1}{36.51s+1}$

6-5 $G_c(s)=\dfrac{(1.82s+1)(0.2s+1)}{(11.5s+1)(0.032s+1)}$

6-6 略

6-7 $G_c(s)=\dfrac{(0.1s+1)(1.08s+1)}{(0.013s+1)(7.90s+1)}$

6-8 $K_P=6$ $t_s=1.5s$

第7章

7-1 （1）$F(z)=\sum_{k=0}^{\infty}\sin(k\omega T)z^{-k}=\sum_{k=0}^{\infty}\dfrac{e^{jk\omega T}-e^{-jk\omega T}}{2j}z^{-k}=\dfrac{1}{2j}\left[\dfrac{1}{1-e^{j\omega T}z^{-1}}-\dfrac{1}{1-e^{-j\omega T}z^{-1}}\right]$

$$=\frac{1}{2j}\frac{(e^{j\omega T}-e^{-j\omega T})z^{-1}}{1-(e^{j\omega T}+e^{-j\omega T})z^{-1}+z^{-2}}=\frac{z\sin\omega T}{z^2-2z\cos\omega T+1}$$

（2）$F(z)=\dfrac{z}{(a-b)(a-c)(z-e^{-aT})}+\dfrac{z}{(b-a)(b-c)(z-e^{-bT})}+\dfrac{z}{(c-a)(c-b)(z-e^{-cT})}$

7-2 （1）$F(z)=\sum_{k=0}^{\infty}a^k z^{-k}=\dfrac{z}{z-a}$ （2）$F(z)=\dfrac{T^2(1+e^{-3T}z^{-1})e^{-3T}z^{-1}}{(1-e^{-3T}z^{-1})^3}=\dfrac{T^2z(z+e^{-3T})e^{-3T}}{(z-e^{-3T})^3}$

（3）$F(z)=\dfrac{1}{3!}\lim_{s\to 0}\dfrac{d^3}{ds^3}\left(\dfrac{z}{z-e^{sT}}\right)=\dfrac{T^3z(z+1)(z+2)}{3!(z-1)^4}$ （4）$F(z)=\dfrac{z}{z-1}+\dfrac{Tz}{(z-1)^2}=\dfrac{z^2+(T-1)z}{(z-1)^2}$

（5）$F_1(s)=\dfrac{1}{s^2(s+1)}=\dfrac{1}{s^2}-\dfrac{1}{s}+\dfrac{1}{s+1}$，$F_1(z)=\dfrac{Tz}{(z-1)^2}-\dfrac{z}{z-1}+\dfrac{z}{z-e^{-T}}$

$$F(z)=F_1(z)(1-z^{-1})=\frac{T}{(z-1)}-1+\frac{z-1}{z-e^{-T}}$$

7-3 （1）$F(z)=-\dfrac{z}{(z-1)}+\dfrac{z}{(z-2)}$，$f(k)=2^k-1$

（2）$F(z)=\dfrac{-3+z^{-1}}{1-2z^{-1}+z^{-2}}=-3-5z^{-1}-7z^{-2}-9z^{-3}-\cdots$

$$f(t)=-3\delta(t)-5\delta(t-T)-7\delta(t-2T)-9\delta(t-3T)-\cdots$$

7-4 （1）$F(z)=\dfrac{z}{(z+1)(3z^2+1)}=\dfrac{\frac{1}{4}z}{z+1}+\dfrac{\frac{j\sqrt{3}-1}{8}z}{\left(z+j\frac{\sqrt{3}}{3}\right)}-\dfrac{\frac{j\sqrt{3}+1}{8}z}{\left(z-j\frac{\sqrt{3}}{3}\right)}$

$$f(k)=\frac{1}{4}(-1)^k+\frac{j\sqrt{3}-1}{8}(-j\sqrt{3})^k-\frac{j\sqrt{3}+1}{8}(j\sqrt{3})^k=\frac{1}{4}(-1)^k+\frac{j\sqrt{3}-1}{8}3^{k/2}e^{-jk\pi/2}-\frac{j\sqrt{3}+1}{8}3^{k/2}e^{jk\pi/2}$$

$$=\frac{1}{4}(-1)^k-\frac{3^{k/2}}{4}\cos\frac{k\pi}{2}+\frac{3^{(k+1)/2}}{4}\sin\frac{k\pi}{2}$$

（2）$F(z)=\dfrac{z}{(z-1)(z+0.5)^2}=\dfrac{4z/9}{(z-1)}+\dfrac{4z(-0.5)/9}{(z+0.5)^2}-\dfrac{4z/9}{(z+0.5)}$

$$f(k)=\frac{4}{9}-\frac{4}{9}(-0.5)^k+\frac{4}{3}k(-0.5)^k$$

7-5 （1）$f(\infty)=\lim_{x\to 1}(z-1)F(z)=\infty$； （2）$f(\infty)=\lim_{x\to 1}(z-1)F(z)=5$

7-6 （1） $F(z)=\sum_{k=0}^{\infty}f(kT)z^{-k}$

$$\mathcal{Z}[a^k f(t)]=\sum_{k=0}^{\infty}a^k f(kT)z^{-k}=\sum_{k=0}^{\infty}f(kT)\left(\frac{z}{a}\right)^{-k}=F\left[\frac{z}{a}\right]$$

（2） $F(z)=\sum_{k=0}^{\infty}f(kT)z^{-k}$， $-Tz\frac{\mathrm{d}F(z)}{\mathrm{d}z}=-Tz\sum_{k=0}^{\infty}-kf(kT)z^{-k-1}=\sum_{k=0}^{\infty}kTf(kT)z^{-K}$

$$\mathcal{Z}[tf(t)]=\sum_{k=0}^{\infty}kTf(kT)z^{-k}=-Tz\frac{\mathrm{d}F(z)}{\mathrm{d}z}$$

7-7 （1） $G(z)=\mathcal{Z}\left[\frac{2}{s+2}\right]\mathcal{Z}\left[\frac{5}{s+5}\right]=\frac{10z^2}{(z-\mathrm{e}^{-2T})(z-\mathrm{e}^{-5T})}$

（2） $G(z)=\mathcal{Z}\left[\frac{2}{s+2}\cdot\frac{5}{s+5}\right]=\mathcal{Z}\left[\frac{10/3}{s+2}-\frac{10/3}{s+5}\right]=\frac{10z}{3(z-\mathrm{e}^{-2T})}-\frac{10z}{3(z-\mathrm{e}^{-5T})}=\frac{10z(\mathrm{e}^{-2T}-\mathrm{e}^{-5T})}{3(z-\mathrm{e}^{-2T})(z-\mathrm{e}^{-5T})}$

7-8 （1） $C(z)=\frac{G_1(z)R(z)}{1+G_1G_2(z)+G_1(z)G_3(z)}$； （2） $C(z)=\frac{RG_1(z)G_3G_4(z)+G_2G_4R(z)}{1+G_3G_4(z)}$

（3） $C(z)=\frac{G_1G_2(z)D_1(z)R(z)+G_1G_2(z)D_1(z)R(z)+G_2N(z)}{1+G_1G_2(z)D_1(z)}$

7-9 $C(z)=\frac{(0.53z+0.1)z}{(z-0.37)(z-1)}=\frac{-0.47z}{z-0.37}+\frac{z}{z-1}$； $c(k)=1-0.47(0.37)^k$， $k\geqslant 0$

7-10 $c(t)=\mathrm{e}^{-t}*\sum_{k=0}^{t/T}\delta(t-kT)=\sum_{k=0}^{t/T}\mathrm{e}^{-(t-kT)}=\mathrm{e}^{-t}\frac{1-\mathrm{e}^{t+T}}{1-\mathrm{e}^{T}}=\frac{\mathrm{e}^{-t}-\mathrm{e}^{2}}{1-\mathrm{e}^{2}}=\frac{1-\mathrm{e}^{-t-2}}{1-\mathrm{e}^{-2}}$

$$C(z)=R(z)\frac{z}{z-\mathrm{e}^{-T}}=\frac{z^2}{(z-1)(z-\mathrm{e}^{-2})}=\frac{z}{(1-\mathrm{e}^{-2})(z-1)}-\frac{\mathrm{e}^{-2}z}{(1-\mathrm{e}^{-2})(z-\mathrm{e}^{-2})}$$

$c^*(t)=\frac{1}{1-\mathrm{e}^{-2}}[1-(\mathrm{e}^{-2})^{k+1}]$，显然当 $t=kT$ 时， $c(t)=c^*(t)$

7-11 （1） $G(z)=\frac{z}{z-1}-\frac{z}{z-\mathrm{e}^{-1}}=\frac{0.632z}{z^2-1.368z+0.368}$， $R(z)=\frac{z}{z-1}$

$$C(z)=\frac{R(z)G(z)}{1+G(z)}=\frac{0.632z^2}{(z-1)(z^2-0.736z+0.368)}$$

（2） $C(z)=\frac{0.632z^2}{(z-1)(z^2-0.736z+0.368)}=\frac{z}{z-1}-\frac{z^2-\sqrt{0.368}\sqrt{0.368}z}{z^2-2\sqrt{0.368}\sqrt{0.368}z+(\sqrt{0.368})^2}$

$$c^*(t)=c(k)=1(k)-\mathrm{e}^{-0.5k}\cos(0.92k)$$

（3） $c(\infty)=\lim_{x\to 1}(z-1)C(z)=1$

7-12 （1）特征根 $z=-2$ 在单位圆外，所以系统不稳定；（2）系统稳定；（3）系统不稳定。

7-13 （1） $z_1\approx-2.62$, $z_2=-0.38$，其中有一个根在单位圆外，系统不稳定。

用换元法同样可解得 w 有正实部的根，系统不稳定。

（2） $0<K<3.33$，系统稳定。

7-14 $G_0(z)=K(1-z^{-1})\mathcal{Z}\left[\frac{1}{s^3}+\frac{0.5}{s^2}\right]=K(1-z^{-1})\left[\frac{T^2z(z+1)}{2(z-1)^3}+\frac{Tz}{2(z-1)^2}\right]=\frac{K(z^2+1)}{2(z-1)^2}$

$\Phi_{\mathrm{e}}(z)=\frac{1}{1+G_0(z)}=\frac{2(z-1)^2}{(2+K)z^2-4z+K+2}$， $R(z)=\frac{z}{z-1}+\frac{Tz}{(z-1)^2}+\frac{Tz(z+1)}{2(z-1)^3}=\frac{z^3-0.5z^2+0.5z}{(z-1)^3}$

$$e_{\mathrm{ss}}=\mathrm{e}(\infty)=\lim_{x\to 1}(z-1)E(z)=\lim_{x\to 1}\frac{2(z^3-0.5z^2+0.5z)}{(2+K)z^2-4z+K+2}=\frac{1}{K}=0.1$$

7-15 $G(z)=K(1-z^{-1})\mathcal{Z}\left[\frac{1}{s^2(s+1)}\right]=K(1-z^{-1})\left[\frac{z}{z-\mathrm{e}^{-T}}-\frac{z(z-T-1)}{(z-1)^2}\right]=\frac{z-1}{z-\mathrm{e}^{-0.1}}-\frac{(z-1.1)}{(z-1)}$

$K_p = \lim_{x \to 1} G(z) = \infty$， $K_v = \frac{1}{T}\lim_{x \to 1}(z-1)G(z) = 1$， $K_a = \frac{1}{T^2}\lim_{x \to 1}(z-1)^2 G(z) = 0$， $e_{ss} = \frac{1}{K_v} = 1$

7-16 $G(z) = K(1-z^{-1})\mathscr{Z}\left[\frac{e^{-0.5s}}{s^2}\right] = K(1-z^{-1})\mathscr{Z}\left[\frac{e^{-2Ts}}{s^2}\right] = K(1-z^{-1})z^{-2}\frac{Tz}{(z-1)^2} = \frac{0.25K}{z^2(z-1)}$

$K_v = \frac{1}{T}\lim_{x \to 1}(z-1)G(z) = K$， $e_{ss} = \frac{1}{K_v} = \frac{1}{K} < 0.1$， $K > 10$

7-17 $D(z) = \frac{\Phi(z)}{G(z)[1-\Phi(z)]} = \frac{(z-1)(z-0.368)z^{-1}}{0.632z(1-z^{-1})} = \frac{z-0.368}{0.632z}$

7-18 $G(z) = K(1-z^{-1})\mathscr{Z}\left[\frac{1}{s^2}\right] = K(1-z^{-1})\frac{Tz}{(z-1)^2} = \frac{K}{(z-1)}$， $\Phi(z) = 2z^{-1} - z^{-2}$

$D(z) = \frac{\Phi(z)}{G(z)[1-\Phi(z)]} = \frac{(z-1)(2z^{-1}-z^{-2})}{K(1-2z^{-1}+z^{-2})} = \frac{(z-1)(2z-1)}{K(z^2-2z+1)}$

第 8 章

8-1 （1）当 $0 < K < 2/3$ 时，奈奎斯特曲线不包围 $-1/N(A)$ 曲线，系统稳定。当 $2/3 < K < 2$ 时，奈奎斯特曲线和 $-1/N(A)$ 曲线存在交点 $(-K/2, 0)$，系统存在稳定的自持振荡。当 $2 < K < \infty$ 时，奈奎斯特曲线完全包围 $-1/N(A)$ 曲线，系统不稳定。

（2） $A = \frac{6K-4}{2-K}$, $\frac{2}{3} < K < 2$；系统振荡频率 $\omega = 1\text{rad/s}$

8-2 （1）存在稳定的的自持振荡。（2）自持振荡振幅 A =5.3 和频率 ω =2

8-3 由于当非线性环节的输入为正弦信号时，实际输出必定含有高次谐波分量，线性部分的低通滤波性能越好，高次谐波分量越被大幅削弱，因此闭环通道内近似只有一次谐波分量流通，从而保证应用描述函数分析法所得到的准确性。由于系统（2）的线性环节部分的频率特性在高频段衰减较快，低通滤波性能较好，因此系统（2）采用描述函数分析法所得到的结果准确度高。

8-4 （1） $G(s) = \frac{G_1(s)}{1+G_1(s)H_1(s)}$ （2） $G(s) = \frac{G_1(s)G_2(s)H_1(s)}{1+G_1(s)G_2(s)}$

8-5 （a）不稳定的自持振荡 （b）稳定的自持振荡 （c）稳定 （d）稳定 （e）A 点不是稳定的自持振荡，B 点是稳定的自持振荡 （f）稳定的自持振荡 （g）A 点不是稳定的自持振荡，B 点是稳定的自持振荡 （h）A 点不是稳定的自持振荡，B 点是稳定的自持振荡。

8-6 （1） $G_1(s) = \frac{1}{s+1}$， $G_2(s) = \frac{k}{s(s+4)}$；

（2）系统存在自持振荡，自持振荡振幅 $A = \frac{k}{5\pi}$，频率 $\omega = 2$ 。

参 考 文 献

[1] 胡寿松. 自动控制原理[M]. 第 4 版. 北京: 科学出版社， 2001.

[2] 邹伯敏. 自动控制原理[M]. 第 3 版. 北京：机械工业出版社, 2007.

[3] 夏德钤, 翁贻方. 自动控制理论[M]. 第 3 版. 北京：机械工业出版社, 2009.

[4] 王孝武, 方敏, 葛锁良. 自动控制理论[M]. 北京：机械工业出版社, 2009.

[5] 绪方胜彦. 现代控制工程[M]. 卢伯英, 等译. 北京：科学出版社, 1978.

[6] 田作华, 陈学中, 翁正新. 工程控制基础[M]. 北京：清华大学出版社， 2007.

[7] 宋建梅，王正杰. 自动控制原理[M]. 北京: 电子工业出版社，2012.

[8] 陈复扬. 自动控制原理[M]. 北京: 国防工业出版社，2010.

[9] 李红星. 自动控制原理[M]. 北京: 电子工业出版社，2011.

[10] 刘文定，谢克明. 自动控制原理[M]. 第 3 版. 北京: 电子工业出版社，2013.

[11] 李友善. 自动控制原理[M]. 北京: 国防工业出版社，1990.

[12] 高国燊，余文杰. 自动控制原理[M]. 广州: 华南理工大学出版社，2001.

[13] 程鹏. 自动控制原理[M]. 第 2 版. 北京：高等教育出版社，2003.

[14] 郑大钟. 线性系统理论[M]. 第 2 版. 北京：清华大学出版社，1990.

[15] 吴麒. 自动控制原理[M]. 第 2 版. 北京：清华大学出版社，2006.

[16] 张建民. 自动控制原理[M]. 北京：高等教育出版社，2010.

[17] 薛定宇. 反馈控制系统设计与分析——MATLAB 语言应用[M]. 北京: 清华大学出版社, 2000.

[18] 张志涌. MATLAB 教程[M]. 北京: 北京航空航天大学出版社，2006.

[19] 胡寿松. 自动控制原理习题集[M]. 第 2 版. 北京: 科学出版社，2008.

[20] 史忠科，卢京潮. 自动控制原理常见题型解析及模拟题[M]. 西安: 西北工业大学出版社，1999.

[21] 徐薇莉. 自动控制原理系统精解与考研指导[M]. 上海: 上海交通大学出版社，2009.

反侵权盗版声明